核事故应急准备与响应手册

岳会国　主编

中国环境科学出版社·北京

图书在版编目（CIP）数据

核事故应急准备与响应手册/岳会国主编. —北京：中国环
境科学出版社，2012.8
ISBN 978-7-5111-1071-8

Ⅰ. ①核… Ⅱ. ①岳… Ⅲ. ①核防护—手册②辐射防
护—手册 Ⅳ. ①TL73-62

中国版本图书馆 CIP 数据核字（2012）第 163696 号

责任编辑 刘 璐
责任校对 扣志红
封面设计 金 喆

出版发行 中国环境科学出版社
　　　　　（100062　北京东城区广渠门内大街 16 号）
　　　　　网　　址：http://www.cesp.com.cn
　　　　　电子邮箱：bjgl@cesp.com.cn
　　　　　联系电话：010-67112765（编辑管理部）
　　　　　发行热线：010-67125803，010-67113405（传真）
　　　　　印装质量热线：010-67113404
印　　刷 北京中科印刷有限公司
经　　销 各地新华书店
版　　次 2012 年 8 月第 1 版
印　　次 2012 年 8 月第 1 次印刷
开　　本 787×1092　1/16
印　　张 27
字　　数 620 千字
定　　价 180.00 元

《核事故应急准备与响应手册》编委会

序　言

　　核能开发和核技术利用事业的迅速发展是 20 世纪人类最伟大的成就之一。自 20 世纪 50 年代中期第一座商用核电站投产以来，世界核电发展已有近 60 年的历史。截至目前，核电装机容量已占全球电力总装机容量的 17%左右，核能已成为全球三大支柱能源之一。我国目前已有运行机组 15 台，在建机组 26 台，在建规模居全球之首。核能已成为我国调整能源结构、保障能源安全、加强环境保护、推动经济社会可持续发展的重要手段。

　　安全是核电发展的生命线。美国三哩岛核事故、前苏联切尔诺贝利核事故和日本福岛核事故使世界各国深刻认识到核安全的重要性。"核安全事关重大，必须确保万无一失"，这是党和国家对核安全的根本要求。每一个核行业工作者务必深刻认识核安全的极端重要性，充分把握核事故的五个特性，即技术的复杂性、事故的突发性、处理的艰难性、后果的严重性和社会的敏感性，切实增强使命感、责任感和紧迫感，把"严之又严、慎之又慎"的思想和要求，把"细之又细、实之又实"的态度和作风，落实到核安全工作的各个方面。

　　福岛核事故后果严重，影响深远。从中汲取的一条重要经验教训，就是应当做好充分的思想和技术准备，在最佳时间作出正确的应急响应。核事故应急准备与响应作为核安全纵深防御的最后一道屏障，能够降低事故风险、缓解事故后果，是核能开发和核技术利用事业可持续发展的重要保证。我们要积极贯彻"常备不懈、积极兼容"的方针，做到有备无患。一旦发生事故，必须能够迅速响应、合理决策、果断行动，采取切实合理可行的预防和缓解措施，最大限度降低核事故的影响。

　　为进一步加强我国核事故应急准备与响应能力，国家核安全局组织核与辐射安全中心编制了《核事故应急准备与响应手册》。该书全面描述了核事故的分类和特点，以及国内外核事故应急法律法规和管理体系；着重阐述了核事故应急准备与响应的原则和方法，包括应急计划与准备、干预与防护行动、应急计划区、应急设施、应急状态分级及响应、后果评价、辐射应急监测、应急通讯、公众沟通、核医学救援、能力维持等各个方面的管理要求和技术方法。同时还介绍了国家核安全局对核事故应急准备与响应工作的监督管理。本书既是核事故应急工作者的基础教材，也是核安全监管工作者的必读之书。

希望本书的出版，能够进一步促进各级领导干部、各位核行业工作者认识到核应急准备与响应工作的重要性，以科学、正确、发展的观点看待核事故应急准备与响应工作，以其他国家核事故的经验和教训为借鉴，贯彻纵深防御、多重屏障的要求，开拓进取、求真务实，全力以赴做好新形势下的核事故应急准备与响应工作，以细致可行的应急准备、迅速合理的应急响应行动，保护公众、保护环境，促进核能开发和核技术利用事业安全高效发展。

前　言

　　核电已被公认为是一种经济、安全、可靠、干净的能源。核动力技术在多数发达国家得到巨大发展，在很多发展中国家也获得了广泛认可。根据能源需求和能源生产结构，我国政府已经明确了高效发展核电的方针，建成了多个核电基地。世界上的核电厂已有丰富的运行经验和良好的安全记录。但是，我们也必须看到核电具有潜在的核风险，而且曾经发生了美国三哩岛核事故（1979 年）、前苏联切尔诺贝利核电厂事故（1986 年）和日本福岛核电站核事故（2011年）。为了保护环境、保护公众，作为核电厂纵深防御措施的一部分，制订应急计划、做好应急准备是十分必要的。环境保护部核与辐射安全中心作为环境保护部（国家核安全局）的技术支持单位，在多年的核应急技术工作中，积累了一定的经验，为了将这些经验与我国从事核应急管理工作的人员以及对核应急关注的广大读者共享，同时也考虑到我国还没有一部较为完善的应急知识手册。在这种情况下，我们编写了这本《核事故应急准备与响应手册》。

　　《核事故应急准备与响应手册》以讲解核应急的基本知识和基本概念为主。第 1~2 章主要描述了有关核事故应急基础知识，第 3 章为国内外核事故应急管理法规体系，第 4~14 章为应急准备和应急响应的基本要素和具体内容，第 15 章总结了国家核安全局对核设施应急工作的监管要求。在以核电厂核事故应急响应工作为本手册重点编写内容的同时，还兼顾了核燃料循环设施以及研究堆核应急响应工作的基本内容。

　　《核事故应急准备与响应手册》的主要读者对象是在核电厂、核燃料循环设施、研究堆等核设施内从事核事故应急工作的技术人员和管理人员，对核设施内非应急工作人员及想了解核事故应急基本知识和概念的非专业工作人员也有一定的参考价值。

　　《核事故应急准备与响应手册》的出版得到了环境保护部（国家核安全局）的大力支持，环境保护部副部长兼国家核安全局局长李干杰同志还为本书撰写了序言，张健研究员作为本书的技术顾问，在编审过程中付出了辛苦的劳动，在此表示衷心的感谢！另外，本书在出版过程中得到了环境保护部核与辐射安全中心李宗明书记的大力支持，同时得到了张天祝、付建军、胡璇、陈旭东同志的通力协助，在此一并表示感谢！

　　由于核事故应急涉及社会科学和自然科学的诸多方面，核事故应急响应体系在不断完善，人们对核安全的认识也在不断加深，《核事故应急准备与响应手册》的编者受知识面和深度的限制，在编写过程中难免有不妥之处，敬请读者提出宝贵意见。

编写组
2012 年 6 月

目 录

第 1 章　核事故应急基础知识

1.1 核设施与核事故应急

自人类社会产生以来，人类就面临着各种各样的风险与挑战。人们在应对各种灾难的同时，也提升了自身的生存能力。

早在公元前 500 年我国的史学家左丘明在《左传·襄公十一年》就提出"居安思危，思则有备，有备无患。"这是我国有史可查的最早提出的"应急"理念。

应急，通常称为应急响应，需要立即采取某些超出正常工作程序的行动，以避免事故发生或减轻事故后果的状态，有时也称为紧急状态；同时也泛指立即采取超出正常工作程序的行动。

随着人类社会对能源需求的不断加大，核能逐渐被人类发现和利用。核能是 20 世纪人类的一项伟大发现，并已取得了十分重要的成果。裂变式反应堆是通过受控的链式裂变反应，将核能缓慢地释放出来的装置，是目前和平利用核能的最主要设施。核电在造福人类的同时，也与当今各种工业、交通等活动一样，对人类和环境具有一定的风险。核事故应急正是应对核能风险的一个重要措施。

本节将重点描述核事故及核事故应急的基本概念，使人们能够充分了解核应急准备和应急响应的基础知识。

1.1.1 核能

核能是指在原子核裂变反应或聚变反应中释放的能量，又称原子能。20 世纪 30 年代末，德国科学家奥托·哈恩发现了某些原子核会发生核裂变现象。核裂变是较重的原子核分裂成两个或两个以上的碎片，形成新的、较轻的原子核的过程。随后实验证明了在核裂变时伴随释放大量的能量。核裂变能就是通过核裂变释放出来的能量。

核聚变，又称核融合，是指由质量小的原子（主要是指氘或氚），在一定条件下（如超高温和高压），发生原子核互相聚合作用，生成中子和氦-4，并伴随着巨大的能量释放的一种核反应形式。1939 年美国物理学家贝特通过实验证实，一个氘原子核加速后和一个氚原子核以极高的速度碰撞，形成一个新的原子核——氦外加一个自由中子，在这个过程中释放出了 17.6 MeV 的能量。

目前人类尚未掌握受控的核聚变。因此，通常所说的核能是指在核反应堆中由受控核裂变链式反应产生的能量。国际上利用核能进行发电的国家使用的均为核裂变技术，其主要的工作原理即是利用放射性核素的核裂变特性，通过核裂变反应释放出的能量进行发电。

1.1.1.1 原子与原子核

自然界中的物质，均是由各种元素组成的，元素是指质子数相同的一类原子。不同元素的原子不同，原子是由一个原子核和若干电子组成的。原子核带正电，每个电子带一个负电荷，原子核的正电荷在数量上等于外围电子所带负电荷的总和，因此，原子是中性的。电子绕着原子核运转，原子核的质量占整个原子质量的 99.94%以上，见图 1.1。

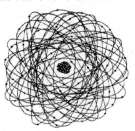

图 1.1　原子核结构

除了最轻的原子核只包含一个质子外，其余的原子核都由质子和中子组成。中子和质子统称为核子，它们的质量差不多大。每个质子和中子质量非常接近，均具有一个质量单位（以碳质量的 1/12 为一个原子质量单位，用"u"表示），原子的质量都接近于一个整数，这个整数称为原子核质量数（A）。以"u"计算，则氢元素的原子量为 1，氧元素为 16。

能量的单位为焦耳，在原子和原子核领域，通常采用电子伏特为单位来表征能量，1 eV意味着 1 个电子通过 1 V 的电势差。1 个电子的电荷为 $1.60×10^{-19}$C，1 eV 相当于 $1.60×10^{-19}$J。

1 个原子质量单位的质量（$12/6.023×10^{23}$）×（1/12）g=$1.66×10^{-27}$kg，根据质能关系式 $E=mc^2$，中子的质量 m_n=1.008 665 u= 939.573 1 MeV，质子的质量 m_p=1.007 277u = 938.279 6 MeV。

人们以原子核内的质子数和核子总数来区分原子核，于是又出现了核素的概念。正如不同元素的化学性质完全不同一样，不同核素的核特性完全不同。质子数、中子数均相同，并处于同一能量状态的原子，称为一种核素。核素符号为 $^A_Z X_N$，也可简写为 $^A_Z X$ 或 $^A X$。

其中 A 为质量数（也称核子数），Z 为质子数（即原子序数），$N=A-Z$ 为中子数。如果核素处于激发态，则在右上角加 m。质子数=核电荷数=Z=原子序数=核外电子数。

质子数相同而中子数不同的核素，在元素周期表中占据同一个位置，故被称为同位素，如 ^{235}U、^{238}U。原子核处于不稳定状态，需通过核内结构或能级调整才能趋于稳定的核素，称为放射性核素。自然界中存在有 90 多种元素，还有一些元素是人工制造出来的。一共有 2 500 多种同位素，其中 265 种是稳定同位素，2 300 多种是放射性同位素。

第 92 号元素铀，是一种容易裂变的元素。我们称自然界中存在的铀为天然铀，它有三种同位素：一种是 ^{238}U，占 99.27%；一种是 ^{235}U，占 0.724%；一种是 ^{234}U，占 0.006%。这三种同位素的原子核，都含有 92 个质子，因此化学性质基本相同。但它们的中子数目不同：^{238}U 有 146 个中子，^{235}U 有 143 个中子，^{234}U 有 142 个中子。这三种同位素的核特性相差很大，只有 ^{235}U 的原子核才容易分裂成两个中等质量的原子核，也就是我们所说的裂变。其他两种同位素不易裂变。地球上现存的天然铀，其 ^{235}U 的含量基本都在 0.724%

左右。

1.1.1.2 原子核的能量

（1）质量亏损

原子核的质量与组成它的核子质量之和的差值，称为质量亏损。这是由于当核子组合为原子核时会释放部分能量的缘故。

$$\Delta m=（Zm_p+Nm_n）-m$$

（2）结合能

当核子结合为原子核时释放出来的能量称为结合能。根据爱因斯坦质能公式，原子核结合能表达式为：

$$B=[ZM_H+Nm_n-M]c^2$$

通过实验测出原子的质量 M，即可由上式求出各种核素的结合能，反之亦然。因此，原子核的质量和结合能可等价使用。原子核的结合能除以原子核的核子数，就是该原子核平均结合能，也称比结合能 ε，$\varepsilon = B/A$，平均结合能的物理意义是表征原子核每个核子对结合能的贡献，它标志着原子核中核子结合的松紧程度。

图 1.2 给出了各种原子核的核子平均结合能曲线，由图可知，质量不同的原子核，其核子的平均结合能是不同的。中等质量原子核的 ε 比轻核和重核大，当 ε 小的核变成 ε 大的核，即结合松的核变成结合紧的核，就会放出能量。由图知，获得能量的两个途径：①重核裂变成为中等质量的原子核；②轻核聚变成为中等质量的原子核。

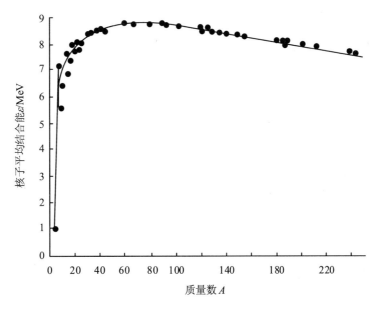

图 1.2　原子核平均结合能曲线

根据结合能的特点，重核分裂成中等质量的原子核时，要释放出多余的能量，这就是核裂变能，表 1.1 给出了 ^{235}U 裂变释放的能量。两个轻核聚合成中等质量的原子核时也要释放大量的能量，这被称为核聚变能。核能就是核裂变能和核聚变能的统称。

表 1.1 ^{235}U 裂变释放的能量

能量形式	能量/MeV
裂变碎片动能	168
裂变中子动能	5
瞬发γ射线能量	7
裂变产物γ射线衰变能量	7
裂变产物β射线衰变能量	8
中微子能量	12
总计	207

1.1.1.3 原子核的裂变

当中子被发现后，考虑到中子的强穿透率，就开始利用中子的这个特性研究生产超铀元素的可能性。1939 年，哈恩和史特拉斯曼用中子轰击铀原子核时，发现产物中存在钡那样的中等核。随后梅特纳和费里什对此做出解释：铀在中子轰击后分裂为质量相近的两块（有多种可能的组合方式）。这时，人们认识到了易裂变物质 ^{235}U 的易裂变特性。

1947 年钱三强和何泽慧夫妇发现三分裂现象，三分裂的几率约为二分裂的千分之三，四分裂的几率就更小了。

玻尔和惠勒用液滴模型及复合核反应机制解释裂变过程：中子被 ^{235}U 俘获后形成的复合核处于激发态，激发能为被俘获的中子在复合核中的结合能和中子之前的动能之和。这个复合核发生集体振荡并改变形状。表面张力力图使核恢复球形，而库仑力将使核增大形变，最终可能使其发生裂变，如图 1.3 所示。

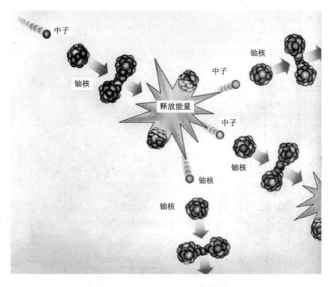

图 1.3   原子核的裂变过程模型图

当中子与像 ^{235}U 的裂变物质作用而发生核裂变反应时，裂变物质的原子核通常分裂为两个中等质量数的裂变碎片。与此同时，还将平均地产生两个以上的新的裂变中子，并释放出蕴藏在原子核内部的核能。在适当的条件下，这些裂变中子又会引起周围其他同位素的裂变。裂变反应是由中子引起的，而反应的结果又产生了新的中子。如果能用新的中子引起新的核裂变，裂变反应就能连续不断地进行下去，同时不断产生能量。人们找到了实现这种产生连续反应的条件，这种反应过程称为链式裂变反应（图 1.3）。

若每次裂变反应产生的中子数目均大于引起核裂变所消耗的中子数目，那么一旦在少数的原子核中引起了裂变反应之后就不用依靠外界的作用而使裂变反应不断地进行下去，这样的裂变反应称作自持的链式裂变反应。

核反应堆就是一种能以可控方式产生自持链式裂变反应的装置，通过控制它能够以一定的速度将蕴藏在原子核内部的部分核能释放出来。

^{235}U 原子核吸收一个中子后可以分裂成两个中等质量数的原子核，同时放出大约 200 MeV 的能量。^{235}U 核的分裂方式有许多种，下面的式子表示的只是其中一种：

$$^{235}_{92}U + ^{1}_{0}n \longrightarrow ^{141}_{56}Ba + ^{92}_{36}Kr + 3^{1}_{0}n$$

上述裂变反应中释放的 200 MeV 就是裂变能，一个碳原子燃烧时仅能放出 4 eV 的能量，由此可以知道核裂变是一个多么巨大的能源了。经简单计算可知，1 kg^{235}U 全部裂变时所放出的核能相当 2 500 多吨标准煤完全燃烧时所放出的化学能。

1.1.1.4　裂变产物

1.1.1.3 节给出的裂变反应式中的 Ba 和 Kr 被称为裂变产物，并不是每次裂变产生的裂变产物都一样，通过物理模型，可以计算出裂变产物的大致分布，但更精确的数据是通过实验实际测量得到的。大量原子核裂变的结果会产生原子序数在 72～160 的大约 80 种原子核。

裂变产物刚产生时很不稳定，将迅速衰变（通常是β衰变）直到变成长半衰期的稳定核素。衰变过程中将释放出大量的热，这就是我们常说的衰变热。因此即使反应堆中的裂变反应停止了，裂变产物依然将在长时间内不停地释放出热量，通常称为反应堆余热。反应堆中裂变产物的衰变热足以使失去冷却的燃料棒熔化，这正是福岛核电站的情况。一旦衰变热冷却系统失控，反应堆就会被毁损。

大多数裂变产物只能当成废物处理，不过有些裂变产物对核反应堆的运行控制是很重要的，还有部分裂变产物有某些特殊的用途。例如被称为中子毒物的 ^{135}Xe 和 ^{149}Sm 是高效的中子吸收剂，正常运行状况下它们在裂变反应的实际控制中起着非常重要的作用。另外像 ^{99m}Te，它是一种医用同位素，常用于某些特殊疾病的诊疗检测。全世界每年约有 4 000 万病人接受使用 ^{99m}Te 的医疗检测。

正常情况下，裂变产物被包容在燃料元件内部。反应堆中的燃料元件所包容的裂变产物的量正比于其所产生的总能量。更换燃料后，乏燃料先被移到乏燃料池中暂存，最终转为长期储存或运到后处理厂中重新回收利用。燃料元件一旦发生破损，部分裂变产物，尤其是气态产物，很可能被释放出来，甚至释放到环境中。

1.1.2 核电

顾名思义，核电是利用核裂变反应产生的能量来发电。核能转化为电能通常经过如下途径：核能→热能→机械能→电能，如图1.4所示。

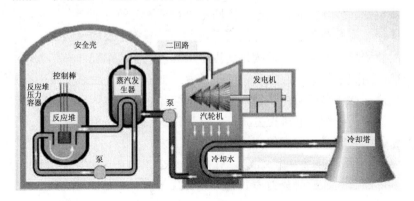

图 1.4　核电产生途径

与常规能源相比，核电有明显的优越性。第一，核能的能量密度大，消耗少量的核燃料就可以产生巨额的能量。我们将核电厂和煤电厂在燃料消耗上做一对比就很容易理解这一点。一座电功率为100万kW的燃煤电厂每年要烧掉约300万t煤，而同样功率的核电站每年只需更换约30t核燃料，真正烧掉的 ^{235}U 大约只有1t。因此利用核能不仅可以节省大量的煤炭、石油，而且极大地减轻了运输量。

核电的第二个主要优点是清洁，有利于保护环境。众所周知，燃烧石油、煤炭等化石燃料必须消耗氧气、生成二氧化碳。由于人类大量燃烧化石燃料等，已经使大气中 CO_2 的数量显著增加，导致所谓"温室效应"。其后果是地球表面温度升高、干旱、沙漠化、两极冰层融化和海平面升高等。这一切都会使人类的生存条件恶化。而利用核能，不论是裂变能还是聚变能，都不需消耗氧气，不会产生 CO_2。因此在西方发达国家，虽然目前能源和电力供应还比较充足，但有识之士仍在呼吁发展核电以减少 CO_2 的排放量。除 CO_2 外，燃煤电厂还要排放大量的二氧化硫等，它们造成的酸雨，使土壤酸化、水源酸度上升，对农作物、森林造成危害。煤电厂排出的大量粉尘、灰渣也对环境造成污染。更值得注意的是，燃烧1t煤平均会产生0.3g苯并芘，它是一种强致癌物质。每1000 m^3 空气中苯并芘含量增加1 μg，肺癌发生率就增加10%~15%。相比之下，核电厂向环境排放的废物要少得多，大约是火电厂的几万分之一。它不排放二氧化硫、苯并芘，也不产生粉尘、灰渣。一座电功率100万kW的压水堆每年卸出的乏燃料仅25~30t，经后处理放射性废物就只剩下10t左右了，现已有多种方法将它们安全地放置在合适的地方，不会对环境造成危害。核电站正常运行时当然也会向环境中排放少量的放射性物质，核电站对周围居民的放射性剂量，不到天然本底的1%。值得指出的是，由于煤渣和粉尘中含有铀、钍、镭、氡等天然放射性同位素，所以煤电站排放到环境中的放射性比相同功率的核电站多几倍，甚至几十倍。

诚然，核电也有缺点。主要是因为裂变生成的裂变产物都是放射性核素，因此核能的释放过程也是放射性物质的产生过程。计算结果表明，一座电功率为110万kW的压水堆，经过 300 d 的运行后，燃料元件中累积的放射性活度高达 $6.4×10^{20}$ Bq［Bq（贝可）是放射性活度单位，1 Bq=1 次衰变/s］。除了裂变产物的放射性外，反应堆内的大量中子会使堆内的各种材料"活化"而转变成放射性物质。现代核工程设计技术可以把所有这些放射性物质禁锢起来，使其不会危害核电厂工作人员和对环境造成污染。但是核电厂毕竟有潜在的危险，一旦发生重大核事故，就可能使放射性释放到环境中去。为了做到万无一失，核电厂的设计、建造和运行必须采用很高的安全标准。这就使得核电站的造价要比火电站高。

与放射性相联系的另一个问题是核反应堆的"余热"问题。由于核燃料元件中积累了大量强放射性的裂变产物，这些裂变产物在进行衰变时会放出衰变热。因此即使反应堆停止运行后堆芯还会不断地发热，这就是所谓"余热"。所以反应堆停堆后还要对它继续进行冷却，否则就会把堆芯烧坏。与放射性相关的还有核废物的处置问题。虽然核电厂每年产生的核废料很少，但其中有些放射性核素的半衰期极长，需要几千年甚至几万年才能衰变完。如何妥善地存放这些核废料，使它们在漫长的岁月中不至于释放到环境中去，是公众非常关心的问题。

1.1.3 核设施

以需要考虑安全问题的规模生产、加工或操作放射性物质或易裂变材料的设施（包括其场地、建（构）筑物和设备），如铀富集设施，铀、钍加工与燃料制造设施，核反应堆（包括临界和次临界装置），核动力厂，核燃料后处理厂等核燃料循环设施。

1.1.3.1 核电厂

核电厂根据反应堆的种类分为压水堆核电厂、沸水堆核电厂、重水堆核电厂、石墨水冷堆核电厂、石墨气冷堆核电厂、高温气冷堆核电厂和快中子增殖堆核电厂等。目前大多数商业运行的核电厂属于水堆型，包括压水堆、沸水堆和重水堆。正在研究开发中的有快中子增殖堆和高温气冷堆核电厂。其他如石墨水冷堆核电厂和第一代、第二代石墨气冷堆核电厂，由于安全或经济的原因已不再建造。

为了使核电厂更加安全和经济，一些国家正在改进现有的轻水堆型，现已建成和运行了先进沸水堆（ABWR）核电厂；先进压水堆（APWR）核电厂也正在建造中，如 AP1000 和 EPR。

本节将重点介绍一些不同堆型的核电厂。

1. 压水堆核电厂

压水堆核电厂是利用压水反应堆将核裂变能转换为热能、再产生蒸汽推动汽轮发电机组发电的电厂。压水堆是以高压欠热水作为慢化剂和冷却剂的反应堆。

（1）压水堆核电厂组成

压水堆核电厂主要由核岛、常规岛和电厂配套设施组成。核岛是压水堆核电厂的核心，其作用是生产核蒸汽。它包括反应堆厂房（安全壳）和反应堆辅助厂房以及设置在其内部的系统、设备。核岛的系统、设备主要有压水堆本体、一次冷却剂系统（通常又称反应堆冷却剂系统或一回路主系统）以及为支持主冷却剂系统正常运行和保证反应堆安全而设置的辅助系统。这些辅助系统主要有化学和容积控制系统、余热排出系统、安全注射系统、安全壳喷淋系统、安全壳消氢系统、安全壳通风净化系统、安全壳隔离系统、辅助给水系

统、废气处理系统、废液处理系统、固体废物处理系统、燃料装卸储存系统等。常规岛主
要包括核汽轮发电机组及其厂房和设置在厂房内的二回路系统及设施，其内容与常规火电
厂类似。核电厂中除核岛和常规岛外的其他建筑物和构筑物以及系统称为电厂配套设施，
图1.5为压水堆核电厂基本组成简图。

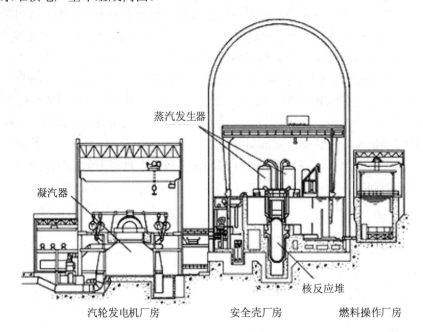

图 1.5　压水堆核电厂基本组成

　　压水反应堆由压力容器和堆芯两部分组成。压力容器是一个密封的、高达数十米的圆
筒形钢壳，所用的钢材耐高温高压、耐腐蚀，用来推动汽轮机转动的高温高压蒸汽就在这
里产生。在容器的顶部设置有控制棒驱动机构，用以驱动控制棒在堆芯内上下移动。

　　堆芯是反应堆的心脏，装在压力容器中间，通常装有一百几十个至两百余个燃料组件。
正如锅炉烧的煤块一样，燃料芯块是核电站"原子锅炉"燃烧的基本单元。这种芯块是由
二氧化铀烧结而成的，含有2%～4%的 ^{235}U，呈小圆柱形，直径为9.3 mm。把这种芯块装
在两端密封的锆合金包壳管中，成为一根长约4 m、直径约10 mm的燃料元件棒。把200
多根燃料棒按正方形排列，用定位格架固定，组成燃料组件。这样，一座压水堆所需燃料
棒几万根，二氧化铀芯块1千多万块堆芯。此外，这种反应堆的堆芯还有控制棒和含硼的
冷却水（冷却剂）。控制棒用银铟镉材料制成，外面套有不锈钢包壳，可以吸收反应堆中
的中子，它的粗细与燃料棒差不多。把多根控制棒组成棒束型，用来控制反应堆核反应的
快慢。如果反应堆发生故障，立即把足够多的控制棒插入堆芯，在很短时间内反应堆就会
停止工作，这就保证了反应堆运行的安全。

　　一次冷却剂系统为与压力容器相连接的一回路，包括2条、3条或4条并联的封闭环
路。每条环路有1台蒸汽发生器、1台或2台冷却剂泵（又称主泵）。整个系统设置一台带
有安全阀和卸压阀的稳压器，以控制系统压力并提供超压保护。反应堆冷却剂经过蒸汽发
生器加热二回路水，二回路和核汽轮机系统与火力发电厂汽轮发电机组及其汽水系统相
似，但汽轮机多为饱和蒸汽汽轮机，并且设置有40%～85%排放能力的蒸汽旁路系统，以

避免电厂甩负荷时一、二回路超压并减少蒸汽向大气排放。此外，还设置有应急动力源和应急水源，以保证安全停堆和排出余热，并保持安全停堆状态。

压水堆的特征是水在堆芯内总体上不沸腾，因此水必须保持在高压状态。燃料用的是二氧化铀陶瓷块，这样的铀芯块本身就起防止放射性物质外逸的作用，即构成了第一道安全屏障。把这些小的铀块重叠在锆合金管内封闭，即成为燃料元件棒。锆合金管也能防止放射性物质逸出，故构成第二道安全屏障。整个堆芯放在内径为 4 m，高为 13 m，厚为 0.2 m 的压力壳内。壳内压强为 155 个大气压。可把水加热到 330℃以上。温度升高了的水进入蒸汽发生器内，器内有很多细管，细管中的水接收热量变成蒸汽进入蒸汽轮机发电。

（2）工作原理

在压水堆内，作为中子慢化剂和一次冷却剂的高温、高压水（通常加硼，以调节反应性）从燃料组件中流过而被加热，温度升高 30℃左右，温度升高了的一回路水进入蒸汽发生器，将二回路中水加热产生蒸汽。一回路水温度降低后，由主泵再送回堆芯，这样在一回路中循环流动。一回路运行压力通常为 15.2～15.5 MPa。一回路水在压力容器出口的温度通常比运行压力下的饱和温度低 20℃左右，所以其流动状态为欠热液相流动。从蒸汽发生器出来的饱和蒸汽或微过热蒸汽进入汽轮机膨胀做功，带动发电机发电。

（3）核电厂的发展历程和现状

1964 年苏联建成电功率 27.6 MW 的新沃龙涅兹原型压水堆核电厂。以后于 20 世纪 70 年代初建成一批电功率 440 MW 的标准设计压水堆核电厂，并向东欧各国出口。80 年代开始建造电功率 1 000 MW 的压水堆核电厂。

根据国际原子能机构 2011 年 1 月公布的最新数据，目前全球正在运行的核电机组共 442 个，核电发电量约占全球发电总量的 16%；正在建设的核电机组 65 个。与气冷堆、重水堆和沸水堆核电厂相比，压水堆核电厂具有功率密度高、结构紧凑、安全易控、技术成熟、造价和发电成本较低等特点，因此它是目前国际上采用最广泛的商用核电厂。

截止到 2011 年年底，我国内地运行的压水堆核电机组已有 13 台，在建压水堆核电机组有 28 台。

压水堆核电厂正常运行时，向环境排放的放射性低于烧煤电厂煤灰中的放射性，并且不会产生二氧化硫、二氧化碳及氮氧化物等有害气体。与气冷堆、重水堆和沸水堆核电厂相比，压水堆核电厂具有功率密度高、结构紧凑、安全易控、技术成熟、造价和发电成本较低等特点，因此它是目前国际上采用最广泛的商用核电厂。

2．重水堆核电厂

重水堆核电厂是以重水堆为动力源的核电厂。重水堆是以重水作慢化剂的反应堆。重水的中子吸收截面小，慢化性能好，中子利用率高，故可以直接利用天然铀作核燃料。重水堆可以用重水或轻水作冷却剂。以轻水作冷却剂的重水堆有日本的普贤核电厂，以重水作冷却剂的重水堆又分为压力容器式和压力管式，压力容器式的如阿根廷的阿图查重水堆核电厂，但这两种堆型都没有得到进一步的发展。世界上唯一得到广泛应用的重水堆核电厂，是加拿大开发和生产的 CANDU 型重水堆核电厂，其反应堆以重水作慢化剂和冷却剂，并以压力管代替压力容器，称为压力管式重水堆。

CANDU 堆也经历了不断改进发展的历程，CANDU-6 是当前世界上技术比较成熟的堆型之一。韩国月城 1、2、3、4 号机组以及罗马尼亚的倩那瓦达 1、2 号机组均采用

CANDU-6，我国秦山三期核电厂 1、2 号机组同样也采用 CANDU-6 型，电功率为 728 MW。

（1）CAND-6 型的组成

CANDU-6 型重水堆核电厂的厂房布置与压水堆核电厂的大致相同。有圆柱形的安全壳即反应堆厂房，在其周围有核辅助厂房、燃料厂房和电气控制厂房及汽机厂房等。

CANDU-6 型堆有一直径 7.6 m，长约 8 m 的不锈钢圆柱形排管容器组件，内盛重水慢化剂，容器两端为端屏蔽，在其管板上布置有 380 根燃料通道。燃料组件装入燃料通道的压力管中，在排管容器的上部和侧向装有相应的反应性控制装置，排管容器卧式安放在充满轻水的混凝土内衬钢板的堆腔中——构成反应堆。反应堆的裂变能用重水冷却并通过和燃料通道相连的冷却系统导出堆外，并在蒸汽发生器中经热交换使二次侧的轻水变成蒸汽，蒸汽推动汽轮发电机发电。在蒸汽发生器一次侧的重水经热交换后，再经主热输泵唧送回反应堆。CANDU 型反应堆的工作流程见图 1.6，反应堆厂房布置见图 1.7。

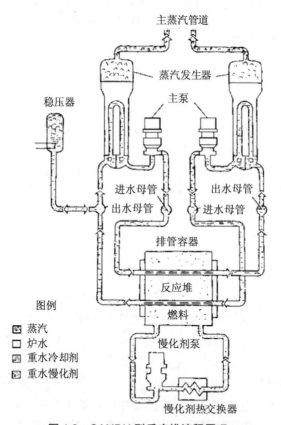

图 1.6 CANDU 型反应堆流程原理

CANDU-6 型重水堆核电厂有各种系统为反应堆和汽轮发电机组及配套设施服务，其中有：主热传输系统和为其服务的各辅助系统；主慢化剂系统和为其服务的辅助系统；重水管理系统，核电厂安全系统，放射性废物处理系统以及主蒸汽系统、主给水系统、冷凝水系统、循环冷却水系统等。

CANDU 型反应堆核电厂在工程上设置了两套独立的停堆系统、一个独立的停堆冷却系统、两个独立的位置分离的柴油发电机组和两个控制室，因而可以在工程上防止重水堆核电厂的事故和确保核电厂的安全。

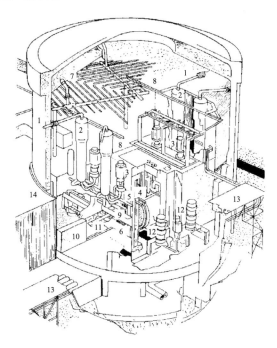

图 1.7 重水堆核电厂堆厂房布置

1. 主蒸汽管道；2. 蒸汽发生器；3. 主泵；4. 泵排管容器；5. 进出水管；6. 燃料管道；7. 喷淋水箱；8. 吊车轨道；9. 换料机；10. 换料机门；11. 吊线；12. 慢化剂循环系统；13. 管道桥架；14. 辅助厂房

（2）安全特征

CANDU 型重水堆由于采用天然铀作核燃料，重水作慢化剂和冷却剂的物理特性决定了其有如下安全特征：

1）重水堆在整个寿期内剩余反应性较低，即使由于大失水事故时引入正反应性，它仍然在安全停堆控制能力之内；

2）由于重水慢化剂和冷却剂是分隔开的，慢化剂工作温度较低（正常运行时为 69℃），而反应性控制装置均布置在低温、低压的慢化剂系统中，因而使控制机构的可靠性提高，不会产生像压水堆核电厂可能产生的"弹棒"事故；

3）CANDU 堆燃料组件在轻水中不可能达到"临界"；

4）在失水事故时若同时发生应急堆芯冷却系统失效时，由于燃料通道的压力管和排管之间有 1 cm 间隙，排管容器中的低压低温的重水慢化剂可吸收压力管传来热量，排管容器中的重水可作为热阱，防止燃料发生熔化。若发生燃料熔化的严重事故，重水慢化剂又不能完全吸收熔化热量时，堆腔内作为屏蔽用的轻水同样也起到热阱的作用，吸收堆芯碎片和慢化剂的余热。

由于所设置的安全系统及其自身固有的安全特性，CANDU 堆核电厂有很好的安全性。

此外，CANDU 堆核电厂反应堆采用卧式压力管燃料通道，在反应堆满功率运行时，利用两台自动装卸料机进行不停堆换料，可以减少核电厂停堆时间，从而提高了核电厂的可利用率。CANDU 型核电厂除用发电外，若有需要，它还可以利用 ^{59}Co 调节棒代替不锈钢调节棒生产大量的 ^{60}Co 同位素。因此，CANDU 堆核电厂的优点是比较突出的，但重水十分昂贵，初装量大，一台 700 MW 级核电厂的初装需 450 t 左右重水，且每年还需补充 0.5%以上。这就要求重水的泄漏或损失要尽量小，如要采取回收措施，则又会增加核电厂系统的复杂性。且因重水辐照后生成氚，要尽可能采取措施，不让其逸出污染环境。

3．沸水堆核电厂

沸水堆核电厂是以沸水堆为动力源的核电厂。沸水堆是以沸腾轻水为慢化剂和冷却剂并在反应堆压力容器内直接产生饱和蒸汽的反应堆。

沸水堆与压水堆同属轻水堆，都有结构紧凑、安全可靠、建造费用低和负荷跟随能力强等优点。它们都使用低富集铀，且须停堆换料。

（1）工作原理

来自汽轮机系统的给水进入反应堆压力容器后（图 1.8），沿堆芯围筒与容器内壁之间的环形空间下降，在喷射泵的作用下进入堆下腔室，再折而向上流过堆芯，受热并部分汽化。汽水混合物经汽水分离器分离后，水分沿环形空间下降，与给水混合；蒸汽则经干燥器后出堆，通往汽轮发电机，做功发电。蒸汽压力约为 7 MPa，干度不小于 99.75%。汽轮机乏汽冷凝后经净化、加热，再由给水泵送入反应堆压力容器，形成一闭合循环。再循环泵的作用是使堆内形成强迫循环，其进水取自环形空间底部，升压后再送入反应堆容器内，成为喷射泵的驱动流，从而提高堆内循环流率，降低堆芯体积含汽量，保证运行的稳定性。改进型沸水堆取消了主系统管路和喷射泵，而在堆内装有数台内装式再循环泵。自汽水分离器和汽轮机凝汽器流回的给水由这些泵唧送回到堆芯去再循环，从而增加了堆芯循环倍率。

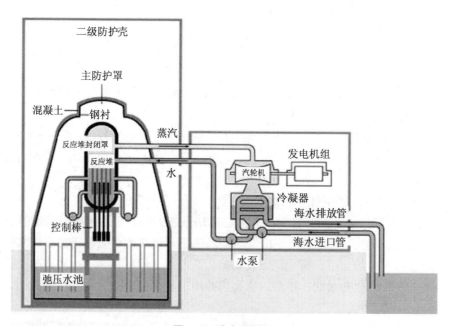

图 1.8　沸水堆原理

（2）组成及特点

堆芯主要由核燃料组件、控制棒及中子测量器等组成。沸水堆燃料组件为正方形有盒组件。组件盒内燃料棒排列成 7×7 或 8×8 栅阵。棒外径约 12.3 mm，高约 4.1 m，其中活性段约 3.8 m。燃料芯块为不同富集度的 UO_2，平均富集度为 2%～3%，堆芯使用 3～4 种富集度燃料，在若干芯块中加入 Gd_2O_3 可燃毒物，以展平组件内中子注量率分布并补偿燃耗。燃料棒包壳材料和组件盒材料均为 Zr-4 合金。堆芯将由 800 个左右燃料组件排列而成。

沸水堆的控制棒呈十字形，插在四个方盒组件之间，中子吸收材料为碳化硼粉末，装在细的不锈钢管内，每根控制棒内装有几十支含碳化硼的不锈钢管。沸水堆的控制棒从堆底引入，原因是：①沸水堆堆芯上部蒸汽含量较多，造成堆芯上部中子慢化不足，这样，堆芯热中子注量率分布不均匀，其峰值下移。控制棒由堆芯底部引入有助于展平中子注量率。②可以空出堆芯上方空间用以安装汽水分离器和干燥器。但控制棒自堆底引入后就不能靠重力自动插进堆芯，因此沸水堆的控制棒驱动机构需非常可靠，通常采用液压驱动，也有采用机械/液压或电气/液压驱动。机械或电气驱动用于正常控制。快速紧急停堆用液压驱动，并配置有单独的蓄压器。

反应堆的功率调节除用控制棒外，还可用改变再循环流量来实现。再循环流量提高，气泡带出率就提高，堆芯空泡减少，使反应性增加，功率上升，气泡增多，直至达到新的平衡。这种功率调节就可使功率改变 25%满功率而不需控制棒的任何动作。

沸水堆不用化学补偿反应性。燃耗反应性亏损除用控制棒外，还用燃料棒内加 Gd_2O_3 可燃毒物进行补偿。

沸水堆主要包括如下系统：主系统（包括反应堆），蒸汽给水系统，反应堆辅助系统（应急堆芯冷却系统），放射性废物处理系统，检测和控制系统，厂用电系统。其中蒸汽给水系统、放射性废物处理系统、厂用电系统以及反应堆辅助系统中的设备冷却水系统、余热排出系统、厂用水系统等都与压水堆核电厂有关系统类似。

沸水堆厂房的特点是在反应堆厂房内设一干井，反应堆即安装在此井内，见图 1.9。干井的作用是：①承受失水事故瞬态压力，并通过排气管将汽水混合物导入抑压水池；②提供屏蔽，使运行维修人员能在反应堆运行时进入安全壳内干井以外地区；③对失水事故时可能发生甩管、水流冲击和飞射物提供防护，以保护安全壳。干井顶部有一钢制密封顶，但可拆卸以便进行换料检修。

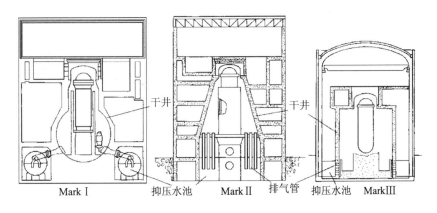

图 1.9 沸水堆反应堆厂房

（3）沸水堆与压水堆的比较

1）沸水堆与压水堆同属轻水堆，都具有结构紧凑、安全可靠、建造费低、负荷跟踪能力强等优点，其发电成本已可与常规火电厂竞争。两者都使用低富集铀燃料，并使用饱和汽轮机。

2）沸水堆的系统比压水堆的简单，特别是省去了蒸汽发生器这一压水堆的薄弱环节，减少了一大故障源。沸水堆的再循环管道比压水堆的环路管道细得多，故管道断裂事故的严重性远不如后者。

3）沸水堆的失水事故处理比压水堆的简单，应急堆芯冷却系统有两个分系统都从堆芯上方直接喷淋注水，而压水堆应急注水一般要通过环路管道才能进入堆芯。

4）沸水堆的流量功率调节比压水堆有更大的灵活性。

5）沸水堆直接产生蒸汽，除了 ^{16}N 的放射性问题外，还有燃料棒破损时的裂变气体和挥发性裂变产物会直接污染汽轮机系统。

6）沸水堆压力容器底部设有为数众多的控制棒和中子探测器孔，增加了小失水事故的可能性。控制棒驱动机构较复杂，可靠性要求高，维修困难。

7）沸水堆压力容器虽与压水堆的类似，但设计压力为压水堆的一半，而由于堆功率密度低，堆芯大，容器内还有再循环泵、汽水分离器和干燥器，故体积较后者大得多。如电功率为 1 100 MW 核电厂的反应堆容器高 23 m，直径 6.4 m，壁厚 178 mm，重达 800 t以上。

8）沸水堆控制棒自堆底引入，因此发生"未能紧急停堆的预计瞬变"的可能性比压水堆的大。

4.高温气冷堆核电厂

高温气冷堆核电厂是使用石墨慢化氦气冷却的高温反应堆的核电厂。反应堆采用耐高温的陶瓷型涂敷颗粒燃料元件，以化学惰性和热工性能良好的氦气作为冷却剂，耐高温的石墨作为慢化剂和堆芯结构材料。

我国华能山东石岛湾核电厂是高温气冷堆（HTR-PM）的示范工程。HTR-PM 示范工程由两座反应堆和相应的两个蒸汽发生器系统组成，每一座反应堆的热功率为 250 MWt，共同向一台蒸汽透平发电机组提供高参数的过热蒸汽，发电功率为 200 MWe。1 座反应堆加 1 台蒸汽发生器构成一个标准单元，位于同一座反应堆厂房内。两座反应堆的一回路相互独立，但共享燃料装卸系统、氦净化系统等辅助设施。两座反应堆在结构上相同。

HTR-PM 由反应堆、一回路系统、专设安全设施、仪表与控制系统、电力系统、辅助系统、蒸汽电力转换系统、放射性废物处理系统、辐射防护系统等系统组成。

HTR-PM 为球床模块式高温气冷堆，采用全陶瓷包覆颗粒球形燃料元件，氦气作冷却剂，石墨作慢化剂。反应堆由活性区、控制棒和吸收球停堆系统、陶瓷堆内构件和金属堆内构件所构成，支承和包容在反应堆压力容器内。

HTR-PM 反应堆活性区为圆柱形球床堆芯，每个堆由几十万个球形燃料元件组成，采用连续装料多次循环的运行方式。

（1）特点

1）具有高度的固有安全性。由于堆芯功率密度低，热容量大，在任何工况下都具有负反应性温度系数，因此即使在反应堆冷却剂失流事故的情况下，堆芯余热也可依靠自然对流、热传导和辐射传出。同时冷却剂氦气是惰性气体，与结构材料相容性好，氦气中子吸收截面小，难以活化，因此在正常运行时，氦气的放射性水平很低，有利于运行和维修。

2）燃料循环灵活、转换比高、燃耗深。不仅可以使用低富集铀燃料，也可以使用高富集铀和钍燃料，实现钍－铀燃料循环。燃料的燃耗深度可高达 100 000 MW d/tU，提高了燃料的经济性。

3）热效率高。由于高温气冷堆出口温度高，可以产生 19.0 MPa、535℃的高温高压过热蒸汽，配以常规汽轮机组，热效率可达 40%，如果实现高温氦汽轮机的直接循环，热效率可提高到 50%～60%。

（2）结构

HTR-PM 的燃料元件作为多层屏障的第一道屏障，最大限度地把燃料和裂变产物约束在燃料元件内，以保证工作人员和环境的安全；有效地导出核裂变释放出来的能量；具有好的抗辐照能力。

HTR-PM 的燃料元件是由包覆燃料颗粒弥散在石墨基体内组成的直径约为 50 mm 的料区和同样基体材料的无燃料区构成的球体。

每座反应堆由燃料元件组成的球床堆芯、石墨和碳砖堆内构件、金属堆内构件、控制棒及其驱动机构、吸收球停堆系统和反应堆压力容器等组成。石墨和碳属于陶瓷材料，石墨和碳砖堆内构件又称为陶瓷堆内构件。

反应堆堆芯是由陶瓷堆内构件砌体构成的近似圆柱形的腔室，整个堆芯陶瓷结构安装和支撑在金属堆芯壳的构件内，金属堆芯壳支承在反应堆压力容器内。堆芯壳与压力容器与 250℃的冷氦气接触，以保证金属结构不承受高温。

反应堆采用球形燃料元件连续装卸料的运行方式。每座反应堆设置两套独立的停堆系统，即控制棒系统和吸收球停堆系统。

（3）安全特性

HTR-PM 具有固有安全性和非能动安全性，保证反应堆在任何事故下，反应堆燃料元件的温度不超过设计限值 1 620℃，不会发生堆芯熔化和放射性大量释放的严重后果，这是由于：

1）燃料高温性能优异

HTR-PM 采用全陶瓷型包覆颗粒燃料元件，辐照试验证明，在目标燃耗、1 620℃高温下致密的 SiC 包覆层仍能保持其完整性，将放射性裂变产物几乎全部阻留在燃料颗粒内。

2）堆芯热容量大

HTR-PM 堆芯为石墨燃料元件，功率密度低，四周为石墨反射层，正常运行时以 250℃的冷氦气流经石墨反射层中的流道，使其保持在较低的温度，如发生失冷失压事故，堆芯和石墨反射层温度上升的热容量能吸纳大量的衰变余热，延缓堆芯燃料温度的上升。

3）余热非能动载出

在正常停堆的工况下，堆芯余热可通过主传热系统由蒸汽发生器传给二回路的启动和停堆回路，再传到最终热阱。

在事故停堆的工况下，如发生一回路冷却剂失冷失压的事故，主传热系统失效，堆芯余热可仅借助于热传导、热辐射和对流传热等自然机理非能动地导出，从燃料元件，经过反射层石墨砌体、堆芯壳和反应堆压力容器将热量传至设置在堆舱混凝土壁面上的余热排出系统，通过自然循环方式把热量传至大气环境最终热阱，保证燃料最高温度不超过 1 620℃限值。

4）负反应性温度系数具有很大的反应性补偿能力

反应堆具有较大的燃料和慢化剂负反应性温度系数，并且在正常情况下燃料元件的温度与其允许的温度限值之间有相当大的裕度，当发生正反应性引入事故时，反应堆可以通过较大的燃料温升，依靠自身的负反应性温度系数的反应性补偿能力实现自动停堆。

鉴于良好的安全特性，HTR-PM 不需要压水堆那样的安全壳系统，而是设置了一种通风型低耐压式安全壳，称为包容体。包容体执行与安全壳类似的功能：

①限制放射性物质向周围环境释放；

②提供屏蔽，保护厂区工作人员免受过量辐照；

③保护反应堆不受外部事件损害。

HTR-PM 的包容体系统由四个分别隔离的部分组成：1#反应堆舱室及蒸汽发生器舱室；2#反应堆舱室及蒸汽发生器舱室；燃料装卸系统及一回路泄放系统；氦净化系统。它们包容了反应堆一回路压力边界及所有与一回路压力边界相连的全部氦气系统，构成了阻止裂变产物向周围环境扩散的第三道安全屏障，实现了对放射性气体的控制排放。

HTR-PM 余热排出系统是非能动自然循环系统，余热排出系统在反应堆正常运行期间执行反应堆舱室的冷却功能，和屏冷系统一起保证混凝土温度低于规定限值；在事故停堆和主传热系统失效情况下执行余热排出功能，负责将堆芯剩余发热可靠载出堆舱并输送至最终热阱，保证堆内构件、反应堆压力容器及反应堆舱室等的温度低于规定限值。每座堆设计为 3 套互相独立的冷却列，2 列同时运行即满足排出余热的要求。

事故工况下，假设主传热系统失效，余热通过辐射、热传导、对流等方式经球床堆芯、石墨反射层、碳砖、堆芯壳传导到反应堆压力容器外，堆芯和压力容器温度升高。由于压力容器壁面和水冷壁壁面之间存在较大的温度差，反应堆余热主要通过二者之间的辐射换热散出，同时舱室内空气的对流传热也传出部分热量。热量传至水冷壁，加热水冷管内的冷却水；冷却水受热后形成自然循环，向上流至空气冷却器管侧，并和管外空气进行热交换；冷空气由空冷塔底部吸入，被加热的空气形成自然循环，通过空冷塔的烟囱上升段，由塔顶的百叶窗流出，将热量传递至最终热阱——大气。

蒸汽发生器事故排放系统是一个与反应堆安全有关的系统。系统的主要功能是在发生蒸汽发生器断管事故后，将蒸汽发生器内的存水排到专用的设备中，减少进入反应堆内的汽、水量，以减少蒸汽进入堆芯造成反应性事故和对堆芯的损坏。

当蒸汽发生器传热管发生破裂事故时，管内的水/汽向一回路侵入，水蒸气随着氦气流入反应堆，会引入正反应性，水与石墨发生反应，产生水煤气会造成一回路压力升高，这些因素都可能对反应堆堆芯造成损坏。为了保证反应堆的安全，必须减少进入反应堆一回路系统的汽水量。在发生蒸汽发生器断管事故后，水和蒸汽向一回路泄漏引起一回路系统的湿度增高，当湿度检测值超过湿度保护限值，由湿度探测信号触发反应堆停堆，并快速关闭给水隔离阀、快速打开蒸汽发生器事故排放系统的排放阀；延迟关闭主蒸汽隔离阀，利用二回路与排放罐之间的压力差将蒸汽发生器内的汽、水向排放罐排放；当二回路蒸汽压力与一回路压力平衡后，同时关闭两条并联排放管道上的四个排放阀（每条双阀串联），使蒸汽发生器处于待检状态。

为减少放射性物质释放的可能性，并保证在运行工况期间和之后的任何释放低于规定限值，设计了一回路隔离系统。一回路隔离系统涉及下列系统：燃料装卸系统，一回路压力泄放系统、氦净化系统及热工仪表和过程测量系统，吸收球系统。当发生一回路系统失压事故，一回路系统压力负变化率（绝对值）达到或超过规定值后，立即触发紧急停堆，还同时触发一回路系统隔离的保护动作。此隔离措施是针对一回路系统隔离阀下游破口造成的失压，以防止冷却剂的进一步流失。

在发生事故工况而紧急停堆时，保护系统除触发控制棒紧急下落、一回路主氦风机停车并关闭风机挡板等，同时进行二回路系统隔离，即关闭主给水隔离阀、主蒸汽隔离阀。二回路系统隔离的目的是：蒸汽发生器发生破管事故时便于蒸汽发生器事故排放系统工作，尽可能减少进入一回路冷却剂的汽、水量；在停堆时，蒸汽发生器已无一回路氦气加热，防止二回路冷水对仍处在高温的蒸汽发生器进行冷冲击。

针对蒸汽发生器传热管断裂事故，在 HTR-PM 氦净化系统设计了一个由两个模块共用的事故净化列。当发生蒸汽发生器管破裂而引起进水事故后，可以采用反应堆首次启动时的方法启动事故净化列来去除一回路中的水汽。

1.1.3.2　研究堆

研究堆主要用于产生和利用中子注量率和电离辐射作研究和其他目的用的核反应堆。

研究堆的用途非常广泛，涉及原子核物理、中子利用、材料、工程以及医学和农业等方面的试验研究，研究堆还可以应用于生产同位素和利用其产生的各种射线进行多种分析及试验。在反应堆上进行的实验可分为三类：

1）第一类实验指的是反应堆自身的实验，目的是获取与反应堆性能有关的数据，从而更有把握地保证安全运行，满足使用要求；

2）第二类实验指的是利用从反应堆中引出的中子束流进行的各项研究工作，这类实验不改变堆芯的组成成分；

3）第三类实验指的是利用堆芯的中子进行的各种辐照研究工作。在这类实验中，被辐照靶件要插入堆芯，因而改变了堆芯的组成部分。

目前世界上建有大大小小的研究堆 500 多座。我国 20 世纪 50 年代开始建造研究堆，到目前为止已建有各种试验研究堆十余座，规模较大的有 5 座，主要分布在中国原子能科学研究院、中国核动力研究院及清华大学的研究堆基地。这些研究堆对我国的核科学技术、军工科研生产和国民经济许多领域的发展都作出了重要贡献。

研究堆的目的是为基础研究和应用研究提供多种用途的中子源，从 1942 年世界上第一座反应堆临界到现在，研究堆都围绕着这一目的开展工作。根据国际原子能机构（IAEA）的统计，在全世界约 70 个国家和地区的 500 多座的研究堆中，正在运行的有 300 多座。研究堆发展大体可分为四个阶段。

1）20 世纪 40 年代是研究堆发展的初级阶段，这期间建造的研究堆都以天然铀为燃料，而且功率很低，只有几瓦到几百瓦，主要用于证明自持链式反应的实验和获得一些基本参数。如美国的 CP-1 石墨堆、加拿大的 ZEEP 重水堆等；

2）随着燃料技术的发展和实验研究的需要，20 世纪 50 年代一批使用加浓铀为燃料的堆先后建成，其功率从几兆瓦到几十兆瓦，研究与应用的范围有了较大的发展。如美国的

OWR 堆、英国的 DIDO 堆、中国的重水堆等；

3）20 世纪 60 年代至 70 年代，功率数十兆瓦（或更高）的一批专用研究堆先后建成，最大热中子注量率可达 10^{15} cm^2/s 量级。如美国的 HFIR 堆、原苏联的 CM-2 堆、中国的高通量工程试验堆等。这些堆专门用来做材料研究、背散射、自旋回波实验和生产超钚元素等；

4）20 世纪 80 年代至 90 年代，随着研究堆燃料的发展，出现了 UxSix-AL 新型燃料，设计中采用倒中子陷阱原理，紧凑堆芯的研究堆得到进一步发展。这期间建造的研究堆有利比亚的 IRT-1 堆、印度尼西亚的 RSG-GAS-30 堆、法国的 ORPHEE 堆。这些堆不但快中子和热中子通量高，而且都能提供较大的可利用空间，实现中子通量分区的要求。

随着研究堆技术的发展，其安全目标也不断提高。尽管已建的研究堆具有很好的安全性，但在新堆型的研制与开发中还应继续采取下述途径，以提高其安全性。

1）鉴于研究堆运行状态变化多，并且运行人员要较多地接近堆芯和实验设备，人为因素是对研究堆安全特别重要的因素，应适当提高新型研究堆的自动化水平，以尽量减少对运行人员的依赖；

2）新建研究堆应尽量具备两套独立的停堆系统，把"未能停堆事故"的概率降到最低；

3）在设计中使反应堆具有较高的内在安全性和较大的负反应性温度系数，使反应堆有较强的自保护能力；

4）尽量采用非能动安全系统和可靠的余热排出系统。非能动的余热排出系统采用自然循环的原理，在国内外研究堆上已有成功的范例。防止堆芯失水的应急冷却系统利用重力原理也有很好的成功经验。一般说来，在研究堆上应用非能动技术有得天独厚的条件，因为很多研究堆都配置有较大水池是一个很好的热阱。

1.1.3.3 核燃料循环设施

所谓核燃料循环是指与核能生产有关的所有活动，包括铀或钍的采矿、选冶、加工或富集，核燃料制造，核反应堆运行，核燃料后处理，退役和放射性废物管理等各种活动，以及上述各种活动有关的任何研究与开发活动。

核电站的发展，促进了核燃料的开发利用，加快了核燃料循环的深入发展。用于裂变反应的 ^{235}U 在天然铀中含量极微，其天然丰度仅为 0.7% 左右。从铀矿开采、冶炼，经铀化工转换，到浓缩成核动力堆用产品，需要经过一系列的加工处理；经过核反应堆卸出的乏燃料需要经冷却、贮存和后处理后，再对其有用部分加以利用，对其放射性废物则需进行处理，这样就形成了核燃料循环系统工程。

从核事故应急的角度，本手册所涉及的核燃料循环设施主要是指核燃料的生产、加工、贮存和后处理设施。

1. 铀矿的开采与冶炼

铀矿地质勘察是提供铀矿储量的基础工作。在我国要探明铀矿的储量，一般要经过地质普查、详查和勘探三个阶段，约需 5 年的时间。铀矿开采分露天和地下开采两种方式，类似于煤矿开采。区别在于铀矿开采面的地质条件差，工作环境恶劣。铀矿冶炼是指从铀矿石中提出、浓缩和纯化精制天然铀产品的过程。目的是将具有工业品位的矿石，加工成有一定质量要求的固态铀化学浓缩物，以作为铀化工转换的原料。在铀矿冶炼中，由于铀含量低、杂质含量高、腐蚀性强，又具有放射性，铀的冶炼工艺比较复杂，需经多次改变形态，不断进行铀化合物的浓缩与纯化。

2. 铀化合物转换（或称铀化工转换）

在核燃料循环中，铀化合物转换是指将水冶产品中的铀转为核纯金属或 UF_6 所经过的物理化学过程，其产品作为铀浓缩的原料。铀化合物转换主要包括铀化物核纯和铀化工转换。铀化物核纯，是通过纯化去掉铀化合物中影响浓缩过程的杂质，确保产品质量。目前，纯化一般有干法、湿法两种方法。湿法的特点是在开始去除杂质，干法则是在转化的最后阶段去除杂质。目前采用的较经济可行的方法是湿法纯化。

铀化工转换通常是指将 UF_4 转化生产为 UF_6 产品，为铀浓缩提供原料。把 UF_4 转换生产为 UF_6 产品，主要采用氟化生产工艺，其主要生产工艺流程见图 1.10。

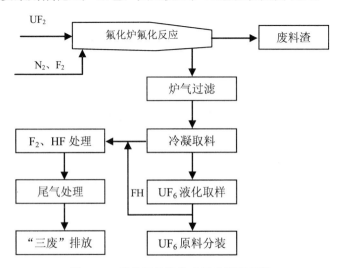

图 1.10　铀化工转换生产工艺流程示意

3. 铀的浓缩

铀浓缩是指把 ^{235}U 丰度为 0.6%~0.71% 的 UF_6，通过相应的分离技术，将其浓缩为军民用核燃料所需的丰度。现在铀浓缩方法仍属敏感技术，世界各国均相互保密。最成熟的铀浓缩方法是扩散法，也是最早用于工业规模生产浓缩铀的方法。目前扩散法生产能力在世界其他分离方法总能力中仍占有相当大的比例。

扩散法是利用 ^{235}U 与 ^{238}U 分子质量的差异，借助于多孔介质，实现对 ^{235}U 浓缩的。目前美、法等国均有扩散厂，法国在用扩散法浓缩 ^{235}U 的生产厂中，是经济效益最好的国家。

离心法是 20 世纪 60 年代后发展较快的铀浓缩方法。其原理是借助于高速旋转的离心力，将 ^{235}U 与 ^{238}U 分子分离，实现对 ^{235}U 的富集。目前，在西欧、俄罗斯和日本已相继建立了离心铀浓缩厂。

激光分离法是 20 世纪 70 年代出现的铀同位素分离技术，其比电耗优于离心分离法。激光分离法主要以原子蒸汽法和分子法为主。最近，原子蒸汽法已进入扩大试验阶段，21 世纪初可望形成工业生产规模。

4．核燃料元件的制造

核燃料元件是核动力堆能量的源泉，是核燃料实现核能转变为电能的关键部件。核燃料元素的配置和结构，可视核反堆堆型的不同而异。一般动力堆用陶瓷型燃料元件（UO_2），生产裂变材料钚-239 的反应堆用金属型燃料元件。核燃料元件的结构有棒状、板状、管状和球状四种类型。二氧化铀陶瓷材料是商用动力堆常用的燃料形态。

5．乏燃料处理

乏燃料是指从反应堆中卸出的辐照过的燃料元件，通常称乏燃料元件。乏燃料处理是核燃料循环的最后阶段，目的是将乏燃料中可用材料与放射性废物分开，使有用燃料得以循环利用，对无用废料固化封存处置。目前工业规模的乏燃料处理采用有机萃取剂，把铀和钚从它们的硝酸水溶液中萃取出来。通常应用的是磷酸汀酯萃取铀和钚工艺，也就是普雷克斯流程。主要工艺流程见图 1.11。

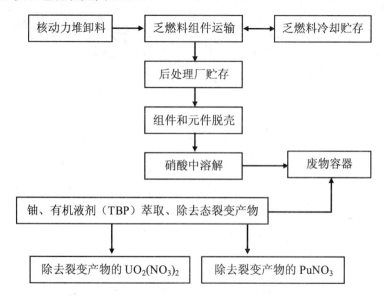

图 1.11　乏燃料后处理工艺流程示意

1.1.4 核事故与核应急

1.1.4.1 核事故

尽管核动力厂采取了如上所述的纵深防御的措施，在选址、设计、建造、调试、运行和退役等各阶段均严格按照我国的核安全法规进行，以保证核动力厂运行状态下的辐射照射控制合理可行且尽量低，并将能导致辐射来源失控事故的可能性减至最小，但仍然存在发生事故的可能性。

核事故是指核设施或核活动中极少出现的对正常状况的严重偏离。若有关的专设安全设施不能按设计要求发挥作用，则放射性物质的释放可能会达到不可接受的水平。

核动力厂按其运行时所处的状态并考虑其发生的概率分成几类，这些类别通常包括正常运行、预计运行事件、设计基准事故和严重事故。本部分重点描述与核事故和核应急相关的设计基准事故和严重事故。

1．设计基准事故

设计基准事故的定义是：核动力厂按确定的设计准则在设计中采取了针对性措施的那些事故工况，并且该事故中燃料的损坏和放射性物质的释放保持在管理限值以内。

针对设计基准事故，必须根据假设始发事件清单得出一套设计基准事故，以便设定设计安全重要构筑物、系统和部件的边界条件。

在为响应某一假设始发事件而需要立即采取可靠行动时，必须采取措施自动启动所需的安全系统，以防止发展成可能威胁下一道屏障的更严重工况。

2．严重事故

严重事故的定义是：严重性超过设计基准事故并造成堆芯明显恶化的事故工况。

严重事故可能由安全系统多重故障引起，并导致堆芯明显恶化，它们可能危及多层或所有用于防止放射性物质释放的屏障的完整性。采用工程判断和概率论相结合的方法来考虑这些严重事故序列，针对这些序列确定合理可行的预防或缓解措施。根据运行经验、有关的安全分析和安全研究的结果，针对严重事故，我国的核安全法规 HAF102 明确了相关设计要求：

采用概率论、确定论和正确的工程判断相结合的方法，确定可能导致严重事故的重要事件序列。

1）对照有关准则审查这些事件序列，以确定必须在设计中考虑哪些严重事故；

2）对于能降低这些选定事件发生的概率或者当这些选定事件发生时能减轻其后果的可能的设计修改或规程修改，必须加以评价，如属合理可行则必须实施这种修改；

3）必须考虑核动力厂的整个设计能力，包括超过其原来预定功能和预计运行状态下可能使用某些系统（即安全系统和非安全系统）和使用附加的临时系统，使核动力厂回到受控状态和/或减轻严重事故的后果，条件是可以表明这些系统能够在预计的环境条件下起作用；

4）对于多机组核动力厂，必须考虑使用其他机组可利用的手段和/或支持，条件是其他机组的安全运行不会受到损害；

5）必须在涉及有代表性和起主导作用的严重事故情况下制定事故管理规程。

核反应堆严重事故可以分为两大类：

堆芯熔化事故（CMAs）：由于堆芯冷却不充分，引起堆芯裸露、升温和熔化的过程，其发展较为缓慢，时间尺寸为小时量级。

堆芯解体事故（CDAs）：由于快速引入巨大的反应性，引起功率陡增和燃料碎裂的过程，其发展非常迅速，时间尺寸为秒量级。

3．历史上出现的严重的核事故

历史上曾发生多起较为严重的核事故，如南乌拉尔事故、温茨凯尔事故、三哩岛事故、切尔诺贝利事故和日本福岛核事故，在这五个事故中，其中一起为化学工厂爆炸事故，三起为人为因素造成的核事故，一起为严重的自然灾害引发的核事故。

关于上述事故的具体描述参见第 2 章。

1.1.4.2 核事故应急

1. 核事故应急的基本概念

1）核应急。指核紧急状态，是由于核设施发生事故或事件，使核设施场内、场外的某些区域处于紧急状态。需要立即采取某些超出正常工作程序的行动，以避免核电厂核事故发生或减轻事故后果的状态。

2）应急响应。为控制或减轻导致应急状态的事故的后果而紧急采取的行动及措施。

3）应急状态分级。我国将核电厂核事故应急状态分为下列四级：应急待命、厂房应急、场区应急和场外应急。

4）应急防护措施。应急状态下为避免或减少工作人员和公众可能接受的剂量而采取的保护措施。

5）稳定性碘。含有非放射性碘的化合物，当事故已经导致或可能导致释放碘的放射性同位素的情况下，将其作为一种防护药物分发给居民服用，以降低甲状腺的受照剂量。

6）隐蔽。应急防护措施之一，指人员停留于（或进入）室内，关闭门窗及通风系统，其目的是减少飘过的烟羽中的放射性物质的吸入和外照射剂量，也减少来自放射性沉积物的外照射剂量。

7）撤离。应急防护措施之一，指将人们从受影响区域紧急转移，以避免或减少来自烟羽或高水平放射性沉积物质产生的高照射剂量，该措施为短期措施，预期人们在预计的某一有限时间内可返回原地区。

8）避迁。应急防护措施之一，指人们从污染地区迁出，以避免或减少地面沉积外照射的长期累积剂量，其返回原地区的时间或为几个月到 1～2 年，或难以预计而不予考虑。

2. 核事故应急计划与准备

由于采取了纵深防御原则和不断强化核电厂的安全文化，核电的安全性是有保证的，但仍然不能完全排除发生严重事故的可能性（尽管发生这种事故的概率是极低的）。为了保护环境、保护公众与工作人员的健康与安全，制订应急计划，做好应急准备成为确保核安全的最后一道屏障。编制好应急计划，并按应急计划的要求和安排进行应急准备和事故发生时的应急响应，将可以最大限度地减轻事故对环境和公众健康、安全的影响。

根据我国核电厂核事故应急管理条例的要求，每个核电厂都要有周密的总体应急计划，包括：核电厂营运单位的场内应急计划，即在核电厂事故时场区范围内应采取的应急措施；核电厂所在地地方政府的场外应急计划，即在核电厂事故时为保护公众与环境而采取的应急措施；核电厂主管部门、国家核安全监管机构及其他有关部门（包括军队）的应急方案，并要保证所有参与组织在行动上的协调一致。

为保证核事故时各项应急行动的迅速和正确，还需制订针对各种应急状态所需采取的核事故应急措施的具体执行程序。

有关核事故应急计划与准备的具体内容参见第 4 章。

3. 核应急国际公约

前苏联发生的切尔诺贝利核电厂事故，使人们意识到在严重核事故情况下相互提供援助的必要性。于是，在国际原子能机构的主持下，制订《及早通报核事故公约》，同时制订了《核事故或辐射紧急情况援助公约》（以下简称《公约》）。其目的在于建立一种发生核事故或辐射紧急情况时能迅速提供援助的国际机制，以尽量减轻事故的后果，并保护生命、财产和环境免受放射性释放的影响。1986 年 9 月 26 日在维也纳国际原子能机构大会特别会议上通过了该《公约》。我国是该《公约》的缔约国。

《公约》的主要规定是：在发生核事故或辐射紧急情况时，若一缔约国需要援助，不论此事故是否发生于其领土上，均可直接向其他缔约国、国际原子能机构或酌情向其他政府间国际组织请求援助。请求国应详细说明所需援助的范围、种类和必需的有关情况。收到此请求的缔约国应立即决定并通知请求方其能否提供以及可能提供的援助范围和条件。任何缔约国均可请求对受事故影响的人员进行医疗或要求在另一缔约国领土内暂时安置。国际原子能机构接到这种援助请求时，应迅速了解有此资源的国家或国际组织，并向其传递此请求。各缔约国均应建立提出和接受此援助请求的应急联络点并通知原子能机构，此类联络点和原子能机构的联络中心应随时处于工作状态。《公约》还对援助的指导和管理、费用的偿还、豁免和便利以及国际原子能机构的职责等做了规定。

关于该项公约具体内容参见第 3 章。

4. 核事故应急管理

核事故应急管理是指在事故应急时采取的核事故对策、应急准备、应急措施及事故后恢复行动的管理活动。

各国在大规模应用核能，特别是发展核电的同时，对核事故的可能性及其后果、应采取的应急措施等做了大量研究工作。美国从 20 世纪 50 年代起即着手研究核电厂假想事故及其可能对环境的影响。到 60 年代逐渐形成了核事故应急计划及应急管理的完整概念。在美国核管理委员会管理导则中就有对核电厂应急计划的明确要求。

国际原子能机构在总结和推广核事故应急管理经验方面也做了大量工作。1969 年国际原子能机构在其 32 号出版物中就比较全面地论述了核事故应急计划的基本要求，以后又陆续发布了一系列有关法规和导则。

核事故应急管理主要包括建立应急管理体制、制定相应法规、审批应急计划、做好应急准备、组织和指挥应急行动等。

各国国情不同，应急管理体制也不尽相同。中国对核电厂事故应急工作实施国家、地方（省、直辖市、自治区）及核电厂营运单位的三级管理。

关于应急管理体系的详细内容参见第 3 章。

5. 核事故应急措施

为控制核事故的发展、减轻和缓解事故后果、保护工作人员和公众的健康与安全、保护环境，在核事故应急中需要采取各种应急处理措施。核事故情况千差万别，且往往具有突发性，因此所需采取的应急措施的类型、实施方式和规模也不相同。必须根据事故分析、应急监测与评价结果，按应急计划程序，在统一指挥下有组织、有计划地实施这些措施。应急措施主要包括应急监测、应急评价、应急通信与报警、工程补救措施、隐蔽、服药、撤离、食物与水源控制、交通管制、医学救护等。

1）事故评价。根据对事故发展过程的分析与应急监测结果，对应急状态、事故对环境的影响及发展趋势所做的快速评价。应急评价为适时采取应急措施提供了科学依据。应急评价时要根据实际监测结果（例如大气中的放射性水平、地表污染测量及必要的核素分析）、所了解的事故机制、电厂环境条件及实时气象资料，利用一定的计算设备，计算出周围一定范围内的放射性水平分布及其发展趋势。关于事故评价的内容参见第9章。

2）应急监测。事故时，首先要加强对核设施，特别是反应堆状况的监测，同时要利用原有的监测系统对核电厂及周围环境的放射性水平加强监测。必要时，还要根据事故特点及环境、气象条件，派出应急监测人员，对有代表性的事故影响地点及关键核素作应急监测。关于应急监测详细内容参见第10章。

3）应急通信与通告。事故发生后，核电厂营运单位需根据事故性质、严重程度、应急状态等情况，按应急计划中规定的程序，向主管部门、地方政府、监督部门及其他有关单位报告事故情况。各部门间要随时联系，应急指挥部和各应急行动组间更要有可靠、迅速的联系手段。因此要建立迅速可靠的应急通信系统，应急通信手段要多样化并有足够的备用。关于应急通告的详细内容参见第11章。

4）工程补救措施。核电厂应事先预计各种可能的事故工况，制定相应的应急操作规程，确保事故时能使反应堆安全停闭、冷却并保持在安全状态。所有运行人员对应急操作规程应十分熟悉，并经过必要的操作训练。事故时可能出现一些意想不到的情况，往往需根据反应堆事故工况分析及工程抢险的需要而采取一些特殊的工程补救措施，例如必要时人力操作某些关键阀门或其他机械，进入有一定放射性危险的区域消灭火灾，为避免更大事故发生而采取一些有控制的卸压排放措施等。实施工程补救措施，特别是在工程抢险及人员救护中，要特别注意应急工作人员的剂量监测与辐射防护。进入严重污染区时，应有呼吸道防护（如戴防毒面具或穿个人防护衣），最好佩戴有超限报警功能的个人剂量装置。关于人员防护的相关内容参见第8章。

5）应急防护措施。应急状态下为避免或减少工作人员和公众可能接受的剂量而采取的保护措施。其中早期应急防护措施主要为隐蔽、撤离和服用稳定碘。事故中，如食物（例如牛奶、蔬菜、水产品、肉类、水果等）、水源（如河流、湖泊、水库、地下水等）受到污染时，就要考虑是否应采取措施实施对食物及水源的控制。关于应急防护措施的详细内容参见第8章。

6）交通管制。即对进出严重污染区域或由于放射性烟羽正值经过、而造成放射性水平较高地区的人员和车辆进行控制，以保护工作人员和公众，降低集体剂量，防止污染扩散。在实施交通管制时，不允许无关人员及车辆进入严重污染区，过路人员及车辆可以按规定路线绕行。对从严重污染区撤出的人员要认真实施沾污检查，并设置人员冲洗（淋浴）室及更衣室。对撤出的车辆、器材，要认真检测及洗消。此外，在执行撤离人员、应急抢救、工程抢险等任务时，为保证应急工作人员及车辆的顺利通行，防止发生混乱及交通事故，也需实施必要的交通管制。

7）医学救护。核事故下，除因火灾及机械损伤等原因造成的伤亡外，还可能有一些遭受过量辐照的伤员。在核电厂营运单位及地方政府的应急计划中都必须根据这个特点，做好相应的医学救护准备。关于医疗救护的详细内容参见第13章。

虽然核电厂严重事故极少发生，但由于其后果严重，影响巨大，因此，各国对核电厂事故应急措施的研究都十分重视。研究的重点是：①核电厂严重事故机制及源项研究，以便为更有效地防止发生事故和控制事故发展提供技术依据；②建立和完善事故监测及应急评价系统，采用更先进的设备和计算模式，提高应急评价及预测的准确性，为决策应急行动提供科学依据；③对各种应急行动进一步进行代价-利益分析；④研究核电厂事故工程补救措施及工程抢险技术，例如研制适用于核事故工程抢险用的机器人等；⑤辐照损伤的快速鉴别和诊断技术；⑥严重放射性损伤病人的抢救和治疗。

6．核事故后恢复措施

核事故终止后，为消除事故后果、恢复正常生产和生活秩序而采取的各种恢复措施。核电厂发生事故后，通过各种应急操作或工程补救措施，已确保反应堆处于安全状态，放射性物质的事故排放已经终止或得到有效控制，核电厂周围环境大气中的放射性水平已降低到允许水平以下，事故的危急期已经过去，即可根据全面监测结果，按规定程序宣布应急状态终止，并随即进入事故后的恢复期。恢复期中采取的各种恢复措施主要包括环境监测与去污、核设施的安全核查和检修、正常生活秩序的恢复、受照人员的医学治疗与跟踪等。

1.2　辐射防护基本知识

1.2.1　放射性基础知识

1.2.1.1　放射性

放射性是指某些核素自发地放出粒子或γ射线，或在轨道电子俘获后放出 X 射线，或发生自发裂变的性质。

1896 年，法国物理学家贝克勒尔在研究铀盐的实验中，首先发现了铀原子核的天然放射性。在进一步研究中，发现铀盐所放出的这种射线能使空气电离，也可以穿透黑纸使照相底片感光。他还发现，外界压强和温度等因素的变化不会对实验产生任何影响。贝克勒尔的这一发现意义深远，它使人们对物质的微观结构有了更新的认识，并由此打开了原子核物理学的大门。

按原子核是否稳定，可把核素分为稳定性核素和放射性核素两类。一种元素的原子核自发地放出某种射线而转变为别种元素的原子核的现象，称作放射性衰变。能发生放射性衰变的核素，称为放射性核素。

放射性有天然放射性和人工放射性之分。天然放射性是指天然存在的放射性核素所具有的放射性。它们大多属于由重元素组成的三个放射系（即钍系、铀系和锕系）。人工放射性是指用核反应的办法所获得的放射性。人工放射性最早是在 1934 年由法国科学家约里奥-居里夫妇发现的。

在目前已发现的 100 多种元素中，约有 2 600 多种核素。其中稳定性核素仅有 280 多种，属于 81 种元素。放射性核素有 2 300 多种。放射性衰变最早是从天然的重元素铀的放射性发现的。

1.2.1.2　放射性衰变

放射性与放射性物质的原子核衰变有密切关系。原子核衰变是指原子核自发地放射出 α或β等粒子而其本身转变为另一种原子核。放射性核素衰变的快慢常用半衰期来表示，即一定量的原子核衰变掉一半所需要的时间。半衰期的范围可从 10^{10}a 到 10^{-9}s。原子核衰变的形式有多种，主要有α衰变、β衰变、γ衰变、同质异能跃迁及自发裂变等。

1. α衰变

原子核（母核）自发地放射出α粒子（氦核）而转变为电荷数减 2，质量数减 4 的原子核。表示为 $_Z^A X \rightarrow _{Z-2}^{A-4} Y + _2^4 He$，式中 X 为母核，Y 为子核，$A$ 为原子核的质量数，Z 为原子核的电荷数。

2. β衰变

原子核自发地放射电子或正电子或俘获一个轨道电子而发生转变，统称为β衰变。主要分为三种类型：

1）原子核自发地放射出电子而转变为电荷数加 1、质量数不变的原子核时，称为β衰变。表示为 $_Z^A X \rightarrow _{Z+1}^A Y + e^- + \bar{\nu}$，式中 e 为电子，$\bar{\nu}$ 为反中微子。

2）原子核自发地放射出正电子而转变为电荷数减 1、质量数不变的原子核时，称为β+衰变。表示为 $_Z^A X \rightarrow _{Z-1}^A Y + e^+ + \nu$，式中 e+ 为正电子，$\nu$ 为中微子。

3）原子核俘获轨道电子而转变为电荷数减 1、质量数不变的原子核的现象称为轨道电子俘获。表示为 $_Z^A X + e^- \rightarrow _{Z-1}^A Y + \nu$。

3. γ衰变

γ辐射（或称γ光子）是经常伴随α或β衰变产生的。α衰变或β衰变所形成的原子核处于激发态。激发态是不稳定的，当从激发态直接退激或者级联退激到基态时，放出γ射线。这种现象称为γ衰变（或称γ跃迁）。γ衰变的子核和母核，其电荷数和质量数均相同，仅核的内部状态不同。有时从激发态转变到基态时，放出一个核外电子，称为内转换电子。内转换过程放出的内转换电子和放出的γ光子的概率之比称为内转换系数。

4. 同质异能跃迁

原子核处在同质异能态（即原子核的一种平均寿命长得足以被观察的激发态）的γ跃迁，是放射性衰变的一种形式。长寿命的同质异能态通常在核素符号的左上标质量数后面加上 m 来表示，例如，^{60m}Co。它与 ^{60}Co 的电荷数和质量数都相同，但半衰期不同，^{60}Co 为 10.5 min，^{60m}Co 为 5.27 a。通常将具有相同质量数和原子序数，而处在不同核能态的一类核素称为同质异能素。

5. 自发裂变

处于基态或同质异能态的原子核在没有外加粒子或能量的情况下发生的裂变。自发裂变和α衰变是重核衰变的两种不同方式，两者有竞争。对铀核，自发裂变和α衰变相比很小，仅仅是刚可被探测到的，但对某些人工制造的超重核，例如 ^{252}Cf 的自发裂变则是主要的衰变形式。^{252}Cf 是重要的自发裂变源和中子源。

1.2.1.3 半衰期与衰变常数

任何一种放射性原子核在单独存在时，随时间呈指数衰减过程，t 时刻的原子核数为

N（t）$=N_0\mathrm{e}^{-\lambda t}$，式中 λ 为衰变常数，N_0 表示时间为零时刻的母核数。衰变常数 λ 的大小决定了衰变的快慢，它只与放射性核素的种类有关。衰变常数 λ 与半衰期 T 成反比，λ 越大，表示放射性衰减得越快，显然衰减到一半所需要的时间也就越短。它们的关系是 $\lambda=\dfrac{\ln 2}{T}=\dfrac{0.693}{T}$。衰变常数是某种放射性核素的一个原子核在单位时间内进行自发衰变的概率。因为 λ 是常数，所以每个原子核不论何时衰变，其衰变的概率均相同。这意味着，各个原子核的衰变是独立无关的，每个原子核衰变完全是偶然性事件。

平均寿命 τ 是在某特定状态下原子或原子核系统的平均存活时间。对大量放射性原子核而言，有的核先衰变，有的核后衰变，各个核的寿命长短一般是不同的，从 $t=0$ 到 $t\to\infty$ 都有可能。但对某一类核素而言，平均寿命 τ 是个常数。平均寿命 τ 和衰变常数互为倒数，即 $\tau=1/\lambda$。

1.2.1.4　放射性活度

由于测量放射性核的数目极不方便，且常常没有必要，而人们感兴趣又便于测量的是一定量的某种放射性物质，在一个适当短的时间间隔中所发生的自发衰变数除以该时间间隔所得的商，即衰变率 $-\mathrm{d}N/\mathrm{d}t$，亦称放射性活度。其表达式为：$A=-\mathrm{d}N/\mathrm{d}t=\lambda N=\lambda N_0\mathrm{e}^{-\lambda t}=A_0\mathrm{e}^{-\lambda t}$，式中 $A_0=\lambda N_0$，是 $t=0$ 时的放射性活度。放射性活度和放射性核数具有同样的指数衰减规律。

有的原子核经过一次衰变并不稳定，衰变过程仍继续进行，直到成为稳定核为止，其衰变规律较为复杂，这种衰变叫做连续衰变。连续衰变系列通称为放射系，在地壳中存在三个天然放射系。例如，钍系从 $^{232}\mathrm{Th}$ 开始，经过 10 次连续衰变，最后到稳定核素 $^{208}\mathrm{Pb}$。裂变产物常常要连续衰变，直至转变为稳定核素为止。例如，$^{140}\mathrm{Xe}$ 要经过 4 次 β^- 衰变，转变到稳定核素 $^{140}\mathrm{Ce}$。

放射性活度的专用单位为贝可（Bq）和居里（Ci），$1\mathrm{Ci}=3.7\times10^{10}$ 衰变/s，国际制单位叫做贝可，$1\ \mathrm{Bq}=1\ \mathrm{s}^{-1}$，$1\ \mathrm{Ci}=3.7\times10^{10}\mathrm{Bq}$，即每秒发生 3.7×10^{10} 次衰变，或者说，一秒钟内有 3.7×10^{10} 个核发生衰变，其放射性强度就叫做 1 居里。

$1\mathrm{mCi}=1/1\ 000\mathrm{Ci}=3.7\times10^7$ 衰变/s；

$1\mu\mathrm{Ci}=1/10^8\mathrm{Ci}=3.7\times10^4$ 衰变/s。

居里、毫居里也简称居、毫居。

连续衰变中，有可能出现放射性平衡。某一种衰变链中，各放射性活度均按该链前驱核素的平均寿命随时间作指数衰减变化。这种放射性平衡只有在前驱核素的平均寿命比该衰变链中其他任何一代子体核素的平均寿命长时，才是可能的。一种情况是，当前驱核素的平均寿命不是很长，但比该链中其他任何一代子体核素的平均寿命长，在时间足够长以后，整个衰变系列会达到暂时平衡，即各放射体的活度之比不随时间变化，各子体随母体的半衰期（或平均寿命）而衰减。另一种情况是，如果前驱核素的平均寿命很长，以致在考察期间，前驱核素总体上的变化可以忽略，那么在相当长时间以后（一般为连续衰变系列中最长的子体半衰期的 5～7 倍以上），放射系列可达到长期平衡，即各子体的放射性活度都等于母体的活度。在未达到平衡以前，子体的活度随时间而增加，一直到达到放射性平衡为止。

1.2.2 辐射生物效应

1.2.2.1 辐射基本概念

1. 电离辐射

电离辐射是一切能引起物质电离的辐射总称，其种类很多，高速带电粒子有α粒子、β粒子、质子，不带电粒子有种子以及 X 射线、γ射线。在辐射防护领域，指能在生物物质中产生离子对的辐射。

2. 辐射照射

辐射照射是指受到辐射的行为或状态。辐射照射可以是外照射（体外源的照射），也可以是内照射（体内源的照射）。照射可以分为正常照射或潜在照射；也可以分为职业照射、医疗照射或公众照射；在干预情况下，还可以分为应急照射或持续照射。

3. 干预

干预的目的在于减小或避免不属于受控实践的或因事故而失控的源所致的照射或照射可能性的行动。

4. 防护与安全

保护人员免受电离辐射或放射性物质的照射和保持实践中源的安全，包括为实现这种防护与安全的措施，如使人员的剂量和危险保持在可合理达到的尽量低水平并低于规定约束值的各种方法或设备，以及防止事故和缓解事故后果的各种措施等。

5. 随机性效应

发生几率与剂量成正比而严重程度与剂量无关的辐射效应。一般认为，在辐射防护感兴趣的低剂量范围内，这种效应的发生不存在剂量阈值。

6. 确定性效应

通常情况下存在剂量阈值的一种辐射效应，超过阈值时，剂量愈高则效应的严重程度愈大。

7. 照射量

X 或γ辐射在单位质量空气中产生一种符号离子总电荷的绝对值。

严格的定义是光子在质量为 dm 的空气中释放的全部电子（负的和正的）完全被空气阻止时，在空气中产生的任一种符号的离子总电量绝对值 dQ 被 dm 除所得的商，用 X 表示。它的国际单位制单位是库/千克（C/kg），以前习惯使用的单位是伦琴（R），1 R＝2.58×10^{-4} C/kg。1R 相当于在 1 cm^3 标准状况的空气（质量为 0.001 293 g）中产生的正、负离子电荷各为 1 静电单位。

8. 照射量率

照射量率是描述γ射线或 X 射线强弱的单位，表示单位时间里的照射量。国际制单位为库/（千克·秒）或 C/（kg·s）。

9. 比释动能

比释动能是指不带电粒子与物质相互作用时在单位质量的物质中释放出来的所有带电粒子的初始动能的总和。

$K=dE_{tr}/dm$。比释动能的国际制单位是焦耳每千克（J/kg）。

10．吸收剂量

吸收剂量是用来表征受照物体吸收电离辐射能量程度的一个物理量。

严格的定义是电离辐射给予质量为 dm 的物质的平均授予能量 dE 被 dm 除所得的商，用 D 表示。吸收剂量的国际制单位名称为戈瑞，简称戈，符号为 Gy，1 Gy＝1 J/kg。以前习惯使用的单位是拉德（rad），1 rad＝0.01 Gy。

吸收剂量与照射量成正比，即：

$$D=C \cdot X$$

C 值随γ射线能量及被照射物质的不同而不同，在我们所使用的 $^{60}C_O$ 及 $^{137}C_S$ 放射源情况下，对人体组织器官来说，当 D 以拉德为单位，X 以伦琴为单位时，$C \approx 1$。

吸收剂量率（D）表示单位时间内吸收剂量的增量，严格定义为：某一时间间隔 dt 内吸收剂量的增量 dD 除以该时间间隔 dt 所得的商即：dD/dt，吸收剂量率的单位为戈/时（Gy/h）、毫戈/时（mGy/h）。

11．当量剂量

当量剂量是反映各种射线或粒子被吸收后引起的生物效应强弱的辐射量。

吸收剂量只反映被照射物质吸收了多少电离辐射的能量，吸收能量越多产生的生物效应就越厉害。同样的吸收剂量由于射线的种类不同，能量不同，引起的生物效应就不同，改变这一因素，应该有一个与辐射种类和能量有关的因子对吸收剂量进行修正。这个因子叫做辐射权重因子（W_R），用于对不同种类和能量的辐射进行修正。在辐射防护领域中，人们关注的往往不是受照体某点的吸收剂量，而是某个器官或组织吸收剂量的平均值。辐射权重因子正是用来对某组织或器官的平均吸收剂量进行修正的。用辐射权重因子修正的平均吸收剂量即为当量剂量。

对于某种辐射 R 在某个组织或器官 T 中的当量剂量 $H_{T,R}$ 可由下式给出：

$$H_{T,R} = W_R \cdot D_{T,R} \tag{1-1}$$

式中，W_R——辐射 R 的辐射权重因子；

$D_{T,R}$——辐射 R 在器官或组织 T 内产生的吸收剂量。

如果某一器官或组织受到几种不同种类和能量的辐射的照射，则应分别将吸收剂量用不同的 W_R 所对应的辐射种类进行修正，而后相加即可得出总的当量剂量。

对于受到多种辐射的组织或器官，其当量剂量应表示为：

$$H_T = \sum_R W_R \cdot D_{T,R} \tag{1-2}$$

辐射权重因子数值的大小是由国际放射防护委员会选定的。其数值的大小表示特定种类和能量的辐射在小剂量时诱发生物效应的几率大小。X、γ射线不论其能量大小其辐射权重因子 W_R＝1。

W_R 是量纲为一的，当量剂量的国际制单位为 J/kg，专用名称为希沃特（Sv），简称希。因此，1 Sv＝1 J/kg。

12．有效剂量

辐射防护中通常遇到的情况是小剂量慢性照射，这种情况下引起的辐射效应主要是随机性效应。随机性效应发生几率与受照器官与组织有关，即不同的器官或组织虽然吸收相同当量剂量的射线，但发生随机性效应的几率可能不一样。为了考虑不同器官或组织对发生辐射随机性效应的不同敏感性，引入一个新的权重因子对当量剂量进行修正，使其修正后的当量剂量能够正确地反映受照组织或器官吸收射线后所受的危险程度。这个对组织或器官 T 的当量剂量进行修正的因子称为组织权重因子，用 W_T 表示。每个 W_T 均小于 1，对射线越敏感的组织，W_T 越大，所有组织的权重因子的总和为 1。

经过组织权重因子 W_T 加权修正后的当量剂量称为有效剂量，用 E 表示。由于 W_T 为量纲一，所以 E 的单位与当量剂量 H_T 单位相同，为 J/kg，专用单位 Sv 通常在接受照射中，会同时涉及几个器官或组织，所以应该有不同组织或器官的 W_T 对相应的器官或组织的剂量当量进行修正，所以有效剂量 E 是对所有组织或器官加权修正的当量剂量的总和。用公式表示如下：

$$E = \sum_T W_T \cdot H_T \tag{1-3}$$

1.2.2.2 辐射防护标准

我国辐射防护的基本标准为《电离辐射防护与辐射源安全基本标准》（GB 18871—2002），该标准规定了对电离辐射防护和辐射源安全的基本要求，它适用于实践和干预中人员所受电离辐射照射的防护和实践中源的安全。

1. 辐射防护的目的

辐射防护的出发点是要减低辐射对人类健康的危害。根据辐射效应的特点，辐射防护的主要目的是在保证不对伴随辐射照射的有益实践造成过度限制的情况下为人类提供合适的保护。具体来讲：

1）防止有害的确定性效应；

2）限制随机性效应的发生率使之达到被认为可以接受的水平。

2. 辐射防护基本原则

（1）实践的正当性

对于一项实践，只有在考虑了社会、经济和其他有关因素之后，其对受照个人或社会所带来的利益足以弥补其可能引起的辐射危害时，该实践才是正当的。对于不具有正当性的实践及该实践中的源，不应予以批准。

（2）剂量限制和潜在照射危险限制

应对个人受到的正常照射加以限制，以保证来自各项获准实践的综合照射所致的个人总有效剂量和有关器官或组织的总当量剂量不超过规定的剂量限值。

应对个人所受到的潜在照射危险加以限制，使来自各项获准实践的所有潜在照射所致的个人危险与正常照射剂量限值所相应的健康危险处于同一数量级水平。

（3）防护与安全的最优化

对于来自一项实践中的任一特定源的照射，应使防护与安全最优化，使得在考虑了经济和社会因素之后，个人受照剂量的大小、受照射的人数以及受照射的可能性均保持在可合理达到的尽量低的水平；这种最优化应以该源所致个人剂量和潜在照射危险分别低于剂量约束和潜在照射危险约束为前提。

3．剂量限值规定

（1）职业照射的剂量限值

应对任何工作人员的职业照射水平进行控制，使之不超过下述限值：

1）连续 5 年的年平均有效剂量，20 mSv；

2）任何一年中的有效剂量，50 mSv；

3）眼晶体的年当量剂量，150 mSv；

4）四肢（手和足）或皮肤的年当量剂量，500 mSv。

对于年龄为 16～18 岁，接受涉及辐射照射就业培训的徒工和年龄为 16～18 岁在学习过程中需要使用放射源的学生，应控制其职业照射水平使之不超过下述限值：

1）年有效剂量，6 mSv；

2）眼晶体的年当量剂量，50 mSv；

3）四肢（手和足）或皮肤的年当量剂量，150 mSv。

特殊情况下，可对剂量限值进行如下临时变更：

1）依照审管部门的规定，可将剂量平均期由 5 个连续年破例延长到 10 个连续年；并且，在此期间内，任何工作人员所接受的年平均有效剂量不应超过 20 mSv，任何单一年份不应超过 50 mSv；此外，当任何一个工作人员自此延长平均期开始以来所接受的剂量累计达到 100 mSv 时，应对这种情况进行审查；

2）剂量限制的临时变更应遵循审管部门的规定，但任何一年内不得超过 50 mSv，临时变更的期限不得超过 5 年。

（2）公众照射的剂量限值

实践使公众中有关关键人群组的成员所受到的平均剂量估计值不应超过下述限值：

1）年有效剂量，1 mSv；

2）特殊情况下，如果 5 个连续年的年平均剂量不超过 1 mSv，则某一单一年份的有效剂量可提高到 5 mSv；

3）眼晶体的年当量剂量，15 mSv；

4）皮肤的年当量剂量，50 mSv。

1.2.2.3 辐射效应

1．辐射危险度

在 1.2.2.2 节中，提到了剂量的基本限值，那么这样的限值是如何确定的呢？每种行业都有一定的危险度，即每种行业的工作人员都有发生致死性损害的可能性。剂量限值就是依据危险度的大小来确定的，所谓危险度，就是发生致死性损害的几率。各类及各行业危险度见表 1.2。

国际上公认的比较安全的行业，危险度为 10^{-4}，而 $10^{-6}\sim10^{-5}$ 的危险度可以被公众中的任何人接受。

放射性行业的危险度，就是单位剂量当量照射引起的某种随机性伤害的发生几率。表 1.4 列出了各种组织和器官的危险度，经国际和国内大量调查和计算，50 mSv 相当的职业危险度是 5×10^{-4}。然而，经过大量的统计表明，我国放射性工作人员中的 80%～90%，实际每年受到的剂量当量为 0～5 mSv。因而这样职业危险度就变成了 5×10^{-5}，放射工业的安全性优于其他行业。

国家标准中对公众的年限值规定为 1 mSv，即由于放射照射增加了 $1×10^{-5}$ 的危险度。这对很多行业本身的危险来说是微不足道的。比如，建材行业的危险度是 $2×10^{-4}$，要远远大于放射造成的危险度 $1×10^{-5}$，所以若能把放射剂量控制在每年 1 mSv 以内，就可认为是安全的，表 1.3 说明了这一点。

表 1.2　各种类型及各种行业的危险度

自然性		疾病性		交通事故		我国不同产业（1980 年）	
类别	危险度	类别	危险度	类别	危险度	类别	危险度
天然辐射	10^{-6}	癌死亡率（我国）	$5×10^{-4}$	大城市车祸（我国）	10^{-4}	农业	10^{-5}
						商业	10^{-5}
洪水	$2×10^{-6}$	癌死亡率	10^{-8}	路面事故	10^{-3}	机械	$3×10^{-5}$
旋风	10^{-6}	自然死亡率	10^{-3}	航运事故	10^{-6}	纺织	$2×10^{-5}$
		（英国 20～50 岁）				林业	$5×10^{-5}$
地震	10^{-6}					水利	10^{-4}
电击	10^{-6}	流感死亡率	10^{-4}			冶金	$3×10^{-4}$
						电力	$3×10^{-4}$
						石油	$5×10^{-4}$
						化工	$3×10^{-6}$
						建材	$2×10^{-4}$
						煤炭	10^{-3}

表 1.3　各种危险度相当的年剂量当量

类别	危险度	相当于年剂量当量/mSv
安全工业年事故死亡率	$1×10^{-4}$	10
交通年事故死亡率	$1×10^{-4}$	10
农业年事故死亡率	$1×10^{-5}$	1
自然灾害（旋风、洪水）	$10^{-5}～10^{-6}$	1
天然辐射（正常）	$1×10^{-5}$	1

表 1.4　各种组织和器官的放射效应的危险度和权重因子

组织或器官	效应	危险度因数/Sv^{-1}	权重因子（W_T）
生殖腺	二代重大遗传疾病	$0.4×10^{-2}$	0.20
乳腺	乳腺癌	$0.25×10^{-2}$	0.05
红骨髓	白血病	$0.2×10^{-2}$	0.12
肺	肺癌	$0.05×10^{-2}$	0.12
骨	骨癌	$0.05×10^{-2}$	0.01
甲状腺	甲状腺癌	$0.05×10^{-2}$	0.05
其他组织	癌	$0.5×10^{-2}$	0.05*
全身	诱发癌症	$1.0×10^{-2}$	
	一代遗传疾病	$0.4×10^{-2}$	

注：*为进行计算用，表中其余组织或器官包括肾上腺、脑、外胸区域、小肠、肾、肌肉、胰、脾、胸腺和子宫。在上述其余组织或器官中有一单个组织或器官受到超过 12 个规定了权重因子的器官的最高当量剂量的例外情况下，该组织或器官应取权重因子 0.025，而余下的上列其余组织或器官所受的平均当量剂量亦应取权重因子 0.025。

如果长期在小剂量照射下工作，即在国家规定的个人剂量当量限值以下长期工作，根据目前国内外得到的资料，对工作人员健康的影响现代医学手段检查不出来，可不予考虑。

2. 辐射生物效应的概念

1）辐射作用于生物体时能造成电离辐射，这种电离作用能造成生物体的细胞、组织、器官等损伤，引起病理反应，称为辐射生物效应。辐射对生物体的作用是一个非常复杂的过程，生物体从吸收辐射能量开始到产生辐射生物效应，要经历许多不同性质的变化，一般认为将经历四个阶段的变化：

①物理变化阶段：持续约 10^{-16} s，细胞被电离；

②物理-化学变化阶段：持续约 10^{-6} s，离子与水分子作用，形成新产物；

③化学变化阶段：持续约几秒，反应产物与细胞分子作用，可能破坏复杂分子；

④生物变化阶段：持续时间可以是几十分钟至几十年，上述的化学变化可能破坏细胞或其功能。

2）辐射生物效应可以表现在受照者本身，也可以出现在受照者的后代。表现在受照者本身的称为躯体效应（按照显现的时间早晚又分为近期效应和远期效应），出现在受照者后代的称为遗传效应。

3）电离辐射引起的辐射生物效应，可以分为随机性效应与确定性效应两类。

随机性效应是在放射防护中，发生几率与剂量的大小有关的效应，即剂量越大，随机性效应的发生率越大，但效应的严重程度与剂量大小无关，即这种效应的发生不存在剂量的阈值。例如遗传效应和躯体致癌效应；衡量随机性效应的重要概念是危险度（单位剂量当量在受照器官或组织诱发恶性疾患的死亡率，或出现严重遗传疾病的发生率）和权重因子（各器官或组织的危险度与全身受到均匀照射的危险度之比）。一些确定性效应的剂量阈值见表 1.5。

表 1.5　一些确定性效应剂量阈值

组织器官	效应	单次照射剂量阈值/Gy
皮肤	红斑（X、γ）	5～8
	暂时性脱发	3～5
	永久性脱发	7
造血系统	受照者 50%死亡	2～3
眼睛	晶体混浊（X 射线）	2
	白内障（100%）	7.5
	白内障（随访 35 年）	5
睾丸	暂时性不育	0.15
	永久性不育	3.5
卵巢	不育	2.5～6

3. 辐射损伤的机理

（1）射线的间接作用——游离基理论

射线首先与细胞中的水起作用生成一种自由基（游离基），再去破坏生物大分子导致细胞损伤。这个过程叫射线的间接作用。

$$H_2O \xrightarrow{X\gamma} (H_2O)^+ + e（次电子）$$

$$H_2O + e \longrightarrow (H_2O)^-$$

水的正负离子由于不稳定进一步分离：

$$(H_2O)^+ \longrightarrow H^+ + OH$$

$$(H_2O)^- \longrightarrow H + OH^-$$

OH 和 H 成为自由基，相当活泼，继续与生物大分子相互作用，从而产生大分子自由基，生物大分子遭到破坏的过程，就是辐射引起的生物效应。

（2）射线的直接作用

射线直接与生物大分子作用将生物大分子的化学链轰断引起生物大分子的损伤：只有在含水量为 3% 以下的化合物受到几十万伦琴的照射时，才有可能产生直接作用。

1.2.3 辐射防护方法

辐射对人体的危害主要通过内照射和外照射两种途径。本节主要考虑对外照射的辐射防护，通过防护控制外照射的剂量，使其保持在合理的最低水平，不超过国家辐射防护标准规定的剂量当量限值。

外照射防护的三要素是距离、时间和屏蔽，或者说防护的主要方法是时间防护、距离防护和屏蔽防护，俗称为外照射防护的三大方法，其原理如下。

1. 时间防护

时间防护的原理是：在辐射场内的人员所受照射的累积剂量与时间成正比，因此，在照射率不变的情况下，缩短照射时间便可减少所接受的剂量，或者人们在限定的时间内工作，就可能使他们所受到的射线剂量在最高允许剂量以下，确保人身安全（仅在非常情况下采用此法），从而达到防护目的。时间防护的要点是尽量减少人体与射线的接触时间（缩短人体受照射的时间）。

根据剂量=剂量率×时间的公式，可依据照射率的大小确定容许的受照射时间。

2. 距离防护

距离防护是外部辐射防护的一种有效方法，采用距离防护的射线基本原理是首先将辐射源作为点源，辐射场中某点的照射量、吸收剂量均与该点和源的距离的平方成反比，我们把这种规律称为平方反比定律，即辐射强度随距离的平方成反比变化（在源辐射强度一定的情况下，剂量率或照射量与离源的距离平方成反比）。控制射线源与人体之间的距离，可减少剂量率或照射量，控制射线剂量在最高允许剂量以下，从而达到防护目的。

平方反比定律可用公式说明：

$$I_A/I_B = F_B^2/F_A^2$$

式中，I_A——距离 A 处的射线强度；

I_B——距离 B 处的射线强度；

F_B——射线源到 B 处的距离；

F_A——射线源到 A 处的距离。

该公式说明射线一定时，两点的射线强度与它们的距离平方成反比，显然，随着距离的增大将迅速减少受辐照的剂量。不过要注意的是：上述关系式适用于没有空气或固体材料的点射线源，实际中的射线源都是有一定体积的，并非理想化的点源，而且还必须注意到辐射场中的空气或固体材料会使射线产生散射或吸收，不能忽略射源附近的墙壁或其他物体的散射影响，因此，在实际应用中，应适当增大防护距离，以确保安全。

3．屏蔽防护

屏蔽防护的原理是：射线穿透物质时强度会减弱，一定厚度的屏蔽物质能减弱射线的强度，在辐射源与人体之间设置足够厚的屏蔽物（屏蔽材料），便可降低辐射水平，使人们在工作中所受到的剂量降低到最高允许剂量以下，确保人身安全，达到防护目的。屏蔽防护的要点是在射线源与人体之间放置一种能有效吸收射线的屏蔽材料。

对于 X、γ 射线常用的屏蔽材料是铅板和混凝土墙，或者是钡水泥［添加有硫酸钡（也称重晶石粉末）的水泥］墙。

屏蔽材料的厚度估算通常利用半值层的概念。在 X 射线检测中利用的是宽束 X 射线，表 1.6 给出了宽束 X 射线在铅和混凝土中的近似半值层厚度。应注意由于铅板的纯度、混凝土的配方以及组织结构上可能存在的差异，表中给出的半值层厚度只能作为参考值，在实际应用中必须考虑增加保险量。

表 1.6　一些确定性效应剂量阈值

宽束 X 射线的近似半值层厚度/mm			宽束 X 射线的近似半值层厚度/mm		
管电压/kV	铅	混凝土	管电压/kV	铅	混凝土
50	0.06	4.3	250	0.88	28.0
75	0.17	8.4	300	1.47	31.0
100	0.27	16.0	400	2.5	33.0
150	0.30	22.4	1 000	7.9	44.0
200	0.52	25.0	2 000	12.5	64.0

概括而言，时间防护的要点是尽量减少人体与射线的接触时间；距离防护的要点是尽量增大人体与射线源的距离；屏蔽防护的要点是在射线源与人体之间放置一种能有效吸收射线的足够厚的屏蔽材料。其最终目标都是要使射线检测工作人员承受的辐射剂量在国家辐射防护安全标准规定的限值以下。

1.3 核安全总体目标

1.3.1 安全总目标

核安全是核能与核技术利用事业发展的生命线。我国核能与核技术利用始终坚持"安全第一"的方针，贯彻纵深防御等安全理念，采取有效措施，核安全基本得到了保障。

总的核安全目标是，在核动力厂中建立并保持对放射性危害的有效防御，以保护人员、使社会和环境免受危害。

总的核安全目标由辐射防护目标和技术安全目标所支持，这两个目标互相补充、相辅相成，技术措施与管理性和程序性措施一起保证对电离辐射危害的防御。

辐射防护目标：保证在所有运行状态下核动力厂内的辐射照射或由于该核动力厂任何计划排放放射性物质引起的辐射照射保持低于规定限值并且合理可行尽量低，保证减轻任何事故的放射性后果。

技术安全目标：采取一切合理可行的措施防止核动力厂事故，并在一旦发生事故时减轻其后果；对于在设计该核动力厂时考虑过的所有可能事故，包括概率很低的事故，要以高可信度保证任何放射性后果尽可能小且低于规定限值；并保证有严重放射性后果的事故发生的概率极低。

安全目标要求核动力厂的设计和运行使得所有辐射照射的来源都处于严格的技术和管理措施控制之下。辐射防护目标不排除人员受到有限的照射，也不排除法规许可数量的放射性物质从处于运行状态的核动力厂向环境的排放。此种照射和排放必须受到严格控制，并且必须符合运行限值和辐射防护标准。

为了实现上述安全目标，在设计核动力厂时，要进行全面的安全分析，以便确定所有照射的来源，并评估核动力厂工作人员和公众可能受到的辐射剂量，以及对环境的可能影响。安全分析要考察以下内容：①核动力厂所有计划的正常运行模式；②发生预计运行事件时核动力厂的性能；③设计基准事故；④可能导致严重事故的事件序列。在分析的基础上，确认工程设计抵御假设始发事件和事故的能力，验证安全系统和安全相关物项或系统的有效性，以及确定应急响应的要求。

尽管采取措施将所有运行状态下的辐射照射控制在合理可行尽量低，并将能导致辐射来源失控事故的可能性减至最小，但是仍然存在发生事故的可能性。这就需要采取措施以保证减轻放射性后果。这些措施包括：专设安全设施、营运单位制定的厂内事故处理规程以及国家和地方有关部门制定的厂外干预措施。核动力厂的安全设计适用以下原则：能导致高辐射剂量或大量放射性释放的核动力厂状态的发生概率极低；具有大的发生概率的核动力厂状态只有较小或者没有潜在的放射性后果。

为了检验所确定的安全目标，特别是技术安全目标是否被满足，可以采用定量的概率安全目标作为一种指标，它是反映各种假想事故情况下可接受风险水平的定量指标，包括堆芯熔化的概率目标和需要有早期场外应急响应的大量放射性释放的概率目标。对目前的核动力堆，堆芯熔化的概率安全目标为 10^{-4}/堆年，而 IAEA 与我国核安全当局对新建堆提出的堆芯熔化概率目标与大量放射性释放的概率目标分别为 10^{-5}/堆年和 10^{-6}/堆年。

在应用概率安全目标时，应当注意两个问题。第一，提出的概率安全目标既不能代替核安全法规的要求，也不能作为颁发许可证的唯一基础，只能作为检验与评估核电厂设计安全水平的一个导向值；第二，公众对核电安全性的接受与否，不仅直接取决于核电站的安全水平，也与公众对核电风险大小的认知程度密切相关。目前的核电风险已低于其他工业活动的风险水平，而我们又对新建核电站提出新的概率安全目标。但要使公众真正接受核电的风险，仅有技术措施是不够的，还必须加强与公众的沟通。

1.3.2 核安全文化

1986 年 IAEA 国际核安全咨询组（INSAG）提交的《关于切尔诺贝利核电厂事故后审

评会议的总结报告》中提出了"安全文化"（Safety Culture）概念，随后在 1991 年出版了一部专著《安全文化》（INSAG-4），在核工业界引起了广泛重视和认同，安全文化的建设和评审工作成为核安全"纵深防御"的重要手段。

安全文化指的是存在于单位和个人中的种种特性和态度的总和，它建立一种超出一切之上的概念，即核电厂的安全问题，由于其重要性必须保证得到应有的重视。梳理"安全第一"的思想，这种思想意味着"内在的探索态度、谦虚谨慎、精益求精，以及鼓励核安全事务方面的个人责任心和自我完善"。不难看出，安全文化的内容广泛，寓意深刻，虽然也将其称为安全文化素养，但它完全有别于过去所说的个人安全素养。它强调的既是态度问题，又是体制问题，既和单位有关，又和个人有关；同时还牵涉处理所有核安全问题时所应该具有的正确理解能力和应该采取的正确行动。因此，要提高核安全文化，需要从多方面着手，不仅涉及个人的工作态度、思维、习惯作风，更涉及单位的体制、环境风气。

就安全文化表现而言，它是由以下两个主要方面组成的：第一是体制，由单位的政策和管理者的活动所确定；第二是每个人的响应，这些人在上述体制中工作，并从中受益。但是，事情的成功取决于两方面因素，即政策和管理方面以及每个人本身的承诺和能力。

核安全文化的本质是在核电厂建立一套科学而严密的规章制度和组织体系；培养全体员工遵守纪律的自觉性和良好的工作习惯；在整个核电厂内营造人人自觉关注安全的氛围。

提高核安全文化是十分重要的，这也是确保核电厂安全运行的一个十分重要的方面。核电厂运行的历史充分地说明了这一点，已发生的事件、事故往往与人因失误有关系，三哩岛事故和切尔诺贝利事故这两起严重的核电厂事故也不例外，都存在重大的人因失误。而这种人因失误与操作人员自身的素质态度有关，也与工厂的组织、管理密切关联，即与核电厂的安全文化密切相关。

提高核安全文化是核电厂全体人员的共同责任，但对不同层次的人员有不同的要求。如果按承担的职责不同，将全体人员划分为决策层、管理层和工作人员，并进一步把决策层和管理人员统称为管理者，则核安全文化水平的高低，首先取决于管理者对安全的认识、重视程度和采取的措施，也与工作人员对安全的理解、态度和行为密切相关。管理者必须有安全第一和自觉执行安全法规的思想，必须建立合理高效的管理机构，制定科学与合理的规章制度，采取措施，营造安全气氛，使自己的工作人员明确职责、履行安全责任，提高个人业务水平。每个工作人员都必须认真提高核安全文化水平。因此，要高度重视安全，一丝不苟地履行安全责任，以良好的态度、习惯和技能完成自己的工作。全体人员都必须有强的责任心和奉献精神，坚持实事求是，有严格、谨慎、团结合作、不盲从、敢于讲真话、善于发现问题、正确对待工作中的差错、自由坦率交流、永不自满和创造更优秀成绩的精神和工作态度。共同营造这样一种气氛，即整个组织和每一个工作人员都处在一种重视安全和严格执行各项安全要求的环境中。

提高核安全文化不仅对核电厂是重要的，对所有从事有潜在风险活动也是十分重要的，包括除核电厂以外的其他核设施和核活动。核安全文化是核领域的安全文化。

1.3.3 我国核安全的监管

核安全是核电发展的生命线,如何确保核安全目标的实现,核安全监管是重要的保障手段之一。为了在民用核设施的建造和营运中保证安全,保障工作人员和群众的健康,保护环境,促进核能事业的顺利发展,《中华人民共和国民用核设施安全监督管理条例》明确规定"民用核设施的选址、设计、建造、运行和退役必须贯彻安全第一的方针;必须有足够的措施保证质量,保证安全运行,预防核事故,限制可能产生的有害影响;必须保障工作人员、群众和环境不致遭到超过国家规定限值的辐射照射和污染,并将辐射照射和污染减至可以合理达到的尽量低的水平"。同时,该条例还明确指出,国家核安全局对全国核设施安全实施统一监督,独立行使核安全监督权。

核安全监督的目的是通过检查核安全管理要求和许可证规定条件的履行情况,监督纠正不符合核安全管理要求和许可证规定条件的事项,必要时可采取强制性措施,以保障核设施的安全。

国家核安全局的监督并不减轻核设施营运单位及有关单位对核设施所承担的核安全责任。

核与辐射安全监管体制的发展分为三个阶段:核安全局的创建、核安全局的成熟、核安全局并入环境保护部(原国家环保总局)三个阶段。

第一阶段:国家核安全局的创建(1984—1989 年)

1984 年 10 月成立国家核安全局,独立客观地进行民用核设施核安全监督。核安全局由国家科委代管,国家科委副主任任国家核安全局局长。具有独立的人事、外事、财务权以及机关行政管理、基建后勤职能。

第二阶段:国家核安全局的发展(1990—1998 年)

国家核安全局继续由原国家科委代管,国家科委副主任任国家核安全局局长。保留独立的人事、外事、财务权以及机关行政管理、基建后勤职能。

第三阶段:国家核安全局并入环境保护部(1998 年至今)

1998 年机构改革,国家核安全局并入环境保护部(原国家环保总局),设立核安全与辐射环境管理司(国家核安全局),负责全国的核安全、辐射安全、辐射环境管理的监管工作。2003 年以后,原国家环保总局对外保留国家核安全局的牌子。国家环保总局副局长任国家核安全局局长。2008 年 3 月国家环保总局升格为环境保护部,对外保留国家核安全局牌子。环境保护部副部长任国家核安全局局长。

从上述内容可知,我国核与辐射安全监管体系始建于 20 世纪 80 年代,经过几轮政府机构改革,最终确定了由环境保护部(国家核安全局)对全国核安全、辐射安全、辐射环境保护实行统一监督管理。

1.4 纵深防御概念

纵深防御原则是核安全基本原则的重要组成部分,纵深防御概念贯穿于与安全有关的全部活动,是核安全技术的基础,包括与组织、人员行为或设计有关的方面。其含义是使核设施和核活动处于多层次的重叠保护之下,从而使个别失效可以得到补偿或纠正,而不致危害工作人员、公众和环境。

我国《核动力厂设计安全规定》对纵深防御提出了明确的要求。

在整个设计和运行中贯彻纵深防御,以便为由厂内设备故障或人员活动及厂外事件等引起的各种瞬变、预计运行事件及事故提供多层次的保护。

纵深防御概念应用于核动力厂的设计,提供一系列多层次的防御(固有特性、设备及规程),用以防止事故并在未能防止事故时保证提供适当的保护。

第一层次防御的目的是防止偏离正常运行及防止系统失效。这一层次要求:按照恰当的质量水平和工程实践,例如多重性、独立性及多样性的应用,正确并保守地设计、建造、维修和运行核动力厂。为此,应十分注意选择恰当的设计规范和材料,并控制部件的制造和核动力厂的施工。能有利于减少内部灾害的可能、减轻特定假设始发事件的后果或减少事故序列之后可能的释放源项的设计措施均在这一层次的防御中起作用。还应重视涉及设计、制造、建造、在役检查、维修和试验的过程,以及进行这些活动时良好的可达性、核动力厂的运行方式和运行经验的利用等方面。整个过程是以确定核动力厂运行和维修要求的详细分析为基础的。

包括恰当的控制系统,如功率控制系统、蒸汽发生器水位控制系统、蒸汽向冷凝器排放控制系统。

第二层次防御的目的是检测和纠正偏离正常运行状态,以防止预计运行事件升级为事故工况。尽管注意预防,核动力厂在其寿期内仍然可能发生某些假设始发事件。这一层次要求设置在安全分析中确定的专用系统,并制定运行规程以防止或尽量减小这些假设始发事件所造成的损害。

设置专用系统:反应堆保护系统和专设安全设施,如余热排出系统、安全注射系统、自动降压系统;还有作为纵深防御所用的非安全相关系统,如化学容剂控制系统、正常余热排出系统和启动给水系统。

第三层次防御基于以下假定:尽管极少可能,某些预计运行事件或假设始发事件的升级仍有可能未被前一层次防御所制止,而演变成一种较严重的事件。这些不大可能的事件在核动力厂设计基准中是可预计的,并且必须通过固有安全特性、故障安全设计、附加的设备和规程来控制这些事件的后果,使核动力厂在这些事件后达到稳定的、可接受的状态。这就要求设置的专设安全设施能够将核动力厂首先引导到可控制状态,然后引导到安全停堆状态;并且至少维持一道包容放射性物质的屏障。

包括固有安全特性:如负反应堆性反馈;故障安全设计:如失电反应堆停堆,阀门失电(气)处于安全状态;附加的设备:如专设安全设施;规程:应急运行规程。

第四层次防御的目的是针对设计基准可能已被超过的严重事故的,并保证放射性释放保持在尽可能低。这一层次最重要的目标是保护包容功能。除了事故管理规程之外,这可以由防止事故进展的补充措施与规程,以及减轻选定的严重事故后果的措施来达到。由包容提供的保护可用最佳估算方法来验证。

规程:除应急运行规程外,还需严重事故管理导则(SAMG)、严重事故缓解措施,如安全壳隔离系统、安全壳氢气控制系统、压力容器内滞留措施以及专设安全设施等。

第五层次,即最后层次防御的目的是减轻可能由事故工况引起潜在的放射性物质释放造成的放射性后果。这方面要求有适当装备的应急控制中心及厂内、厂外应急响应计划。

纵深防御概念在相关方面的另一个应用是核电厂设置多道实体屏障，防止放射性物质外逸。这些屏障通常包括燃料本身、燃料包壳、反应堆冷却剂系统压力边界和安全壳。

需要指出的是，在美国的三哩岛事故（TMI）之前，纵深防御主要是针对设计基准事故采取对策，TMI 后认识到单考虑设计基准事故是不够的，还需要考虑防止和缓解由于多重故障与人因失误叠加造成的超设计基准事故（严重事故）。相应地，在编制应急计划时，要求考虑包括严重事故在内的事故系列。

1.5 核事故应急管理工作的方针政策

我国《核电厂核事故应急管理条例》明确了我国核事故应急管理工作的方针，即核事故应急管理工作实行"常备不懈，积极兼容，统一指挥，大力协同，保护公众，保护环境"的方针。我国已经从组织机构、法律法规建设、基础设施建设等方面建立起一套完整的核应急体系，同时建立了三级联动机制防范和应对可能发生的核事故。详细内容参见第 3 章。

（岳会国编写，张健审阅）

参考文献

[1] 电离辐射防护与辐射源安全基本标准，国家标准，GB 18871—2002.

[2] 国防科技名词大典（核能），北京：航空工业出版社、兵器工业出版社、原子能出版社，2002.

[3] 国家核安全局. 核电厂设计安全规定，HAF102. 2004.

[4] 中国电力百科全书编辑委员会. 中国电力百科全书——核能及新能源发电卷（第二版）. 北京：中国电力出版社，2001.

[5] IAEA Method for the Development of Emergency Response Preparedness for Nuclear or Radiological Accidents，IAEA-TECDOC-953，Vienna，1997.

[6] 邓泽和. 核燃料循环简介. 辐射防护通讯，1994（4）.

[7] 核或辐射紧急情况的应急准备与响应，原子能机构安全标准丛书 No.GS-R-2，2002.

[8] 核电厂核事故应急管理条例，HAF002，1993.

第 2 章　核事故分级及典型核事故

2.1 核事件分级

为了统一划分核事件或事故的级别，迅速通报核设施对安全有重要意义的事件，便于国际核事件交流通信，国际原子能机构和经济合作与发展组织于 1990 年起草并颁布了国际核事件分级标准（INES），并建议世界各国使用。为了使民用核设施事件的定级和评定工作与国际接轨，我国也采用国际核事件分级准则。

核事件、事故等级的评定通常是在事件或事故发生之后，通过造成的影响和损失来评估等级。国际核事件分级根据各个核事件的厂外影响、厂内影响和纵深防御能力削弱三个方面，将核电厂或其他大型核设施内发生的与安全有关的事件或事故分为 7 个等级，所有的 7 个等级又被划分为 2 个不同的层次。最低影响的 3 个等级被称为核事件，最高的 4 个等级被称为核事故。具体的标准及案例参见表 2.1。表 2.2 以简单表格形式表示该分级的结构，并用关键词语概括了事件的重要程度。

表 2.1　国际核事件分级表

级别	说明	标准	案例
7 级	特大事故	• 大型核装置（如动力堆堆芯）的大部分放射性物质向外释放，典型的应包括长寿命和短寿命的放射性裂变产物的混合物（数量上，等效放射性超过 $10^{16}Bq^{131}I$）。这种释放可能有急性健康影响；在大范围地区（可能涉及多个国家）有慢性健康影响；有长期的环境后果	1986 年前苏联切尔诺贝利核电厂事故；2011 年日本地震海啸引起的福岛第一核电站事故
6 级	严重事故	• 放射性物质向外释放（数量上，等效放射性相当于 $10^{15}\sim10^{16}Bq^{131}I$），这种释放可能导致需要全面执行场外应急计划的防护措施，以限制严重的健康影响	1957 年前苏联南乌拉尔核事故
5 级	有场外危险的事故	• 放射性物质向外释放（数量上，等效放射性相当于 $10^{14}\sim10^{15}Bq^{131}I$），这种释放可能导致需要部分执行应急计划的防护措施，以降低健康影响的可能性； • 核装置严重损坏，这可能涉及动力堆的堆芯大部分严重损坏，重大临界事故或者引起在核设施内大量放射性释放的重大火灾或爆炸事件	1979 年美国三哩岛核事故；1957 年英国温茨凯尔气冷石墨核反应堆事故

级别	说明	标准	案例
4级	主要在设施内的事故	• 堆芯放射性向外释放,使受照射最多的厂外个人受到几毫西弗量级剂量的照射。除当地可能需要采取食品管制行动外,一般不需要厂外防护行动; • 核装置明显损坏,这类事故可能包括造成重大厂内难以修复的核装置损坏; • 一个或多个工作人员受到很可能发生早期死亡的过量照射	1980 年法国圣洛朗核电厂事故造成堆芯部分损坏,但没有放射性外泄
3级	严重事件	• 安全系统可能失去作用,放射性物质极少量外泄;放射性向外释放超过规定限值,使受照最大的场外人员受到十分之几毫西弗量级的剂量,无需场外防护措施; • 因设备故障或运行事件造成场内高辐射水平和/或污染,工作人员过量照射; • 安全系统的进一步故障可能导致事故工况,或者某些初因事件发生,安全系统不能防止事故发生的状况	1989 年西班牙范德略斯核电厂事件,当时核电站发生大火造成控制失灵,但最终反应堆被成功控制并停机
2级	事件	• 安全措施明显失效,但仍具有足够纵深防御,仍能处理进一步发生的问题; • 导致工作人员所受剂量超过规定年剂量限值的事件和/或导致在核设施设计未预计的区域内存在明显放射性,并要求纠正行动的事件	
1级	异常	• 超出规定运行范围的异常情况,可能由于设备故障、人为差错或规程有问题引起	

表 2.2 分级的基本结构

级别	说明	准则或安全特性		
		厂外影响	厂内影响	纵深防御能力下降
7级	特大事故	大量释放:大范围的健康和环境影响		
6级	严重事故	明显释放:可能需要全面执行计划的对策行动		
5级	有场外危险的事故	有限释放:可能要求部分执行计划的对策行动	堆芯/放射性屏障严重损坏	
4级	主要在设施内的事故	少量释放:公众剂量相当于规定限值量	堆芯/放射性屏蔽发生明显损坏;一个工作人员受到致死剂量	
3级	严重事件	极少量释放:公众剂量相当于规定限值的一小部分	污染严重扩散:一个工作人员产生急性放射性效应	接近发生事故安全保护层全部失效
2级	事件		污染明显扩散:一个工作人员受过量照射	安全措施明显失效
1级	异常			超出规定运行范围的异常情况

2.2 威胁类型

　　1997 年国际原子能机构发表了一份题为《核或辐射事故应急响应准备的开发方法》的第 953 号技术文件，即 TECDOC-953，将应急计划（emergency planning）分为 5 种类型或类别（category）。2002 年出版的题为《核或辐射应急的准备与响应——安全要求》的 IAEA 安全标准丛书，即 GS-R-2，标题的主题由"事故"（accident）更换成"应急"（emergency）。2003 年又发表了 TECDOC-953 技术文件的更新版本。自这两个文件开始，IAEA 提出"应急计划"按"威胁类型"（threat category）来制订，这一建议突出反映了此分级体系应用于准备阶段，要先经"威胁评估"，再确定威胁等级，以便有针对性地制订应急预案。为实现 2002 年提出的"安全要求"，IAEA 于 2007 年出版了《核或辐射应急准备的安排——安全导则》，即 GS-G-2.1，对各项要求作了详细规定；在此导则中将应急进一步细化为两种类别（type），即核应急和辐射应急。

　　威胁类型（threat category），也称威胁类别，是为对核或辐射应急准备和响应进行优化而建立的一种分类方案，以求与威胁评估中所确立的危险的可能大小和性质相适应。IAEA 按照各类核设施及其活动可能造成的后果的严重程度进行分类，分为五种威胁类型，Ⅰ类到Ⅲ类按威胁水平逐次降低；Ⅳ类是在任何地区都可能存在的威胁和活动，可能与其他类型威胁共存；Ⅴ类威胁适用于需要进行应急准备以应对Ⅰ和Ⅱ类威胁设施的释放导致污染的场外区域。

　　对于可能发生的核或辐射应急情况，事先应做好威胁评估，确定威胁类型，有针对性地制订应急预案，以有效利用应急资源，提高应急响应效能。

　　可能发生核应急情况，主要涉及下列设施和源：

　　1）核反应堆（研究堆、舰船堆和动力堆）；

　　2）贮存大量乏燃料、液态或气态放射性物质的设施；

　　3）核燃料循环设施（例如核燃料后处理厂）。

　　可能发生的辐射应急情况，主要涉及下列源及其所致的照射：

　　1）大型辐照装置（例如工业用辐照设施）；

　　2）工业设施（例如大型放射性药物生产厂）；

　　3）带有高活度固定放射源（例如远距离治疗机）的研究用或医用设施；

　　4）失控（废弃、丢失、被盗）的危险源；

　　5）工业或医用危险源（例如工业探伤用的放射源）的滥用或毁损；

　　6）核武器意外事故；

　　7）公众受到未知来源的辐射照射和污染；

　　8）含有放射性物质的人造卫星再返回；

　　9）能导致严重确定性效应的放射源；

　　10）蓄意的涉及放射性物质的威胁和（或）活动（如放射性散布装置爆炸）；

　　11）放射性物质运输中出现的应急；

　　12）IAEA 或其他国家通报发生跨界应急。

　　核或辐射应急的威胁类型划分为五类，其特征描述见表 2.3。

确定设施和实践的应急威胁类型的标准见表 2.4。

表 2.3　核或辐射应急威胁类型特征描述

威胁类型	特征描述
I	诸如核电厂这类设施的场内事件，可能在场外导致严重的确定性健康效应；或者曾在类似设施中发生过的此类事件
II	诸如某些类型研究堆这类设施的场内事件，可能导致场外居民遭受到按照国家标准（GB 18871）有必要采取紧急防护行动的剂量；或者曾在类似设施中发生过的此类事件；具有威胁类型 II 的设施并不包括上述具有威胁类型 I 的设施
III	诸如工业辐照装置这类设施的场内事件，可能导致有必要在场内采取紧急防护行动的剂量或污染，或者曾在类似设施中发生过的此类事件。具有 III 类型威胁的设施并不包括上述具有 II 类型威胁的设施
IV	可能导致在无法预见的地点采取紧急防护行动的核或辐射紧急状态。这些状态包括未经授权的活动，例如与非法获得的危险源有关的活动；还包括涉及工业射线照相用源、核动力卫星或热电发生器等危险的可移动源的运输和经授权的活动。威胁类型 IV 代表最低等级的威胁水平（适用于所有国家和地区）
V	通常不涉及电离辐射的活动。但很有可能由于威胁类型 I 或 II 中所列的设施发生的事件而受到污染，并达到按照国家标准（GB 18871）必须迅速对食品等产品加以限制的程度

表 2.4　确定设施和实践的应急威胁类型的标准

威胁类型	设施和实践[a]
I	预计可能在场外导致严重确定性健康效应的应急状态，包括： • 热功率水平大于 100 MW 的反应堆； • 可能含有最近（指 3 年以内）卸载燃料的乏燃料池，并且 ^{137}Cs 的总量约为 0.1×10^{18} Bq（相当于热功率 3 000 MW 反应堆的堆芯总量）； • 扩散性放射性物质的总量足以在场外导致严重确定性健康效应的设施
II	预计可能在场外导致需要采取紧急防护行动剂量水平的应急状态，包括： • 热功率水平大于 2 MW 小于 100 MW 的反应堆； • 含有要求活性冷却的最近卸载燃料的乏燃料池； • 可能发生失控临界事故的设施距场区外边界不足 500 m； • 扩散性放射性物质的总量足以在场外导致需要采取紧急防护行动剂量的设施
III	预计可能在场内导致需要采取紧急防护行动剂量水平的应急状态，包括： • 在丧失屏蔽的情况下，1 m 处的外照射剂量率大于 100 mGy/h 的设施； • 可能发生失控临界事故的设施距场区外边界大于 500 m； • 热功率水平不超过 2 MW 的反应堆； • 放射性物质总量足以在场内导致需要采取紧急防护行动剂量的设施
IV	移动危险源的营运人，包括： • 在丧失屏蔽的情况下，距源 1 m 处的外照射剂量率大于 10 mGy/h，或活度大于《GBZ/T 208 基于危险指数的放射源分类》规定的危险活度值的移动源； • 携带放射源的活度大于《GBZ/T 208 基于危险指数的放射源分类》规定的危险活度值的人造卫星； • 如果不加以控制，放射性物质活度按照《GBZ/T 208 基于危险指数的放射源分类》属于危险源的运输； • 有较大可能遇到失控危险源的设施/场所，例如： 　大型废金属处理设施； 　国家边境口岸； 　具有危险源的固定量具的设施

注：a. 为了确定适当的威胁等级，应进行场址逐案分析。

2.3 历史上的重大核事故

历史上曾发生一些重大核事故，本书重点介绍五起核事故，其中一起是放射性化学工厂爆炸事故，三起是人为因素造成的核事故，一起是由于严重的自然灾害引发的核事故。主要说明它们的起因、经过、放射性物质的释放等情况。

2.3.1 南乌拉尔核事故

冷战高峰期，为了尽快把核弹头装备起来，苏联人在车里雅宾斯克建起了麦雅克工厂，专门生产核原料。作为苏联唯一的钚生产基地，为了给正在制造的原子弹和氢弹提供钚，车里雅宾斯克的五个核反应堆日夜不停地运转，钚源源不断地制造出来，后处理工厂从反应堆所产生的放射性混合物中提炼出钚。首批钚生产出来之后，工厂加班加点提高产量，无暇顾及废料的问题。由于没有采取任何安全对策，将提炼过钚之后剩下的放射性极强的废液，未经任何处理就排入乌拉尔河的上游加腊苏湖。放射性物质越积越多，随水体扩散，生活在周围的人们深受其害。

关于如何处理核废料的问题，苏联领导人最终做出决定——建造巨大的地下储罐把核废料封存起来。核废物中的钚是一种不易溶解的元素，乌拉尔地区核废物中的钚，大部分被土壤所吸收。当水浸透蓄积着钚的土壤，钚与水作用，触发链式反应，水被迅速加热成水蒸气，水蒸气压力增大而产生强烈的爆炸，从而造成一场骇人听闻的核灾难的发生。

1957 年 9 月 29 日，在苏联的大型核工业聚集区乌拉尔地区，克什特姆、车里雅宾斯克两城之间的一个地下核废料存储罐突然发生爆炸，强烈的爆炸将放射性尘埃和物质喷到天空中，其威力相当于 1945 年美国投在广岛的原子弹的 100 倍。一片直径 10 km 的带有放射元素 ^{90}Sr 的烟云升空。1 万多居民当即撤离污染区。据苏联遗传学家麦德维杰夫估计，这次爆炸后几天就有几百人因辐射致死，当年至少有 1 000 人死于辐射。由于天气极恶劣，狂风把放射性烟云刮到数百公里之外，结果造成南乌拉尔地区 3 000 km^2 的核污染，区内草木不生，成千上万的人患了辐射病。但是，当受核辐射的居民被送到医院后，医生不懂放射性核医学，不知道如何根据患者所接受的辐射量对症治疗，结果，导致很多患者濒临死亡。事故一年之后死了几千人，三年之后死了几万人。

通往该区的所有公路、铁路被封闭了长达一年之久。一年后，在该区外 50 km 处设立了检查站，所有进入该区（有限度地开放）的机动车辆都必须接受检查，关闭所有车窗，不许拍照，要以最高车速通过，不得停车逗留。1958—1968 年不许该区居民生育子女。直到 1978 年，污染区还有 20%的地方未能恢复生产活动。

这次事故中，存在大量放射性物质释放（表 2.5），按照国际原子能机构的核事件分级标准将其定为 6 级核事故。

2.3.2 温茨凯尔核事故

英国温茨凯尔军用核反应堆是用来生产核武器用的钚的单流程气冷反应堆，热功率250 MW，用空气作为冷却剂，石墨作为慢化剂。冷却剂通过反应堆堆芯后，通过装有过滤器的烟囱直接排入大气。反应堆没有安全壳建筑物。

表 2.5　南乌拉尔核事故释放源

核素	释放量/10^{15}Bq	占总释放量的比例/%
^{89}Sr	微量	—
^{90}Sr+^{90}Y	4.0	5.4
^{95}Zr+^{95}Nb	18.4	24.9
^{106}Ru+^{106}Rh	2.74	3.7
^{137}Cs	0.027	0.036
^{144}Ce+^{144}Pr	48.8	66
^{147}Pm	微量	—
^{155}Eu	微量	—
^{239}Pu	微量	—
总量	74	100

1957 年 10 月 7 日，在进行石墨潜能释放时，由于工作人员误操作，使堆芯 150 根工艺管熔化，反应堆石墨起火，大火燃烧了约 4 天，释放出约 $7.4×10^{14}$Bq 的 ^{131}I 和其他裂变产物，最后用水淹没反应堆使火熄灭。这次事故产生的放射性物质污染了英国全境，至少有 39 人患癌症死亡。气载放射性物质从温茨凯尔向周围地区扩散，影响到欧洲大陆。

在人员受照射的总剂量中，约 50% 来自放射性碘对甲状腺的照射，40% 来自沉积于地面的放射性物质所致的外照射，10% 左右来自碘以外的其他放射性核素的内照射。

本次核事故涉及放射性裂变产物向外释放（表 2.6），根据这一事件的场外影响，将它定位 5 级事故。

表 2.6　温茨凯尔核事故

核素	堆芯总量/10^{15}Bq	释入大气的量/10^{15}Bq	占堆芯总量的比例/%
^{85}Kr	0.059	0.059	约 100
^{133}Xe	12.0	12.0	约 100
^{131}I	6.0	0.6～0.74	10.0～12.3
^{132}Te	6.0	0.44～0.6	7.4～10.0
^{140}Ba	—	0.006 4	—
^{89}Sr	10.2	0.003～0.005 1	0.03～0.05
^{90}Sr	0.426	$7.4×10^{-5}$～$2.2×10^{-4}$	0.02～0.05
^{134}Cs	—	0.001 2	—
^{136}Cs	—	0.001 5	—
^{137}Cs	0.455	0.022～0.046	4.8～10.1
^{106}Ru	1.18	0.003～0.005 9	0.3～0.5
^{103}Ru	—	0.04	—
^{99}Mo	—	0.036	—
^{95}Zr	—	0.007 5	—
^{91}Y	—	0.006 4	—
^{144}Ce	8.07	0.003～0.00 4	0.04～0.05
^{140}La	—	0.007 5	—
^{141}Ce	—	0.007 1	—

2.3.3　三哩岛事故

1979 年 3 月 28 日凌晨，美国宾夕法尼亚州三哩岛（TMI）核电厂二号机组正在满功率运行。由于蒸汽发生器的冷却丧失，核反应堆和汽轮机自动停止运行，三个辅助给水泵自动启动，但因给水管上的阀门在检修后忘了打开，蒸汽发生器得不到必要的冷却，致使蒸汽发生器烧干和不能冷却一回路。三哩岛压水堆核电站发生了堆心熔毁的严重事故，一座反应堆大部分元件烧毁，一部分放射性物质外泄。事件持续了 36 h，但给人们留下终生不灭的印象。

三哩岛核电厂发生的核事故是美国最严重的核事故。然而事故对环境和居民都没有造成危害和伤亡，也没有发现明显的放射性影响。

这次核泄漏事件是由于二回路的水泵发生故障：前些天工人检修后未将事故冷却系统的阀门打开，致使这一系统自动投入后，二回路的水仍断流。当堆内温度和压力在此情况下升高后，反应堆就自动停堆，卸压阀也自动打开，放出堆芯内的部分汽水混合物。同时，当反应堆内压力下降至正常时，卸压阀由于故障未能自动回座，使堆芯冷却剂继续外流，压力降至正常值以下，于是应急堆芯冷却系统自动投入，但操作人员却做出了错误的判断，反而关闭了应急堆芯冷却系统，停止了向堆芯内注水。以上种种管理和操作上的失误与设备上的故障交织在一起，使一次小的故障迅速而急剧地扩大，最终造成堆芯熔化的严重事故。所幸的是在这次事故中，主要的工程安全设施都自动投入，加之反应堆有几道安全屏障（燃料包壳，一回路压力边界和安全壳等），没有人员伤亡，仅三位工作人员受到了略高于半年的容许剂量的照射。故三哩岛的核能事故虽也是最严重的核燃料熔毁事故，但其放射能外泄量实际上微不足道。

三哩岛事故对环境的影响相对比较小，核电厂附近 80 km 以内的公众受到的辐射剂量不到一年内天然本底的 1%。

电站下游的两个不同地点采集的河水样品中，没有监测到任何放射性。在 152 个空气样品中，只有 8 个样品发现有放射性碘，其中最大浓度为 0.000 9 Bq/L，只占居民允许浓度的 1/4。在 147 个土壤样品和 3 km 范围内的 171 个植物样品中均未检出放射性碘。

三哩岛核泄漏事故是核能史上第一起堆芯熔化事故，自发生至今一直是反核人士反对核能应用的有力证据；三哩岛核泄漏事故虽然严重，但未造成严重后果，究其原因在于围阻体发挥了重要作用，凸显了其作为核电站最后一道安全防线的重要作用；在整个事件中，运行人员的错误操作和机械故障是重要的原因，提示人们，核电站运行人员的培训、面对紧急事件的处理能力、控制系统的友好性等细节对核电站的安全运行有着重要影响。

表 2.7　三哩岛核电厂事故放射性释放量

核素	堆芯放射性释放量/ 10^{18}Bq	释放份额		
		从燃料元件释放的份额	进入安全壳和汽轮机厂房空气中的份额	进入大气环境的份额
^{85}Kr	0.36	0.47~0.70	0.6	约 0.1
^{133}Xe	5.2	0.42~0.68	0.6	约 0.1
^{131}I	2.4	0.41~0.55	7×10^{-5}	2×10^{-7}
^{137}Cs	0.031	0.45~0.60	—	0
^{90}Sr	0.29	$<8\times10^{-4}$	—	0
^{140}Ba	5.2	0.001~0.002	—	0

本次核事故造成反应堆堆芯严重损坏，放射性场外释放很少，根据其场内影响，将其定为 5 级事故。

2.3.4 切尔诺贝利核事故

切尔诺贝利核电站事故于 1986 年 4 月 26 日发生在苏联乌克兰苏维埃共和国境内，电站 4 号机组爆炸，反应堆全部炸毁，大量放射性物质泄漏，成为有史以来最严重的核事故。辐射危害严重，导致事故后前 3 个月内 31 人死亡，之后 15 年内 6 万～8 万人死亡，13.4 万人遭受不同程度的辐射疾病折磨，方圆 30 km 地区的 11.5 万多民众被迫疏散。为消除事故后果，耗费了大量人力、物力。为消除辐射危害，保证事故地区生态安全，乌克兰和国际社会一直在努力。

切尔诺贝利核电站采用大型石墨沸水反应堆，用石墨作慢化剂，用沸腾清水作冷却剂。1986 年有 4 台机组在运行，每台机组的热功率为 3 200 MW。每两台机组（每对反应堆）共用一个汽轮机发电机房，放有 4 台汽轮发电机和与之相关的并联强迫循环系统。每台机组配备两个完全相同的冷却回路；每个环路与 840 盒燃料组件的垂直平行管道相连接。冷却剂在底部进入燃料管道，向上流动被加热，部分沸腾。每个冷却环路有四台并联的主循环泵（三台运行，一台备用）。在平衡燃料辐照时，反应堆有正的空泡反应性系数。然而，燃料温度系数是负的。功率改变的净反应性效应取决于功率水平：在正常运行工况下，满功率下功率系数是负的；低于满功率的 20% 时变成正的。因此，正常运行规程中限制在低于 700 MW 热功率下运行。低功率下反应堆处于不安全工况是这类核反应堆的设计缺陷，是导致这场事故的重要原因。

1986 年 4 月 25 日，切尔诺贝利核电站 4 号反应堆按照预定计划停堆以作定期检修。停堆前，已拟定了一个试验大纲，计划在该机组的 8 号汽轮发电机上进行试验，目的是要确定在断电期间汽轮发电机在切断蒸汽供应情况下利用转子动能维持机组本身用电的可能性。如果这种试验采用适当的方式，并有必要的附加安全措施是允许进行的，类似的试验在该核电站曾经做过。

但由于该试验大纲质量低劣，试验中安全问题没有受到重视，有关工作人员对试验没有认真准备，也没有意识到可能的危险，加之在试验过程中工作人员违反试验大纲，为事故的发展潜伏了危机。

4 月 25 日凌晨 1 点，工作人员开始降低反应堆功率。13 点 5 分，反应堆热功率为 1 600 MW 时，切断了 7 号汽轮发电机。机组本身所需要的电力（4 台主循环泵、2 台给水泵和其他设备）被切换到 8 号汽轮发电机供电母线上。

14 点，按照试验大纲的要求，把反应堆应急冷却系统与强迫循环回路断开。但是由于控制室的要求，推迟了机组退出运行，因而该机组在关闭应急冷却系统的情况下继续运行，违反了运行规程。

23 点 10 分，堆功率重新下降。按照试验大纲，要求在反应堆热功率为 700～1 000 MW 下进行停气和供给机组需要电力的同步试验。然而当局部自动调节系统断开后，操作人员未能很快地消除由自动调节器测量部分所引起的不平衡状态，致使反应堆热功率降到 30 MW 以下，直到 4 月 26 日 1 点，操作人员才将反应堆热功率稳定在 200 MW。当时的功率实际上低于规定要求的水平，处于不安全状态。

尽管如此，操作人员仍然决定继续进行试验。1 点 3 分和 1 点 7 分，各有一台备用主泵相继从各自一侧投入，连同已在运行的 6 台主泵，共有 8 台主泵投入运行，使得当试验结束时，为了反应堆堆芯的安全冷却，在强迫循环回路上仍然保留有 4 台主泵运行。由于 8 台主泵都投入运行等原因，通过堆芯的冷却剂流量高达 5 600～58 000 m³/h，个别泵的流量高达 8 000 m³/h。这违反了运行规程，因为在这种运行方式下泵有损坏的危险及在主冷却剂管道内形成空泡发生机械振动的可能性。

1 点 23 分，反应堆参数接近稳定，试验开始。1 点 23 分 4 秒，操作人员关闭了 8 号汽轮发电机的应急调节阀，汽轮发电机停气，反应堆在热功率 200 MW 下继续运行。此时，两台汽轮发电机（7 号、8 号）应急调节阀全部关闭。这时事故保护信息应动作，反应堆应当停堆。但实验人员为了在第一次试验不成功后保留再次试验的可能性，闭锁了这一事故保护信号。

试验开始后不久，反应堆功率开始上升。

1 点 23 分 40 秒，机组值班主任发出命令把所有控制棒和快速停堆棒插入堆芯。此时自动调节棒已在堆芯，而其他所有控制棒几乎都已从堆芯完全抽出，不可能迅速地将反应堆停下来。堆芯开始全面出现正反应性，第一个功率峰值在 4 s 内达到额定功率的 100 倍。因功率骤增，燃料释放的能量突然使部分燃料毁坏成为碎片。1 点 24 分，细小的灼热燃料颗粒引起了蒸汽爆炸，释放的能量掀开了 1 000 t 的反应堆盖板，切断了所有在反应堆盖板上两侧的冷却管道。2～3 s 后，另一次爆炸又发生了，反应堆热的碎片从毁坏的反应堆建筑物中喷出。由于反应堆的破坏使空气进入，引起石墨的燃烧。

苏联有关部门及时有效地组织了控制事故和消除事故后果的工作。大火于 26 日凌晨 5 点被扑灭。向毁坏的反应堆投掷堆集了碳化硼、白云石、铅、砂子、黏土等材料约 5 000 t，用以封闭反应堆厂房和抑制裂变产物外逸。1986 年 11 月在 4 号堆废墟上建起了钢和混凝土构成的密封建筑物，把废堆埋藏在里面。对切尔诺贝利核电厂厂区和周围地区持续地进行放射性污染清理。参加消除事故后果的总人数达 20 万之多。1986 年 4 月 27 日至 8 月从切尔诺贝利核电厂周围地区（约 30 km 半径）疏散了 116 000 居民。2000 年 12 月 15 日 13 时 15 分，乌克兰总统下令彻底关闭切尔诺贝利核电站。

事故期间，释放出的放射性物质总量约 $12×10^{18}$ Bq，其中包括（6～7）$×10^{18}$ Bq 的惰性气体。事故时释出的核燃料碎粒约为当时堆内燃料的 3%～4%（堆内装载有 189 t 铀，平均燃耗 10.3 MW·d/kgU），燃料中储存的裂变产物中 100%的惰性气体和 20%～60%的挥发性放射性核素释出，具体释放核素数量参见表 2.8。需要说明的是，对释放量的评估在事故发生后 20 多年间不断更新，表 2.8 为 UNSCEAR 2008 报告中的数据。

事故初期（4 月 26 日至 5 月 4 日）释放大气的放射性物质随风飘移，先向北，后向西转西南及其他方向散布。事故放射云于 4 月 27 日到达瑞典和芬兰。4 月 29 日至 5 月 2 日，污染空气扩散到欧洲其他国家。长时间大范围的大气运动把释出的放射性物质散布到整个北半球，5 月 4 日到达中国。南半球未受到气载放射云的污染。

释入大气的大部分放射性物质沉积在厂址周围地区。^{137}Cs 浓度水平超过 185 kBq/m² 的白俄罗斯、俄罗斯和乌克兰境内的土地面积分别为 16 500 km²、4 600 km²、8 100 km²。

事故初期参与现场救灾的 820 名职工、消防队员和其他救援人员受到了最重的辐射，87%的人员受照剂量大于 0.5 Sv。所有 499 名出现辐射症状的人员，其中 237 人初诊定为急性辐射病，其中 103 人受照剂量为 0.7～1 Sv，41 人为 1～2 Sv，50 人为 2～4 Sv，22 人为 4～6 Sv，有 21 人高达 6～26 Sv。剂量高者近半数并有火灾和爆炸所导致的烧伤，体内污染则并不很严重。最终确诊为急性辐射病者（受照剂量大于 1 Sv）共 134 人，这当中共有 28 人在事故后头 3 个月内死于急性辐射病和严重烧伤。其中受照剂量 6～26 Sv 的 21 人，因受照剂量大且多遭受严重烧伤，虽经骨髓移植（13 例）治疗，仍有 20 人死亡，仅有 1 人幸存。受照剂量为 4～6 Sv 的 21 人中，有 7 人因辐射损伤和烧伤死亡；受 2～4 Sv 照射的 55 人中仅 1 人死亡；照射剂量在 2 Sv 以下者则无一死亡。事故初期另有 3 人分别死于爆炸、心梗、烧伤。另有 4 人在后续救灾过程中，因直升机意外坠毁而死亡。

表 2.8　切尔诺贝利核事故主要核素释放量估值

核素	释放活度/10^{15}Bq
惰性气体	
^{85}Kr	33
^{133}Xe	6 500
易挥发元素	
^{129m}Te	240
^{132}Te	约 1 150
^{131}I	约 1 760
^{133}I	910
^{134}Cs	约 47
^{136}Cs	36
^{137}Cs	约 85
不易挥发元素	
^{89}Sr	约 115
^{90}Sr	约 10
^{103}Ru	＞168
^{106}Ru	＞73
^{140}Ba	240
难熔化的（包括燃料粒子）元素	
^{95}Zr	84
^{99}Mo	＞72
^{141}Ce	84
^{144}Ce	约 50
^{239}Np	400
^{238}Pu	0.015
^{239}Pu	0.013
^{240}Pu	0.018
^{241}Pu	约 2.6
^{242}Pu	0.000 04
^{242}Cm	约 0.4

1986—1987 年参加事故后果处理的 24 万人员接受的平均剂量约为 100 mSv。其中约 10%人员受到的剂量为 250 mSv，少数人员受到的照射剂量大于 500 mSv。在禁区 30 km 范围内，事故后 20 h 撤离了 4.9 万人，以后数天至数周内陆续撤离 6.7 万人，11.6 万人所遭受的辐射值从 0.1～380 mSv 不等，其中约 10%的人受到的剂量大于 50 mSv，少于 5%的居民受到大于 100 mSv 的辐照剂量，总平均受照剂量为 17～31 mSv。事故后对救灾人员采样测定体内辐照，平均剂量值逐年下降：1986 年约为 170 mSv，1987 年为 130 mSv，1988 年为 30 mSv，1989 年为 15 mSv。

联合国原子辐射效应科学委员会（UNSCARE）估计，除苏联以外，北半球各国居民由于切尔诺贝利事故导致的长期辐照个人剂量为：事故第一年受影响最大国家的平均个人剂量约 0.8 mSv；欧洲地区最高的平均 70 年的剂量负担为 1.2 mSv。据国际切尔诺贝利计划（The International Chernobyl Project）估计，白俄罗斯、乌克兰和俄罗斯放射性污染最严重地区居住的居民在 1986—2056 年 70 年内受到的最高剂量负担为 160 mSv。经过 20 余年的跟踪医学调查，基本结论是除甲状腺癌以外，没有证实可归因于辐射而引发的肿瘤性疾病的增加。也没有发现因此次事故造成的婴儿出生缺陷、先天畸形、死胎、早产儿发生率的增加。

本次核事故造成范围广泛的对环境和人类健康的严重影响，因此定为 7 级事故。

2.3.5　日本福岛核事故

2011 年 3 月 11 日，日本东部发生 9 级大地震并引发一系列巨大海啸，袭击了日本东部海岸。地震发生之前，福岛第一核电厂的 6 台机组中 1、2、3 号处于功率运行状态，4、5、6 号在停堆检修。地震导致福岛第一核电厂所有的厂外供电丧失，三个正在运行的反应堆自动停堆，应急柴油发电机按设计自动启动并处于运转状态。海啸冲破了福岛第一核电厂的防御设施，这些防御设施的原始设计能够抵御浪高 5.7 m 的海啸，而当天袭击电厂的最大浪潮达到约 14 m。海啸浪潮深入到电厂内部，造成除一台应急柴油发电机之外的其他应急柴油发电机电源丧失，核电厂的直流供电系统也由于受水淹而遭受严重损坏，仅存的一些蓄电池最终也由于充电接口损坏而导致电力耗尽。

由于丧失了把堆芯热量排到最终热阱的手段，福岛第一核电厂 1、2、3 号机组在堆芯余热的作用下迅速升温，锆金属包壳在高温下与水作用产生了大量氢气，随后引发了一系列爆炸：

2011 年 3 月 12 日 15：36，1 号机组燃料厂房发生氢气爆炸；

2011 年 3 月 14 日 11：01，3 号机组燃料厂房发生氢气爆炸；

2011 年 3 月 15 日 6：00，4 号机组燃料厂房发生氢气爆炸。

这些爆炸对电厂造成进一步破坏，使现场工作环境非常恶劣，许多抢险救灾工作往往以失败告终。现场淡水资源用尽后，电厂分别于 3 月 12 日 20：20、3 月 13 日 13：12、3 月 14 日 16：34 陆续向 1、3、2 号机组堆芯注入海水，以阻止事态的进一步恶化。直至 3 月 25 日，福岛第一核电厂才建立了淡水供应渠道，开始向所有反应堆和乏燃料池注入淡水，第一核电厂的堆芯和乏燃料池冷却状况逐渐得到控制。

在福岛核事故期间，日本政府根据福岛第一核电厂状态和可能的放射性释放后果，采取了一系列厂外应急行动，且厂外应急撤离范围不断扩大：3 月 11 日 21 时 23 分，日本政府确定撤离区域设定为福岛第一核电厂周围半径 3 km 的范围，3～10 km 的范围设定为室内隐蔽区域。之后，由于事故的恶化，3 月 12 日 18 时 25 分，撤离区域扩大到 20 km 半径的范围，3 月 15 日 11 时左右，室内隐蔽区域扩大到 30 km 半径的范围。从目前对居民的检测结果来看，日本政府采取的应急行动是及时和有效的，迄今为止福岛核事故没有对周围居民造成不可接受的放射性照射。

但是，这次事故已经使部分工作人员受到了严重的照射，截至 2011 年 5 月 23 日，进入现场的工作人员总数为 7 800，人均照射剂量为 7.7 mSv。30 个工作人员照射剂量超过 100 mSv。相当一部分工作人员的照射剂量，包括内照射，将来会超过 250 mSv。3 月 24 日，两名工作人员进入积水中，其照射剂量估计在 2 Sv 或 3 Sv 左右。

日本原子能安全保安院（NISA）和核安全委员会分别宣布了向大气释放的放射性物质的估计总量。NISA 估计总的释放量 ^{131}I 和 ^{137}Cs 分别为 $1.6×10^{17}$Bq 和 $1.5×10^{16}$Bq。核安全委员会以环境监测数据和空气扩散数据进行计算，估计释放到大气的核素量分别是 ^{131}I 为 $1.5×10^{17}$Bq，^{137}Cs 为 $1.2×10^{16}$Bq。含有放射性物质的水从反应堆压力容器（RPV）扩散泄漏到安全壳（PCV），为冷却而注入反应堆的水从 PCV 泄漏，汇积到了反应堆厂房和汽轮机厂房。4 月 2 日，超过 1 000 mSv/h 高放射性水平的污染水被发现汇积在 2 号机组进水口附近的电缆坑内。尽管 4 月 6 日通过采取措施中断了流出物，总的放射性物质释放量预计达到了 $4.7×10^{15}$Bq。作为紧急处理措施，严重污染的水被储存在罐中。然而，由于没有足够的容器，为保证污水的储存能力，4 月 4—10 日，低放射性水平的水被排入海中。释放的放射性物质的总量推测约为 $1.5×10^{11}$Bq。这一事件引起了包括俄罗斯、韩国、中国等相邻国家的极大关注。

虽然在事故期间福岛第一核电厂向外界释放的放射性总量约为苏联切尔诺贝利事故的 10%（本次核事故所释放的放射性物质的准确数据仍待研究），但也达到了国际核事故分级中最严重的事故等级（7 级）的范围。

（岳峰编写，岳会国审阅）

参考文献

[1] 中国电力百科全书编辑委员会.中国电力百科全书——核能及新能源发电卷（第 2 版）[M].北京：中国电力出版社，2001.

[2] 李继开. 核事故应急响应概论[M]. 北京：原子能出版社，2010.

[3] UNSCEAR. Sources and effects of ionizing radiation，Report to the General Assembly with Scientific Annexes，Volumn II，Annex D，Health effects due to radiation from the Chernobyl accident [R]. New York：United States，2011.

[4] IAEA. The international nuclear and radiological event scale[R/OL]. http：//www.iaea.org/Publications/ Factsheets/English/ines.pdf.

[5] 中华人民共和国卫生部. WS/T 366—2011 核或辐射紧急情况威胁类型[S]. 北京：中国质检出版社，2011.

[6]　IAEA. Safety Standards for Protecting People and the Environment Arrangements for Preparedness for a Nuclear or Radiological Emergency. Safety Guide No. Gs-G-2.1[R]. IAEA. Vienna. 2007.

[7]　国家核事故应急委员会办公室，中国人民解放军总参谋部防化部.核事故应急响应教程[M]. 北京：原子能出版社，1993.

[8]　柴国旱. 福岛核事故的经验教训及启示[R/OL]. http：//www.chinansc.cn/web/static/articles/catalog_274300/article_ff8080813314c4590135f4aa139003df/ff8080813314c4590135f4aa139003df.html.

第3章　核事故应急管理体系

3.1　核事故应急管理法规

3.1.1　我国核事故应急法规

3.1.1.1　核安全法规体系框架

我国目前的核安全法规体系由以下几个部分组成：国家法律（突发事件应对法、放射性污染防治法），国务院行政法规（核安全管理条例），部门规章（核安全规定、行政法规实施细则），指导性文件（核安全导则），参考性文件（技术报告）。

我国对核与辐射事故应急管理工作十分重视，国家核安全局成立后，在核安全法规建设方面投入了巨大的人力、物力。目前关于核事故应急管理方面的核安全法规已基本形成体系。有关管理部门也根据工作需要制定了一些部门规章，其中有的已成为国家标准。

我国法律、法规体系见图 3.1：

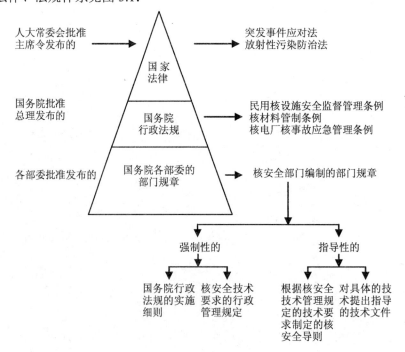

图 3.1　我国核安全法规体系框架

在法律、法规体系的各层次法规文件中都相应地包括对核事故应急方面的要求。

3.1.1.2　我国核安全法律法规体系的层次及相互关系

我国的核安全法律法规体系和我国的法律法规体系是相对应的，分为国家法律、国务院条例和国务院各部委部门规章三个层次。

国家法律是法律法规的最高层，起决定性作用。由它产生的条例或法规的具体内容不能与国家法律相抵触。在核领域，第一层次属于国家法律级的只有《中华人民共和国放射性污染防治法》，它在核领域中起着国家法律的作用。

国务院条例是国务院的行政法规，是法律法规的中间层，是国家法律在某一个方面的细化，规定了该方面的法律要求。在核领域，第二层次属于国务院条例级的有《中华人民共和国民用核设施安全监督管理条例》《中华人民共和国核电厂核事故应急管理条例》《中华人民共和国核材料管制条例》和《中华人民共和国放射性同位素与射线装置放射防护条例》。

国务院各部委部门规章是法律法规的底层，包括大量的各个分层次的规章。对于核安全部门，第三层次属于部门规章级的，包括国务院条例的实施细则（及其附件）和核安全技术要求的行政管理规定两种。对于上述部门规章，是强制性的，必须执行。其内容不能与国务院的条例相矛盾，更不能与国家的有关法律相违背，如果存在上述问题，则应以高层次的法律法规为准。

此外，核安全部门还制定了指导性的部门规章，与核安全技术要求的行政管理规定相对应的支持性部门规章包括核安全导则和核安全法规技术文件两种，其层次低于国务院条例的实施细则（及其附件）和核安全技术要求的行政管理规定。核安全导则推荐为执行核安全技术要求行政管理规定应采取的方法和程序，在执行中可采用该方法和程序，也可采用等效的替代方法和程序。核安全法规技术文件表明核安全当局对具体技术或行政管理问题的见解，在应用中参照执行。同时，在核安全领域还应用大量的国家标准、行业标准，也应用大量的国际标准等，也属于第三层次。

3.1.1.3　核应急相关的法规

我国发布的与核事故应急工作直接相关的法律、条例及实施细则如下：

1．法律

（1）《中华人民共和国突发事件应对法》（2007 年 8 月 30 日第十届全国人民代表大会常务委员会第二十九次会议通过，自 2007 年 11 月 1 日起施行）

该法共 7 章 70 条。主要章节为：

第一章　总则

第二章　预防与应急准备

第三章　监测与预警

第四章　应急处置与救援

第五章　事后恢复与重建

第六章　法律责任

第七章　附则

第四条规定：国家建立统一领导、综合协调、分类管理、分级负责、属地管理为主的应急管理体制。

第五条规定：突发事件应对工作实行预防为主、预防与应急相结合的原则。

第十七条规定：国家建立健全突发事件应急预案体系。国务院制定国家突发事件总体应急预案，组织制定国家突发事件专项应急预案；国务院有关部门根据各自的职责和国务院相关应急预案，制定国家突发事件部门应急预案。应急预案制定机关应当根据实际需要和情势变化，适时修订应急预案。

第四十二条规定：国家建立健全突发事件预警制度。按照突发事件发生的紧急程度、发展态势和可能造成的危害程度分为一级、二级、三级和四级，分别用红色、橙色、黄色和蓝色标示，一级为最高级别。预警级别的划分标准由国务院或者国务院确定的部门制定。

第五十一条规定：发生突发事件，严重影响国民经济正常运行时，国务院或者国务院授权的有关主管部门可以采取保障、控制等必要的应急措施，保障人民群众的基本生活需要，最大限度地减轻突发事件的影响。

（2）《中华人民共和国放射性污染防治法》（2003年6月28日第十届全国人民代表大会常务委员会第三次会议通过，自2003年10月1日起施行）

该法共8章63条。主要章节为：

第一章　总则

第二章　放射性污染防治的监督管理

第三章　核设施的放射性污染防治

第四章　核技术利用的放射性污染防治

第五章　铀（钍）矿和伴生放射性矿开发利用的放射性污染防治

第六章　放射性废物管理

第七章　法律责任

第八章　附则

第十九条规定：核设施营运单位在进行核设施建造、装料、运行、退役等活动前，必须按照国务院有关核设施安全监督管理的规定，申请领取核设施建造、运行许可证和办理装料、退役等审批手续。

第二十五条规定：核设施营运单位应当按照核设施的规模和性质制定核事故场内应急计划，做好应急准备。

出现核事故应急状态时，核设施营运单位立即采取有效的应急措施控制事故，并向核设施主管部门和环境保护行政主管部门、卫生行政部门、公安部门以及其他有关部门报告。

第二十六条则明确规定了我国建立健全核事故应急制度。核设施主管部门和环境保护行政主管部门、卫生行政部门、公安部门以及其他有关部门，在本级人民政府的组织领导下，按照各自的职责依法做好核事故应急工作。

2．条例

（1）《中华人民共和国民用核设施安全监督管理条例》（核安全法规HAF001，中华人民共和国国务院，1986年10月29日发布）

该条例共6章26条。

该条例明确规定"民用核设施的选址、设计、建造、运行和退役必须贯彻安全第一的方针；必须有足够的措施保证质量，保证安全运行，预防核事故，限制可能产生的有害影响；必须保障工作人员、群众和环境不致遭到超过国家规定限值的辐射照射和污染，并将照射和污染减至可能合理达到的尽量低的水平"。

该条例规定了国家核安全局对全国核设施安全实施统一监督，独立行使核安全监督权，其中包括"协同有关部门指导和监督核设施应急计划的制订和实施"。

（2）《中华人民共和国核电厂核事故应急管理条例》（HAF002，中华人民共和国国务院，1993 年 8 月 4 日发布）

该条例共 8 章 42 条。

第三条规定：核事故应急管理工作实行常备不懈、积极兼容、统一指挥、大力协同、保护公众、保护环境的方针。

第七条规定：核电厂的上级主管部门领导核电厂的核事故应急工作。国务院核安全部门、环境保护部门和卫生部门等有关部门在各自的职责范围内做好相应的核事故应急工作。

第九条规定：针对核电厂可能发生的核事故，核电厂的核事故应急机构、省级人民政府指定的部门和国务院指定的部门应当预先制定核事故应急计划。

核事故应急计划包括场内核事故应急计划、场外核事故应急计划和国家核事故应急计划。各级核事故应急计划应当相互衔接、协调一致。

第十条规定：场内核事故应急计划由核电厂核事故应急机构制定，经其主管部门审查后，送国务院核安全部门审评并报国务院指定的部门备案。

第十一条规定：场外核事故应急计划由核电厂所在地的省级人民政府指定的部门组织制定，报国务院指定的部门审查批准。

第十二条规定：国家核事故应急计划由国务院指定的部门组织制定。

第十四条规定：有关部门在进行核电厂选址和设计工作时，应当考虑核事故应急工作的要求。新建的核电厂必须在其场内和场外核事故应急计划审查批准后，方可装料。

第二十八条规定：有关核事故的新闻由国务院授权的单位统一发布。

3．实施细则

（1）《中华人民共和国核电厂核事故应急管理条例实施细则之一——核电厂营运单位的应急准备和应急响应》（HAF002/01，国家核安全局，1998 年 5 月 12 日批准发布）

对核电厂营运单位及有关单位应急准备和应急响应提出更为明确的要求。同时也明确了国家核安全局在各阶段对营运单位应急准备条件的审查要点。

（2）《中华人民共和国民用核设施安全监督管理条例实施细则之一——核电厂安全许可证件的申请和颁发》（HAF001/01，1993 年 12 月 31 日，国家核安全局发布）

该细则规定了核电厂（其他民用核设施参照执行）在申请各阶段核安全许可证时需提交的文件及内容要求，包括对核电厂营运单位应急计划的要求。

（3）《中华人民共和国民用核设施安全监督管理条例实施细则之二——核设施的安全监督》（HAF001/02，1995 年 6 月 14 日，国家核安全局发布）

该细则规定国家核安全局实施核安全监督的目的、依据、范围及方式。对营运单位核事故应急准备情况的检查及核事故时应急响应情况的监督是核安全监督的重要组成部分。

实施细则之二有三个附件，分别规定了核电厂、研究堆及核燃料循环设施营运单位向

国家核安全局及地区监督站的报告制度（包括发生核事故时的应急报告）。即

《中华人民共和国民用核设施安全监督管理条例实施细则之二附件一——核电厂营运单位报告制度》（HAF001/02/01，1995 年 6 月 14 日，国家核安全局发布）

《中华人民共和国民用核设施安全监督管理条例实施细则之二附件二——研究堆营运单位报告制度》（HAF001/02/02，1995 年 6 月 14 日，国家核安全局发布）

《中华人民共和国民用核设施安全监督管理条例实施细则之二附件三——核燃料循环设施的报告制度》（HAF001/02/03，1995 年 6 月 14 日，国家核安全局发布）

（4）《中华人民共和国民用核设施安全监督管理条例实施细则之三——研究堆安全许可证件的申请和颁发规定》（HAF001/03，2006 年 1 月 28 日，国家核安全局发布）

（5）《核动力厂设计安全规定》（HAF102，国家核安全局，2004 年 4 月 18 日发布）

该规定中将应急计划和准备作为纵深防御的最后一个环节。要求核动力厂有适当装备的应急控制中心及厂内、厂外应急响应计划。该规定中很多处提到了针对严重事故的要求。如："必须考虑严重事故下保持安全壳完整性的措施"、"必须充分考虑严重事故下控制放射性物质从安全壳向外泄漏的能力"、"必须设置一个与核动力厂控制室相分离的厂内应急控制中心……必须采取适当措施，在长时间内保护在场的人员，以便防止严重事故对他们的危害"。

（6）《核动力厂运行安全规定》（HAF103，国家核安全局，2004 年 4 月 18 日发布）

该规定中说明"必须针对特定的核动力厂厂址制订应急计划。核动力厂营运单位的应急计划必须包括由核动力厂营运单位实施或负责的各项活动，并必须上报国家核安全监管部门审批。""营运单位必须建立必要的组织机构并规定其处理应急的责任。必须包括下列安排：迅速判明应急状态；及时向应急响应人员通告并根据应急状态向厂区人员报警；向国家核安全监管部门和地方政府提供必要的信息，包括及时报告和按要求提供后续信息。""应急计划必须考虑到非核危害与核危害同时发生所形成的应急状态，诸如火灾与严重辐射或污染同时发生、有毒气体或窒息性气体与辐射和污染并存等，同时考虑到特定的厂区条件。""必须对厂区人员进行有效的应急培训。必须有手段将在应急时要采取的行动通知厂区内的所有员工和其他人员。""在核动力厂首次装料以前，必须进行应急演习以验证应急计划。此后必须以适当的间隔进行应急演习，其中的某些应急演习必须由国家核安全监管部门见证。有些应急演习必须是综合性的，并包括尽可能多的有关单位参加。应急计划必须根据获得的经验进行复审及更新。""在核动力厂整个运行寿期内，考虑到运行经验和从所有相关来源得到的新的重要安全信息，营运单位必须根据管理要求重新对核动力厂进行系统的安全评价。必须采用定期安全审查的方式。审查策略和需评价的安全要素必须由国家核安全监管部门批准或同意。定期安全审查的范围必须覆盖运行核动力厂的所有安全方面，还应包括应急计划、事故管理和辐射防护。"

4. 核安全导则

（1）HAD 002/01—2010 核动力厂营运单位的应急准备和应急响应（2010 年 8 月 20 日，国家核安全局批准发布）

（2）HAD 002/02 地方政府对核动力厂的应急准备（1990 年 5 月 24 日，国家核安全局、原国家环境保护局、卫生部批准发布）

（3）HAD 002/03 核事故辐射应急时对公众防护的干预原则和水平（1991 年 4 月 19 日，

国家核安全局、原国家环境保护局批准发布）

（4）HAD 002/04 核事故辐射应急时对公众防护的导出干预水平（1991 年 4 月 19 日，国家核安全局、原国家环境保护局批准发布）

（5）HAD 002/05 核事故医学应急计划和准备（1992 年 6 月 24 日，国家核安全局批准发布）

（6）HAD 002/06 研究堆应急计划和准备（1991 年 8 月 27 日，国家核安全局批准发布）

（7）HAD 002/07—2010 民用核燃料循环设施营运单位的应急准备和应急响应（2010年 8 月 20 日，国家核安全局批准发布）

这些核安全导则在充分吸收国外类似法则文件的基础上，结合我国国情制定，都很有针对性，且具有较好的可操作性，对开展我国民用核设施的核事故应急工作起到指导作用。其中 HAD 002/03 已被 GB 18871—2002 所替代。

3.1.1.4 技术性标准

1. 国家标准

目前已发布的相关国家标准（推荐标准）主要有：

（1）GB/T 17680.1—2008 核电厂应急计划与准备准则应急计划区的划分

（2）GB/T 17680.2—1999 核电厂应急计划与准备准则场外应急职能与组织

（3）GB/T 17680.3—1999 核电厂应急计划与准备准则场外应急设施功能与特性

（4）GB/T 17680.4—1999 核电厂应急计划与准备准则场外应急计划与执行程序

（5）GB/T 17680.5—2008 核电厂应急计划与准备准则场外应急响应能力的保持

（6）GB/T 17680.6—2003 核电厂应急计划与准备准则场内应急响应职能与组织机构

（7）GB/T 17680.7—2003 核电厂应急计划与准备准则场内应急设施功能与特性

（8）GB/T 17680.8—2003 核电厂应急计划与准备准则场内应急计划与执行程序

（9）GB/T 17680.9—2003 核电厂应急计划与准备准则场内应急响应能力的保持

（10）GB/T 17680.10—2003 核电厂应急计划与准备准则核电厂营运单位应急野外辐射监测、取样与分析准则

（11）GB/T 17680.11—2008 核电厂应急计划与准备准则应急响应时的场外放射评价准则

（12）GB/T 17680.12—2008 核电厂应急计划与准备准则核应急练习与演习的计划、准备、实施与评估

（13）GB 18871—2002 电离辐射与辐射源安全基本标准

2. 行业标准

我国核工业还发布一些相关行业标准，其中与核事故应急管理相关的有：

（1）EJ 555—91　　过量受照人员的应急医学处理规定

（2）EJ/T 879—94　核电厂营运单位应急响应职能与组织机构准则

（3）EJ/T 880—94　核电厂营运单位应急计划与执行程序准则

（4）EJ/T 881—94　核电厂营运单位应急设施的功能和特性准则

（5）EJ/T 882—94　核电厂营运单位应急响应能力的保持准则

（6）EJ/T 612—91　　核电厂场外应急计划的标准格式和内容
（7）EJ/T 557—91　　核电厂场内应急计划的标准格式与内容
（8）EJ/T 382—89　　核电厂环境辐射监测规定
（9）EJ/T 512—2000　辐射事故应急医学处理设施和装备的规定

3.1.2　国外核事故应急法规概况

3.1.2.1　国际公约

1．核安全公约（1994）

该公约已于 1994 年 6 月 17 日由国际原子能机构在其总部举行的外交会议上通过。该公约将自机构大会第 38 届常会期间的 1994 年 9 月 20 日起开放供签署，中国代表团于当日签署了该公约并将在保存人（机构总干事）收到第 22 份批准书、接受书或核准书之日起第 90 天生效，中国常驻国际原子能机构代表团于 1996 年 4 月 9 日正式向国际原子能机构总干事布利克斯递交了由江泽民主席签署的中国参加《核安全公约》的批准书，从而使中国成为第 18 个递交批准书的国家。

《公约》由序言和正文组成，共 35 条。

第十六条应急准备：

1）每一缔约方应采取适当步骤，以确保核设施备有厂内和厂外应急计划，并定期进行演习，并且此类计划应涵盖一旦发生紧急情况将要进行的活动。

对于任何新的核设施，此类计划应在该核设施以监管机构同意的高于某个低功率水平开始运行前编制好并作过演习。

2）每一缔约方应采取适当步骤，以确保可能受到辐射紧急情况影响的本国居民以及邻近该设施的国家的主管部门得到制订应急计划和作出应急响应所需的适当信息。

3）在本国领土上没有核设施但很可能受到邻近核设施一旦发生的辐射紧急情况影响的缔约方，应采取适当步骤以编制和演习其领土上的、涵盖一旦发生此类紧急情况将要进行的活动的应急计划。

2．乏燃料管理安全和放射性废物管理安全联合公约（1997）

本公约自 1997 年 9 月 29 日起在维也纳机构总部开放供所有国家签署。

《公约》由序言和正文组成，共 44 条。

第 25 条应急准备：

1）每一缔约方应确保在乏燃料或放射性废物管理设施运行前和运行期间有适当的场内和必要时的场外应急计划。此类应急计划应当以适当的频度进行演习。

2）在缔约方的领土可能受到附近的乏燃料或放射性废物管理设施一旦发生的辐射紧急情况的影响的情况下，该缔约方应采取适当步骤，编制和演习适用于其领土内的应急计划。

3．及早通报核事故公约（1986）

《及早通报核事故公约》（以下简称《公约》）于 1986 年 9 月 24 日经在维也纳召开的国际原子能机构特别大会通过，1986 年 9 月 26 日和 10 月 6 日分别在维也纳机构总部和纽约联合国总部开放签字，1986 年 10 月 27 日生效。

《公约》是在国际原子能机构主持下制定的，其主旨是进一步加强安全发展和利用核能方面的国际合作，通过在缔约国之间尽早提供有关核事故的情报，以使可能超越国界的辐射后果减少到最低限度。

我国于 1986 年 9 月 26 日签署《公约》，1987 年 9 月 10 日向国际原子能机构交存《公约》批准书，并同时声明对《公约》第 11 条第 2 款所规定的两种解决争端程序提出保留。《公约》于 1987 年 10 月 11 日对中国生效。

《公约》由序言和正文组成，共 17 条，主要内容包括：①缔约国有义务对引起或可能引起放射性物质释放，并已经造成或可能造成对另一国具有辐射安全重要影响的超越国界的国际性释放的任何事故，向有关国家和机构通报。但对于核武器事故，缔约国可以自愿选择通报或不通报。②核事故的通报内容，应包括核事故及其性质，发生的时间、地点和有助于减少辐射后果的情报。③事故发生国可以直接，也可以通过机构间接地向实际受影响或可能受影响的国家或机构（包括缔约国和非缔约国）通报。④各缔约国应将其负责收发核事故通报和情报的主管当局和联络点通知国际原子能机构，并直接或通过机构通知其他缔约国。这类联络点和机构内的联络中心应连续不断地可供使用。⑤机构在本公约范围内，有义务立即将所收到的核事故通报和情报通知所有缔约国、成员国和有关国际组织。

4. 核事故或辐射紧急情况援助公约（1986）

《核事故或辐射紧急情况援助公约》（以下简称《公约》）是在国际原子能机构主持下制定的一项国际公约，旨在进一步加强安全发展和利用核能方面的国际合作，建立一个将有利于在发生核事故或辐射紧急情况时迅速提供援助，以尽量减少其后果的国际援助体制。

《公约》于 1986 年 9 月 24 日经在维也纳召开的国际原子能机构特别大会上与《及早通报核事故公约》同时通过，1986 年 9 月 26 日和 10 月 6 日分别在维也纳机构总部和纽约联合国总部开放签字，1986 年 10 月 27 日生效。

《公约》由序言和正文组成，共 19 条，其主要内容包括：①在核事故或辐射紧急情况下，缔约国有义务进行合作、迅速提供援助，以尽量减少其后果和影响。②若一缔约国在发生核事故或辐射紧急情况时需要援助，它可以直接或通过机构向任何其他缔约国和向机构或酌情向其他政府间国际组织请求这种援助。被请求的缔约国，应迅速决定并通知请求国，它是否能够提供所请求的援助及其范围和条件。③对国际原子能机构在本公约范围内的职责作了规定。④请求国应给予援助方的人员必要的特权、豁免和便利，以便履行其援助职务。⑤当援助是以全部偿还或部分偿还为基础提供时，请求国应向援助方偿还因此而发生的有关费用。

我国于 1986 年 9 月 26 日签署《公约》，1987 年 9 月 10 日向国际原子能机构交存《公约》批准书，并同时声明对《公约》第 13 条第 2 款所规定的两种争端解决程序，以及在由于个人重大过失而造成死亡、受伤、损失或毁坏情况下的第 10 条第 2 款的规定提出保留。《公约》于 1987 年 10 月 11 日对我国生效。

5. 核材料实物保护公约（1980）

《核材料实物保护公约》（以下简称《公约》）于 1980 年 3 月 3 日在维也纳国际原子能机构总部和纽约联合国总部开放签字。在第 19 条第 1 款规定的条件满足后，《公约》于 1987 年 2 月 8 日生效。

《公约》的主旨是，保护核材料在国际运输中的安全，防止未经政府批准或者授权的集团或个人获取、使用或扩散核材料，并在追回和保护丢失或被窃的核材料，惩处或引渡被控罪犯方面加强国际合作，对《公约》范围内的犯罪建立普遍管辖权，防止核武器扩散。

《公约》由序言、正文和两个附件组成，共 23 条。其主要内容包括：①缔约国确保对在其境内的核材料或装载于属其管辖的船舶或飞机上的核材料，在国际运输中按附件规定的级别予以保护。②缔约国承诺不输出或输入，亦不准许他国经其陆地、内河航道、机场和海港过境运输核材料，除非取得保证该材料已按附件规定的级别受到保护。③在核材料被偷盗、抢劫或受到威胁时，缔约国应向任何提出请求的国家提供合作，以追回失落的核材料。④规定了犯罪定义、管辖权，对被控犯罪的起诉和引渡程序。⑤除对国内使用、储存和运输中的民用核材料所明确作出的承诺外，《公约》不影响缔约国对此种材料的主权权力。⑥缔约国之间对公约的解释和适用发生争端时，首先应协商解决。协商无效，经争端任何一方请求，应提交仲裁或国际法院裁决。对后两种争端解决程序，公约允许保留。⑦规定了核材料的分类办法以及相应的实物保护级别。

我国于 1989 年 1 月 10 日向国际原子能机构递交加入书，并同时声明对《公约》第 17 条第 2 款所规定的两种争端解决程序提出保留。《公约》于 1989 年 2 月 9 日对中国生效。

6. 制止核恐怖行为国际公约（1997）

1997 年联合国大会决定成立由 191 个成员国专家组成的特设委员会，负责起草《制止核恐怖行为国际公约》。1998 年，俄罗斯向特设委员会提交了一份公约草稿。在该草稿的基础上，特设委员会经过 7 年的艰苦谈判，终于在 2005 年 4 月初通过了《制止核恐怖行为国际公约》草案。

2005 年 4 月 13 日，第 59 届联合国大会一致通过《制止核恐怖行为国际公约》（以下简称《公约》），对核恐怖行为的定义作出了界定，并要求各国政府立即采取立法等措施打击核恐怖行为。这是联合国制定并批准的第 13 项国际反恐公约。

《公约》规定，核恐怖行为主要有 3 类：①以危害人、财产和环境为目的，拥有放射性物质或核装置；②出于同样目的，使用放射性物质、核装置或破坏核设施；③为达到这些目的，威胁使用或企图拥有放射性物质和核装置。

《公约》要求各国政府根据本《公约》采取必要的立法措施，以确保那些制造、参与、组织和策划核恐怖行为的个人能受到惩罚。对于涉嫌制造核恐怖行为的个人，各国政府必须予以起诉或将其引渡到别国受审。《公约》还要求各国为打击核恐怖行为加强情报交流，并加强对本国放射性物质的监管。

根据《公约》，武装冲突中武装部队的活动由国际人道主义法和国际法管辖，不在本《公约》管辖范围之内。《公约》明确指出，本《公约》不涉及国家使用或威胁使用核武器合法性的问题。该《公约》将在 22 个缔约国批准后正式生效。

2005 年 9 月 14 日，中国外交部长李肇星在纽约联合国总部举行的"条约活动"中代表中国政府签署了《制止核恐怖行为国际公约》。

3.1.2.2 IAEA 核事故应急法规概况

国际原子能机构（IAEA）对核事故的管理及应急响应非常重视，特别是在三哩岛事故、切尔诺贝利事故、福岛核事故后，对核安全和核事故应急方面做了更多的投入。

1. NUSS

IAEA 为推进核安全，在 20 世纪 70 年代即组织专家制定核安全推荐标准，即 NUSS，并相继出版了一系列出版物。作为 NUSS 计划的补充，在 1982 年又相继发表了《50-SG-06 营运机构（许可证持有者）对核动力厂事故的应急准备》及《50-SG-G6 公众当局对核动力事故的应急准备》，在这两个文件中，对核动力厂营运单位及地方政府在应急方面的基本要素（包括应急状态、应急设施、应急设备、应急措施、应急计划的制订、应急能力的维持、通知及记录等）都给出了详尽具体的指导。

2. 安全标准系列

为完善 IAEA 核安全法规体系，20 世纪 90 年代，IAEA 启动了新的安全系列出版物计划，出版了较为全面的安全系列出版物，主要由安全标准系列和安全报告系列组成。其中安全标准系列出版物包括安全基础、安全要求和安全导则。三者的关系如图 3.2 所示。

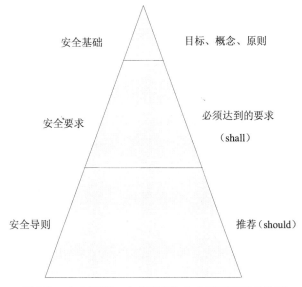

图 3.2　安全基础、安全要求和安全导则三者的关系

IAEA 的安全标准分为以下 5 个领域：基本安全（GS）、核安全（NS）、辐射安全（RS）、运输安全（TS）和放射性废物安全（WS）。

基本安全包括：应急准备和响应、立法和政府基础设施、管理体系（取代质量保证）、评价和验证。

核安全包括：核动力厂设计（1 个要求，13 个导则）、核动力厂运行（1 个要求，11 个导则）、厂址评价（1 个要求，6 个导则）、研究堆（1 个要求，3 个导则）、核燃料循环（1 个要求，6 个导则）。

辐射安全包括：基本安全标准、职业辐射防护、优化、电离设施的辐射安全等。

运输安全包括：放射性物质的安全运输监管、应急响应计划等。放射性废物安全包括基础设施、排放、预处理、处置、恢复可居留性等。

（1）安全基础（Safety Fundamentals）

主要阐述核安全和辐射防护的目标、概念和原则，是 IAEA 安全标准系列的政策性文件。

（2）安全要求（Safety Requirements）

提出为确保实现保护人类和环境的安全目标而必须满足的要求，即法规 Code 层次的文件，通常使用立法语言，以方便成员国转化为本国的监管法规。

（3）安全导则（Safety Guides）

通常提供如何满足安全要求的推荐方法和指南。

3．安全报告

作为对安全标准文件的技术支持，IAEA 还发表了一系列安全报告。在这些出版物中，对干预水平、导出干预水平、应急演习、应急计划制定、评价技术、可居留性评价等各有关方面都给出了很具体的指导意见。

4．核应急相关安全标准和安全报告

在 IAEA 的核安全法规体系中，对于核应急具有参考性和代表性的有以下文件：

（1）GS-R-2《核或辐射应急的准备和响应》

2002 年，国际原子能机构理事会批准《核或辐射应急的准备和响应》安全导则的发布，该文件由联合国粮食与农业组织（FAO）、国际原子能机构（IAEA）、国际劳工组织（ILO）、经济合作与发展组织核能机构（OECD/NEA）、泛美卫生组织（PAHO）、联合国人道主义事务协调局（OCHA）和世界卫生组织（WHO）共同倡议编写。国际原子能机构秘书处认为遵守这些要求将有利于使各国的应急响应标准和安排更加一致，并由此促进地区和国际层面的应急响应。

（2）GS-G-2.1《核或辐射应急准备的安排》

2007 年，国际原子能机构发布了安全导则 GS-G-2.1《核或辐射应急准备的安排》。这个安全导则的目的是协助成员国应用《核或辐射应急的准备和响应》导则，同时帮助成员国履行国际原子能机构在援助公约下规定的义务。

（3）GS-G-2《用于核或辐射应急的准备和响应的标准》

2011 年，《用于核或辐射应急的准备和响应的标准》安全导则发布，这个安全导则旨在帮助成员国应用《核或辐射应急的准备和响应》导则，同时帮助成员国履行国际原子能机构在援助公约下规定的义务。导则为在核或辐射突发事件下采取的防护行动和其他响应行动提供了通用标准，包括很多定量化的标准。导则还提供了由通用标准细化出的具体操作标准。

（4）Updating IAEA-Tecdoc-953《制定核或辐射应急响应方案的方法》

该手册提供关于核或辐射应急的方法学、技术和可获得的研究结果，同时也提供了制定一体化的国家、地方和营运单位应急响应能力的一个实用、循序渐进的方法。

（5）IAEA-Tecdoc-955《反应堆事故期间确定防护行动的通用分析程序》

该手册为核反应堆事故情况下确定公众的防护行动以及控制应急工作人员剂量提供技术程序。这些技术程序包括：事故分类的程序、后果评价的程序、协调环境监测的程序、解释环境数据的程序、确定公众防护行动和控制应急工作人员剂量的程序。该手册描述了为最好地执行事故评价程序而推荐使用的应急评价组织结构。

（6）IAEA-Tecdoc-1092 《核或辐射应急时通用监测程序》

该手册为核与辐射应急响应中的辐射监测、环境取样和实验室分析提供技术要求和程序。

（7）IAEA-Tecdoc-1162　《在辐射应急期间评估与应急响应的通用程序》

该手册为非反应堆辐射事故的初始响应提供所需要的工具、通用程序和数据。

福岛核事故后，国际原子能机构发布了新修订的安全标准 SSR-2/1《核电厂安全——设计》，该标准吸取了福岛核事故的教训，将作为未来核电厂设计的指导标准。

3.1.2.3　美国核事故应急法规概况

美国的核电法规体系较为完备，由原子能法、联邦法规、管理导则、美国核管会的技术文件及美国核电标准规范组成。其结构如图 3.3 所示。

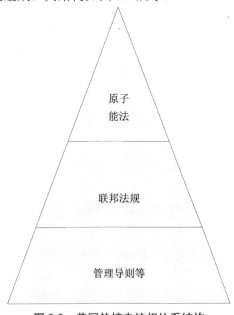

图 3.3　美国的核电法规体系结构

1．原子能法

1954 年美国参众两院批准并公布了《原子能法》，该法是美国对原子能的和平利用和军事用途管理的基本依据。

2．联邦法规

联邦法规 10CFR50 于 2011 年 11 月 23 日完成了修订，对核生产和应用设施的执照发放进行了规定，10CFR50.47 列出了应急计划必须满足的相关标准，明确了对应急计划中的重要内容（应急状态、应急行动水平、应急计划区等）的要求。附录 A 介绍了"核电厂的一般设计准则"，附录 B 介绍了"核电厂和燃料后处理厂质量保证准则"，附录 E 对"生产和应用设施的应急计划和准备"进行了描述。

3．管理导则

（1）NRC 制定的导则

美国 NRC 制订了一系列管理导则，它提供了符合法规要求的指导和可行的解决办法，核应急相关的导则主要有以下几个：

1）R.G.1.101 Rev.4&Rev.5《核反应堆的应急计划和准备》，描述实施条例可接受的方法。

2）NUREG-0396 EPA520/1-78-016《州和地方政府制定轻水堆核电厂应急响应计划的规划基础》。

3）NUREG-0654/FEMA-REP-1，Rev.1《核电厂应急响应计划及准备的筹备和评估标准》，该导则的第一次修订版于 1988 年 9 月发布，用于在州或地方政府拒绝参加应急计划的情况下，为发展、复审和评估实用的场外辐射应急响应计划和准备提供指导。同时，这份导则主要应用在没有完全运营许可并且确实与核电厂的运营相关的电厂。

4）NUREG-0654/FEMA-REP-1，Rev.1，Supp.1《核电厂应急响应计划及准备的筹备和评估标准——公用场外计划和准备标准》。

5）NUREG-0654/FEMA-REP-1，Rev.1，Supp.2《核电厂应急响应计划及准备的筹备和评估标准——早期的电厂许可申请中应急计划标准》。

6）NUREG-0654/FEMA-REP-1，Rev.1，Supp.3《核电厂应急响应计划及准备的筹备和评估标准——严重事故的防护行动推荐标准》。

7）NUREG-0696《应急响应设施功能标准》。

该文件于 1981 年 2 月发布，对核电厂许可证签发中用到的设施和系统进行了描述，用于改进应急状态下的响应。该报告对应急响应设施（包括技术支持中心、运行支持中心、附近应急运行设施和控制室）的应急响应功能进行了详细介绍。

8）NUREG-0737，Supp.1 TMI《行动计划需求声明——应急响应能力需求》。

9）NUREG-0814《应急响应设施的评价方法》。

10）NUREG-4831《核电厂疏散时间估计研究状态》。

11）NUREG-6863《核电厂疏散时间估计研究进展》。

12）NUREG-6864《应急疏散影响因子定义和分析》。

13）NUREG/CR-6953，Vol.1，《NUREG-0654，Supp.3 的复审，严重事故防护行动推荐标准》。

14）NUREG/CR-6953，Vol.2，《NUREG-0654，Supp.3 的复审，严重事故防护行动推荐标准——集中在组群和电话调查》。

15）NUREG/CR-6981《大规模疏散的应急响应计划和实现方案评价》，该文件于 2008 年 10 月发布，对紧急疏散撤离工作进行了详细描述。

16）NUREG/CR-7032《制定辐射应急中应急风险交流/信息汇集中心计划》。

17）NUREG/CR-7033《有效的辐射风险信息沟通的编制指导：在核电厂应急计划区与公众进行有效的信息交互计划和风险沟通》。

（2）NRC 核准的导则

美国 NRC 在核应急领域核准了以下几个导则：

1）NUMAC/NESP-007《制定应急行动水平的方法》。

2）NEI 99-01，Rev4 & Rev.5《制定应急行动水平方法》。

3）NEI 06-04，Rev.1 《进行基于敌对行动的应急响应演练》。

4）NEI-07-01，Rev.0《先进非能动轻水堆应急行动水平导则》。

2011 年 11 月，颁布了新的《美国核电厂应急计划》导则，该导则基于 2011 年修订的 10CFR50，特别是 10CFR50.47 及附录 E 的新变化的内容，补充并取代了以往发布的相关文档和通用公告。2011 年 11 月，发布了导则 R.G 1.219，即《核反应堆应急计划更改导则》，对应急计划的更改进行了详细的规定。

3.1.2.4 其他国家核事故应急法规概况

1. 法国

法国不断完善相关法律，进一步规范核工业的安全发展。尤其是 2006 年出台的《放射性材料和废物可持续管理规划法》和《核透明与核安全法》。前者对核废物处理进行了系统规划，提高了核污染的有效管理；后者则突出强调核信息管理公开、透明，有助于普及核领域知识、消除公众的核恐惧心理。

信息透明、互动交流已经成为发展核安全的一项重要内容和保证。法国核安全局坚持面向公众发行《核安全监督》月刊，记录全国发生的每一起核电故障，包括机组维修等信息，个人也可以登录安全局或其他监管机构网站查到各种文件、资料。

在日本福岛核事故后，法国对现有核设施在超出设计基准情形下的安全保证能力进行了评估，评估后 IRSN 建议核设施采取附加的称为"强化安全核心"的安全要求水平，从而保证核设施在紧急情况下，其基本功能可以维持数天，以待场外资源的干预。

法国核安全机构（ASN）于 2012 年 2 月 8 日正式公布了新版核设施安全和保安法规《核设施通则》（INB）。新版法规纳入了西欧核监管机构协会（WENRA）建立的大量基准。ASN 指出，这一新法规将反映国际最佳实践的规则纳入法国国家法律当中，从而反映了国际原子能机构的最新标准和有关国家实行的最严格措施，代表了国际实践统一化的共同基础。该法规还加入了对日本福岛核事故提出的问题所做的反应，包括应急站的准备、管理和外部事件的监测。新法规要求核电厂运营商直接负责监测对安全有重大影响的活动。

2. 日本

日本的核应急准备与响应的立法框架，主要基于《核原料、核燃料及反应堆监管法》以及在吸取 1999 年 9 月东海村 JCO 临界事故的教训后于 1999 年 12 月颁布的《核应急准备特别处置法》。

1999 年，日本颁布了《核应急准备特别处置法》，对核事故的预防、状态确认、信息发布、应急响应、状态恢复、处理罚则等进行了规定。该法案与《核原料、核燃料和核反应堆管理法》《灾难控制措施基本法》等法案相配合，目的是强化核事故控制措施，保护公众的生命财产安全。

日本核能安全组织（JNES）于 2010 年 12 月发布了《日本核应急准备和响应》，该文件共 4 章，第一章描述日本的核应急准备和响应体系，第二章描述核灾难应急准备特别法案，第三章描述核应急响应设施（场外中心），最后一章介绍了核应急演练和演习。

日本核委会（NRC）也制定了一些核与辐射的监管指导文件，共分为三类：监管指南、相关文档和专题指南。监管指南共分为 4 类：运行中的轻水反应堆、建设中的反应堆、核燃料循环相关设施和专题（交叉）指南。有关核应急的主要为 NSCRG：T-EP-Ⅱ.01《核设施应急准备监管指南》、NSCRG：T-EP-Ⅱ.02《环境辐射监测的指导方针》、NSCRG：T-EP-Ⅱ.05《辐射应急医疗指导方针》。

3. 韩国

韩国在原子能法的基础上，于 2003 年颁布了《人身保护和辐射应急法》，将原子能法中许多关于人身保护和辐射灾难防护的相关章节转移到这个法律中，用于强化核材料和核设施以及辐射灾难管理系统中的人身保护体系。

3.2 核事故应急管理机构

3.2.1 我国的核事故应急管理机构

2003 年 6 月，我国颁布了《中华人民共和国放射性污染防治法》。该法第 1 章第 8 条是对放射性污染防治管理体制的规定。

"国务院环境保护行政主管部门对全国放射性污染防治工作依法实施统一监督管理。国务院卫生行政部门和其他有关部门依据国务院规定的职责，对有关的放射性污染防治工作依法实施监督管理。"

根据国务院批准、国务院办公厅下发的《关于国家环境保护总局职能配置内设机构和人员编制规定》，原国家环境保护总局（国家核安全局）负责核安全、辐射环境、放射性废物管理工作，拟定有关方针、政策、法规和标准；参与核事故、辐射环境事故应急工作；对核设施安全和电磁辐射、核技术应用、伴有放射性矿产资源开发利用中的防治工作实施统一监督管理；对核材料的管制和核承压设备实施安全监督。

对有关的放射性污染防治工作依法实施监督管理，目前依据的国务院有关规定主要包括：《放射性同位素与射线装置放射防护条例》《中华人民共和国民用核设施安全监督管理条例》《核电厂核事故应急管理条例》《中华人民共和国核材料管制条例》等。原国家环境保护总局（国家核安全局）对全国核设施安全实施统一监督，独立行使核安全监督权，对核设施的安全以及场内应急计划进行审评，对其应急准备和应急响应进行监管。

3.2.1.1 我国核事故应急管理组织体系

1. 核事故应急三级管理体系

核事故应急制度是放射性污染防治的重要方面。《中华人民共和国放射性污染防治法》第 26 条是对国家建立健全核事故应急制度的规定。核设施潜在危害较大，一旦发生事故有可能对环境造成放射性污染，后果可能比较严重。因此加强对核设施事故的场内、场外应急准备和应急响应，建立健全核事故应急制度，做好应急准备，进行有效的响应是十分必要的。

为了加强核电厂核事故应急管理工作，控制和减少核事故危害，1993 年 8 月 4 日国务院发布了第 124 号令，即《核电厂核事故应急管理条例》。该条例在第 2 章应急机构及其职责中，明确规定了我国的核事故应急工作实行国家、地方和核电厂三级管理体系。

我国的核事故应急组织体系，由国家核应急组织、核电厂所在省（自治区、直辖市）核应急组织和核电厂核应急组织构成。核应急组织体系示意如图 3.4 所示。

2. 三级管理体系的主要职责

（1）国家核事故应急协调委员会

全国的核事故应急管理工作由国务院指定的部门，即国家核事故应急协调委员会负责，其主要职责是：

1）拟定国家核事故应急工作政策；

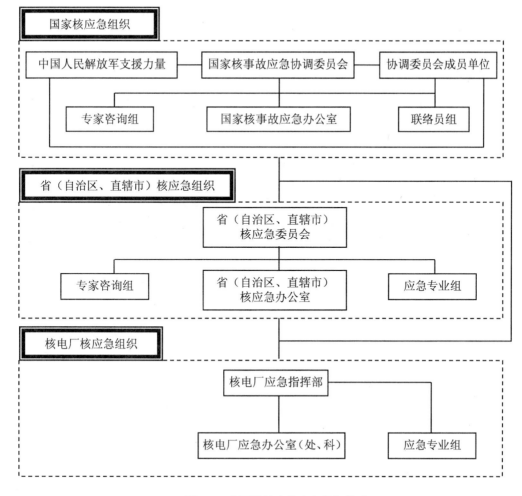

图 3.4　我国的核事故应急组织体系

2）统一协调国务院有关部门、军队和地方人民政府的核事故应急工作；

3）组织制定和实施国家核事故应急计划、审查批准场外核事故应急计划；

4）适时批准进入和终止场外应急状态；

5）提出实施核事故应急响应行动的建议；

6）审查批准核事故公报、国际通报，提出请求国际援助的方案。

必要时，由国务院领导、组织、协调全国的核事故应急管理工作。

国家核事故应急协调委员会组成单位有：国家能源局，环境保护部，总参谋部作战部，外交部，国家发展和改革委员会，公安部，财政部，交通运输部，工业和信息化部，卫生部，国务院港澳事务办公室，国务院新闻办公室，中国气象局，国家海洋局，总参谋部兵种部，总后勤部卫生部等 24 个部门。

（2）地方核事故应急协调委员会

核电厂所在地的省、自治区、直辖市人民政府指定的部门，即地方核事故应急协调委员会负责本行政区域内的核事故应急管理工作，其主要职责为：

1）执行国家核事故应急工作的法规和政策；

2）组织制定场外核事故应急计划，做好核事故应急准备工作；

3）统一指挥场外核事故应急响应行动；

4）组织支援核事故应急响应行动；

5）及时向相邻的省、自治区、直辖市通报核事故情况。

必要时，由省、自治区、直辖市人民政府领导、组织、协调本行政区域内的核事故应急管理工作。

（3）核电厂营运单位应急机构

核电厂的核事故应急机构的主要职责是：

1）执行国家核事故应急工作的法规和政策；

2）制定场内核事故应急计划，做好核事故应急准备工作；

3）确定核事故应急状态等级，统一指挥本单位的核事故应急响应行动；

4）及时向上级主管部门、国务院核安全部门和省级人民政府指定的部门报告事故情况，提出进入场外应急状态和采取应急防护措施的建议；

5）协助和配合省级人民政府指定的部门做好核事故应急管理工作。

6）《中华人民共和国放射性污染防治法》第 25 条第 2 款和第 3 款规定了核设施营运单位为应对核设施万一发生核事故而应当进行应急准备和应急响应的职责：

一是制定核事故应急计划，做好应急准备；《核电厂核事故应急管理条例》（HAF002）对场内应急计划、应急准备和核电厂营运单位的职责提出了明确的要求，其中包括建立应急响应组织并明确其职责、制定应急响应的详细方案、用于应急响应的设备和设施等；

二是当核设施发生事故导致应急状态时，核设施营运单位必须采取有效的应急措施，控制事故及其放射性物质向环境的释放；

三是及时向核设施主管部门和环境保护主管部门等有关部门报告。

3.2.1.2　环境保护部（国家核安全局）核事故应急响应体系

根据《中华人民共和国放射性污染防治法》《中华人民共和国民用核设施安全监督管理条例》《核电厂核事故应急管理条例》及其实施细则，环境保护部（国家核安全局）对核设施的安全以及场内应急计划进行审评，对其应急准备和应急响应进行监管。作为国家核安全监管和环境保护部门，为贯彻"常备不懈、积极兼容、统一指挥、大力协同、保护公众、保护环境"的核应急工作的方针，为做好核事故应急准备和响应工作，切实履行法规所赋予的职责，确保在核事故时，能及时了解事故状态、恰当地进行事故状态和事故后果分析、进行防护行动决策以及及时采取其他必要和适当的应急响应行动，环境保护部（国家核安全局）制定了核事故应急预案和实施程序，建立了核事故应急响应组织体系。

1. 核事故相关的应急准备与响应的主要任务

环境保护部（国家核安全局）承担的核应急准备与响应的主要任务是：

1）制定和修订环境保护部核事故应急预案及其实施程序，并根据预案及其实施程序做好各项应急准备；

2）指导地方环境保护部门制定和实施核应急辐射环境监测计划；在核事故应急响应时，参与指挥、协调应急响应工作，牵头组织力量对辐射环境监测进行支援；必要时，直接负责组织对核设施场内外进行辐射环境应急监测；

3）审批民用核设施的场内应急计划，检查、监督其应急准备工作。在核事故应急响应中，监督核设施营运单位的应急响应和事故处理，必要时从核安全角度提出建议或要求；

4）协助审查和发布有关核事故的新闻和信息；参与事故调查和处理。

2．核事故应急组织及其职责

（1）核事故应急响应组织构成

环境保护部（国家核安全局）核事故应急组织是环境保护部突发环境事件应急体系的组成部分，由环境保护部、核与辐射安全中心、辐射环境应急监测技术中心、核与辐射安全地区监督站以及与事故有关的省级环境保护部门等单位根据行政和业务工作的分工职责来确定的一些部门及其人员组成。该应急组织的领导指挥层为环境保护部核与辐射事故应急领导小组，下设核与辐射事故应急办公室、核与辐射应急技术中心、辐射环境应急监测中心、省级环保部门应急组织及其所属的辐射监测机构和环境保护部核与辐射安全地区监督站等机构组成。

环境保护部应急组织构成如图 3.5 所示，在环境保护部核与辐射事故应急领导小组的统一指挥下，各职能部门及有关单位各司其职，相互协调，平时做好核事故应急准备，核事故发生时快速而有效地进行应急响应。

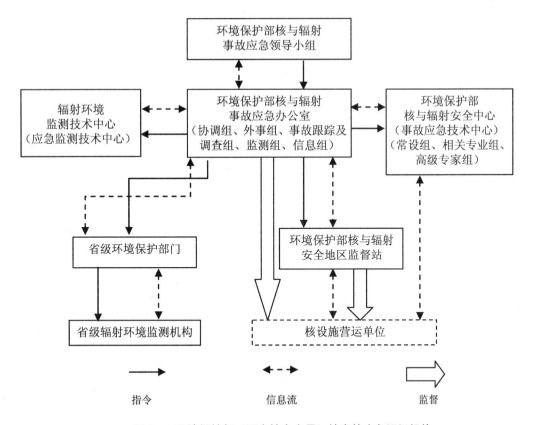

图 3.5　环境保护部（国家核安全局）核事故应急组织机构

（2）核事故应急领导小组的职责

在核事故应急准备工作中，核事故应急领导小组的主要职责是：

1）领导全国环保系统核事故应急准备与响应工作；

2）审批环境保护部核事故应急预案。

在核事故应急响应期间，应急领导小组的主要职责是：

1）领导和指挥环境保护部核事故应急组织体系中各部门的应急响应行动；

2）批准环境保护部核事故应急状态的启动、调整和终止；

3）审批国家核安全局对核设施营运单位应急行动采取的必要干预措施；

4）审批向党中央、国务院、国家核应急协调委汇报的事故报告和应急工作报告；

5）协助审核和发布有关核事故新闻、信息和涉外通报。

（3）核与辐射事故应急办公室的职责

在核事故应急计划与应急准备工作中，核事故应急办公室的主要职责是：

1）组织制定环境保护部核事故应急预案并审批实施程序；

2）负责环境保护部系统内部的核事故应急准备与应急培训，督查全国环保系统的核事故应急准备工作；

3）指导省级环境保护部门的辐射环境应急监测行动；

4）传达和贯彻环境保护部应急领导小组的指示，具体指挥和综合协调环境保护部系统内各核事故应急响应单位的启动和后续响应行动；

5）必要时，经应急领导小组批准后，对发生核事故的核设施营运单位采取干预行动；

6）定期向应急领导小组报告工作；

7）负责编写并审查向党中央、国务院提交的报告，向社会公开的信息素材，向港澳台地区的情况通报以及涉外通告；

8）负责与国家核应急协调委及有关部委办和单位的联络和信息交换工作。

（4）核与辐射安全中心的应急组织及其职责

在核事故应急响应期间，核与辐射安全中心为环境保护部核与辐射事故应急技术中心。核与辐射安全中心在核事故应急准备及其应急响应中的主要职责如下：

1）协助环境保护部制修订环境保护部核事故应急预案及实施程序；

2）协助环境保护部做好核设施应急计划审查和应急准备监管的技术支持工作；

3）做好核与辐射事故应急技术中心的核事故应急准备工作，确保应急技术中心的应急系统、设备和文件处于随时可用状态，并通过组织培训、演练等活动确保应急人员响应能力处于良好水平；

4）研制开发核事故应急计算机辅助系统，在核事故应急响应时，确保能够利用评价系统进行事故状态和事故后果评价相关的计算；

5）做好核事故应急辐射监测的技术储备，为环境保护部制定核事故应急辐射环境监测方案提供技术支持；

6）为国家有关部门和地方核事故应急组织提供技术咨询；

7）实行 24 小时电话值班制度，接收核设施营运单位的事故报告，负责环境保护部核事故应急组织的通知和启动，负责起草核设施进入应急状态的信息公开素材；

8）在核事故应急响应期间，在应急领导小组的指挥下实施事故分析、事故后果评价、应急监测、应急防护行动建议、舆情处理以及内外部信息的处理等各项应急响应行动，为应急领导小组的应急决策提供技术支持。

（5）核与辐射安全地区监督站的职责

核与辐射安全地区监督站的应急职责如下：

1）制定本站的核事故应急预案及实施程序，并报环境保护部审批；

2）负责核与辐射安全监督站的核事故应急准备工作；

3）负责对核设施营运单位的应急准备进行监督；

4）核事故应急响应期间，负责了解现场事故发生原因、事故状况和发展趋势，监督核设施营运单位的应急响应行动和事故处理措施，及时向环境保护部应急组织报告情况，并按照上级下达的指令监督核设施营运单位的应急响应行动，必要时开展对事故核设施的应急监测。

（6）辐射环境应急监测技术中心的职责

辐射环境应急监测技术中心的应急准备和应急响应的职责如下：

1）制定辐射环境监测技术中心的核事故应急预案及实施程序，并报环境保护部审批；

2）做好本中心应急准备工作；

3）为环境保护部应急决策提供辐射监测方面的技术支持，为全国环保系统开展辐射环境应急监测提供技术支持；

4）根据核与辐射事故应急办公室的指令，对事故发生地的省级环境保护部门提供辐射环境应急监测技术支援，必要时直接参加事故现场辐射环境应急监测及现场的事故处置。

（7）省级环境保护部门职责

各省级环境保护部门的核事故应急准备和应急响应的职责如下：

1）有核设施的省（直辖市）制定省级环境保护部门的核事故应急预案及实施程序并报环境保护部备案，按照应急预案做好应急准备工作；

2）负责省级环境保护部门的核事故应急准备工作；

3）核事故应急响应期间和应急状态终止后，负责辐射环境监测工作，并将监测数据和总结报告上报环境保护部核与辐射事故应急办公室。

3.2.2 国外核事故应急管理机构简介

3.2.2.1 核安全有关的重要国际机构

1．国际原子能机构（IAEA）

国际原子能机构是国际原子能领域的政府间科学技术合作组织，于 1957 年成立，其宗旨是加速扩大原子能对全世界和平、健康和繁荣的贡献。现任总干事天野之弥（日本人）于 2009 年 12 月 1 日任职。

国际原子能机构设有一个事件和应急中心。该中心是全球核应急准备、事件报告以及核和辐射事件及紧急情况响应的协调和联络中心，在应对核和辐射事件方面向成员国提供 24 小时不间断援助服务。

在发生核事故的情况下，国际原子能机构根据《核事故或辐射紧急情况援助公约》提供下述方面的援助。

1）收集下述方面的资料并传播给缔约国和成员国：

①发生核事故或辐射紧急情况时可提供的专家、设备和材料；

②可用来应对核事故或辐射紧急情况的方法、技术和研究成果。

2）收到请求时在下述任何方面或其他适当的方面向缔约国或成员国提供援助：

①发生核事故和辐射紧急情况时编拟应急计划以及适当的法规；

②为处理核事故和辐射紧急情况人员制定适当的培训方案；

③发生核事故或辐射紧急情况时转达援助请求及有关的资料；

④拟订适当的辐射监测方案、程序和标准；

⑤对建立适当的辐射监测系统的可行性进行调查；

⑥发生核事故或辐射紧急情况时向缔约国或请求援助的成员国提供适当资源以对事故或紧急情况进行初步评估；

⑦在出现核事故或辐射紧急情况时为缔约国和成员国斡旋；

⑧为获得并交换有关的资料和数据而与有关的国际组织建立并保持联络，并将这些组织的清单提供给缔约国、成员国和上述各组织。

2. 国际辐射防护委员会（ICRP）

国际辐射防护委员会其前身是建立于 1928 年的国际放射学学会，后改名为国际 X 射线和铀防护委员会，1950 年重组，为了从医疗领域扩大到其他领域的放射性应用，改为现在的名字。其秘书处设在瑞典。它是一个咨询实体，提供放射性保护方面的建议和指导。同时也是一个独立注册的慈善团体。

3. 经济合作与发展组织核能机构（OECD/NEA）

经济合作与发展组织核能机构于 1961 年由经济合作与发展组织从欧洲经济合作组织发展而来，核能机构是其一个专门机构，位于法国巴黎。它是工业国家政府间的联合机构，目前由 28 个国家组成，遍布欧洲、北美和亚洲——太平洋地区。它的宗旨是通过国际间的合作来促进其成员国完善和进一步发展科学技术与法律，以达到和平利用核能在安全、保护环境和经济方面的要求。其工作领域如下：

①核安全与监管；

②核能发展；

③放射性废物管理；

④放射性保护与公众健康；

⑤法律与责任；

⑥核科学；

⑦核数据库；

⑧信息与交流。

4. 联合国原子能辐射效应科学委员会（UNSCEAR）

联合国原子能辐射效应科学委员会 1955 年根据联合国 913（X）决议而建立，秘书处设在奥地利维也纳。该委员会的宗旨是解决全世界关注的放射性对人类健康和环境的影响问题，包括天然的和人工制造的放射源，例如各种放射性元素、医用 X 射线、核反应堆、核武器等。委员会由来自 21 个国家的科学家组成，其工作得到组成 21 个参加国代表团的 58 个国家级组织和参加委员会审议的 4 个国际组织的重要支持。

UNSCEAR 不定期地向联合国大会提供其对电离辐射源和辐射效应的最新估计。评价各种剂量范围的电离辐射照射对人类健康的后果，估计天然和人工辐射源对全球人员的照射剂量，也关注非人类物种的辐射环境效应。

3.2.2.2　美国

1974 年，美国颁布了能源重组法案，决定成立核管理委员会（NRC）作为主要的核管理机构，NRC 于 1975 年 1 月 19 日正式开始运作。1979 年 3 月三哩岛核电站事故后，美国对辐射事故应急准备给予了充分的重视。1979 年 12 月 7 日，美国总统决定将原来由核管理委员会负责的场外辐射应急计划和准备的任务转移到联邦应急管理局（FEMA）。

为保证公众的健康和在核电站发生事故时其周围居民的安全，以及通告和教育公众做好辐射应急准备，联邦应急管理局制定了辐射应急准备计划。明确了由州和地方政府承担的场外辐射应急行动的职责和范围，而场内应急行动继续由核管理委员会负责。

当商用核电站，研究和实验堆，燃料循环设施以及核材料持有者发生应急情况时，美国核管理委员会事件响应中心，向州和地方应急机构提供信息、分析和响应的技术支持。

1980 年出台的一号重组计划则强化了 NRC 主席的执行和管理角色，特别是在应急事务方面。现在，NRC 的监管活动主要集中在现有电厂反应堆的安全监督和反应堆许可证续期、多种目的的材料安全监督和材料许可和包含高水平废料和低水平废料在内的废料管理。另外，NRC 也正在准备评估新的核电厂申请计划，关于一些新建核反应堆的许可申请已经递交。

NRC 的主要领导人共有 5 人，由总统任命并经参议院批准，任期为 5 年，其中 1 人被总统指定为主席和官方发言人。该机构作为一个合议实体，完成核反应堆及核材料安全的相关法规编制，为核设施颁发许可证，裁决相关的法律事务等职能。该机构每年的财政预算约为 10 亿美元，拥有 4 000 名员工，这些员工主要在美国五个不同的地域工作。

"9·11"恐怖事件后，为应对天灾人祸，2003 年 3 月，美国政府将联邦应急管理局和相关的 22 个局和办公室合并，组建了国土安全部，联邦应急管理局成为该部的四个主要部门之一。

NRC 非常重视应急计划，相信良好的计划会带来良好的响应。因此，他们的应急准备工作旨在使处于应急状态的人们能够快速定义、评估、应对广泛的紧急情况，这其中包括由恐怖袭击和飓风等自然灾害引起的紧急情况。在国家响应框架下，NRC 将与联邦、州和地区应急组织协调配合，完成对各种各样国内事件的应急响应。NRC 强调把安全、保安和应急准备作为基础，去完成保护公众健康、安全的重要使命。NRC 的核安全和事故反应办公室（NSIR）主要负责核应急方面的事务。

NRC 在核应急方面的角色和职责为：

1）评估核电厂应急计划对于保护公众的健康和安全是否是适当的；

2）评估核电厂应急计划是否能够被应急响应人员使用，并保证在应急响应期间这个计划可以提供足够的资源和设备；

3）审查联邦紧急事务管理局（FEMA，国土安全部的一个部门）对场外应急准备的评价；

4）对于全国应急准备作出决定，例如发放核电厂运营许可证或采取执法行动（例如违章处罚、民事处罚、命令或者关停核反应堆）；

5）认可联邦紧急事务管理局作为联邦政府与州及当地政府关于核电厂应急准备的接口。NRC 通过其在区域援助委员会（RAC）的会员身份在场外准备方面提供援助，RAC 由联邦紧急事务管理局（FEMA）进行协调。

国土安全部（DHS）在核应急方面的角色和职责为：

1）评估州和当地政府的应急计划对于保护公众健康和安全是否适当；

2）评估州和当地政府的应急计划是否能够被应急响应人员使用，并保证在应急响应期间这个计划可以提供足够的资源和设备；

3）评估核电厂的警报和警示系统，包括户外警笛是否适用；

4）承担对州和地方官员的应急准备培训，作为对州、地方自身工作的补充；

5）监督联邦机构对于核电厂辐射应急协同响应的进展；

6）审查由 NRC 申请运营许可证的相关核电厂、核燃料设施和核材料的应急计划是否充分。

州和当地政府在核电厂辐射应急中对于决定和完成合适的保护公众行动负总体责任。他们有责任告诉公众采取防护行动，如疏散、隐蔽或服用碘化钾药品。州和当地政府作出决定的依据是核电厂运营商和他们自己的辐射或健康组织提供的防护行动建议。核管会（NRC）为州和当地政府官员提供咨询、指导和支持。核电厂运营商和核管会都没有权利命令公众采取防护行动。

3.2.2.3 法国

法国建立了一套以分工协作、法律约束、信息透明为基础的监管体制。1945 年成立的法国原子能委员会为法国核能研究提供了强大的技术支持。法国于 2006 年 6 月通过了《核信息透明与核安全法》（TSN 法），确立了法国核安全局（ASN）作为"独立的行政机构"的法律地位，其主要使命是确保核电安全，以保护公众、核从业人员和环境的安全，并向公众宣传并发布核信息。TSN 法改进和明确了法国核安全局在核安全和辐射防护方面的地位，法国核安全局也增强了其在关于负责促进、发展和实施核活动中的独立性和合法性。与其他工业化国家的同行相比，它享有一个新的法律基础和地位。它还有更大的权力，可以采取包含强制惩罚在内的一切必要紧急措施。这个新的地位巩固了其提供高效、公正、合法可信并被公众认可的核监督的目标，并且能够形成一个良好的国际标杆。

法国核安全局的核心职责是法规起草、核设施核活动督查以及信息发布。共有约 450 名员工，其中有接近一半的员工工作在 11 个地区分支机构内，共有 245 个督察员分布在地区分支机构内，2012 年年度预算额约 1.42 亿欧元，每年完成超过 870 项核装料和反射性材料转运的审查，完成接近 1 220 项医学、工业和研究部门核应用的审查，每年有超过 4 500 个审查书被公布在核安全局官网上。在需要作出确定决定的时候，核安全局通常把技术支持机构的专家召集在一起，听取专家们的科学与技术建议，辐射防护与核安全研究所（IRSN）即为其一个主要的技术支持机构。

1990 年，法国原子能委员会的核防护与安全研究所（IPSN）进行了改革，随后在 1994 年，组建了电离辐射防护办公室（OPRI），取代了过去的电离辐射防护中心（SCPRI）。

2001 年 5 月，法国辐射防护管理和核安全体系（涉及核设施的安全和保安的管理、辐射防护）的建议报告（管理者从受监管体中分离，安全与辐射防护技术和基础研究组合；

安全和辐射防护监管整合；专家从监管当局中分离；强化专门技术合作）被采纳，依据法国《安全、卫生和环境机构法》（AFSSF），组建了辐射防护与核安全研究院（IRSN），以强化辐射防护国家体系。2002 年 2 月，《政府公报》正式颁布了部长会议关于成立辐射防护与核安全研究所（IRSN）的法令，以及 IRSN 所从事活动的范围为负责核安全与电离辐射防护，以及核材料实体保护与管制有关的部和管理机构（主要为环境、卫生、工业、研究、安全以及劳动和内政部）提供专门的技术服务。也为国外和私营机构提供该领域的专门服务。IRSN 由来自原 IPSN、OPRI 的核安全和辐射防护专家、研究人员以及核材料管制方面的人员组成，约 1 500 人。

IRSN 的主要职责有：

1）评估鉴定核风险和放射性危害，提出技术性意见；

2）对更加复杂的课题开展研究，提高认知水平，为技术鉴定奠定基础；

3）培训辐射防护医务人员，对辐射照射环境下作业的工作人员进行职业教育；

4）对环境、有关工作人员和辐射源进行经常性的辐射防护监督。

主要活动领域为：

1）核设施、放射性材料及可裂变材料运输的安全；

2）电离辐射防护；

3）环境保护；

4）核材料保护与管制；

5）运输和针对恐怖事件的防护。

IRSN 努力阻止核与辐射事故的发生，并尽力减少事故对人类健康和环境所造成的潜在影响。在涉及电离辐射的事故中，IRSN 为公共机构提供技术、公众健康和医学措施指导，从而保护大众人群、工作人员和环境，同时恢复设施的安全。在应急情况下，IRSN 有一个随时待命的应急响应中心和一支现场响应队伍。该研究所的应急响应组织一直在进行着改进，以能够在应急情况下提供可信赖的污染和暴露情况的测量与分析。同时，基于稳定碘的管理进行策略评估，从而防止甲状腺癌的发生风险。

3.2.2.4 日本

日本的核安全监管体系见图 3.6。经济产业省（METI）对日本所有的核动力堆拥有管辖权。基于《核原料、核燃料及反应堆监管法》和《电气事业法》，原子力安全·保安院（NISA）在核安全监管上具有明确的权限和职能。原子力安全委员会（NSC）对监管部门所实施的安全规程进行独立的监督和审查。NISA 于 2003 年 10 月设立原子力安全机构（JNES），作为其技术支持机构。

国家的核应急响应总部设在东京，以核动力厂外围的 20 个场外应急中心为依托，由内阁府（各政府职能部门）、地方政府（都道府县及市町村）、许可证持有者组成的会商、协调和指挥系统（图 3.7）。

在应急准备方面按照法规的要求，各部门均制订有应急准备计划，包括国家政府各部门、地方政府和许可证持有者的应急准备行动计划。形成了以首相为核心的国家政府、地方政府、许可证持有者三位一体的应急响应的协调机制。

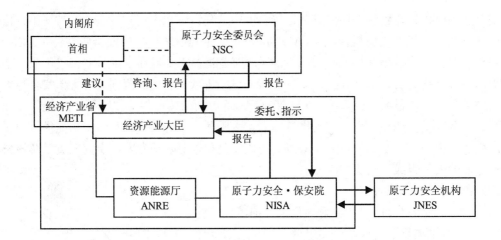

图 3.6 日本核安全监管机构

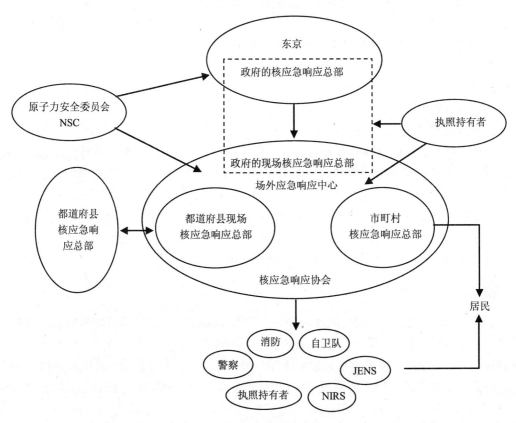

图 3.7 日本核应急准备和响应体系

国家政府应急响应的主要职责是：收集信息并防止核灾难扩大；宣布核应急状态（首相）；指导地方政府的应急行动（撤离、隐蔽和稳定碘的分发）；成立应急响应指挥部和地方应急指挥部；实施应急辐射监测（文部科学省 MEXT）；动员和派遣咨询组（原子力安全委员会 NSC）；实施核应急救援（自卫队）和大范围的搜救行动（警察和海上自卫队）。

地方政府应急响应的主要职责是：成立地方应急响应指挥部；实施应急辐射监测；建

议和指挥隐蔽、撤离行动；确认居民的撤离；实施核应急医疗响应；指令服用稳定碘片的时间。

许可证持有者应急响应的主要职责是：向国家和地方政府报告事故状态；实施连续的辐射监测；为防止核灾难进一步发展实施应急响应；在事故发生地实施行动。

3.2.2.5 韩国

韩国现有的核管理组织由三部分组成，分别是以韩国科学与技术部（MOST）为代表的监管机构、以核安全委员会（NSC）为代表的国家层面决策实体和以韩国核安全研究所（KINS）为代表的技术专家组织。图 3.8 给出了韩国的核管理框架。科学与技术部是韩国国家监管机构，负责核监管政策的制定和完成，也负责和平利用核能政策的研究和制定。核安全委员会成立于 1997 年，由包括科学与技术部长在内的 7 人组成，部长担任委员会主席。该委员会主要职能是对重大核安全和监管证词以及许可证签发事宜进行决策。委员会由核安全特别委员会支撑，成员共 25 名，分四个分委会，分别是反应堆系统分委会、辐射防护分委会、环境和场内分委会以及监管证词和系统分委会。

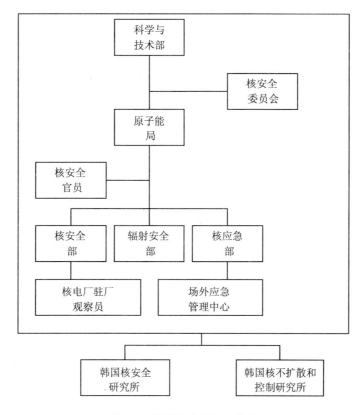

图 3.8 韩国核安全管理体系

1990 年，韩国成立了韩国核安全研究所，其作为一个独立的管理专家组织，在核设施和相关核行为的许可证签发和监管方面为韩国政府的监管机构——科学与技术部提供支持，其职责是保护公众和环境免受核能生产和利用所可能造成的放射性灾害所祸。

韩国核安全研究所主要提供以下服务：核安全监管、辐射安全监管、辐射环境监测、辐射应急准备、安全标准/准则/监管技术的制定和核与辐射安全监管技术的建立。目前，该机构由 1 名主席、369 名专家以及 48 名支撑人员组成，其中包括 187 名博士和 158 名硕士。

根据自然保护和辐射应急法，韩国制定了全国辐射应急计划，根据民防基本法制定了全国安全管理基本计划，以上计划旨在部署一个全面的国家放射性应急组织或机构，利用它使核设施运营商、地方自治政府和中央政府相关部门以及所有其他核应急相关机构都处于对任何涉及放射性物质泄漏的核事故都能保持充分的准备状态。

韩国的辐射应急准备体系包含科学与技术部核应急管理委员会、场外应急管理中心（OEMC）、地方应急管理中心（LEMC）、韩国核电公司（KHNP）的应急管理设施和 KINS 辐射应急技术咨询中心（RETAC）。图 3.9 给出了韩国核应急准备计划的结构图。场外应急管理中心主要由科学与技术部的高级官员、中央政府官员以及地方自治政府和其他机构的代表负责，以对场外整体灾难控制和公众保护措施（室内隐蔽或疏散）作出决定。场外应急管理中心拥有 7 支工作队和一个场外应急管理中心咨询委员会（一个对中心领导负责的联合咨询机构），其中一支工作团队叫做公众联合信息中心（JPIC），用于提供关于辐射灾难发展进程等的准确、持续的信息。地方应急管理中心由地方自治政府组建，负责执行场外应急管理中心作出的公众保护措施，并采取应急行动。

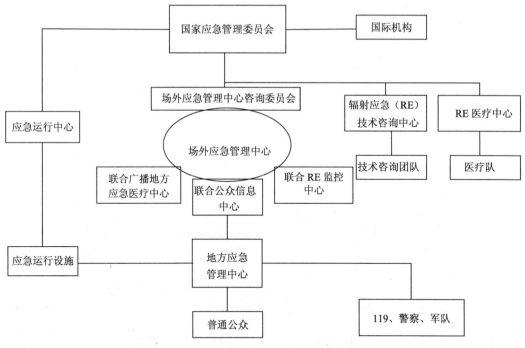

图 3.9　韩国核应急准备计划结构

当紧急情况发生时，核电运营商 KHNP 通过组建应急行动队的方式，负责场内应急行动，包括阻止事故反应堆核扩散、恢复核设施和保护场内员工。当辐射应急情况发生时，韩国辐射和医学科学研究所（KIRAMS）通过成立辐射应急医学中心的形式启动全国辐射应急医疗系统。

在紧急情况下，KINS 主要负责以下工作：为辐射应急准备计划提供技术支持，向事故现场派遣技术支持小组，根据"全国辐射环境监测计划"，全国 38 个辐射监测站或监测点启动应急工作模式，全面协调场外辐射水平监测，为放射性水平监测和监测车辆提供支持，同时监督核设施运营商的响应行动。KINS 研发了一种名为 AtomCARE 的辐射应急计算机技术咨询系统，用于在核电厂辐射应急中为当地居民及环境保护提供高效的技术支持。该系统能及时检查和评估辐射应急事故及其可能带来的影响，具备复杂的关于公众保护措施的信息综合管理能力。

（李雳、陈鹏编写，李冰审阅）

参考文献

[1]　注册核安全工程师岗位培训丛书《核安全相关法律法规》.

[2]　陈晓秋，李冰，余少青. 日本福岛核事故对应急准备与响应工作的启示. 21 世纪初辐射防护论坛第 9 次会议论文集.

[3]　http：//www.iaea.org/sitemap.html [2012-05-08].

[4]　http：//www.kins.re.kr/english/about/abo_sitemap.asp？t_mn_id=1&mn_id=7 [2012-05-08].

[5]　http：//www.nrc.gov/reading-rm/basic-ref.html#reg [2012-05-09].

[6]　http：//www.nsc.go.jp/NSCenglish/guides/index.htm [2012-05-09].

[7]　http：//www.irsn.fr/EN/Pages/home.aspx [2012-05-10].

[8]　http：//www.french-nuclear-safety.fr/ [2012-05-10].

第4章 应急计划与应急准备

4.1 概述

本章主要介绍应急计划和应急准备的目标,并根据我国法规规定的应急体系中对不同部门的要求,说明不同部门制订的应急计划及需要完成应急准备的主要内容。

4.1.1 应急计划与准备的定义

"应急计划"是指"一份对应急作出响应的工作目标、政策和概念以及进行系统的、相互协调和有效响应的组织结构、主管部门和责任的描述性文件。应急计划是制订其他计划、程序和检查表的基础。"应当制订国家、地方和设施等若干不同层次的应急计划。该计划包括预定将由所有相关组织和主管部门开展的一切活动,或这些活动可能主要与某个特定组织将采取的行动有关。有关一份应急计划所述具体任务的执行问题的细节则载于应急程序中。

"应急准备"指"获得和保持应急资源,保持应急能力的培训、演练和演习"。

4.1.2 我国应急计划与应急准备的主体及其职责

我国确定了三级的核应急管理体制和独立的核安全监管体制。三级的核事故应急管理机构分别分为国家核应急部门、核设施所在省核事故应急部门、核设施营运单位核事故应急部门。国家核安全局及其地区监督站,作为我国独立行使核安全监督的核安全监管部门,建立相应的应急管理部门及应急技术中心,对核电厂营运单位的应急准备及应急响应进行监督。

我国国家核应急部门为由工业和信息化部牵头的国家核事故应急协调委员会,该委员会由国务院 24 个部委组成,负责我国的国家核事故应急工作,承担国家核事故应急计划的编制及国家核事故应急的应急准备工作。其具体职责参见第 3 章。

4.1.3 我国应急方针及其在应急计划与应急准备中的体现

我国的核事故应急管理工作实行常备不懈、积极兼容、统一指挥、大力协同、保护公众、保护环境的方针。

我国各级应急组织体系的应急准备,均建立常态化的应急组织机构,由该机构进行应急计划的编制和日常的应急准备工作。体现了"常备不懈、积极兼容"的应急方针。"统一指挥、大力协同"体现了场外应急响应中协调各方的职责。在我国的核安全监管体系中,营运单位对核设施的安全运行负全部责任,核设施所在省制定相应的场外应急计划并进行相应的应急准备，对所在设施的场外应急响应行动负责。国家核事故应急协调委员会在事故情况下统一指挥场外应急，协调核设施所在省及国家核事故应急协调委员会的各个部门，实现应急响应时有充分的应急资源。"保护公众、保护环境"是我国进行核事故应急响应的目的。

4.2 《国家核事故应急预案》简介

4.2.1 编制及审批

国家核事故应急协调委员会下设国家核应急办公室，常设机构在国防科工局，国家核事故应急计划由国家核应急办公室编制，经各个成员单位讨论，书面认可后报国务院批准。

4.2.2 基本内容

《国家核事故应急预案》包含总则、技术基础、应急组织、应急准备、应急响应、应急终止和恢复正常秩序、附则共七章。《国家核事故应急预案》规定了国家核应急组织的组成、在应急准备、应急响应和事故后恢复阶段中的职责及其与省级应急组织、核设施营运单位之间的关系等。《国家核事故应急预案》的格式和内容如下：

1 总则

2 技术基础

2.1 应急状态分级

2.2 应急计划区划分

2.3 干预原则

3 应急组织

3.1 国家核应急组织

3.2 省核应急组织

3.3 核电厂营运单位（或核电基地）核应急组织

4 应急准备

4.1 国家核应急组织的应急准备

4.2 核电厂所在省的核应急组织及核电厂营运单位的应急准备

4.3 应急准备资金的安排、使用与管理

5 应急响应

5.1 核电厂应急响应基本程序和响应活动

5.2 其他核设施、核活动核事故及影响境内的境外核事故与核动力卫星事故的应急响应

6 应急终止和恢复正常秩序

6.1 终止应急状态的程序和条件

6.2 应急终止后的行动和总结报告

6.3 恢复正常秩序

7 附则

7.1 术语解释

7.2 预案实施时间

4.2.3 应急准备

4.2.3.1 建设与维护国家核应急响应中心

满足进行应急决策、指挥和作为国家核应急信息管理中心及对外核应急联络点的需要：

1）接受、显示和传递核电厂运行及事故信息；

2）接受、传递省核应急组织应急响应的有关信息；

3）为核应急信息传输和进行国际通报提供条件；

4）提供工作环境，保障应急指挥迅速、有效地实施。

4.2.3.2 通信保障

1）建设国家核应急通信系统，并建立相应的通信能力保障制度，以保证应急响应期间通信联络的需要。

2）应急响应时在事故现场的通信需要，由核电厂所在省的核应急组织和核电厂营运单位负责保障。

3）核电厂之外的其他核设施发生核事故以及其他辐射紧急情况时，尽可能利用国家和当地已建成的通信手段进行联络。

4）应急响应通信能力不足时，根据有关方面提出的要求，采取临时紧急措施加以解决。必要时，动用国家救灾通信保障系统。

4.2.3.3 建立和保持必要的核应急技术支持体系

根据积极兼容原则，充分利用现有条件，建立和保持必要的应急技术支持中心或后援单位，如应急决策支持、辐射监测、医疗救治、气象服务、核电厂运行评估等技术支持中心或后援单位，以形成国家核应急技术支持体系，保障国家的核应急响应能力。

4.2.3.4 应急支援力量与物资器材准备

国家核应急协调委员会有关成员单位根据分工，准备好各种必要的应急支援力量与物资器材，以保证应急响应时省核应急组织或核电厂营运单位提出紧急支援请求时，能及时调用，提供支援。其中包括：辐射监测支援、医学应急支援、应急交通支援、气象支援、工程抢险支援和应急物资器材准备。

4.2.3.5 应急培训与演习

（1）培训

应对所有参与核应急准备与响应的人员进行培训和定期再培训。

（2）演习

定期举行不同类型的应急演习，以检验、改善和强化应急准备和应急响应能力。

4.2.3.6 公众信息交流

公众信息交流的对象应包括一般公众和新闻界。在平时，进行交流的内容主要是核能以及核安全、辐射防护与核应急的基本概念与知识。

4.3 《环境保护部核事故应急预案》简介

4.3.1 编制及审批

环境保护部（国家核安全局）同时承担对核设施营运单位的应急准备及应急响应的监督和《国家核应急预案》所规定的应急响应工作。环境保护部（国家核安全局）所制定的应急计划同时体现这两部分的工作需要。

《环境保护部（国家核安全局）核事故应急预案》由环境保护部核与辐射事故应急办公室负责制订，每两年修订一次，由环境保护部应急领导小组批准后实施。本预案相关实施程序由环境保护部核与辐射事故应急办公室负责修订并发布实施。

4.3.2 基本内容

《环境保护部（国家核安全局）核事故应急预案》包含总则、应急组织与职责、应急状态、应急行动、应急状态调整、终止和恢复措施、应急保障、附则等七章，规定环境保护部及其下属各单位在核事故应急准备及应急响应中的各项行动，《环境保护部（国家核安全局）核事故应急预案》的格式及内容如下：

1 总则
1.1 编制目的
1.2 编制依据
1.3 应急工作方针
1.4 应急任务
1.5 适用范围
2 环境保护部核事故应急组织与职责
2.1 环境保护部核事故应急组织体系
2.2 环境保护部应急领导小组的组成与职责
2.3 核与辐射事故应急办公室的组成与职责
2.4 核与辐射事故应急技术中心的组成和职责
2.5 核与辐射安全监督站职责
2.6 浙江省辐射环境监测站的职责
2.7 省级环境保护部门职责
3 应急状态
4 应急行动
4.1 通知与启动
4.2 联络与信息交换

4.3 指挥和协调

4.4 应急监测

4.5 安全防护

5 应急状态调整、终止和恢复措施

5.1 应急状态终止条件和程序

5.2 应急状态终止后的行动

6 应急保障

6.1 应急资金

6.2 应急设施设备

6.3 应急能力维持

7 附则

4.3.3 应急准备

环境保护部（国家核安全局）的日常应急准备工作，由核与辐射事故应急技术中心、核与辐射安全监督站、浙江省辐射环境监测站及省级环境保护部门共同完成。核与辐射事故应急技术中心主要负责环境保护部（国家核安全局）对核设施营运单位日常应急准备及事故情况下应急响应的监督、事故情况下对事故后果的预测及评价。核与辐射安全监督站负责对核设施营运单位应急准备与应急响应的现场监督。浙江省辐射环境监测站及省级环境保护部门负责在事故情况下，按照核与辐射事故应急领导小组的指示，在事故设施周围进行环境监测。

环境保护部（国家核安全局）主要实施的应急准备工作如下：

1）执行 24 小时电话值班制度，确保与核设施营运单位的通信联络；

2）维护与运行核电厂的重要核安全参数实时传输系统、视频会议系统，确保对核电厂安全状况的有效监督；

3）维护与中国气象局的实时气象预报数据传输系统的正常运行；

4）维护与各省市的实时辐射监测数据的正常运行及数据传输；

5）维护和升级核与辐射事故应急决策技术支持系统，实现对事故机组的工况诊断、事故后果预测、应急决策技术支持及事故后果评价的有效监督，在必要情况下，可以向国家核应急协调委员会的应急决策提供建议；

6）制订计划并执行对本预案范围内应急响应人员的培训及演练；

7）整理和收集各核设施营运单位的应急相关文件；

8）不定期与核设施营运单位进行通讯联络及联动应急演练，确保应急响应能力；

9）建设和维护核与辐射事故应急技术中心应急相关设施设备，确保应急响应的有效性。

4.4 场外应急计划简介

4.4.1 编制及审批

场外应急计划由核电厂所在省核应急组织负责编制，至少每 2 年请有关单位（包括承担应急任务的单位）及专家评议一次。根据评议结果，以及培训和演习中发现的问题进行修改。此外，在发生重大事故之后，以及国家法规有变化时应及时修订。

场外应急计划修订后报国家核应急协调委员会审批，批准生效后，由核电厂所在省核应急委员会颁布，并于颁布之日起实施。

新建的核电厂必须在其场内、场外应急计划获得批准后，方可装料。

4.4.2 基本内容

场外应急计划包括总则、设施周围环境概况、应急计划区、应急组织及职责、应急指挥设施及其设备、应急状态分级及响应程序、应急防护措施、应急监测和事故后果评价、应急支援、应急通知报警和报告、应急医学救援、场外应急状态终止及恢复措施、应急资金保障、培训和演习、公众教育和信息发布、附件等十二章，规定核电厂所在省在核事故应急准备及应急响应中的各项行动及承担的责任，场外应急计划具体的格式与内容如下：

1. 总则

给出编制应急计划的目的，列出编制所依据的法规、标准和文件，并说明应急计划的发放范围。

2. 核电厂及环境概况

简要描述核电厂的概况（堆型、功率、发展规划和营运单位等）。较为详细地描述核电厂周围的环境概况，包括核电厂所在的位置、厂区边界、非居住区边界、规划限制区边界，以及厂址周围地形地貌、人口分布、气象、水文、交通、土地利用、农林牧渔、水资源等。

3. 应急计划区

应在地图上标出烟羽应急计划区和食入应急计划区的边界，并说明确定该计划区大小所考虑的因素和依据。详细给出应急计划区内的人口分布，说明所含的行政区和城市，说明一些特殊的人群组（例如中小学校、医院、监狱等）的位置和情况。

4. 应急组织及职责

给出核电厂所在省（自治区、直辖市）的地方应急组织的组成和职责，常设机构的组成和职责，各种应急专业小组（主要包括辐射监测、事故评价、通信联络、医学救援、去污洗消、交通运输、后勤保证、公安保卫、撤离人员安置等）的组成和职责。说明核电厂营运单位和部队在地方应急组织中的职责。

5. 应急指挥中心及其设备

给出应急指挥中心的位置、平面布置、管理方式、人力配置，并描述应急指挥中心配置的设备和物资。

6. 应急状态分级和响应程序

给出与核电厂场内应急计划相一致的应急状态分级条件，以及在不同应急状态下拟采取的应急响应行动。提出会同核电厂营运单位共同制定的场外应急状态的发布条件和程序。

7. 应急防护措施

给出在应急状态下应采取的各种防护措施（包括隐蔽、撤离、服用稳定性碘、交通管制、人员和设备去污、食物和饮水控制、辐射照射控制、地面去污、避迁等）的实施原则和干预水平。

8. 应急监测与事故后果预测

给出应急监测的方案、内容。提出表示污染区不同污染水平图表的办法和统一的标志。给出气象观测点的分布及气象数据的收集和传递方法。给出预先估计的在不同气象条件和各种事故释放条件下辐射危害的大小和范围，以及事故的早、中、后期评价的内容和方法。

9. 应急支援

说明核电厂营运单位与地方政府间的相互支援的内容、范围、签订的合同或协议，以及请求国家和部队支援的内容和范围。

10. 通知、报警和报告

给出事故报告、通知和报警的安排，以及初始报告和后续报告发送的单位、格式和内容。给出向公众发出报警的方法，说明保证每天 24 小时通信畅通的方法。

11. 医疗救护

说明应急状态下医疗救护的设施、设备和人员，对受伤、受污染或受超剂量照射人员医疗救护的计划，以及可获得医学应急支援的情况。

12. 应急状态终止及恢复措施

提出会同核电厂营运单位共同制定的场外应急状态终止的条件和发布程序。给出事故后恢复群众正常生活的条件和要求。

13. 培训和演习

给出各类应急工作人员的培训安排（至少包括培训目的、内容、教材、频度和对受培训人员的考核要求和方式等），以及各类演习的安排（至少应包括演习的目的、内容、规模、范围、情景设计、频度和对演习的评议要求）。

14. 公众教育和信息

给出会同核电厂营运单位组成的公众教育小组的组成，所进行的公众教育的主要内容，以及公众教育的形式和计划。给出向公众提供各种信息的渠道和方法，以及谣言的识别和控制的措施。

15. 记录和报告

给出对记录的基本要求和内容，以及记录文件的保持要求。记录的内容至少应包括应急设施和设备的检查、维修和使用情况，演习和培训的内容以及评价和鉴定意见，应急期间采取的应急行动和效果。

16. 附件

列出有关的各种主要文件、资料的名称和内容，包括与应急支援单位之间签订的合同和协议，应急干预水平和导出干预水平，以及执行程序清单等有关的主要研究成果和文献资料。

4.4.3 应急准备

核电厂所在省的核应急组织负责场外应急准备，应急准备包括培训，演习和练习，应急资源的保持、监查与检查。通过各种方式，省核应急委员会确保其下属各成员单位应急能力的保持。

省核应急委员会应制定 3～5 年的总体演习规划，并在此基础上结合以往的演习和应急经验等制定各年度的演习计划。应 2～4 年进行一次综合演习，3～5 年进行一次联合演习。场外应急组织所实施的应急准备具体内容如下：

1　培训

1.1　培训大纲

1.2　培训对象

1.3　培训要求

1.4　培训计划

1.5　培训内容

1.6　培训方式

1.7　培训教员

1.8　培训频度

1.9　培训考评

1.10　培训记录

1.11　培训大纲的完善

1.12　应急计划和执行程序的保持

2　演习和练习

2.1　演习

2.1.1　演习计划

2.1.2　演习方式

2.1.3　演习频度

2.1.4　演习情景设计

2.1.5　演习的实施

2.1.6　演习的评估

2.2　练习（单项演习）

2.2.1　通信

2.2.2　辐射监测

2.2.3　应急响应人员的辐射防护

2.2.4　辐射剂量估算

2.2.5　公众防护措施建议

2.2.6　医学救护

2.2.7　治安保卫与交通管制

2.2.8　公众防护措施的实施

4.5 核电厂应急计划简介

4.5.1 编制及审批

核电厂营运单位从核电厂的可行性研究阶段到核电厂退役，都需要根据各个阶段的不同特点，做好应急准备工作，并编制相应的应急文件。核电厂营运单位应制订场内应急计划和相应的实施程序。核电厂营运单位的应急计划，应两年修订一次，并报国家核安全监管部门审批。核电厂营运单位的应急计划经国家核安全局批准后实施。

4.5.2 基本内容

在可行性研究阶段，核电厂营运单位应在可行性研究报告中，分析推荐厂址区域的人口特点、地理特征及其他环境特征和在核电厂整个预计寿期内执行应急计划的能力。

在核电厂设计阶段，应对核电厂事故状态（包括严重事故）及其后果作出分析，对厂内的应急设施、应急设备和应急撤离路线作出安排。

在建造阶段，若新建核电厂厂址的邻近已有正在运行的核电厂，则新建核电厂营运单位应针对正在运行的核电厂潜在事故编制相应的应急准备程序并进行适宜的应急准备。如正在运行的核电厂发生意外事故影响场外时，新建核电厂营运单位应有效实施应急响应，以保证工作人员的安全。

装料前阶段，营运单位的场内应急计划经其主管部门审查后应作为独立文件，与最终安全分析报告一并上报国家核安全部门审批，并进行装料前的应急演习。新建的核电厂在其场内、场外应急计划获得批准后，方可装料。

在整个核电厂运行阶段，应急准备应做到常备不懈；应急状态下需要使用的设施、设备和通信系统等须妥为维护，处于随时可用状态。应定期进行核事故应急演习和对应急计划进行复审及修订。

在核电厂出现应急状态时，应有效实施应急响应，及时向国家核安全部门报告事故情况并与场外应急机构协调配合，以保证工作人员、公众和环境的安全。

在核电厂退役报告中应有应急计划的内容，说明在退役期间可能出现的应急状态及其对策，考虑待退役的核电厂可能产生的辐射危害，规定营运单位负责控制这些危害的组织和应急设施。在退役期间一旦发生事故，应有效实施应急响应，以保证工作人员、公众和环境的安全。

核电厂在装料前需制订场内应急计划，并报国家核安全局审批后执行。核电厂的场内应急计划需两年修订一次，并报国家核安全局审批。核电厂应急计划的格式如下：

（1）总则

（2）核电厂及其环境概况

（3）应急计划区

（4）应急状态分级与应急行动水平

（5）应急组织与职责

（6）与其他应急组织的协调

（7）应急设施与设备

（8）应急通信报告与通知

（9）应急运行控制与系统设备抢修

（10）事故后果评价

（11）应急防护行动

（12）应急照射控制

（13）医学救护

（14）应急纠正行动

（15）应急状态终止与恢复

（16）公众信息与沟通

（17）记录

（18）应急响应能力的维持

（19）术语

（20）附件

核电厂营运单位的场内应急计划还包括相应的应急执行程序。我国的法规体系中，明确规定了场内应急计划各章节的具体内容，并对应急执行程序的编制提出了推荐要求。

4.5.3 应急准备

核电厂的应急准备主要包括制定在紧急情况下应实施或负责的一切行动的计划和执行程序；建立能有效实施各项应急职能的组织机构；准备好应付紧急情况的设施和设备并使之保持有效；使应急人员具有完成特定应急任务的基本知识和技能，并按要求进行培训、演习和练习。

对于一个新建厂址的核电厂，在申请装料许可证之前的相关应急计划及应急准备，相对来讲更侧重于厂址周围环境特征及事故后果的分析，主要为建设项目的合理实施提供相关的可行性依据。申请装料许可证及后续的申请运行许可证的应急计划，则更加侧重于事故期间的应急响应、事故后果评价、核设施针对核事故的各项应急准备工作的计划及相应执行程序的编制，在核电厂的应急响应过程中，两者在内容上具有较大的区别。

核电厂营运单位的应急准备，接受国家核安全局的监管，国家核安全局每两年对核电厂的综合应急演习进行一次监督检查，不定期对核电厂营运单位的应急准备进行专项检查。

核安全导则 HAD 002/01—2010《核动力厂营运单位的应急准备和应急响应》详细规定了核电厂营运单位应急准备和应急响应的主要内容，具体内容如下：

4.6 研究堆应急计划简介

4.6.1 编制及审批

　　研究堆营运单位从研究堆的可行性研究阶段到设施退役，都需要根据各个阶段的不同特点，做好应急准备工作，并编制相应的应急文件。我国民用研究堆由国家核安全局监管，应急相关文件由营运单位编制，经国家核安全局审批后执行。军用研究堆由其他部门审批。营运单位应对应急计划定期（每 2 年）进行复审与修改，根据场内外客观条件的变化和应急演习情况，及时修改应急计划，并在有效期满前三个月报国家核安全监管部门，经批准后方可生效。营运单位应将应急计划和有关程序的修改及时通知所有有关单位。

　　由于研究堆的功率较小，在事故情况下不会对场外的环境及公众造成严重的后果，因此，目前我国全部的研究堆、核燃料循环设施都没有编制场外应急计划。

4.6.2 基本内容

　　厂址选择阶段，在评价研究堆厂址适宜性时，应根据反应堆安全特点、功率水平、厂址区域的人口特点、地理位置及其他环境特征，论证在研究堆整个预计寿期内实施应急措施的可行性。

　　在研究堆设计阶段，应对研究堆事故状态（包括严重事故）及其后果作出分析，对场内的应急设施、应急设备和应急撤离路线作出安排。

　　在初步安全分析报告（PSAR）有关运行管理的章节中，应提出应急计划的初步方案。

营运单位及有关单位在工程的建造期间应编制研究堆场内应急计划和执行程序，开展相应的应急准备工作，完成应急设施的建设，编写应急演习计划。

若新建研究堆厂址内已有正在运行的核设施，则新建研究堆营运单位应针对正在运行的核设施潜在事故，编制相应的应急准备程序并进行适宜的应急准备。如果正在运行的核设施发生意外事故影响场外时，新建研究堆营运单位应有效实施应急响应，以保证工作人员的安全。

首次装料前阶段，营运单位的应急计划应作为独立文件，于首次装料前 6 个月报国家核安全监管部门审评，并进行装料前的应急演习。在反应堆首次装料前完成全部应急准备工作。新建的研究堆只有在其应急计划被审评通过后，方可装料。

运行阶段应定期进行核应急演习和对应急计划进行复审及修订。

退役阶段，在研究堆退役报告中应有应急计划的内容，说明在退役期间可能出现的应急状态及其对策。

研究堆营运单位应急计划的内容主要包括：

（1）总则

（2）设施及其环境概况

（3）应急组织

（4）应急状态及应急行动水平

（5）应急计划区

（6）应急设施和应急设备

（7）应急响应和防护措施

（8）应急终止和恢复行动

（9）应急响应能力的保持

（10）记录和报告

（11）附录

4.6.3 应急准备

研究堆营运单位负责研究堆的场内应急准备工作，并接受国家核安全局的监管，国家核安全局每两年对研究堆的综合应急演习进行一次监督检查，不定期对研究堆营运单位的应急准备进行专项检查。

核安全导则 HAD 002/06—2010《研究堆营运单位的应急准备和应急响应》详细规定了研究堆营运单位应急准备和应急响应的主要内容，具体内容如下：

1 引言

1.1 目的

1.2 范围

2 应急计划及相关文件的制定

2.1 不同阶段应急准备和应急响应的要求

2.2 应急计划的制定

2.3 应急计划执行程序

2.4 应急计划的协调

3　应急组织

3.1　应急组织的主要职责

3.2　应急指挥部

3.3　应急指挥

3.4　运行值班负责人

3.5　应急行动组

3.6　与场外应急组织的协调

4　应急状态及应急行动水平

4.1　应急状态分级及其基本特征

4.2　应急行动水平

5　应急计划区

5.1　概述

5.2　应急计划区的确定

5.3　推荐的应急计划区大小

6　应急设施和应急设备

6.1　概述

6.2　主控制室与辅助控制室

6.3　应急控制中心

6.4　监测和评价设备

6.5　通信系统

6.6　急救和医疗设备

6.7　应急撤离路线和集合点

7　应急响应和防护措施

7.1　概述

7.2　干预原则和干预水平

7.3　各应急状态下的响应行动

7.4　应急报告

7.5　评价活动

7.6　补救行动

7.7　防护措施

7.8　应急照射的控制

7.9　医学救护

8　应急终止和恢复行动

8.1　应急状态的终止

8.2　恢复行动

9　应急响应能力的保持

9.1　培训

9.2　演习

9.3　应急设施、设备的维护

4.7 核燃料循环设施应急计划简介

4.7.1 编制及审批

核燃料循环设施营运单位从核燃料循环设施的可行性研究阶段到设施退役，都需要根据各个阶段的不同特点，做好应急准备工作，并编制相应的应急文件。对于不同类型的核燃料循环设施，由于其加工、处理或贮存的核材料及其他放射性物质的数量、物理化学形态、核素组成、放射性活度和特性等差别颇大，其工艺技术、工程安全设施和运行方式等各有特点，从而使它们之中潜在的核事故的性质及其辐射后果可能存在相当大的差别。因此，对它们的应急计划、应急准备和应急响应的要求也有所不同。营运单位必须结合自身核燃料循环设施的特点，开展威胁评估分析，以各种可能发生的核与辐射事故后果的评价为基础，制订应急计划和应急响应方案。

我国民用核燃料循环设施由国家核安全局监管，应急相关文件由营运单位编制，经国家核安全局审批后执行。军用研究堆由其他部门审批。营运单位应对应急计划定期（每2年）进行复审与修改，根据场内外客观条件的变化和应急演习情况，及时修改应急计划，并在有效期满前三个月报国家核安全监管部门，经批准后方可生效。营运单位应将应急计划和有关程序的修改及时通知所有有关单位。

由于核燃料循环设施在事故情况下不会对场外的环境及公众造成严重的后果，因此，目前我国全部的核燃料循环设施没有要求编制场外应急计划。

4.7.2 基本内容

厂址选择阶段在评价核燃料循环设施厂址适宜性时，应根据厂址自然与社会特征，论证核燃料循环设施厂址区域在整个预计寿期内执行应急计划的能力和实施应急计划的可行性。

在设计建造阶段，营运单位及有关单位应对核燃料循环设施事故状态（包括严重事故）及其后果作出分析，对场内的应急设施、应急设备和应急撤离路线作出安排，并编制场内应急计划和执行程序，开展相应的应急准备工作（包括完成应急设施的建设），编写应急演习计划。

在初步安全分析报告（PSAR）有关运行管理的章节中，应提出应急计划的初步方案。

若新建核燃料循环设施厂址内已有正在运行的其他核设施，则新建的核燃料循环设施营运单位及有关单位应针对正在运行的核设施潜在事故，编制相应的应急准备程序并进行适宜的应急准备。

首次装料前阶段，营运单位的应急计划应在经主管部门审查后作为独立文件，于首次投料试车前与最终安全分析报告一并报国家核安全监管部门审批，并进行投料前的应急演习。在运行开始前核燃料循环设施营运单位应做好全部应急准备。

运行阶段，应定期进行核应急演习和对应急计划进行复审及修订。

退役阶段，在核燃料循环设施退役报告中应有应急计划的内容，说明在退役期间可能出现的应急状态及其对策。

核燃料循环设施营运单位必须根据本核设施特点和所在厂址周围的环境条件，制订营运单位的应急计划。营运单位应急计划的主要内容包括：

1）核燃料循环设施的一般特性（建造目的、设施类型、许可进行的核活动的运行计划、主要设施和功能等）；

2）厂址的一般情况（地理位置和场区平面布置、厂址周围人口分布、厂址的气象条件、交通条件等）；

3）应急组织；

4）应急状态及应急行动水平；

5）应急计划区；

6）应急响应设施、设备和器材；

7）应急响应和防护措施；

8）应急终止和恢复行动；

9）应急响应能力的保持；

10）记录和报告。

4.7.3　应急准备

核燃料循环设施营运单位负责核燃料循环设施的场内应急准备工作，并接受国家核安全局的监管，国家核安全局每两年对核燃料循环设施的综合应急演习进行一次监督检查，不定期对核燃料循环设施营运单位的应急准备进行专项检查。

核安全导则 HAD 002/07—2010《核燃料循环设施营运单位的应急准备和应急响应》详细规定了核燃料循环设施营运单位的应急准备和应急响应的主要内容，具体内容如下：

1　引言

1.1　目的

1.2　范围

2　应急计划的制定

2.1　不同阶段应急准备和应急响应的要求

2.2　应急计划的制定

2.3　应急计划考虑的事故

2.4　应急计划执行程序

3　应急组织

3.1　营运单位的应急组织

3.2　应急指挥部

3.3　应急行动小组

3.4　与场外应急组织的接口

4.8　国外应急计划简介

4.8.1　美国

1. 美国的应急管理机制

当前美国应急管理机制的基本特点是：统一管理、属地为主、分级响应、标准运行。

"统一管理"是指自然灾害、技术事故、恐怖袭击等各类重大突发事件发生后，一律由各级政府的应急管理部门统一调度指挥，而平时与应急准备相关的工作，如培训、宣传、演习和物资与技术保障等，也归口到政府的应急管理部门负责。

"属地为主"的基本原则是指，无论事件的规模有多大，涉及范围有多广，应急响应的指挥任务都由事发地的政府来承担，联邦与上一级政府的任务是援助和协调，一般不负责指挥。联邦应急管理机构很少介入地方的指挥系统，在"9·11"事件和"卡特琳娜"飓风这样性质严重、影响广泛的重大事件应急救援活动中，也主要由纽约市政府和奥兰多市政府作为指挥核心。

"分级响应"强调的是应急响应的规模和强度，而不是指挥权的转移。在同一级政府的应急响应中，可以采用不同的响应级别，确定响应级别的原则一是事件的严重程度，二是公众的关注程度，如奥运会、奥斯卡金像奖颁奖会，虽然难以确定是否发生重大破坏性事件，但由于公众关注度高，仍然要始终保持最高的预警和响应级别。

"标准运行"主要是指，从应急准备一直到应急恢复的过程中，要遵循标准化的运行程序，包括物资、调度、信息共享、通信联络、术语代码、文件格式乃至救援人员服装标志等，都要采用所有人都能识别和接受的标准，以减少失误，提高效率。

2. 美国的应急组织体系

经过多年的改进和加强，美国已基本建立起一个比较完善的应急管理组织体系，形成了联邦、州、县、市、社区 5 个层次的管理与响应机构，比较全面地覆盖了美国本土和各个领域。

作为联邦制国家，美国各州政府具有独立的立法权与相应的行政权，一般都设有专门机构负责本州应急管理事务，具体做法不尽相同。以加州为例，加州通过实施标准应急管理系统，在全加州构建出 5 个级别的应急组织层次，分别为州、地区、县、地方和现场。其中，州一级负责应急管理事务的机构为州应急服务办公室，主任及副主任由州长任命。州应急服务办公室又将全加州 58 个县划分为 3 个行政地区。同时，为了通过互助系统共享资源，又将全加州划分出 6 个互助区，将员工分派到不同行政区办公，以便协调全州 6 个互助区的应急管理工作。县一级机构主要是作为该县所有地方政府应急信息的节点单位和互助提供单位；地方一级主要是指由市政府负责管理和协调该辖区内的所有应急响应和灾后恢复活动；现场一级主要是指由一些应急响应组织对本辖区事发现场应急资源和响应活动的指挥控制。事实上，加州地区一级的应急仍然由州政府机构来负责，而县一级的应急需要依托该辖区内实力较强的地方政府，如旧金山县依托旧金山市，洛杉矶县依托洛杉矶市。总体上讲，美国灾害应急组织体系由联邦、州、县和地方政府 4 级构成。

当事故发生后，应急行动的指挥权属于当地政府，仅在地方政府提出援助请求时，上级政府才调用相应资源予以增援，并不接替当地政府对这些资源的处置和指挥权限，但是，上一级政府有权在灾后对这些资源所涉及的资金使用情况进行审计。

应急救援队伍的中坚力量是消防、警察和医疗部门。在联邦应急反应体系中，参与救援的部门主要包括交通、通信、技术工程、森林、联邦应急管理局、红十字会、卫生、环境、农业、国防等。

3. 美国联邦政府的应急准备

美国联邦政府的核应急体制是由美国联邦应急管理局（FEMA）、能源部（DOE）和核管理委员会（NRC）共同管理的。联邦应急管理局在美国国家应急计划的框架内协调各种灾害管理，能源部下属的核应急管理局主要负责美国军用核设施和核活动的应急管理，核管会主要负责美国民用核电以及核技术应用的应急管理。美国政府十分重视核应急管理工作，核应急工作有明确的法律依据和经费预算，在多年的核应急工作中积累了很多好的经验和方法。

（1）美国联邦应急管理局

美国联邦应急管理局是美国专门应对各类灾害或突发事件、保护关键基础设施、公众生命和财产安全的政府机构，总部位于华盛顿。雇员 2 600 人，后备应征人员 4 000 人，在全美设有 10 个区域性机构。主要任务有：减小灾害风险、应急准备、应急响应、应急演习、公众教育和灾后恢复。在灾难响应和恢复以后，联邦应急管理局还制定了灾难援助计划。援助计划包括针对家庭和个人的个别援助计划，以及面向公众的公众援助计划。

联邦应急管理局与美国的其他 27 个政府机构、州和地方应急机构以及红十字会联合制订了全国性的灾害应急计划，并与这些合作者共同应对各种各样的灾害管理。27 个政府机构小到小企业主利益保护局，大到国防部、能源部。

美国制订了完善的联邦应急计划，核应急计划是联邦应急计划中的一个组成部分。联邦应急管理局组织制定的与核应急有关的文件包括：联邦辐射应急响应计划、针对核电厂辐射应急准备与响应的评估准则、辐射应急准备演习手册、辐射应急准备演习评估方法、运输辐射事故应急导则、核应急相关文件汇编等。

（2）能源部核应急管理办公室

能源部核应急办公室隶属于能源部核安全和核应急局，主要任务是制定核应急方面的政策；在核事故应急时执行整个能源部的核应急管理职能。能源部核应急办公室下设两个机构，一个是核应急管理处，该处下设三个业务科：政策科、培训科、计划科；另一个是应急响应处，该处下设三个办事机构：应急指挥中心、应急响应科、现场响应科。

能源部核应急办公室主要负责能源部的核事故应急管理事务，这个办公室也是能源部核事故应急管理指挥中心和技术支持中心。在核事故应急情况下，能源部核应急办公室是能源部所有部门的综合协调者。

（3）核管会核保安和事故响应办公室

核管会是按照1974年的能源改组法案成立的国内民用核设施和核活动的独立管理机构。核管会核保安和事故响应办公室是美国民用核设施和核活动的应急管理机构。它是民用核设施保安的政策制定和管理机构，负责制定和执行核管会的事故应急计划、核应急准备管理和事故中的应急响应，它是核管会与联邦应急管理局在事故应急响应中的接口单位。

4．美国州政府的应急准备

美国各级政府的应急管理部门中，大多建有应急运行中心及备用中心，以便发生灾难时相应部门的人员进行指挥和协调活动。中心一般配有语音通信系统、网络信息系统、指挥调度系统、移动指挥装备、综合信息显示系统、视频会商系统、地理信息系统、安全管理系统等，并考虑安全认证、容积备份和技术支持等问题。运行中心主要作为应急基础设施存在，由政府一级的应急管理部门负责维护和保养，经费主要来自上级政府和本级政府，中心除作为应急设施外，同时还作为演习和训练的场所。以加州应急服务办公室为例，该办公室管理的运行中心建成后，共指挥过 6 次重大事故应急救援，每年举行 1 次重大应急救援演习和若干次小应急救援演习，并为应急指挥人员提供训练和培训。洛杉矶市应急准备局的应急运行中心作用也与此类似。

应急运行中心的建筑一般都相当坚固，并采取各种措施来保证中心及内部应急人员的安全。加州应急服务办公室应急运行中心建设过程中，就在固有防震级别的基础上，加设了加固框架。而洛杉矶市应急准备局的应急运行中心则设在地下 3 层，备有多路通风系统及氧气供应系统。

5．美国核设施许可证持有者的应急计划与准备

美国核管理委员会（NRC）和联邦应急管理署（FEMA）同意，核设施许可证持有者在其厂址边界内，对计划和实施应急措施负有主要责任。这些应急措施包括在厂址的治安行动、防护措施和帮助在厂内的人员，因为设施许可证持有者不能单独去做这些工作，与州和地方组织就某些特定的应急援助，像救护车、医疗、医院、消防和警察服务，作出预先的安排，是设施应急计划的必要部分。

设施许可证持有者负有主要责任的另一应急活动是事故评价。这包括迅速行动来估计对场内场外公众的健康和安全的任何潜在危险，及时给州和地方政府提出有关防护措施的建议。某些情况下，在确定存在危害以后半小时甚至更短的时间间隔内，可能就有必要采取防护措施。因此，许可证持有者应急计划人员必须认识到在出事地点作出迅速的事故评价是多么重要。

由于在重大的辐射事故中可能需要立即采取场外行动，且必须由核设施许可证持有者通知给相应的场外响应组织（一个州或几个州和地方政府组织）。收到这些通知的响应组织，根据来自核设施许可证持有者的建议，有权威和能力立即采取预定行动。这些行动可能包括立即通知场外区域的公众，然后建议某些区域的公众待在家里（隐蔽），或者如果适宜的话，撤离到预定的疏散地或接待区域。州一级机构，比起地方机构可能有更多的防护资源，州一级机构用他们的资源对所建议的防护措施是否适宜作出决定。

在事故进程较长的情况下，许多团体和私人组织的资源也应该支持核设施许可证持有者开始的响应。因此，要求设施许可证持有者的组织有类似于"原子工业座谈会"所建议的"救险组织"，能利用和接受联邦的和私人的在任何放射性事故后可以利用的援助。

设施许可证持有者必须为 NRC 在事故后到现场做好准备，并给 NRC 区域或总部的运行中心提供信息和接受他们的咨询。另外，该计划应该在州政府当局、NRC 和 FEMA 之间提供通信联系。

6．美国核事故应急计划的格式与内容

美国核管理委员会和联邦应急管理署并没有对应急响应计划规定单一的格式，但在计

划中明确地说明了满足所有准则的措施是很重要的，所有的计划应当有一个目录表，需要列出应急计划中的内容与准备的对照条目。有必要使用的附录，可以和参考材料编在一起。计划应尽可能的简明，一般的计划应该是几百页，而不是几千页。计划应该明确规定在应急中将做什么、如何去做、由谁去做。

除了描述所有准则的实质内容外，计划还必须说明其适用的设施和区域。这些计划应当包括对该设施所独有的所有术语的定义，或给出与正常使用不同的含义。FEMA 和 NRC 有关应急准备的适宜性研究结果，将与设施许可证持有者、州和地方响应组织的能力有关系，与用协调的方式对在特定核设施与其相关的应急响应有关系。所有的组织都必须保持在连续的准备状态。FEMA 和 NRC 定期的检查将会证实响应组织对完成响应计划的各个方面的能力，这包括参加"区域援助委员会"的 NRC、FEMA 和其他联邦机构对演习和某些练习的观察。

在确定应急计划的制订标准和评价准则时，美国需要制订应急计划的机构包括"许可证持有者"、"州政府"和"地方政府"，三者构成了应急计划和准备的主要机构。"许可证持有者"指核电公司，"州政府"指在应急计划和准备中负有主要或领导责任的州政府的署和办公室。可能不止涉及一个州，因为评价准则不限于一个州，但是应该尽可能地指定一个州为主要负责单位。"地方政府"指在应急计划和准备中负有主要或领导责任的地方政府的署或办公室，一般说来指县政府。其他政府实体（如镇、城、自治市等）被看做是辅助机构，其责任是支持在应急计划和准备中负有主要或领导责任的地方政府机构。在某些情况下，地方政府一级有不止一个主要机构，但指定一个为主要领导机构更为可取。

应急计划的制订标准和评价准则对"许可证持有者"、"州政府"和"地方政府"制定的应急计划，针对以下内容进行评价，各自采用不同的标准。

（1）职责的划分（组织管理）

（2）场内应急机构

（3）应急响应支持和资源

（4）应急状态分类体系

（5）通知的方法和程序

（6）应急通信

（7）公众教育和公众信息

（8）应急设施和设备

（9）事故评价

（10）防护响应

（11）辐射照射控制

（12）医疗和公共卫生服务

（13）恢复和返回计划与事故后的处理

（14）演习和练习

（15）辐射应急响应培训

（16）制定应急计划工作的职责：应急

4.8.2 日本

1. 核事故应急组织体系

日本的核事故应急组织体系分为国家应急组织、地方政府应急组织和核电厂营运单位应急组织。国家应急组织由日本原子能安全委员会制定国家核事故场外应急计划，地方政府以核电厂所在县制定场外应急计划，核电厂营运单位制定场内应急计划。

2. 国家核应急计划

日本原子能安全委员会制定的《核电站等事故场外应急对策》，主要包含以下内容：

（1）序言

（2）一般防灾对策

- 核事故应急对策的特殊性等
- 放射性物质的释放及受照射的状态
- 核设施内核事故应急对策及对异常状态的掌握
- 对周围居民进行核事故危害防护知识的普及和启蒙
- 培训与演习
- 各种设备的准备
- 核事故应急对策资料的准备

（3）核事故应急对策重点计划区的范围

- 地区范围的考虑
- 地区范围的选定

（4）紧急时的应急环境监测

- 目的
- 阶段
- 监测体制
- 准备事项
- 监测地点的决定
- 第一阶段的监测
- 第二阶段的监测

（5）核事故应急对策的实施方针

- 应急防护对策的准备目标
- 应急防护对策
- 应急防护对策的指标

（6）紧急时的医疗

- 紧急时医疗措施的设想
- 伤病的种类及处理对策
- 医疗体制的准备

3. 地方政府应急计划

以日本《福井县核事故危害应急计划》为例，日本地方政府应急计划包含以下内容：

（1）总则

- 目的
- 计划的性质
- 实施核事故应急对策应重点加强的地区
- 有关防止核事故应急机构应处理的事务或业务大纲
- 开展广范围活动的合作体制

（2）预防核事故危害的对策

- 完善核事故应急体制
- 有关核事故应急知识的启蒙和普及
- 对从事事故应急有关的业务人员的教育与培训
- 有关核事故应急工作的训练与演习
- 完善通信联络设备
- 配备齐的环境监测设备和仪器仪表
- 紧急医疗设备的配备
- 配备事故应急对策上需要的防护器材
- 备齐事故应急对策资料
- 核电站上空的飞行规定

（3）核事故应急对策

- 紧急时的通报联络
- 事故发生初期应采取的措施
- 设立核事故应急对策本部
- 紧急时的监测
- 宣传报道
- 居民的隐蔽和进入限制等
- 紧急时的医疗
- 饮用水、饮食物的摄入限制等
- 紧急运输和必要物资的调拨

（4）事故后期的复原对策

- 消除污染等
- 各种限制措施的解除
- 整理出要求赔偿损失等方面必要的资料

4. 核电厂营运单位应急计划

以日本关西电力株式会社美滨核电站《核电站事故应急体制》为例，日本核电站应急计划包含以下内容：

（1）核事故应急体制

- 核事故应急体制
- 关于启用或更换核事故应急体制指令的发布
- 核电站核事故应急对策本部和核事故应急对策总部
- 核事故应急对策工作人员的任务和动员

- 核事故应急体制的解除

（2）核事故应急对策

- 掌握核事故状况及进行情报联络
- 核电站本部的工作
- 环境监测
- 请求救援
- 撤离

（3）核事故应急的准备工作

- 实行核事故应急培训
- 实行核事故应急演习
- 配备核事故应急用设备器材等
- 核事故其他预防工作
- 核电站各科科长等的日常业务

（4）核电站事故应急对策本部室

- 作用
- 设置场所
- 面积
- 换气空调设备
- 情报收集设备
- 通信联络设备
- 测量设备及空调设备等的电源
- 资料
- 器材

4.9　福岛核事故对我国核应急工作的启示

4.9.1　福岛核事故对核事故应急工作的新挑战

福岛核事故发生后，从管理和技术上都对以前的核事故应急工作提出新的挑战。国际原子能机构派出了一个专门调查组，对福岛第一核电站的核事故进行了为期 9 天的仔细调查，形成了 15 个调查结论和 16 个经验教训，与应急计划和准备密切相关的结论和教训，主要有下几方面：

1）福岛核事故表明，外部事件灾害的严重程度超出了以前人类的认知水平，应进一步考虑其对目前电站的影响。共性原因导致的故障应作为一站多堆和多个电站的重点考虑内容，要保证独立的机组恢复可以使用所有的厂内资源。

2）对于严重事故情况下可能丧失功能的应急设施设备，应为其考虑简单易用的功能替代。

3）核电站内要有抗震性能高、适当屏蔽以及通风和装备精良的厂房，以容纳应急响应中心（与福岛第一核电站和第二核电站的性能类似），并能够抵御其他外部灾害，如洪水。它们需要充足的资源准备，必须为事故管理人员保证身体健康提供辐射防护。

4）应急响应中心应该有根据可靠的仪表和线路获得的特别重要的安全相关参数，如冷却剂液位、安全壳状态、压力等，并有充足可靠的通信线路与控制室和其他厂内厂外设施保持通信。

5）外部事件有可能影响多个电站或同时影响一个电站的多台机组。这需要有充足大量的资源，包括经过培训的有经验的人员、设备、物料补给和外部支持。应确保有充足的有经验人员团队，能够应对不同类型的机组，并可随时支持受影响的电站。

6）日本有组织良好的应急准备和响应体系，这体现在福岛核事故的处理过程中。但是复杂的结构和组织体系可能导致紧急决策的拖延。

2011 年 6 月，日本政府向国际原子能机构部长级会议提交了日本政府对福岛核事故的报告，在报告中总结了五类共 28 条教训：

第一类教训：加强严重事故预防措施

1）加强对付地震和海啸的措施

2）确保电力供应

3）确保稳健的反应堆和安全壳冷却功能

4）确保稳健的乏燃料水池冷却功能

5）全面的事故管理措施

6）有关多堆厂址事故的响应

7）在基本设计上考虑核电厂的布置

8）保证重要设备的水密性

第二类教训：强化严重事故的对策

9）加强防止氢气爆炸的对策

10）安全壳排气系统的强化

11）改善事故应对环境

12）加强事故时放射性辐照的管理制度

13）加强应对严重事故的培训

14）加强反应堆和安全壳的状态监测仪表

15）集中管理应急的物资资材供给和建立救援队

第三类教训：加强核应急响应

16）大规模自然灾害和长期核事故叠加的应对

17）加强环境监测

18）明确相关的中央和地方组织之间分工

19）加强与事故相关的信息交流

20）加强对其他国家援助的响应和与国际团体的交流

21）充分地识别和预报释放的放射性物质的影响

22）清晰定义核应急下大范围撤离区和放射学的防护方针

第四类教训：加强安全基础工作

23）加强安全监管机构

24）建立和加强法律体系、准则和导则

25）核安全及核应急准备和响应的人力资源

26）确保安全系统的独立性和多样性

27）在风险管理中有效应用概率风险分析（PSA）

第五类教训：全面贯彻安全文化

28）全面贯彻安全文化

4.9.2　福岛核事故后我国的核事故应急计划及准备的改进措施

日本福岛核事故发生后，国务院立即做出重要部署，明确要求抓紧编制核安全规划。核安全规划中确定了五项重点工程，事故应急保障工程作为五项重点工程之一列入了核安全规划，事故应急保障工程将通过环境应急监测能力建设等项目的实施，加强核设施风险分析和预测预警能力建设，为应对核与辐射事故提供决策依据和技术支持，同时保证在任何情况下的核与辐射事故应急均有充足、可用的应急物资储备，并能有效、及时供应。

福岛核事故后，国家核安全局会同有关部委对运行和在建核电厂开展了核安全检查，检查结果表明：我国核电厂具备一定的严重事故预防和缓解能力，安全风险处于受控状态，安全是有保障的。为了进一步提高我国核电厂的核安全水平，国家核安全局依据检查结果对各核电厂提出改进要求。为了规范各核电厂共性的改进行动，国家核安全局组织编制了《福岛核事故后核电厂改进行动通用技术要求》（以下简称《通用技术要求》），作为核电厂后续改进行动的指导性文件。《通用技术要求》包含以下内容：

1）核电厂防洪能力改进技术要求

2）应急补水及相关设备技术要求

3）移动电源及设置的技术要求

4）乏燃料池监测的技术要求

5）氢气监测与控制系统改进的技术要求

6）应急控制中心可居留性及其功能的技术要求

7）辐射环境监测及应急改进的技术要求

8）外部灾害应对的技术要求

（林权益编写，杨玲审阅）

参考文献

[1] 联合国粮食和农业组织，国际原子能机构，国际劳工组织，经济合作与发展组织，核能机构，泛美卫生组织，世界卫生组织. 国际电离辐射防护和辐射源安全的基本安全标准. 第 115 号《安全丛书》. 维也纳：国际原子能机构，1996.

[2] The Training Resources and Data Exchange（TRADE） Emergency Management Issues Special Interest Group Glossary Task Force, GLOSSARY AND ACRONYMS OF EMERGENCY MANAGEMENT TERMS, Third Edition, 1999.

[3] 核电厂应急管理条例.

[4] 民用核设施监督管理条例.

[5] GB/T 17680.4—1999.

[6] GB/T 17680.5—2008.

[7] GB/T 17680.8—2003 核电厂应急计划与准备准则场内应急计划与执行程序.

[8] GB/T 17680.6—2003 核电厂应急计划与准备准则场内应急响应职能与组织机构.

[9] 美国的应急管理体系.

[10] 美国的核应急管理体制.

[11] 美国核管理委员会（NRC），联邦应急管理署（FEMA）. 施仲齐，刘原中，等译. 制定和评价核动力厂辐射应急响应计划与准备的准则（NUREG-0654）.

[12] 国际原子能机构国际事实调查专家组针对日本东部大地震和海啸引发的福岛第一核电站核事故调查报告.

[13] 国务院办公厅关于调整国家核事故应急协调委员会组成单位及其成员的通知.

[14] 国家核事故应急协调委关于成立专家委员会的通知.

第 5 章　干预与防护行动

5.1 概述

5.1.1 目的

核设施在正常情况下产生的照射和它们在事故时引起的照射，是两类不同性质的照射，即辐射源处于受控情况下的照射和失去控制情况下的照射。绝大多数属于第一种情况，这时辐射源能为社会提供净的利益，这种情况定义为"实践"，可以通过正常情况下剂量限制体系的应用使照射限制在可预见的正常水平之下。第二种情况是极少数情况，事故使源失去控制就是这种情况，此时正常的剂量限制体系不再适用，通常的解决办法只有通过要求限制或调整人们的活动，或至少对资源进行重新调配等方式的干预才能使照射降低。这种意在减少或避免因事故而失控的源所致的已存在的照射或照射可能性的情况定义为"干预"。

事故对公众引起的照射，可能来自很多照射途径。不同的事故阶段，照射途径不同，为有效防止或减少公众成员在应急或持续照射情况下的受照剂量，需要进行相应的干预行动以实现对公众的防护，例如碘防护、隐蔽和撤离等。但是，这些干预行动本身也可能对社会和个人生活带来干扰、困难和附加的风险。因此，是否采取干预，需要对干预行动所能降低的辐射危害（获益）和采取行动的困难、代价和风险（有弊）进行权衡。以日本福岛核事故为例，根据核电站泄漏放射性物质的量和辐射水平，采取了先后将核事故控制区扩展到 10 km、20 km、30 km 范围等重大防护行动。

本章的编写旨在使公众了解，在核事故或辐射应急情况下，采取干预的时机、干预的范围、主要防护措施等基础知识。

5.1.2 术语

（1）干预。旨在减少或避免不属于受控实践的或因事故而失控的辐射源所致照射可能性的任何人类活动。

（2）预期剂量。若不采取防护行动或补救行动，预期会受到的剂量。

（3）可防止剂量。采取防护行动所减小的剂量，即在采取防护行动的情况下预期会受到的剂量与不采取防护行动的情况下预期会受到的剂量之差。

（4）干预水平。针对应急照射情况或持续照射情况所制定的可防止的剂量水平，当达到这种水平时应考虑采取相应的防护行动或补救行动。

（5）通用优化干预水平。用可防止的剂量表示，即当可防止的剂量大于相应的干预水平时，则表明需要采取这种防护行动。

（6）通用行动水平。国际上推荐的，在持续性照射或应急照射情况下，用于控制食品的通用干预水平，表示为食物、牛奶、水中的活度浓度。

（7）操作干预水平。相当于用可防止剂量表示的干预水平的可测量的放射性量，表示为环境或食物样品中放射性核素或可测量的剂量率。

（8）防护行动。为避免或减少公众成员在持续照射或应急照射情况下的受照剂量而进行的一种干预。

（9）重要的超越国界释放。可能在国界以外导致超过有关防护行动（包括食品限制或消费限制）的国际干预水平或行动水平的剂量或污染水平的放射性物质向环境的释放。

（10）紧急防护行动。在发生应急情况时为了有效起见必须迅速（通常在数小时内）采取的防护行动，如有延误则将明显降低其有效性。在核或辐射应急情况下最常考虑的紧急防护行动是撤离、人员去污、隐蔽、呼吸保护、碘防护以及限制可能已污染食品的消费。

（11）长期防护行动。不属于紧急防护行动的防护行动。这类防护行动可能要延续数周、数月甚至数年。这些行动包括诸如临时避迁、农业对策和补救行动等措施。

（12）稳定性碘。含有非放射性碘的化合物，当事故已经导致或可能导致释放碘的放射性同位素的情况下，将其作为一种防护药物分发给居民服用，以降低甲状腺的受照剂量。

（13）隐蔽。指人员停留于（或进入）室内，关闭门窗及通风系统，其目的是减少飘过的烟羽中的放射性物质的吸入和外照射剂量，也为了减少来自放射性沉积物的外照射沉积物的外照射剂量。

（14）撤离。指将人们从受影响区域紧急转移，以避免或减少来自烟羽或高水平放射性沉积物质产生的高照射量，该措施为短期措施，预期人们在预计的某一有限时间内可返回原地区。

（15）临时避迁。指人们从某一受事故影响区迁移出，并将在一延长的但又是有限的（尽管经常是较难以准确预计的）时间（一般不大于 1 年）内返回原地区，以减少来自地面沉积放射性产生的较长时间的外照射。

（16）永久再定居。也是指人们从某一受事故影响区迁移出，但这种迁出无法预期能在可预见的将来返回原地区，是针对长寿命放射性核素地面沉积而采取的防护行动。

5.2　干预与干预水平

5.2.1　事故的分期与照射途径

5.2.1.1　事故的分期

核事故在时间上难以明确划分，不同的事故阶段可能出现重叠。但是，在不同的事故阶段，事故情景和照射途径的特点不同，需要采取不同的防护对策。为便于确定应急计划中的辐射防护对策和干预水平，有效实施应急响应，一般将事故进程分为三个阶段：早期、中期和晚期（也称恢复期）。

1．早期

从出现明显的放射性物质释放的先兆，并估计其释放可能使厂区外公众受到放射性照射时起，到不可控的放射性释放开始后的最初几小时这段时间。就核动力厂而言，从开始出现事故到开始释入大气的时间，约 0.5 小时至 1 天；而释放的过程可能持续 0.5 小时至几天。

在早期，放射性物质的释放持续贯穿整个阶段。应根据核设施现场事故工况的分析和事故后果的预估，决定是否采取某些适当的实际可行的防护措施来减少公众的受照剂量。在该阶段，可获得气载放射性烟羽的浓度和剂量率等一些初步的环境监测结果，但是数量有限；同时，由于事故的发展过程和气象条件等因素的变化，这些早期的测量结果在用于决策时的意义也具有局限性。

2．中期

大量的放射性物质释放进入大气，而且大部分可能已沉积于地面（除惰性气体之外）。中期开始于释放放射性物质的最初几小时，可能持续几天或几周。事故特别严重时，放射性物质沉积的影响范围将更大，中期阶段也将延长。

在中期，已可能获得放射性沉积物造成的外照射水平以及食物、水、空气等环境介质的污染水平的环境监测结果，沉积物的放射学特性也可能被确定。因此，可以依据环境监测结果采取相应的防护措施。

3．晚期

可由事故后几周到几年，这取决于事故释放的数量和特性，特别是与环境中含长寿命放射性核素的残存物有关。

在晚期，根据环境监测结果确定是否可以恢复正常生活，即同时或相继撤销在早期和中期两个阶段采取的各种防护措施。但是，有些限制可能要持续一段时间，例如对农业生产的限制、对某些建筑物的使用限制以及对某些来自污染区食物的控制等。在该阶段，可采用代价—利益分析法，考虑撤销已有的防护措施。

5.2.1.2 照射途径

照射途径是指辐射或放射性物质可能达到人体并引起照射的途径。核事故引起的对公众的照射，可能来自很多照射途径，但主要照射途径的确定将直接影响防护措施的选择和决策。

核事故中的放射性物质可能通过大气和水体两种途径向环境释放。鉴于在严重事故中，向大气环境的释放事故或事件发生的可能性一般较大，涉及的照射途径较多，影响的范围较大，防护行动决策的不确定性也较大。下面以放射性物质的大气释放为例，介绍主要的照射途径。图 5.1 给出了放射性物质大气释放可能涉及的各种照射途径。

1）核设施的直接外照射：某些大气释放事故经常也伴随有来自核设施辐射源的外照射，主要发生在事故早期，受照射的将可能是核设施工作人员或十分邻近核设施的少量公众；

2）烟羽外照射：也称烟羽浸没外照射、烟云外照射，是由烟羽中的放射性物质产生的外照射；

3）地面沉积外照射：是由沉积在土壤、地面、道路等表面的放射性物质产生的外照射；

4）皮肤、衣服的沉积外照射：是由沉积于皮肤或衣服上的放射性物质产生的外照射；

5）烟羽吸入内照射：是因吸入烟羽中放射性物质产生的内照射；

6）食入内照射：是因食入被放射性物质污染的食物或水产生的内照射；

7）再悬浮吸入内照射：是由沉积于各种表面的放射性物质的再悬浮的吸入产生的内照射。

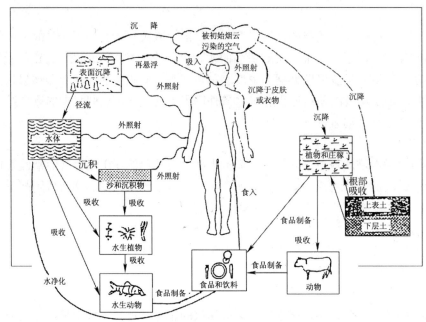

图 5.1　放射性对人类的照射途径

5.2.1.3　不同事故阶段的照射途径

核事故发生时（后），公众可能受到多种途径的内照射和外照射。主要照射途径因事故阶段不同而异，表 5.1 给出了事故不同阶段的主要照射途径。

表 5.1　事故不同阶段的主要照射途径

事故阶段	主要照射途径
早期	主要来自：烟羽外照射和烟羽吸入内照射，具体为： 1）当只有惰性气体释放时，主要来自烟羽外照射，以及核设施本身的直接外照射 2）当发生严重事故或伴随着大量裂变产物释放时（烟羽中含有较大份额的气溶胶），来自烟羽吸入内照射，以及地面沉积外照射，皮肤和衣服的沉积外照射（尤其降雨之后）也是重要的
中期	除了发生延长情况之外，一般不存在烟羽外照射。 1）主要照射来自地面沉积外照射和食入内照射 2）再悬浮吸入内照射为中期的第三条重要的照射途径 3）其次还来自皮肤、衣服的沉积外照射
晚期	1）照射途径与中期相似，即来自留存于地表面、建筑物上的放射性玷污产生的地面沉积外照射，食入内照射以及再悬浮吸入内照射 2）可能的区别在于食入内照射的影响范围和波及公众数量可能增大、增多，另外，若晚期持续时间较长，还增加了经土壤向农作物转移的食入内照射

5.2.2　干预

5.2.2.1　干预目的

辐射照射引起的对人的有害健康效应分为确定性效应和随机性效应两大类。干预的目的是为了有效控制和减少核事故引起的对公众和工作人员的辐射剂量，以防止发生严重的确定性健康效应；同时，将随机性健康效应的危险降低至可接受的水平，减少目前和将来在公众中随机性健康效应的发生。

确定性效应的特点是在受照后很快出现，其严重程度随剂量而增加，并且有一个有效的剂量阈值，低于该阈值，确定性效应不会发生，确定性效应的发生多与个人所受的急性大剂量照射有关。随机性效应一般包括范围较广的癌症和遗传效应，这些效应要在初次受照之后需多年才可能发生，一般认为不存在剂量阈值，随机性效应的发生概率与大的人群所接受的集体剂量的大小有关。基于不同事故阶段对不同距离的公众的照射特点不同，干预在不同事故阶段的主要目的与侧重点也不完全一致。

在事故早期，由于大量的放射性物质已经释放，在事故现场的邻近地区的公众有可能受到急性大剂量照射，从而发生严重确定性健康效应。为避免靠近核设施地区的部分公众受到严重的辐射损伤，从其必要性和现实可能性两方面而言，事故早期应急干预的首要目的在于防止严重确定性健康效应的发生，将公众可能受到的剂量限制在严重确定性效应的阈值以下。

在事故早期，与防止严重确定性健康效应的首要目的相比，限制个体发生随机性效应的危险，限制人群随机性健康效应的发生率是干预的次要目的。而且，限制公众中随机性健康效应的发生率，既与较大范围的大量公众（包括接受较小剂量照射的公众）有关，又可能涉及较长时间的持续照射。因此，在事故早期不是那么紧迫和必要，而且实现的难度也较大。

在事故中期，放射性释放逐渐减弱、停止，避免严重确定性健康效应和限制个体的随机性效应危险成为干预的主要目的。如果时间和条件许可，限制随机性健康效应的发生率也是中期阶段干预的另一个目的。

在事故晚期，放射性释放已经停止或基本控制，已有必要和可能通过去污、食物控制等措施，减少大范围内的公众接受的累积剂量，因此，限制随机性健康效应的总发生率成为这一阶段干预的主要目的。

5.2.2.2　干预原则

干预原则指为实现应急的目标而进行的干预应遵循的辐射防护原则。干预是为保护公众而采取的强制性的防护措施（存在困难、代价和风险），它在降低公众可能接受的辐射剂量（有利的一面）的同时；也会干扰公众的正常生活，还可能给公众和社会带来新的危害（有弊的一面）。因此，在应急干预决策的过程中，既要考虑辐射剂量的降低，也要考虑实施防护措施的困难和代价，并综合考虑社会、经济、政治和外交等方面的因素。这就需要遵循一定的干预原则，权衡利弊，针对具体情况，慎重采取相应的干预行动。

国际放射防护委员会（ICRP）、国际原子能机构（IAEA）等多个国际组织，以及我国的相关导则和标准中都先后给出了干预的基本原则。随着认识的不断发展，进一步明确了干预原则，并在国际上取得协调一致的看法。

切尔诺贝利核电站事故发生之前，ICRP 和 IAEA 曾分别在其出版物（ICRP 40 号出版物，1984）或安全丛书（IAEA 72 号安全丛书，1985）中叙述了计划干预的三条基本原则：

①应当避免严重的非随机性效应（确定性健康效应）的发生，办法是通过采取相应的干预措施将个人剂量控制在引起这类效应的阈值之下；

②应通过相应的措施限制随机效应的个人危险，该措施应使涉及的个人获得利益（即措施本身的危害小于因辐射剂量的降低而获得的好处）；

③应通过减少集体剂量的办法将随机效应的总发生率限制到尽可能合理可行的程度。

我国《国家核应急预案》提出，在应急决策的过程中，应遵循以下三个原则：

①干预的正当性原则。干预应是正当的，拟议中的干预应利大于弊，即由于降低辐射剂量而减少的危害，应当足以说明干预本身带来的危害与代价（包括社会代价在内）是值得的；

②干预的最优化原则。干预的形势、规模和持续时间应是最优化的，使降低辐射剂量而获得的净利益在通常的社会、经济情况下从总体考虑达到最大；

③应当尽可能防止公众成员因辐射照射而产生严重确定性健康效应。

由于"防止严重确定性健康效应"原则也是干预的主要目的，目前，国际上比较普遍地只以正当性和最优化作为干预的基本原则。在 IAEA 等 6 个国际组织发布的《国际电离辐射防护和辐射源安全的基本标准》和我国国标《电离辐射防护和辐射源安全基本标准》（GB 18871—2002）中，对干预的正当性和防护行动的最优化这两条干预原则作了如下描述：

①干预的正当性。在干预的情况下，为减少或避免照射，只要采取防护行动或补救行动是正当的，则应采取这类行动。只有根据对健康保护和社会、经济等因素的综合考虑、预计干预的利大于弊时，干预才是正当的。如果任何个人所受的预期剂量接近或预计会接近可能导致严重损伤的阈值（相当于确定性健康效应的阈值），则采取防护行动几乎总是正当的。这说明，正当性原则涵盖"防止严重确定性健康效应"这一主要原则。

②防护行动的最优化。任何这类行动或补救行动的形式、规模和持续时间均应是最优的，在通常的社会和经济情况下，从总体上考虑能获得最大的净利益。

5.2.3 干预水平

5.2.3.1 干预水平的建立

干预水平的定义为"在应急照射情况下，用可防止剂量表示的应采取特定防护行动或补救行动的剂量水平"。可防止剂量的含义为采取某种对策或一系列对策后可以防止的剂量。由于防护措施的决策取决于防护措施可能有的代价、风险和可能避免的辐射危害之间的权衡，用于判断是否采取任一特定防护措施的剂量水平必然与核设施厂址特征及事故特点有关。因此，不可能制定一个固定的适用于所有情况的干预水平。但对于特定的防护措施，规定一个干预水平的剂量范围是合适的。为此，ICRP、IAEA 等国际组织在 20 世纪 80 年代推荐了干预水平的剂量范围，低于该剂量范围的下限值，实施防护行动认为是不正当的；高于该剂量范围的上限值，认为防护行动总是必须执行的。

确定干预水平的目的就在于：事先针对每一防护措施，建立一个定量的参考剂量水平，以便确定什么时候实施干预是正当和必须的，并符合最优的原则，以便于实施防护行动。

5.2.3.2 影响干预水平的主要因素

核事故时，源项、自然环境条件等事故条件是多变的，这将直接影响到干预水平的选择与实施；同时，干预水平的实施又必须是灵活的，以适应真实事故时的条件。

所选择的干预水平应满足干预是正当性和最优化原则，影响干预水平选择的因素就是影响防护行动的利益和危害的因素。下面给出影响干预水平实施的主要因素。

1．事故释放的特征和大小

事故释放特征、大小，直接影响到受影响区区域的大小和受影响人群的多少；释放物组成、释放高度、释放时间等事故释放特征，将影响到主要照射途径、最大剂量大小与出现位置以及实施防护措施的时间，从而影响防护措施的代价、困难，影响干预水平的优化选择。

2．事故期间的气象条件

事故期间的气象条件也是重要的影响因素，风向、风速、降水都将影响到受影响区大小、方位和主要照射途径，不同的气象条件，可能采取不同的主要防护措施。

3．受影响的特殊人群组

孕妇、儿童等敏感人群，以及老弱病残人员等特殊人群，都会对防护行动的顺利实施造成一定的影响。对于敏感人群组，可能在较低干预水平下实施防护行动；而对特殊人群组，或许要在较高干预水平下实施防护行动。

4．社会条件

人口分布、通信、交通等社会条件及可得到用于防护行动实施的资源条件，同样要影响干预水平的优化选择。

由于影响干预水平选择的因素很多，引入某一特定的干预水平值可以因使用时的主导情况不同而变化。这就是说，在制定实际的干预计划时，干预水平的确定应保持有一定的灵活性。当实施防护行动的代价、风险或困难相对较大时，能在较高的干预水平下实施撤离才是正当的，例如，对受影响的特殊人群组，恶劣的天气条件、可用的资源不足、涉及大的人群和大面积的地区的干预行动；相反，当实施防护行动的代价、风险或困难相对较小时，可以在较低的干预水平（或行动水平下）采取防护行动。

5.2.3.3 干预水平的分类

根据干预原则和健康效应，干预水平可分为两大类：一类针对确定性效应，采用急性照射剂量行动水平；另一类针对随机性效应，采用通用优化干预水平和通用行动水平。

1．急性照射剂量行动水平

核事故时，高剂量、急性照射往往造成公众伤亡，给社会公众心理造成极其严重的影响。为了防止确定性效应的发生，应制定急性照射剂量行动水平，即采用器官或组织的吸收剂量评价确定性效应的危险度。当器官或组织预期受到的剂量达到规定的阈值时，为确保公众的生命安全防止确定性效应的发生，均需采取干预行动。

《国际电离辐射防护和辐射源安全的基本标准》（BSS，安全丛书第 115 号，1996）中规定了任何情况下均应进行干预的剂量水平，我国《电离辐射防护和辐射源安全基本标准》（GB 18871—2002）和《国家应急预案》（2005）予以等效采用。表 5.2 给出了按器官和组织分列的急性照射剂量行动水平，即预期在任何情况下都应进行干预的剂量水平。表中的数值是指两天内器官或组织预期的吸收剂量，这些剂量值大体上与相应的确定性效应的阈值相当。由于只要预期剂量可能达到确定性效应的剂量阈值，实施干预总是正当的，因此，也可以把任何情况下都应进行干预的剂量水平视为一种特殊形式的干预水平。GB 18871—2002 明确规定，如果任何个人所受的预期剂量（而不是可防止的剂量）或剂量率接近或预计接近这些水平时，则采取防护行动几乎总是正当的。

应急照射剂量行动水平可应用于由典型的年龄和性别分布所描述的群体，但有可能不适于孕妇、病患等特殊的辐射敏感人群组，对于这些特殊人群组要做出提前撤离等特殊考虑。

表 5.2　按器官和组织分列的急性照射剂量行动水平

器官或组织	2 天内器官或组织预期吸收剂量/Gy
（1）[a] 全身（红骨髓）	1
肺	6
皮肤	3
甲状腺	5
眼晶体	2
性腺	3
（2）[b] 胎儿	0.1

注：a. 剂量＞0.5 Gy 后第一天，放射性敏感个体可能发生呕吐；

b. 在考虑有关即时防护的实际行动视屏的合理化和最优化时，应当考虑（在不到两天的时间内）胚胎或胎儿接受剂量超过 0.1 Gy 时产生确定性效应的可能性。

2. 通用优化干预水平

切尔诺贝利核电站事故的辐射影响超越国界，当时，受影响国家相应采取了不同甚至相互矛盾的响应措施，从而在公众中造成了某些混乱。为应对跨国界事故释放，需要确定国际上可以在某种程度上认可和普遍应用的干预水平。IAEA 于 1994 年发布了 109 号安全丛书，提出了通用干预水平的建议。

IAEA 推荐的并为我国相关核应急法规、标准采用的通用干预水平值，代表了一种国际的认可并被认为是针对典型的厂址条件和事故工况而推导出的在通常情况下可以大体获得最大净利益的水平值。事实上该通用干预水平已对假定的通用条件做了优化分析，而且，既符合干预的正当性原则，又满足避免发生严重确定性健康效应的基本要求。

我国 GB 18871—2002 通用优化干预水平借鉴了 IAEA 推荐的通用干预水平，具有一定的通用性。表 5.3 给出了 GB 18871—2002 中对应紧急防护行动和较长期防护行动的通用优化干预水平值，它们都是用可防止剂量表示的。在确定可防止的剂量时，应适当考虑采取防护行动时可能发生的延误和可能干扰行动的执行或降低行动效能的其他因素。

　　通用优化干预水平所规定的可防止的剂量值，是指对适当选定的人群样本的平均值，而不是指对最大受照（关键居民组中）个人所受到的剂量。但无论如何，应使关键人群组的预计剂量保持在表 5.3 所规定的剂量水平以下。

表 5.3　通用优化干预水平

紧急防护行动的通用优化干预水平		
防护行动	适宜的持续时间	干预水平值（可防止剂量）
隐蔽	<2 d	10 mSv
撤离 碘防护	<7 d	50 mSv 100 mGy（甲状腺）
较长期防护行动的通用优化干预水平		
临时避迁	<1 a	第一个月 30 mSv，随后的每一个月 10 mSv
永久再定居	永久	终身 [a]1Sv 或 1～2 年内降不到 10 mSv/月以下

注：a. 终身，通常取 70 年，主要考虑保护最敏感的儿童。

　　一般情况下，通用优化干预水平可作为防护决策的出发点。在考虑了场址特有或情况特有的因素之后，可获得并采用厂址专用的干预水平。在所考虑的因素中，可能包括特殊人群（如医院病人）、有害天气状况或复合危害（如地震）、高人口密度以及事故释放特性等所引起的特殊问题。

　　对于临时避迁，用可防止剂量表示的通用优化干预水平是第一个月 30 mSv，随后每个月 10 mSv，这就是说，开始和终止临时避迁的通用优化干预水平分别是 30 mSv/月和 10 mSv/月的可防止剂量。

　　3．通用行动水平

　　核事故释放的放射性核素进入环境，造成对大气、水体、土壤等的污染，并通过多种途径转移到动植物产品和饮用水。放射性核素在生物体内具有富集效应，使得某些动植物体内的放射性核素特别高。对这些动植物产品和饮用水的大量食用会造成放射性核素通过内照射对人体形成辐射损伤。

　　为了避免公众食用被放射性污染的食物，国际上建立了控制食品污染的通用行动水平，并将其表示为在持续性照射或应急情况下应采取食品和饮用水控制防护行动的活度浓度水平。当食物中的污染水平超过规定的行动水平，需要对污染区域实施食品限制措施时，也可采取加工、洗消、去皮、稀释等方法减轻污染，将食品中的放射性核素活度浓度控制在行动水平之下。

　　IAEA 通用行动水平与 GB 18871—2002 通用行动水平相比，共同点在于：都将食物分为一般性消费食物与牛奶、婴儿食品、饮用水，并分别给出了对应的核素浓度活度，且同一核素的取值相同；区别在于：IAEA 通用行动水平中除了涵盖 GB 18871—2002 通用行动水平的核素之外，还给出了另外两种核素。表 5.4 给出了 IAEA 针对主要放射性核素的食品的通用行动水平。

表5.4 针对食品的通用行动水平

放射性核素	通用行动水平/（kBq/kg）
供一般消费用食品	
^{134}Cs，^{137}Cs，^{103}Ru，^{106}Ru，^{131}I，^{89}Sr	1
^{90}Sr	0.1
^{241}Am，^{238}Pu，^{239}Pu，^{240}Pu，^{242}Pu	0.01
牛奶、婴儿食品和饮用水	
^{134}Cs，^{137}Cs，^{103}Ru，^{106}Ru，^{89}Sr	1
^{131}I，^{90}Sr	0.1
^{241}Am，^{238}Pu，^{239}Pu，^{240}Pu，^{242}Pu	0.001

注：表中的数值是用于准备消费的食品，不考虑处理（如稀释、清洗等因素），而且是对应每一组中各种核素的总和。

5.3 操作干预水平

5.3.1 建立操作干预水平的目的

事故发生时，获得比较大量、充分的环境监测数据是可行的、现实的，而且，这些监测数据是防护措施决策的主要依据。干预水平是以剂量表示的，要依据剂量干预水平来判断是否必须引入某种防护措施，就必须将已获得的环境监测结果先转换为相应的剂量水平，然后再进行判断，而这种做法很可能延误防护行动的实施，很难满足实际应急的需要。因此难以直接将通用优化干预水平或通用行动水平用于干预的决策。

操作干预水平（OIL）是以环境监测结果表示的干预水平，相当于用可防止剂量表示的干预水平的可测量的放射性量，表示为环境或食物样品中放射性核素或可测量的剂量率。它是由相应的通用干预水平或者通用行动水平推算出的水平值，可以直接与仪器测量结果或实验室分析结果相比较。操作干预水平是一种行动水平，事故时根据环境监测数据与批准的操作干预水平进行比较，操作干预水平被超过，要求采取相应的防护措施。因此，决策者应用操作干预水平可立即和直接地根据环境测量结果确定适当的防护行动。

图5.2给出了基于操作干预水平的事故评价流程总体结构，总体上，其评价流程可分为以下3个步骤：

①首先将环境测量数据和实验室分析数据（周围环境剂量率、沉积物和食物中核素浓度）与OIL比较，当结果超过OIL时，建议采取相应的防护行动；

②随着核事故状况稳定，可获取大量、充足的环境数据情况下，需要对OIL进行修正，以便获取与真实事故相符合的OIL修正值；

③然后使用OIL修正值代替原有的OIL值，用于新的操作干预水平评价。

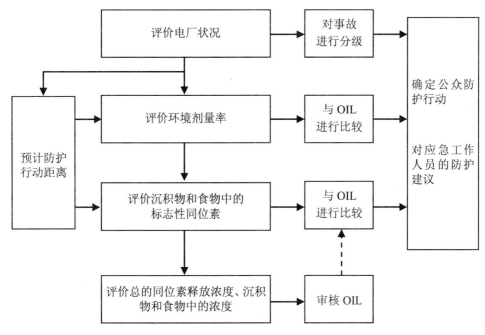

图 5.2　事故评价流程总体结构

IAEA 在 20 世纪 90 年代出版的《国际辐射防护和辐射源安全的基本安全标准》中提出了操作干预水平，在此基础上，IAEA-TECDOC-955 技术报告和我国国家标准 GB18871—2002 也都推荐了操作干预水平。基于多年来（至 2010 年）积累的反馈和经验，IAEA 在 2011 年出版了《国际辐射防护和辐射源安全的基本安全标准（暂行版）》，基于此，在 IAEA 安全标准丛书（No.GSG-2，2011）中提出了改进后的操作干预水平。

下面重点介绍 IAEA-TECDOC-955 报告中的操作干预水平体系。

5.3.2　操作干预水平的缺省值

IAEA-TECDOC-955 报告推荐了压水堆核电厂事故工况下的操作干预水平的缺省值（表 5.5），IAEA 的 OIL 缺省值根据事故特征事先计算得到。这些缺省值是基于一系列假设条件下由通用干预水平或通用行动水平推导得到的针对典型压水堆的操作干预水平。这些缺省的 OIL 用于评价环境数据和采取防护行动，直到有充足的环境取样分析能供修改行动方案为止。

IAEA 推荐的 OIL 缺省值共分为 9 个类别，对应的仪器监测结果或者实验室分析结果超过缺省值时，建议采取相应的防护行动。OIL 是将周围环境剂量率和标记核素（^{131}I、^{137}Cs）活度浓度作为采取防护行动的指标值，不同类别的 OIL 采用各自的环境监测项和实验室分析项作为比较对象，具体如下：

- OIL1、OIL2：烟羽环境剂量率；
- OIL3、OIL4、OIL5：地面沉积环境剂量率；
- OIL6：地面沉积中 ^{131}I 活度浓度；
- OIL7：地面沉积中 ^{137}Cs 活度浓度；
- OIL8：食物、水或牛奶样品中 ^{131}I 活度浓度；

● OIL9：食物、水或牛奶样品中 ^{137}Cs 活度浓度。

表 5.5   IAEA 推荐的反应堆事故中 OIL 的缺省值

OIL#	定义	缺省值		防护行动	缺省值假定条件概述
OIL1	烟羽环境剂量率	1 mSv/h		撤离或在专设的隐蔽所隐蔽	堆芯熔化事故后泄漏的放射性物质导致吸入剂量为烟羽外照射剂量的 10 倍，烟羽照射 4 h，该防护行动的可防止剂量为 50 mSv
OIL2	烟羽环境剂量率	0.1 mSv/h		服用稳定碘和临时隐蔽	堆芯熔化事故后泄漏的放射性物质导致吸入甲状腺剂量为烟羽外照射剂量的 200 倍，烟羽照射 4 h，该防护行动的可防止剂量为 100 mSv
OIL3	地面沉积环境剂量率	1 mSv/h		撤离或在专设的隐蔽所隐蔽	照射时间一周，由于核素衰减和屏蔽等因素造成剂量减少 75%，防护行动的可防止剂量为 50 mSv
OIL4	地面沉积环境剂量率	1 mSv/h		临时避迁	地面污染核素组成为堆芯熔化混合核素在事故后 4 d 时的典型值，由衰变和环境因素千万的衰减因子为 50%，30 d 该防护行动可防止剂量为 30 mSv。该 OIL 适用于停堆后 2～7 d
OIL5	地面沉积环境剂量率	0.2 mSv/h		食物和牛奶的预防性禁用	假设由这些高于本底的污染地区生产的食品或牛奶，其污染可能会超过通用行动水平
OIL6	地面沉积中 ^{131}I 活度浓度	普通食品、牛奶	10 kBq/m² 2 kBq/m²	禁止食用食物 禁止食用牛奶	①^{131}I 为主要污染核素（适用于停堆 2 个月后）；②食品受到直接污染或奶牛直接食用受到污染的牧草；③污染食品未经加工处理
OIL7	地面沉积中 ^{137}Cs 活度浓度	普通食品、牛奶	2 kBq/m² 10 kBq/m²	禁止食用食物 禁止食用牛奶	①^{137}Cs 为主要污染核素（适用于停堆 2 个月后）；②食品受到直接污染或奶牛直接食用受到污染的牧草；③污染食品未经加工处理
OIL8	食物、水或牛奶样品中 ^{131}I 活度浓度	普通食品 牛奶和水	1 kBq/kg 0.1 kBq/kg	限制食物 限制牛奶和水	①^{131}I 为主要污染核素（适用于停堆 2 个月后）；②污染食品未经加工处理
OIL9	食物、水或牛奶样品中 ^{137}Cs 活度浓度	普通食品 牛奶和水	0.2 kBq/kg 03 kBq/kg	限制食物 限制牛奶和水	①^{137}Cs 为主要污染核素（适用于停堆 2 个月后）；②污染食品未经加工处理

对于表中数值的理解，以 OIL1 为例，当烟羽环境剂量率达到其缺省值（1 mSv/h）时，假定条件下防护行动的可防止剂量可以达到相应的通用干预水平（50 mSv）。

根据 OIL 的分类特点，表 5.6 给出了 OIL 对应的行动建议、事故阶段和剂量水平。

表 5.6　OIL 对应的行动建议、事故阶段和剂量水平

OIL#	测量类别	行动建议	事故阶段	对应剂量水平
OIL1	烟羽环境剂量率	撤离	早期	通用干预水平
OIL2	烟羽环境剂量率	服碘/隐蔽	早期	通用干预水平
OIL3	地面沉积环境剂量率	撤离	中期、晚期	通用干预水平
OIL4	地面沉积环境剂量率	临时避迁	中期、晚期	通用干预水平
OIL5	地面沉积环境剂量率	食物限制	中期、晚期	通用行动水平
OIL6	地面沉积中 ^{131}I 活度浓度	食物限制	中期、晚期	通用行动水平
OIL7	地面沉积中 ^{137}Cs 活度浓度	食物限制	中期、晚期	通用行动水平
OIL8	食物、水或牛奶样品中 ^{131}I 活度浓度	食物限制	中期、晚期	通用行动水平
OIL9	食物、水或牛奶样品中 ^{137}Cs 活度浓度	食物限制	中期、晚期	通用行动水平

5.3.3　操作干预水平的应用

操作干预水平的应用就是通过比较应急监测数据与 OIL 参考值，给出相应的防护行动建议。应急监测数据、OIL 参考值和防护行动建议的相互作用贯穿使用在操作干预水平应急指导的整个过程中。

①事故发展过程中，存在多套 OIL 参考值（一套 OIL 初始值，多套 OIL 修正值）。

②在核事故释放前阶段确定 OIL 初始值。如果事故情景不明了，建议使用 IAEA 推荐的 OIL 缺省值作为初始值。如果事故工况清晰，根据事故类别、气象条件等选择相应的估算值作为 OIL 初始值，该值为更适用于厂址条件和事故状态的操作干预水平。

③使用释放后阶段充足应急监测数据对 OIL 进行修正，给出 OIL 修正值。

④不同时间段的应急监测数据与相应的 OIL 参考值进行比较，给出防护行动建议。

5.3.3.1　建立适用于厂址条件和事故状态的操作干预水平

IAEA 技术报告提供了 IAEA 推荐的压水堆事故下的 OIL 缺省值，是基于堆芯熔化的放射性非减少释放的严重事故假设。由于环境条件（如风向、风速、降水等气象条件）不同，事故性质（如释放的放射性核素的组分、份额、释放高度、持续时间等）不同，操作干预水平也会与 IAEA 推荐的 OIL 缺省值不同。因此，在应急准备阶段，如果事故工况清晰，应根据事故类别、气象等条件建立适用于厂址条件和事故特点的 OIL 值，作为事故应急时的 OIL 初始值。

只要输入厂址的气象参数和核设施假想的严重事故的释放源项，利用适用的大气弥散模式环境转移模式和剂量估算模式及相关的计算参数，就可通过计算得到对应通用干预水平或通用行动水平的一组 OIL 值，这组 OIL 值可用作事故发生后根据监测数据决定是否实施防护行动的最初判据。

5.3.3.2　操作干预水平的修正

由于在建立特定厂址和事故状况的操作干预水平时，使用的仍然是假想的事故条件（尽管是针对具体的核设施），但是，选择的气象参数等环境条件与真实事故时的环境条件

也不可能完全一样，同时，环境条件也还随着事故进程不断地发生变化。因此，根据事故时的环境监测数据对操作干预水平进行修正（重新计算）是十分必要的；而且，在事故不同阶段，满足 OIL 修正的情况下，对 OIL 进行修正，以满足不同事故阶段应急响应的需求。下面给出 IAEA 技术文件 IAEA-TECDOC-955 中 OIL 的修正方法。

操作干预水平共 9 个类别，并不是所有 OIL 都需要修正，核事故过程中需要修正的 OIL 包括：OIL1、OIL2、OIL4、OIL6、OIL7、OIL8 和 OIL9，而 OIL3、OIL5 不需要修正。

1．OIL1 与 OIL2 的修正

只有在具有可靠的空气样品，事故状况稳定并且大量释放在持续进行的情况下，才可以对 OIL1 和 OIL2 的进行修正。在同位素空气浓度和空气取样过程中测量周围外照射剂量率。

（1）计算甲状腺剂量率和有效吸入剂量率

$$H_{\text{thy}} = \sum_i^n C_{a,i} \times CF_{1,i} \quad E_{\text{inh}} = \sum_i^n C_{a,i} \times CF_{2,i} \quad (5\text{-}1)$$

式中，$C_{a,i}$ —— 烟羽中第 i 个同位素的活性浓度，kBq/m^3；

$CF_{1,i}$ —— 第 i 个同位素的甲状腺吸入剂量转换因子，$(mSv/h)/(kBq/m^3)$；

$CF_{2,i}$ —— 第 i 个同位素的有效吸入剂量转换因子，$(mSv/h)/(kBq/m^3)$；

H_{thy} —— 甲状腺吸入剂量率，mSv/h；

E_{inh} —— 有效吸入剂量率，mSv/h。

（2）计算甲状腺剂量率和总有效剂量率与周围外照射剂量的比值

$$R_1 = \frac{E_{\text{inh}}}{\bar{H}} + 1 \quad R_2 = \frac{H_{\text{thy}}}{\bar{H}} \quad (5\text{-}2)$$

式中，R_1 —— 总有效剂量率与周围剂量率的比值（缺省值为 10）；

R_2 —— 甲状腺剂量率与周围剂量率的比值（缺省值为 200）；

$\bar{H}$ —— 空气取样处烟羽中的外照射平均周围剂量率，mSv/h；

H_{thy} —— 计算的甲状腺吸入剂量率，mSv/h；

E_{inh} —— 计算的有效吸入剂量率，mSv/h。

（3）重新计算 OIL1 和 OIL2

$$OIL1 = GIL_e \times \frac{1}{R_1} \times \frac{1}{T_e} \quad OIL2 = GIL_{\text{thy}} \times \frac{1}{R_2} \times \frac{1}{T_e} \quad (5\text{-}3)$$

式中，OIL1 —— 撤离操作干预水平，mSv/h；

OIL2 —— 甲状腺阻断剂的操作干预水平，mSv/h；

GIL_e —— 国家撤离干预水平（IAEA 缺省值），mSv；

GIL_{thy} —— 甲状腺碘阻断剂的国家干预水平（IAEA 建议值），mSv；

T_e —— 照射时间，若未知则假定为 4 h（风向一般在 4 h 内发生变化），h。

2．OIL4 的修正

沉积物中同位素的组成会随时间和空间而变化。但考虑到实际因素和人为因素，对整个受影响的地区应当使用单一的 OIL4 数值。因此，应当在广泛的区域中进行取样和分析，以保证 OIL4 数值对整个受影响的区域具有代表性。在第一个月内，应当每个星期重新计算 OIL4，以考虑沉积物的组成由于衰变而发生的变化，在随后的月份中每个月重新计算一次，直到衰变不再是主要的影响因素为止。

（1）计算地面沉积剂量率与长期沉积剂量的权重比值

$$\mathrm{WR} = \frac{\sum_{i}^{n}\left(C_{\mathrm{g},i} \times \mathrm{CF}_{3,i}\right)}{\sum_{i}^{n}\left(C_{\mathrm{g},i} \times \mathrm{CF}_{4,i}\right)} \tag{5-4}$$

式中，$C_{\mathrm{g},i}$ —— 第 i 个放射性核素的地面沉积浓度，$\mathrm{kBq/m^2}$；

$\quad\quad$ $\mathrm{CF}_{3,i}$ —— 沉积周围剂量率转换因子；

$\quad\quad$ $\mathrm{CF}_{4,i}$ —— 长期沉积剂量转换因子；

$\quad\quad$ WR —— 地面沉降剂量率和长期沉积剂量的权重比值。

（2）重新计算 OIL4

$$\mathrm{OIL4} = \mathrm{GIL_r} \times \mathrm{WR} \times \frac{1}{(\mathrm{SF} \times \mathrm{OF}) + (1 - \mathrm{OF})} \tag{5-5}$$

式中，OIL4 —— 避迁操作干预水平，$\mathrm{mSv/h}$；

$\quad\quad$ SF —— 居住期间的屏蔽因子测量值（缺省值为 0.16）；

$\quad\quad$ OF —— 居址因子，或者与屏蔽因子 SF 相关的时间份额（例如，停留在屋内的时间份额），缺省值为 0.6；

$\quad\quad$ $\mathrm{GIL_r}$ —— 避迁通用干预水平，mSv。

3．OIL6 与 OIL7 的修正

沉积物的组成可能会发生变化，从而导致标记核素的沉积浓度和食物浓度之间不同的依赖关系。由于 OIL 随地点、时间、食物种类以及食用前的处理而不同，考虑到实际因素和人为因素，对受影响的区域应当只使用有限数量的 OIL。对每 1 种主要的食物类型，应当制定唯一的值（例如，牛奶、羊奶、叶类蔬菜、水果、其他蔬菜），要考虑食物消费前的典型处理过程。对这些数值可能需要进行修正，以反映衰变和气象因素的影响。

根据测量的代表性食物或牛奶的浓度以及核素的沉积浓度，重新计算 OIL6 和 OIL7。

$$\mathrm{OIL6} = \mathrm{GAL}_G \times \frac{C_{\mathrm{g},^{131}\mathrm{I}}}{\sum_{i}^{n} C_{G,i}} \quad\quad \mathrm{OIL7} = \mathrm{GAL}_G \times \frac{C_{\mathrm{g},^{137}\mathrm{Cs}}}{\sum_{i}^{n} C_{G,i}} \tag{5-6}$$

式中，OIL6 —— $^{131}\mathrm{I}$ 的沉积浓度操作干预水平，$\mathrm{kBq/m^2}$；

$\quad\quad$ OIL7 —— $^{137}\mathrm{Cs}$ 的沉积浓度操作干预水平，$\mathrm{kBq/m^2}$；

$\quad\quad$ GAL_G —— 第 G 组的通用行动水平，$\mathrm{kBq/kg}$；

$\quad\quad$ $C_{\mathrm{g},^{131}\mathrm{I}}$ —— $^{131}\mathrm{I}$ 的沉积浓度，$\mathrm{kBq/m^2}$；

$\quad\quad$ $C_{\mathrm{g},^{137}\mathrm{Cs}}$ —— $^{137}\mathrm{Cs}$ 的沉积浓度，$\mathrm{kBq/m^2}$；

$\quad\quad$ $C_{G,i}$ —— 第 G 组食物样品中核素 i 的浓度，$\mathrm{kBq/kg}$；

$\quad\quad$ n —— 第 G 组同位素中测量的放射性核素的数目。

4．OIL8 与 OIL9 的修正

虽然获得了食物中详细的同位素浓度，就可以直接与 GALs 进行比较。但是，对所有食物类型进行的完全的同位素分析不是总是实际可行的，或是需要花费大量的时间和资源。一旦获得了食物类型的有代表性的同位素组成，则有可能根据单一的标记同位素（Cs 或 I）计算操作干预水平，这种标记同位素考虑到了 GALs 组中的其他同位素。但这种方法只对食物的表面污染是成立的，即没有考虑各种植物的根部吸收作用。

由于 OIL 随地点、时间、食物种类以及食用前的处理而不同，考虑到实际因素和人为因素，对受影响的区域应当只使用有限数量的 OIL。对每一种主要的食物类型，应当制定唯一的值（例如，牛奶、羊奶、叶类蔬菜、水果、其他蔬菜），要考虑食物消费前的典型处理过程。对这些数值可能需要随着时间进行修正，以反映衰变的影响。

根据测量的代表性食物、牛奶或饮用水中的放射性核素浓度，重新计算 OIL8 和 OIL9。

$$\mathrm{OIL8}=\mathrm{GAL}_G \times \frac{C_{\mathrm{f},^{131}\mathrm{I}}}{\sum\limits_i^n C_{G,i}} \qquad \mathrm{OIL9}=\mathrm{GAL}_G \times \frac{C_{\mathrm{f},^{137}\mathrm{Cs}}}{\sum\limits_i^n C_{G,i}} \qquad (5\text{-}7)$$

式中，OIL8 —— 食物、牛奶或水中活性浓度的 ^{131}I 操作干预水平，kBq/kg；

OIL9 —— 食物、牛奶或水中活性浓度的 ^{137}Cs 操作干预水平，kBq/kg；

$C_{G,i}$ —— 组 G 中的同位素 i 的有代表性食物样品中的同位素浓度，kBq/kg；

$C_{\mathrm{f},^{131}\mathrm{I}}$ —— 代表性食物样品的 ^{131}I 同位素浓度，kBq/kg；

$C_{\mathrm{f},^{137}\mathrm{Cs}}$ —— 代表性食物样品的 ^{137}Cs 同位素浓度，kBq/kg；

GAL_G —— 组 G 的通用干预水平，kBq/kg。

5．对 OIL3 与 OIL5 的说明

对于 OIL3 与 OIL5，IAEA-TECDOC-955 未给出相应的修正方法，但在该文件的附录 1 部分 B 中对 OIL3 与 OIL5 的说明如下：

（1）OIL3：基于沉积的周围剂量率的撤离

①没有来自再悬浮的明显吸入剂量（对反应堆事故是成立的）；

②50 mSv 的撤离干预水平（IAEA96），一周（168 h）照射持续时间；

③由隐蔽和部分时间的居住使剂量减小大约 50%，衰变（对最初的几天是成立的）对剂量减小作用约为 50%。

$$\mathrm{OIL3}=\frac{50}{168}\times\frac{1}{0.5}\times\frac{1}{0.5}=1\ \mathrm{mSv/h} \qquad (5\text{-}8)$$

（2）OIL5：基于沉积周围剂量率的食物限制

①食品被直接污染或奶牛在受污染草地上放牧；

②与程序 E1 的假设所定义的堆芯熔化总量和释放份额（EPI×CRF 堆芯熔化）相一致的裂变产物沉积；

③在 IAEA 限制消费行动水平的范围之外，在沉积剂量率达到本底水平一定份额的任何地方，食物将受到污染（NRC93）；

④操作干预水平应明显高于本底水平（假定为 100 nSv/h），因此 OIL5 设定为 1 μSv/h。

5.4 防护措施

5.4.1 防护措施特点及其利益-代价分析

防护措施是指用于防护公众免受或少受辐射照射而采取的带有强制性的保护措施。目前，主要防护措施包括：隐蔽、服用稳定碘、撤离、食物和饮水控制、人员去污、个人呼吸道和体表防护、通道控制、地区去污和医学处理等。

表 5.7　主要防护措施相对于不同照射途径和不同事故阶段的适用性

防护措施	针对的主要照射途径	适用的事故阶段		
		早期	中期	晚期
隐蔽	来自设施、烟羽和地面沉积的外照射 烟羽中放射性物质的吸入内照射 沉积于皮肤或衣服的放射性物质引起的内、外照射	**	*	—
服用稳定碘	吸入放射性碘引起的内照射 食入放射性碘引起的内照射	**	*	
撤离	来自设施、烟羽和地面沉积的外照射 烟羽中放射性物质的吸入内照射 沉积于皮肤或衣服的放射性物质引起的内、外照射	**	*	
临时避迁、永久再定居	地面沉积外照射 食入污染的食物和水引起的内照射 吸入再悬浮放射性物质产生的内照射		**	*
食物、饮水控制（包括动物饲料限制）	食入污染的食物和水引起的内照射 食物链放射性核素转移引起的内照射	*	**	**
人员去污	沉积于皮肤或衣服的放射性物质引起的内、外照射	*	**	**
呼吸道和体表个人防护	吸入放射性物质引起的内照射 沉积放射性的外照射	*	*	—
通道控制	各种内、外照射	**	**	*
地区去污	沉积放射性的外照射 食入或吸入内照射 吸入再悬浮放射性物质产生的内照射	—	*	**
医学处理	内、外照射	*	*	

注：**表示适用，且可能是主要的（即高优先）；*表示适用（即低优先）；—表示不适用或有限使用。

不同事故阶段，主要照射途径不同，需要采取不同的防护措施。针对同一种照射途径，可以适用几种不同的防护措施。同样，同一种防护措施可能适用于几种不同的照射途径。

根据不同事故阶段的主要照射途径和干预目的，优先考虑不同的主要防护措施。通常，在事故早期，为了防止严重的确定性效应的发生，必须采取有效、迅速的防护行动，最主要的防护措施包括隐蔽、服碘防护和通道控制等。在事故中期，最主要的防护措施包括临时避迁、永久再定居、通道控制、食物和饮水控制等。在事故晚期，最主要的防护措施除了食物和饮水控制、人员去污之外，还包括地区去污等。

　　不同的防护措施，减少辐射照射危害的效果不同，可能产生的危害、付出的代价以及遇到的困难也不同，例如长期的隐蔽会产生精神压力和生活不便，撤离可能出现交通事故，服用稳定碘片可能有副作用发生等。为了保证核应急响应时采取干预的正当化和最优化，实施有效的防护措施，需要对各种主要防护措施进行利益-代价分析。

　　根据实施防护措施的启动时间和持续时间，将防护措施分为紧急防护措施和较长期防护措施。紧急防护措施是指在发生紧急情况时在有效期间必须迅速（通常在数小时内）采取的防护行动，如有延误将明显降低其有效性。在核或辐射应急情况下，最常考虑的紧急防护行动是撤离、隐蔽、人员去污、呼吸道防护、服碘防护，以及限制可能受污染的食品、水的消费和医学处理等。较长期措施是指不属于紧急防护措施的防护措施。这类防护措施可能要持续数周、数月甚至数年。较长期防护措施包括临时避迁、永久性定居、地区去污等。

　　预防性紧急防护措施是紧急防护措施的一种特例，它指在放射性物质释放前或释放后不久或在照射发生前采取的紧急防护措施。实施预防性防护措施的目的是防止或减少发生严重确定性健康效应的危险，它主要根据设施的主导状况（如事故工况）而进行。

5.4.1.1 紧急防护措施及其利益-代价分析

1. 隐蔽

　　隐蔽要求人们留在室内，关闭门窗和通风系统，并采取简易必要的个人防护措施，以减少来自放射性烟羽和地面沉积的外照射，以及吸入内照射。其效果主要取决于用于隐蔽的建筑物对外照射的屏蔽能力和通风换气性能，这与建筑物的类型及其密闭性能密切相关。

　　坚固的、密封性较好的多层建筑通常是有较好的对外照射的屏蔽能力，可将外照射降低几倍到一个数量级，还可以在 1～2 h 内对呼吸道的防护维持类似的效果。但是开放型或轻质建筑物的效果较差。针对同一建筑物，在房屋中心或角落位置的防护效果好于靠近窗户位置；建筑物底层和地下室效果更好。表 5.8 给出了各类建筑物对烟羽外照射和地面沉积外照射的平均屏蔽因子，取自世界卫生组织（WHO）地区出版物第 16 号欧洲丛书。表 5.9 给出了国际原子能机构（IAEA）第 81 号安全丛书提供的对沉积外照射的屏蔽因子。表中的屏蔽因子定义为建筑物内、外接受的剂量之比。可以看出，WHO 与 IAEA 提供的对于沉积物的屏蔽因子是接近的。我国在运核电站周围的居民住房多数为一或多层砖房，这些建筑物的屏蔽性能较好。

　　隐蔽这种防护措施简单、有效，便于实施，不会给公众带来太多的不方便，也不会给社会带来重大影响，比较容易被公众接受。在可供选择的多种防护行动中，实施隐蔽的困难、代价和风险是比较小的。隐蔽时间越短，负效应越小。短期隐蔽除了生活上会带来不方便及家人如不在同一地方隐蔽会产生心理上的焦虑不安外，几乎没有什么其他弊端。较长时间隐蔽（12 小时至几天）会引起诸如食品供应或医疗保健等问题。长期隐蔽还会因人们不上班而使工农业生产受到损失。

　　隐蔽一般适用于预期剂量较低，或能确保获得高屏蔽效果的场合。考虑到实施大范围撤离的困难和代价，预期只有短时间放射性释放的情况下，一般应优先考虑采取隐蔽措施。隐蔽有时还可以与撤离结合使用。

表 5.8　各类建筑物对来自烟羽和地面沉积外照射的平均屏蔽因子（WHO 数据）

建筑物	减弱因子	
	烟羽外照射	地面沉积外照射
木房	0.9	0.4
木房地下室	0.6	0.05
砖房	0.6	0.2
砖房地下室	0.4	0.05
高大办公楼	0.2	0.02
高大办公楼的地下室	—	0.01

表 5.9　各类建筑物对沉积外照射的屏蔽因子（IAEA 数据）

建筑物	减弱因子
砖建筑物 小型多层建筑物	0.05～0.3
一层、二层	0.05
地下室 大型多层建筑物	0.01
地面上各层	0.01
地下室	0.005

2．服碘防护

服碘防护是通过服用抗辐射药物（稳定碘）来防护因摄入放射性核素产生的内照射。服用稳定碘（碘化物或碘酸钾）可阻断、减少甲状腺对吸入和食入的放射性碘的吸收，主要用于防护放射性碘的吸入。对于防止食入污染物的最好办法是对食物的控制。

服用稳定碘对甲状腺阻断作用的有效性与服用稳定碘相对于摄入放射性碘的时间有关。^{131}I 摄入人体后 6 h，甲状腺中的放射性碘达最大值的 90%，1～2 d 内达峰值。因此，最好在摄入放射性碘之前服用稳定碘，或者之后尽快服用。如果在吸入放射性碘之前 6 h 内服用稳定碘，对放射性碘的防护效果几乎可达 100%；如果是吸入时服用，效果约 90%；吸入 6 h 后服用，防护效果降至 50%；随服用措施的拖延，防护效果继续降低；若在吸入 24 h 后服用，则无效。

服用稳定碘对公众个人的危害，只表现为可能出现某些副作用，包括引起甲状腺或非甲状腺的不良反应，而且这些不良反应的发生几率是很低的。

实施这一措施的主要困难是足够数量稳定碘的保存、定期更换，事故时向公众的快速分发，以及公众的按时服用。

总体上，引起服用稳定碘的代价、风险都较低，但主要用于防护碘的吸入内照射，因此，一般只是其他防护措施的补充，通常与撤离或隐蔽一起实施。

3．撤离

撤离是为避免或减少来自烟羽外照射、地面沉积外照射和吸入内照射产生的危害而采取的将公众迁出受影响区的紧急防护措施，是从某个地区的紧急迁移，可以预期在某个可预见的时间范围内返回原地区，目的是避免急性大剂量照射。撤离是可用于事故早期的一种最高的防护措施，适用于预期接受足够大剂量的核设施附近人数不太多的人群的情况。如果在释放发生之前进行撤离，可以完全避免因放射性释放而引起的各种照射。因此，只要有可能就要努力实施预防性撤离。但是，如果撤离的时间不当，则可能使人员在撤离途中通过烟羽区，所受照射剂量可能大于隐蔽于室内的情形。在事故中期，撤离均可减少来自沉积物的照射剂量。

下面几种情况下，撤离可能是好的，甚至是最好的早期防护措施：①有条件实施预防性撤离的；②可能有较长时间的释放和很严重的后果，又很难预测的情形；③释放停止后，有较严重的短寿命放射性地面沉积；④释放停止后，局部地区要进行短期去污。

撤离是困难、风险和代价最大的防护措施之一。撤离可能遇到的困难是多方面的，涉及交通条件、通信能力、撤离人员的组织和安置、特殊人员的安排等。撤离的风险也是比较大的，主要包括撤离过程和撤离区内可能出现的混乱而导致的某些风险、撤离特殊居民组可能出现的风险等。撤离的代价是很大的，包括社会和经济的代价，不仅包括交通工具、人员安置及医疗保健等，也包括工业、农业和商业等的损失，较长时间的撤离，会使国家和个人财产受到损失。除了经济代价，还会产生公众心理和社会影响等代价，特别是撤离时间长或家庭成员分离的情况下。

因此，撤离的决策必须慎之又慎，必须事先进行周密的组织和代价-利益分析。

4. 通道控制

通道控制是指控制人员、车辆进出受事故影响的区域，这种防护措施适用于任何类型的紧急情况，其目的是更好地开展应急工作，并更快、更有效地为受害者提供援助。在核应急过程中，在可能遭到或已经受到污染的地区采取这一防护措施，可以减少污染的扩散，避免增加受事故影响的人员、物质、设备和车辆；还可以保证在事故晚期不会不经许可将污染的物品转移到清洁区；同时，还可以减小对受影响区内应急工作的干扰。地面污染严重的地区，可能需要较长时间的通道控制。

进出通道控制是困难、风险和代价较小的防护措施。主要困难和风险在于它的实施，例如：建立通道控制小组需要人员及必要的装备；可能影响正常的交通秩序；长时间控制出入后，给公众的生活、工作带来不便等。

5. 食物和饮水控制

食物和饮水控制，是针对食入途径采取的防护措施，用于控制因食入污染的食物和水产生的内照射剂量，是事故中晚期（特别是晚期）的主要防护措施。在核事故情况下，应对事故影响区域中的各种食物及饮用水进行采样和测量分析，一旦发现超过控制标准就立即进行食物和饮水控制。此时，公众对控制区范围内的食品和饮用水应该遵循不食用、不运输、不直接使用等原则。

控制食物的方法包括销毁受污染的食物，使用没有污染的替代食物，食品的加工、转换（例如通过加工、清洗、去皮等方法去除蔬菜、水果、粮食的部分污染，延期使用 ^{131}I 污染的奶制品），对动物食物和饮水的控制（停止在污染牧场放牧和使用不受污染的储存饲料）。控制饮用水的方法包括：禁止使用污染的水源、提供无污染的水供饮用以及通过适当的水处理降低水中放射性核素的含量。

实施食物和饮水控制的最大困难是在有限时间、涉及地区广、人数多的情况下，销毁、转换和提供替代食物的困难和代价可能都是比较大的。而食物和饮水控制的风险表现为公众的饮食习惯要受到影响、发生变化而感到不方便，也可能使老弱病残幼的健康受到影响。

6. 人员去污

由于放射性烟羽的浸没，当怀疑或监测到人员体表或衣服上有放射性污染时，需要进行人员去污，以减少对人员的辐射剂量，还可防止污染的蔓延扩散。针对不同的去污水平采取不同的去污方法，从简单的更衣到彻底的清洗。最简单也是最常用的人员去污方法是淋浴、洗澡和更换衣服。一般使用普通的淋浴设施就可以满足人员去污的要求。在需要去污的人员较多而缺乏足够的淋浴设施时，也可采用更简单的去污办法：小心脱去外部衣服，然后洗手、洗脸、洗头发。在我国，需要对个人实施去污时，也可考虑利用防化部队的活动去污设施。

人员去污的困难和代价相对较小。实施人员去污的困难在于寻求使用的东西，例如，干净的衣物、清洁水及设备等。人员去污的风险也是可接受的，但应有良好的管理，防止交叉污染或扩大污染。条件许可时，去污产生的废物要妥善加以收集、贮存。尽管人员去污的困难、代价和风险较小，但是不应把人员去污看做其他任何措施的替代措施。

7. 呼吸道和体表防护

呼吸道和体表防护都属于个人防护措施，以防护来自气载和沉积放射性产生的吸入内照射和体表污染照射。当公众进行隐蔽以及处在撤离期间时，可采取简单的呼吸道和体表防护措施。呼吸道防护诸如用手帕、口罩、软质吸收纸制品、棉布或其他织品，盖住嘴和鼻孔，该措施可减少对放射性气溶胶、蒸气的吸入。任何衣具（帽子、雨衣、手套等）都可提供体表防护，避免放射性物质在皮肤和头发等体表的沉积与吸收。

采用简单的呼吸道和体表防护措施，几乎不产生困难、代价或风险，但长期采用可能会感到不太舒服、不方便。

8. 医学处理

医学处理是一种辅助的，但又是必不可少的防护措施，它用于当工作人员或公众即使已实施其他防护措施，但仍然受伤、受辐射照射而需要适时医学处理的情况。

事故时的医学处理，将有生命危险的外伤性损伤和急性放射损伤的人员，与一般性伤害（例如烧伤等非放射性损伤）人员进行区分，以便对有生命危险的人员实施现场急救；同时，迅速将受伤、受照射或受污染的人员转送到事先确定的医院，作进一步诊断和治疗。现场急救，首要任务是抢救生命，也包括有限的去污和初步的处理。

实施医学处理这一防护措施的主要困难在于，核事故时能否安排足够数量的、高质量的专门医学设施、设备及专业医护人员来进行现场抢救和医学处理。医学处理的风险很小，主要是参与医学处理的应急响应人员可能受到辐射照射和放射性污染，但是，如不采取治疗措施，则会增加居民所承受的风险（即使不是放射性的）。

5.4.1.2 较长期防护措施及其利益-代价分析

1. 临时避迁

由于放射性污染的通过，土地受到污染，公众遭受照射、所吸收剂量超过了通常所能接受的剂量标准限值。临时避迁是指人们从受事故影响的地区有组织、慎重地迁移出去一段较长一些但还是有限的时间（典型为几个月），主要为防止沉积于地面的放射性物质和吸入任何再悬浮放射性微粒物质所产生的照射。

临时避迁是渐进的迁移，一般是先隐蔽（或撤离）待释放停止后再逐渐实施，目的是减少长时间的慢性照射。临时避迁适用于事故中晚期，特别是当释放已经得到基本控制或结束，但存在着来自地表沉积的外照射，临时避迁是防止公众接受地面沉积外照射产生高的长期累积剂量的一项有效防护措施。临时避迁与撤离的区别在于：撤离是在十分紧急的情况下进行的，且不知道撤离将持续多久；而临时避迁的特点是较为安定、从容，基于真实的资料数据，且知道或能大致合理预见避迁持续的时间。

临时避迁是一种类似于撤离的防护措施，也是困难、风险和代价较大的防护措施之一，但与撤离相比，临时避迁的困难和风险相对较小。其原因在于：临时避迁通常是在放射性释放停止后再逐渐实施，有条件按计划逐步进行，时间上较为从容，有充分的准备。临时避迁的代价也与撤离类似，当避迁时间较长时，需要向较大的人群提供较长时间的居住、饮食等生活条件从而付出的经济代价会更大，人们因长期不能返回家园而产生的心理影响也会更突出。

2. 永久再定居

永久再定居是指人们从事故影响地区慎重地彻底搬迁出来，并不计划再返回。永久再定居，一般均需要建造远离污染区的新的居所和基础设施。永久再定居是针对长寿命放射性核素地面沉积而采取的防护行动。由于核素的半衰期长，其产生外照射剂量率下降缓慢，当在相当一段时间内（例如 1 年以上）照射剂量降不到可接受的水平时，永久性定居将成为正当的防护行动。

实施永久再定居的决策，应综合分析可避免剂量、所需资源、可能对社会造成的混乱以及社会心理影响等因素。永久再定居所需要的资源包括人群及财产运输、新的住房及相关基础设施的建设，以及人群收入的相应损失等。

是否可以通过对受影响地区去污，降低地面放射性沉积水平，也是永久再定居决策需要考虑的一个因素。只要条件允许，尽可能采取临时避迁让避迁人员返回自己家园，而不采用永久再定居。

3. 农业对策对食物和饮水的控制

农业对策是为降低生产、销售或消费的食物和农林产品的污染水平而采取的措施，它是食物和饮水控制（第 5.4.1.1 节）这一防护措施的延续措施。第 5.4.1.1 节的食物和饮水控制与农业对策这两种防护措施的区别在于：前者是针对事故时直接被放射性核素污染的食物、水采取的立即禁用等措施，属于紧急防护措施；后者是针对沉积于土壤中的长寿命放射性核素，其经土壤→植物→动物这一食物链转移途径将较长期存在，需要采取较长期的防护措施，以降低食物的污染水平。多数情况下，食物控制或农业对策是作为较长期防护行动实施的。

农业对策对食物和饮水的控制是第 5.4.1.1 节的食物和饮水控制的延续措施，其利益–代价分析详见第 5.4.1.1 节。

4. 地区去污

为了使受污染的地区重新成为可利用的地区，需要进行去污处理。这种去污包括自然去污（衰变或消散）和人工去污（清洗）。地区去污是指对受影响地区的土壤、地面、道路、建筑物及设备等的去污，该防护措施主要用于事故晚期，用于减少沉积外照射和吸入再悬浮引起的内照射。

可行的人工去污方法主要包括：通过冲洗或真空吸尘清除地面、道路和建筑物表面的去污；清除污染的土壤表层；翻耕农田或牧场，将放射性污染迁移至土壤的较深层（通过衰变或消散逐渐去污）；用水或适当的清洗剂清除设备污染；通过固定污染的方法（例如喷涂薄膜）固定道路、墙壁、设备等表面污染。

实施地区去污这一防护措施的主要困难和代价在于涉及大面积、大范围的土壤、道路和大量的建筑物与设备的去污，需要投入大量的人力和物力，特别是要有必要的设备。另外的代价将来源于当环境条件不适宜或没有地方贮存铲削的表土及污染物时，放射性废物的贮存和处置就出现困难。与区域去污相关的风险是从事去污工作的人员在实施去污过程可能通过食入和外照射途径而受到辐射照射；另外，在这种受污染影响的地区带着个人防护设备进行工作也是一种风险。

尽管地区去污的困难较大，总代价也可能较高，还可能带来一些风险，但在出现严重污染的情况下，实施区域去污又是必要和可以接受的。否则，对污染区的土地、道路、建筑物及设备、财产等的禁止使用，可能要付出更高的代价。有效实施地区去污这一防护措施的关键是要采取经济有效的去污方法。

5.4.2 防护措施的选择

核事故发生时，及时采取适当的防护措施，可以明显减少事故的危害。不同的防护措施的实施，在减少辐射危害的同时，也将带来困难、风险和对社会生活的干扰、破坏。核设施周围的环境条件、社会因素以及当时的气象条件都是影响防护措施选择的因素。因此，核事故时，必须根据干预的正当化和最优化原则，密切结合核设施及其环境特征，正确选择用于保护公众的防护措施。

1）影响防护措施选择的因素涉及事故的释放特征、气象条件、社会条件等多个方面：主要指事故释放时间、释放量大小、释放高度、释放物质的组成等释放特征，这些事故特征影响到主要照射途径、最大剂量大小与出现位置以及实施防护措施的时间；风向、风速、降水等气象条件，对受影响区大小、方位和主要照射途径有重要的影响，恶劣的气象条件会给实施防护措施带来困难；人口分布、建筑物分布、通信、交通等社会条件及可得到用于防护措施实施的资源条件，同样要影响防护措施的优化选择。

2）不同事故阶段，根据其主要照射途径和防护目的，优先选择相应的防护措施（表5.7）。事故早期和中期，为了避免严重的确定性效应发生、同时限制个人的随机效应，防护措施选择与决策基础是个人可能接受的辐射剂量的大小；事故晚期，为了减少随机性效应的总发生率，防护措施选择与决策基础是受事故影响区的集体剂量的大小。

3）防护措施的选择，必须遵循的最基本原则是正当化原则。这就需要全面权衡引入防护措施的利弊，即综合考虑实施该防护措施后，可能降低的辐射危害与带来的困难、代价和风险。防护措施的选择，在满足正当化原则的前提下，还应满足最优化原则。依据干预最优化原则，从干预的方法、时间和范围等方面对多种防护措施进行优化，使所选防护措施得到最大的净利益。

需要注意的是，如果公众所受的预期剂量会超过严重确定性效应的阈值，则肯定需要采取包括撤离在内的有效防护措施。

5.5 应急照射控制

5.5.1 应急照射

应急照射是指从事应急响应工作的人员（应急工作人员）在事故状态下因从事应急或抢救工作而接受的辐射照射。应急照射剂量可能超过职业性照射剂量限值。

应急工作人员是指在应急状态下自主地参与到应急响应行动的工作人员，响应行动主要包括：抢救生命或防止严重损伤、防止大的集体剂量、防止向灾难性情况恶化。应急工作人员按其来源主要分为两类：一类来自核设施营运单位，大多数可能都属于职业性放射性工作人员；另一类则来自于地方应急组织，可能有相当数量属于非放射性工作人员，例如警察、消防人员、医务人员、司机和疏散车辆的人员。他们的应急响应行动包括抢救生命或防止严重损伤，采取行动以防止大的集体剂量，采取行动以防止向灾难性情况恶化等。

5.5.2 应急照射控制的原则

为了保护应急工作人员，根据应急工作人员所从事的应急响应任务、行动的类别，应急工作人员所接受的应急照射应遵循的一般原则为：

1）应急照射应是正当性的，即应急照射所带来的利（给社会或他人带来的利益）明显大于其所伴有的弊（本人因接受应急照射而承受的危险），在接受超职业性剂量限制的情况下更应遵循这一原则。

2）对于抢救生命或防止公众成员蒙受高于严重的确定性效应阈值的大剂量照射时，即使会造成应急工作人员受到高于严重的确定性效应阈值的照射，应急干预也是高度正当的。

3）对于因阻止事故升级、避免显著的个人剂量或集体剂量时，应急干预仍然可能是正当的。但是，此时应急工作人员所接受的剂量不应超过严重的确定性效应阈值。

4）如果因执行任务接受的应急照射可能会接近严重的确定性效应阈值，必须事先让他们充分了解可能承受的健康危险，一般应坚持自愿参与和有组织安排相结合的原则。应履行严格的审批手续，进行必要的培训，并在辐射防护人员的监护下开展响应工作。

5）应适当选择和限制应急工作人员，例如，孕妇和未成年人原则上不参加应急响应行动；对原来的非放射性工作人员，可适当从严控制他们接受的急性照射。

6）对于从事较长期的恢复活动，例如工厂和建筑物修复，废物处置、厂区和周围地区的去污以及其他必要的工业行为的应急工作人员，必须遵守职业照射的全部具体要求。

7）工作人员通常不应因在应急照射情况下接受剂量而不再进一步接受职业照射。但如果接受应急照射的工作人员所受剂量超过单一年份最大职业照射剂量限值的 10 倍或工作人员本人有要求，在他们进一步接受照射之前，必须听取有资格的医疗人员的意见。

5.5.3 应急照射控制的指导值

随着辐射防护技术的不断发展，国际上用于保护应急工作人员的剂量水平也在不断出台和更新。我国基本安全标准（GB 18871—2002）中规定了从事干预的应急工作人员应急照射的剂量控制标准，IAEA 技术文件 EPR-METHOD（2003）中也推荐了应急工作人员剂量指导水平，IAEA 安全标准丛书（No.GSG-2，2011）中推荐了应急工作者限制照射的指导值。

上述标准是基于国际标准的国际导则，被采纳应用于管理、控制和记录应急工作者的剂量。在上述标准中，均给出了应急照射控制的指导值，直接给出的是数值，以便于执行措施。

表 5.10 给出了 IAEA 技术文件 EPR-METHOD（2003）推荐的应急工作人员剂量指导水平，表 5.11 给出了 IAEA 安全标准丛书（No.GSG-2，2011）推荐的应急工作者限制照射的指导值，它们均是关于应急工作人员剂量控制标准的具体化。

表 5.10 应急工作人员剂量指导水平（IAEA，EPR-METHOD，2003）

响应行动类别	任务	剂量指导水平/mSv
1	抢救生命	>500
2	可能抢救生命	500
3	防止演变成灾难性状况	500
4	防止严重损伤	100
5	避免大的集体剂量	100
6	其他应急干预	50
7	恢复工作	单一年份 50

表 5.11 应急工作者限制照射的指导值（IAEA，No.GSG-2，2011）

任务	指导值 [a]
救生措施	$H_P(10)$ [b] < 500 mSv 在如下两种情况下可能会超出上述值： （1）对他人的预期利益将明显大于应急工作者个人的风险 （2）应急工作者自愿采取措施，并知道和接受这种风险
防止严重确定性效应的措施以及防止会对公众和环境造成显著影响的灾难发展的措施	$H_P(10) < 500$ mSv
避免大的集体剂量的措施	$H_P(10) < 100$ mSv

注：a. 这些值仅适于受外部穿透辐射剂量。非穿透性的外部照射以及吸入或皮肤污染需采取所有可能的措施来防御。如果不可行，器官所接受的有效剂量和当量剂量应被限制，以使个人的健康风险降到最小，与本标准指导值相应的健康风险一致；

　　b. $H_P(10)$ 是个人当量剂量，$d = 10$ mm。

5.5.4 应急照射控制措施

应采取各种可能的措施，降低应急工作人员可能接受的照射剂量，尽一切努力防止严重的确定性健康效应的发生。通常，可行的应急照射控制措施包括：

1）向应急工作人员提供易于理解和执行的有关控制应急照射的指南性材料，并使他们事先尽可能接受相关的训练。

2）事先建立完善的剂量监测计划与程序，使用的监测仪表和监测手段有可靠的质量保证和控制程序。在应急响应场所，如果条件许可，尽可能开展表面污染、外照射剂量的测量。

3）尽早开展应急照射的预评价与评价，提高预期剂量的可靠性，减少预测的不确定性，避免发生超越预期剂量的照射。

4）应急工作人员应佩戴个人剂量计，包括热释光剂量计和有报警功能的直读式个人剂量计。

5）采取一切可能的防护措施，包括佩戴必需的个人防护衣具（防毒面具、防护衣、防护眼镜、防护手套等），尽可能地使用防护器械，以及限制接受大剂量率照射的时间等。

6）实施响应现场的辐射防护指导与监护。接受超剂量限值的辐射照射，原则上都应在有资格的辐射防护人员的指导与监护下工作，接受大剂量（例如接近 500 mSv）照射不仅应有辐射防护人员的指导、监护，还应该有应急组织的主要负责人在场，以实施有效的管理、监督与防护。

7）履行严格的应急照射审批手续，建立并保持应急工作人员的受照记录。

5.6 干预与干预水平的国际新进展

中国现行的《电离辐射防护和辐射源安全基本标准》（GB 18871—2002）是以《国际电离辐射防护和辐射源安全的基本标准》（国际原子能机构安全丛书 115 号，1996）为基础修订而成的，该标准采纳了国际放射防护委员会 ICRP 60 号出版物的辐射防护建议，考虑了国际核安全咨询组（INSAG）提出的原则，采用的辐射量和单位主要来自国际辐射单位和测量委员会（ICRU）的规定。在修订时，充分考虑了中国的具体实践经验。

2007 年，国际放射防护委员会出了新的建议书，即 ICRP 第 103 号出版物。表 5.12 给出了新建议书中关于应急照射情况的防护准则的比较。基于此，2011 年 IAEA 发布了《国际电离辐射防护和辐射源安全的基本安全标准》的暂行版，该标准考虑了 ICRP 103 号出版物的相关建议，现正结合福岛事故后各国的反馈意见进行修订。

表 5.12　1990 年与 2007 年建议书中防护准则的比较——应急照射情况

照射的类别（出版物）	1990 年建议书及后续出版物 干预水平 [a, b, c]	现在的建议书 参考水平 [a, d]
职业照射（60，96）		
抢救生命（知情的志愿者）	无剂量约束 [e]	如果对其他人的利益超过了抢救者的危险，无剂量约束 [f]
其他紧急抢救作业	约 500 mSv； 约 5 Sv（皮肤）[e]	1 000 mSv 或 500 mSv [f]
其他抢救作业	…	<100 mSv [f]
公众照射（63，96）		
食品	10 mSv/a [g]	
稳定碘的分发	50～500 mSv（甲状腺）[g, h]	
隐蔽	2 天内 5～50 mSv [g]	
临时撤离	1 周内 50～500 mSv [g]	

照射的类别（出版物）	1990 年建议书及后续出版物	现在的建议书
	干预水平 [a, b, c]	参考水平 [a, d]
永久迁居	第 1 年 100 mSv 或 1 000 mSv [g]	
总体防护策略中的所有防范措施	...	视情况，在计划过程中典型值为 20 ～ 100 mSv/a [i]

注：括号内的数字表示 ICRP 出版物的编号：

  a. 有效剂量，除非另外指明；

  b. 可防止的剂量；

  c. 干预水平是指特定应对措施的可防止的剂量。当设计一个防护策略时，对于个人应对措施的最优化，为了评估防护策略作为参考水平的一个补充，干预水平仍然是有价值的；这些数值指的是剩余剂量；

  d. 参考水平是指剩余剂量并用于评估防护策略，与过去推荐的干预水平相反，干预水平是指个人防护行动的可防止的剂量。

  e. 第 60 号出版物（ICRP，1991b）；

  f. 第 96 号出版物（ICRP，2005a）。有效剂量低于 1 000 mSv 可防止严重的确定效应；低于 500 mSv 应防止其他确定效应；

  g. 第 63 号出版物（ICRP，1992）；

  h. 当量剂量；

  i. 第 103 号出版物（ICRP，2007）的 5.9 节和 6.2 节。

以操作干预水平为例，在新标准的基础上，结合最新的实践，IAEA 于 2011 年出版了安全标准（No. GSG-2，2011），该标准与之前的 IAEA-TECDOC-955 中的操作干预水平有了较大的变化，现简单介绍如下：

1. IAEA 安全标准（No. GSG-2，2011）中的缺省操作干预水平

基于多年来（至 2010 年）积累的反馈和经验，IAEA 在安全标准丛书（No. GSG-2，2011）附件二中提出了改进后的操作干预水平，提供了应急响应中所使用的缺省操作干预水平（OIL）的示例（OIL1～OIL6），涉及沉积、个体污染以及食物、奶和水污染等方面。该缺省操作干预水平（OIL）的确定基于紧急照射情况下为减少随机效应的风险执行防护行动和其他响应行动的通用准则，表 5.13 给出了相应的通用准则。

（1）OIL1 是地面污染测量值，用于：

①紧急防护行动（如撤离），以保证居住在污染地区的任何人的剂量低于表 5.13 中紧急防护行动；

②医疗行动视情况需要，由于撤离人员所接受的剂量可能会高于表 5.13 中医疗行动通用准则。

（2）OIL2 是用于早期防护行动的地面污染测量值，用于确保该地区居住的任何个人一年中的剂量低于表 5.13 通用准则中用于合理减少随机性效应风险采取行动的值。

（3）OIL3 是地面污染的测量值，用于对产自该地区的叶菜、奶以及收集后用于饮用的雨水的消费的紧急限制，以确保每个人的剂量低于表 5.13 通用准则中采取紧急防护行动的值。

（4）OIL4 是一个皮肤污染的测量值，用于去污或提供自我去污的指导，以及限制不慎食入，还用于：

①确保任何人皮肤污染导致的剂量低于表 5.13 通用准则中采取紧急防护行动的值；

②根据需要，启动医疗处理或筛查，这是由于任何人接受的剂量可能会超过表 5.13 通用准则中医疗行动的值。

（5）OIL5 和 OIL6 是食品、奶或水中放射性浓度的测量值，用于限制消费，使得任何人的有效剂量低于 10 mSv/a。

表 5.13　在紧急照射情况下为减少随机效应的风险执行防护行动和其他响应行动的通用准则

通用准则	防护行动和其他响应行动实例
预期剂量超过以下通用准则：采取紧急防护行动和其他响应行动	
H_{Thyroid} 在最初 7 天内 50 mSv	甲状腺碘阻断
E 在最初 7 天内 100 mSv	隐蔽；撤离；去污；限制食物、牛奶和水的消费；污染控制；公众释疑
H_{Fetus} 在最初 7 天内 100 mSv	
预期剂量超过以下通用准则：在响应早期采取紧急防护行动和其他响应行动	
E 每年 100 mSv	暂时避迁；去污；食物、牛奶和水的替代；公众释疑
H_{Fetus} 在出生前的整个生长期内 100 mSv	
已接受剂量和剂量超过以下通用准则：采取较长期的医疗行动，检查并有效处理辐射诱发的健康效应	
E 一月内 100 mSv	基于等效剂量，对放射线敏感的特殊器官进行检查（作为医疗跟踪的基础）；专家咨询
H_{Fetus} 在出生前的整个生长期内 100 mSv	专家咨询，指导针对具体情况做出合理决定

注：H_T——在一个器官或组织中的等效剂量 T；E——有效剂量。

2. IAEA-GSG-2 中 OIL 与 IAEA-TECDOC-955 报告中 OIL 的主要差异

IAEA-GSG-2 中提出的 OIL 与 IAEA-TECDOC-955 报告中的相比，主要差异体现在通用准则取代了以前规定中描述的通用干预水平和通用行动水平体系，并基于设定的参考水平（20~100 mSv），得到缺省的 OIL。其中，将 OIL 由 9 类改为 6 类，不包括由仍处在不断释放过程中的烟羽中的剂量率或空气浓度对应的 OIL，以及由再悬浮引起的空气浓度的 OIL。OIL 改进中考虑的因素主要包括两个方面：

（1）选择示例的标准是普遍和实用，因此不提供由仍处在不断释放过程中的烟羽中的剂量率或空气浓度对应的 OIL。原因有：①在许多情况下，严重释放的时间长度将超过环境监测的时间，监测时烟羽的释放并未结束；②难以及时分析空气样品中的浓度；③在释放过程中，烟羽浓度随时间和位置有很大的变化；④这些类型的 OIL 取决于释放的性质，这使得制定出可用于释放的所有范围的 OIL 非常难。在严重释放的过程中，最好基于应遵守的准则而采取防护行动（如撤离或隐蔽到预定的距离）。

（2）由再悬浮引起的剂量在沉积的 OIL 已经被考虑到了，因此不提供由再悬浮引起的空气浓度的 OIL。

（乔清党编写，李冰审阅）

参考文献

[1]　科工二司. 核或核辐射应急的干预原则与干预水平. 2002.

[2]　国家质量技术监督局（国家质量监督检验检疫总局）. 核电厂应急计划与准备准则 GB/T 17680.1—

17680.10（2003）.

[3] 国家核安全局. 核安全导则汇编. 1998.

[4] 施仲齐，纪道庄. 核事故应急响应教程. 北京：原子能出版社，1992.

[5] 施仲齐. 核或辐射应急的准备与响应. 北京：原子能出版社，2010.

[6] 苏州热工研究院有限公司. 辽宁红沿河核电厂干预水平与操作干预水平研究报告. 2009.

[7] GB 18871—2002，电离辐射防护和辐射源安全基本标准.

[8] 国家环保总局. 核事故与辐射事故应急培训教材. 2004.

[9] IAEA-TECDOC-955，反应堆事故期间确定防护行动的通用分析程序.

[10] 李继开. 核事故应急响应概论. 北京：原子能出版社，2010.

[11] 核工业部安全防护局，国家核安全局. 核设施应急计划与准备. 1988.

[12] ICRP，2007. Recommendations of the International Commission on Radiological Protection. ICRP Publication 103，Ann.国际放射防护委员会第 103 号出版物，国际放射防护委员会 2007 年建议书. 潘自强、周永增、周平坤、夏益华、刘华、马吉增、刘森林、郝建中译校. 北京：原子能出版社，2008.

[13] IAEA，General Safety Guide. No.GSG-2. Criteria for Use in Preparedness and Response for a Nuclear or Radiological Emergency. 2011.

第6章　应急计划区

6.1 应急计划区的定义

6.1.1 定义

应急计划区，是指为在事故时能及时、有效地采取保护公众的防护行动，事先在核电厂周围建立的制定有应急计划并做好应急准备的区域。

根据照射途径的不同，应急计划区分为两类，即烟羽应急计划区和食入应急计划区。烟羽应急计划区是针对烟羽照射途径（烟羽浸没外照射、吸入内照射和地面沉积外照射）而建立的。通常分为内区和外区，在内区需要做好撤离或者预防撤离和服用碘片的应急准备，在外区做好隐蔽和服用碘片的准备。食入应急计划区是针对食入照射途径（食入被污染的食物和水）而建立的，在该区内需要做好食品、水的监测和控制受污染的食物和水的扩散及摄入等应急准备。

建立应急计划区的目的是预先划分出最可能需要采取公众防护措施的区域，在其中做好应急准备，以便在实际事故状态下能够迅速有效地采取干预行动，最大限度地保护公众的健康安全，降低事故对环境和公众造成的有害影响。由于核设施发生的事故是各种各样的，事故后果的影响范围也是从轻微到严重不等，所建立的应急计划区应确保在大部分事故情况下，需要采取防护行动的地区都局限于计划区内，甚至在一些情况下仅局限于计划区的一部分。应急计划区并不是单纯根据一个最为严重的事故后果来考虑的，因此在发生极为罕见的严重事故时，也可能需要在应急计划区外的部分地区采取防护措施。因此，不能认为应急计划区内的区域在任何情形下都是不安全的，也不能认为应急计划区外的区域是绝对安全的。

根据事故的辐射后果计算得出的应急计划区的形状通常是一个圆形区域，但是涉及具体厂址，每个核设施可以依据其场址特征（如江河湖海边界、道路边界）和周围行政管辖情况等决定实际的形状。我国在建的核电站如广东大亚湾核电站和秦山核电基地的烟羽应急计划区都不是标准的圆形。

6.1.2 应急计划区概念的变化

在核电厂周围针对烟羽照射途径建立烟羽应急计划区和针对食入照射途径建立食入应急计划区，并在烟羽应急计划区的内部设置撤离区，称为内区。这是沿用在切尔诺贝利事故前国际原子能机构（IAEA）在20世纪80年代提出的应急计划区（EPZ）的概念。目前我国、美国和其他一些国家基本仍在沿用。其概念如图6.1所示，其中阴影部分为烟羽应急计划区内区。

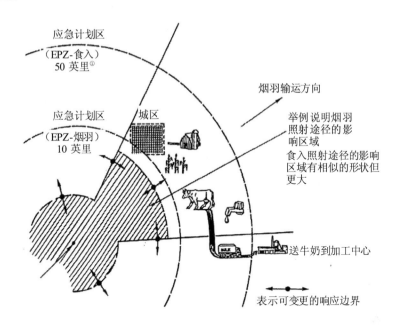

图 6.1　应急计划概念示意图之一

　　IAEA 于 1997 年在其技术文件中，提出了新的划分应急计划区的"三区制"的概念，即预防行动区（PAZ）、紧急行动区（UPZ）和长期行动区（LPZ）。

　　PAZ 指在核设施周围设定的已经预先计划好紧急防护行动的区域，在宣布场外应急后立即在这些区域执行这些紧急防护行动。设置 PAZ 的目的是在放射性物质释放前采取防护行动以大大减低确定性健康效应的风险。当在设施中探测到严重工况时，不要等待监测就应立即建议采取隐蔽、撤离和分发稳定碘剂的防护行动。IAEA 还强调，无论何时只要发生严重事故，整个区域应当实施防护行动。

　　UPZ 指在核设施周围预先设定的已做好准备以便根据事故时环境监测的结果迅速实施紧急防护措施的区域。这一地区能采取的防护行动包括隐蔽、撤离和分发稳定碘。

　　LPZ 指在该区预先做好准备，以便在事故时能有效实施防护行动，减少来自地面和食入途径的长期剂量。

　　各区的范围如图 6.2 所示。

　　IAEA 在 2005 年的该报告的修订报告中，没有涉及长期行动区（LPZ）的概念，而称为食品限制计划区。

　　新旧概念的共同特点是都强调分层次的响应，基本上都分三个区，主要差别在于新概念中强调了预防行动，不仅专门划分了预防行动区，并且规定在宣布了场外应急（总体应急）后立即执行预先制定的防护行动。

---

① 1 英里=1 609.344 m。

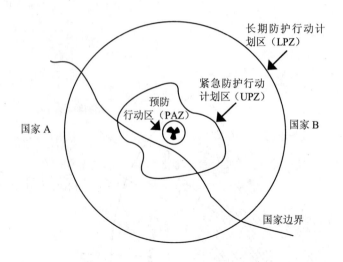

图 6.2　新的应急计划区的概念示意图之二

6.2 我国确定应急计划区大小的方法

6.2.1 应考虑的事故

根据国家标准 GB 17680 的规定，确定核动力厂应急计划区时，既要考虑设计基准事故，也应考虑严重事故，以使在应急计划区所进行的应急准备能应对严重程度不同的潜在事故后果。对于发生概率极小的事故，在确定核动力厂应急计划区时可不予考虑，以免使所确定的应急计划区的范围过大，从而造成不合理的经济负担。

应利用国家有关核安全监管部门认可的分析方法和计算程序来确定所考虑的事故的源项及计算其后果。在暂时没有合适的分析方法和程序可供利用的情况下，可参照利用同类核电厂的事故及其源项数据，但必须经过论证方可使用。

所考虑的事故及其源项，都必须经过国家有关核安全监管部门的认可。

6.2.2 一般方法和安全原则

6.2.2.1 确定应急计划区大小的一般方法

确定核电厂应急计划区的一般方法是：

（1）按照 6.2.1 节的有关规定，确定应考虑的事故类型及源项。

（2）计算事故通过烟羽照射途径使公众可能受到的预期剂量和采取特定防护行动后的可防止的剂量，并估计可能被污染的食品和饮用水的污染水平。

（3）将所得到的剂量数据和污染水平与 GB 18871—2002 所规定的相应的通用优化干预水平或行动水平进行比较，确定应急计划区的范围大小，使在所确定的应急计划区的范围之外，事故可能导致的公众剂量和食品与饮用水的污染水平分别低于相应的通用优化干预水平和行动水平。

6.2.2.2 确定应急计划区大小的安全准则

在确定烟羽应急计划区范围时，应遵循下述安全准则：

（1）在烟羽应急计划区之外，所考虑的后果最严重的严重事故序列使公众个人可能受到的最大预期剂量不应超过 GB 18871—2002 所规定的任何情况下预期均应进行干预的剂量水平。

（2）在烟羽应急计划区之外，对于各种设计基准事故和大多数严重事故序列，相应于特定紧急防护行动的可防止的剂量一般应不大于 GB 18871—2002 所规定的相应的通用优化干预水平。

在确定食入应急计划区范围时，应遵循下述安全准则：

在食入应急计划区之外，大多数严重事故序列所造成的食品和饮用水的污染水平不应超过 GB 18871—2002 所规定的食品和饮用水的通用行动水平。

6.2.3 我国运行核设施应急计划区大小

根据反应堆热功率的大小，我国运行核电厂烟羽应急计划区的范围在以反应堆为中心、半径 10 km 的范围内，其中烟羽应急计划区内区的范围在以反应堆为中心、半径 5 km 的范围内。食入应急计划区的大小范围以选择的事故的辐射后果为基准。在实际事故下可以根据辐射监测结果进行确定。运行核电厂的具体数据见表 6.1。

表 6.1　我国运行核电厂应急计划区大小

核电厂名称	烟羽应急计划区内区半径/km	食入应急计划区半径/km
广东省大亚湾/岭澳核电厂	内区：5 外区：10 预防性防护行动区：3	50
浙江省秦山核电基地	内区：3 外区：7	30
江苏省田湾核电厂	内区：4 外区：8	30

6.3　确定应急计划区的不同方法

应急计划区的划分方法在不同国家和地区其具体做法上有一些差别，表现在对于事故及其对发生概率的考虑以及干预水平的选择等方面，所确定的应急计划区的大小也不相同。

6.3.1　事故选择及其概率的考虑

划分应急计划区的方法分确定论和概率论方法两种。确定论方法一般的做法是选择设计基准事故和/或严重事故作为基础，利用其源项计算剂量后果，并与相应的干预水平（或者采用其他的定义，如美国称为防护行动指南）比较，将超过干预水平的区域定义为初始的应急计划区。概率论方法以概率风险评价（PRA）给出的事故序列作为基础同时考虑其发生的概率，计算这些事故序列超过某剂量限值水平的累计发生频率，将高于干预水平一定发生频率的区域作为初始应急计划区。

不同国家和地区在具体做法上有差别。美国、我国秦山核电厂和台湾地区将确定论和概率论方法一并考虑，既考虑了设计基准事故的后果，又考虑了 PRA 计算的所有事故序列，并对这些后果进行了概率计算。其他国家，或者选择了最为严重的设计基准事故（如英国，我国田湾核电厂），或者选择严重事故（我国大亚湾核电厂、加拿大、法国，南非等）。欧洲绝大部分国家目前都主要以确定论方法为主制订应急计划，其中捷克和英国考虑了二级 PSA 的部分结果，但欧洲也认为，应该尽可能地考虑二级 PSA 的结果。日本也利用了部分 PSA 的结果。表 6.2 中列出了一些国家在确定应急计划区时所考虑的事故源项。

表 6.2　不同国家和地区作为应急计划基础的事故

国家或地区	事故
美国	DBA，PWR1-PWR9，BWR1-BWR5[a]
加拿大	最大计划事故（MPC），最坏的可信放射性排放（WCRE）
法国	S3（PWR6）
荷兰	PWR6
南非	PWR4
英国	最严重的 DBA
捷克和斯洛伐克	LOCA+ECCS 失效，压力壳破损事故
比利时	与事故序列无关
芬兰	严重事故（但是不根据 PSA 的结果）
日本	最坏的可能事故（堆芯 100%惰性气体和 50%碘进入安全壳）
中国	大亚湾岭澳核电厂：S3 秦山核电厂：一期：PWR1-7 　　　　　　　二期：S3，PWR1-7 　　　　　　　三期：CANDU1-3 田湾核电厂：LLOCA+24 h 全厂断电 台湾：DBA-LOCA，一二级 PRA 给出的事故序列

注：a. PWR1-PWR9 和 BWR1-BWR5 分别是美国商用核电厂概率风险评价报告"反应堆安全研究"（RSS）中压水堆和沸水堆的事故类别。

6.3.2　确定应急计划区时采用的干预水平

在计算应急计划区的大小时，通常要计算事故导致的全身或者甲状腺等器官的剂量后果，并将这些剂量后果与所依据的干预水平进行比较后确定，因此干预水平的选择也是影响应急计划区范围的一个重要因素。国际两个权威机构 IAEA 和 IRCP 推荐的干预水平不完全一样，很多国家都选择了这两个机构的推荐值作为参考，但也有一些国家采用了不同于这两个机构的推荐值。

6.3.2.1　IAEA 和 ICRP 的推荐值

IAEA 和 ICRP 推荐的干预水平见表 6.3。IAEA 的推荐值与 20 世纪 80 年代相比有了较大的变化，而 ICRP 2007 年 103 号出版物和 1993 年 63 号出版物的推荐值基本一致。

表 6.3　IAEA 和 ICRP 推荐的采取防护行动的干预水平

防护行动	干预水平	
	IAEA 推荐值（可避免剂量）	ICRP 推荐值（预期剂量）
隐蔽	10 mSv	5～50 mSv（2 天内）
撤离	50 mSv	50～500 mSv（一周内）
服用碘片	100 mGy	50～500 mSv（甲状腺的当量剂量）
食品控制	参见第 5 章	10 mSv/a

6.3.2.2 美国

美国在确定应急计划时采用的是防护行动指南值（PAG），这些值针对的是早期和中期阶段的防护行动指导水平。对于长期照射阶段，美国认为事故后应该有足够时间进行专门的评估和指导，因此没有专门规定该阶段的 PAG 值。这些值是根据污染事故后的预期剂量定义的，即不采取任何措施群体中的个人可能接受的剂量。具体值见表 6.4。

表 6.4　美国采用的防护行动指南

烟羽照射阶段的 PAG	食入照射途径 PAG
预期全身外照射剂量：10～50 mSv 预期甲状腺吸入剂量：50～250 mSv	牛奶食入： ^{131}I（甲状腺）：100 mGy（第一年） ^{89}Sr，^{90}Sr 和 ^{137}Cs（全身或骨髓）：33 mGy（第一年） 新鲜粮食入： ^{89}Sr，^{90}Sr 和 ^{137}Cs（全身或骨髓）：20 mGy（第一年）

6.3.2.3 其他国家

英国采用了应急参考水平（ERL）作为采取防护行动的参考值，当公众受照剂量水平高于这些值时，才开始考虑采取防护行动的问题，这些值包括全身剂量负担 100 mSv，甲状腺剂量负担 300 mSv。

德国也给出了在设计基准事故下需要给公众发出警报的剂量参考水平值，包括全身剂量负担 50 mSv，甲状腺剂量负担 250 mSv。此外，还建议，当预期全身剂量低于 250 mSv 时，隐蔽措施是有利的，而没有必要采取其他措施。当全身剂量负担为 250 mSv～1 Sv 时，必须采取隐蔽措施，而撤离是有利的；当大于 1 Sv 时，必须采取撤离措施，而撤离前必须隐蔽。

日本的撤离防护行动的干预水平为外照射剂量大于 50 mSv，内照射剂量大于 500 mSv。

除了本书列出的通用干预水平外，对于影响范围大且严重的事故，对其后果主要考虑是否会引发严重的早期健康效应，所以还参考了导致严重早期健康效应的阈值，所选择的值通常都低于 IAEA 推荐的阈值（1 Sv），例如台湾取的参考值为 100 mSv，美国则采用了 PAG 的中间区域的值 250 mSv，德国采用的是 1 Sv。

6.3.3 各国应急计划区大小汇总

表 6.5 汇总了各个国家和地区核电厂应急计划区的范围。IAEA 针对威胁一类推荐的应急计划区大小见表 6.6。

表 6.5 主要国家和地区应急计划区大小汇总

国家或地区	烟羽应急计划区/km			食入应急计划区/km		避迁/km
	隐蔽	撤离	服碘	食入计划区	食入控制	
中国	7～10	5	7～10	30～50	30～50	
中国台湾		5				
日本	8～10	8～10	8～10			
韩国	8～10	8～10				
菲律宾	16	16	16	50～80	50～80	
美国 [a]	16	16	16	80	80	
加拿大	10～13	10～13	10～13			
英国		3	3		40	
芬兰	100	20	20		100	
法国	10	5				
德国	25	10	10		25（食品监测）	
挪威		5			20（食品监测）	
西班牙	10	3～5	10	30	30	10
意大利	12～15	2～3	12～15		50（食品监测）	50
瑞典	12～15	12～15	12～15		50（食品监测）	20
荷兰 [b]	30	5	15			
瑞士	20	7	7	70		20
南斯拉夫	10	10	10	25	25	
南非	18	18	18	80	80	

注：a. 指美国大型轻水堆核电厂的计划区大小，对于热功率小于 250 MW 的轻水堆和圣符仓堡气冷堆，烟羽应急计划区半径为 8 km，食入应急计划区半径为 48 km；

　　b. 指荷兰大型核电厂的应急计划区大小。对于电功率≤100 MW 的核电厂，其撤离、隐蔽和发放碘片的计划区半径分别为 0 km、4 km 和 7 km；对于电功率≤500 MW 的核电厂，其撤离、隐蔽和服碘的计划区分别为 5 km、10 km 和 20 km。

表 6.6 IAEA 推荐的威胁 I 类核设施的应急计划区范围

设施	预防性防护行动区（PAZ）半径 [a, b, c, d]/km	紧急防护行动计划区（UPZ）半径 [a, c, d, e]/km	食品限制计划区半径/km
威胁类型为 I 的设施			
反应堆功率>1 000 MW（th）	3～5	25	300
反应堆功率>100～1 000 MW（th）	0.5～3	5～25	50～300

注：a. 半径是距离设施的近似值，应细化其边界；

　　b. 半径的建议值是一个近似的距离，可能产生（概率很低）接近骨髓或肺部的急性照射剂量（2d），从而威胁到生命；

　　c. 所选择的半径是基于计算机程序 RASCAL3.0 计算的结果。计算中的假设为平均的气象条件、无雨、地面释放；48 h 的地面照射，以及一个人站在外面计算其处在烟羽中心线上的 48 h 的受照剂量；

　　d. 这些计算结果可能过高地估计了与相关照射剂量对应的距离，理由是在人们进行正常活动时，无法确认其剂量的减弱，而且计算时总是假设受照者严格地处在烟羽的中心位置。在这些假设条件下，只有一个非常小的区域将影响到其剂量水平值；

　　e. 半径的建议值是一个近似的距离，吸入内照射、烟羽外照射以及 48 h 的地面外照射产生的总有效剂量将不超过 1～10 倍撤离的 IAEA 通用干预水平。

6.4 研究堆的应急计划区

由于研究堆的影响范围较小，因此研究堆的应急计划区没有像核电厂那样分为烟羽和食入应急计划区两类。根据我国核安全导则《研究堆应急计划和准备》，确定研究堆的应急计划区可以按照划分核电厂应急计划区的办法计算可能的事故后果，结合厂址特征来确定应急计划区的范围；另一种是直接根据功率水平选择该导则推荐的大小，推荐值见表 6.7。IAEA 推荐的威胁 Ⅱ 类的应急计划区大小见表 6.8，日本的研究堆的应急计划区的大小见表 6.9。

表 6.7 我国研究堆应急计划区的推荐值

额定功率水平 P/MW	应急计划区范围（以反应堆为中心）/m
$P \leqslant 2$	运行边界（通常由堆运行主管部门管理的区域，通常是堆建筑物）
$2 < P \leqslant 10$	100
$10 < P \leqslant 20$	400
$20 < P \leqslant 50$	800
$P > 50$	视具体情况而定

表 6.8 IAEA 推荐的威胁 Ⅱ 类设施的应急计划区的推荐值

设施	预防性防护行动区（PAZ）半径 [a, b, c, d]/km	紧急防护行动计划区（UPZ）半径 [a, c, d, e]/km	食品限制计划区半径 [f]/km
反应堆功率：10～100 MW（th）	无	0.5～5	5～50
反应堆功率：2～10 MW（th）	无	0.5	2～5

注：a. 半径是距离设施的近似值，应细化其边界；

  b. 半径的建议值是一个近似的距离，可能产生（概率很低）接近骨髓或肺部的急性照射剂量（2 d）从而威胁到生命；

  c. 所选择的半径是基于计算机程序 RASCAL3.0 计算的结果。计算中的假设为平均的气象条件，无雨、地面释放；48 h 的地面照射，以及一个人站在外面计算其处在烟羽中心线上的 48 h 的受照剂量；

  d. 这些计算结果可能过高地估计了与相关照射剂量对应的距离，理由是在人们进行正常活动时，无法确认其剂量的减弱，而且计算时总是假设受照者严格地处在烟羽的中心位置。在这些假设条件下，只有一个非常小的区域将影响到其剂量水平值；

  e. 半径的建议值是一个近似的距离，吸入内照射、烟羽外照射以及 48 h 的地面外照射产生的总有效剂量将不超过 1～10 倍撤离的 IAEA 通用干预水平。

表 6.9 日本研究堆应急计划区的推荐值

额定功率水平 P	应急计划区范围（以反应堆为中心）/m
$P \leqslant 1\text{kW}$	50
$1 \text{ kW} < P \leqslant 100 \text{ kW}$	100
$100 \text{ kW} < P \leqslant 10 \text{ MW}$	500
$10 \text{ MW} < P \leqslant 50 \text{ MW}$	1 500
特殊设施情形	视具体情况而定

6.5　多机组厂址的应急计划区

6.5.1　一般做法

我国国标 GB/T 17680.1 中规定，对于多机组厂址，应确定一个统一的应急计划区，该计划区应包括按照国标所要求的原则确定的每一个机组的应急计划区的范围，其边界可以是各机组应急计划区的边界的包络线。

6.5.2　日本福岛核事故经验

2011 年 3 月 11 日发生的日本福岛核事故，是历史上第一个多机组同时发生严重事故的案例。由于事故后果严重，日本政府撤离了福岛第一核电厂厂址周围半径 20 km 范围的居民，撤离的范围大于日本政府规定的烟羽应急计划区半径 8～10 km 范围。

福岛核事故的经验带来的趋势是，有必要加强针对更为严重的事故的应急准备能力，包括对于应急计划区的划分的事故基础和应急计划区内所作的应急准备。美国计划加强针对可能扩大烟羽应急计划区（美国烟羽应急计划区半径为 16 km）的事故的应急计划和准备能力，包括多机组同时发生事故的后果计算能力的开发等。

（杨玲编写，林权益审阅）

参考文献

[1] IAEA 安全丛书 No. 55. 核设施辐射事故场外应急响应计划. 1981.

[2] IAEA-TECDOC-955，反应堆事故期间确定防护行动的通用分析程序.

[3] Updating IAEA-TECDOC-953，Method for Developing Arrangements for Response to a Nuclear or Radiological Emergency，2005.

[4] GB/T 17680.1—17680.12，核电厂应急计划与准备准则.

[5] GB 18871—2002，电离辐射防护与辐射源安全基本标准.

[6] NUREG-0396，Planning Basis for the Developing of State and Local Government Radiological Emergency Response Plans in Support of Light Water Nuclear Power Plant.

[7] NUREG-0654，Criteria for Preparation and Evaluation of Radiological Emergency Response Plan and Preparedness in Support of Nuclear Power Plants，FEMA-REP-1，Rev.1.

[8] 龙门核电厂 EPZ 评价. 龙华科技大学学报，2009，12（28）.

[9] 施仲齐. 确定核动力厂应急计划区大小的准则和方法. 中国核科技报告，CNIC-00705/TSHUNE-0061.

[10] Seihiro Itoya. Framework for Nuclear Disaster Prevention in Japan，and Response to Fukushima Accident. The 12th Sino-Japan Nuclear Safety Seminar in China，2011.

[11] HAD002/06. 研究堆应急计划与准备. 1991.

[12] NUCLEAR REGULATORY COMMISSION，RASCAL 3.0. Description of Model and Methods，

NUREG-1741，USNRC，Washington，DC，2001.

[13] Recommendations for Enhancing Reactor Safety in the 21st Century. The Near-Term Task Force Review of Insights from the Fukushima Dai-ich Accident，2011.

[14] SUMMARY AND RECOMMENDATIONS REPORT ON THE 26-27 APRIL 2005 PETTEN JRC/OECD SEMINAR ON EMERGENCY & RISK ZONING AROUND NUCLEAR POWER PLANTS TOWARDS A HARMONISED APPROACH FOR EMERGENCY AND RISK ZONING，Jozef Kubanyi，Christian Kirchsteiger，Ana Lisa Vetere European Commission，DG JRC，Institute for Energy，Petten，NL.

第 7 章 应急设施和设备

7.1 概述

核设施营运单位根据其应急响应的需要，并按日常运行和应急响应积极兼容的原则设置应急设施和设备，但任何按兼容原则设置的应急设施及其设备应是立即可以用于应急响应的或及时可转换用于应急响应的。专门或主要为应急响应目的而设置的应急设施平时也可用于非应急准备和响应的活动，但应能随时用于应急响应。

这里需要强调的是，在核设施应急响应中要投入使用的但属于常规安全运行和专设安全系统的设施，不属于本章所讨论的范围。

7.1.1 场内应急设施的构成

7.1.1.1 主要应急设施

核电厂营运单位应考虑设置的主要应急设施包括：

1）控制室；
2）辅助控制点或备用控制室；
3）运行支持中心（或支持点）；
4）技术支持中心（或支持点）；
5）应急指挥中心（应急控制中心）；
6）公众信息中心；
7）应急通信系统；
8）监测评价系统；
9）防护设施；
10）应急撤离路线和集合点。

7.1.1.2 辅助应急设施

可指定用作辅助应急设施的大都是无需为应急响应专门设置或无需作专门追加要求的核电厂常设辅助设施。这些设施包括（但不限于）：

1）营运单位场区办公楼；
2）培训中心；
3）维修设施；
4）物理化学分析实验室设施；

5）环境监测设施；

6）场区医疗急救设施；

7）淋浴与去污设施；

8）消防保卫设施。

7.1.2 场外应急设施的构成

本部分场外应急设施主要是指涉及具有场外应急状态核设施所在省级应急响应组织应急管理工作所需的场所。

根据有关法规要求和积极兼容的原则设置，进行场外应急设施的设置，其目的也主要是用于应急响应。场外应急设施一般包括场外应急指挥中心、前沿指挥所、场外应急监测中心、评价中心和公众信息中心等。

7.2 场内应急设施的功能及设计特性

7.2.1 通用安全特性

我国核安全导则《核动力厂营运单位的应急准备和应急响应》（HAD 002/01—2010）对场内应急设施应具备的通用安全要求进行了规定，主要包括可居留性要求和可达性要求。

7.2.1.1 可居留性

可居留性是指应急状态下，在规定辐射照射剂量控制值或有毒物质暴露控制值的限制之下，某一场所内人员可以连续或暂时停留的状态特性。

应采取适当措施和提供足够的信息保护应急设施内的工作人员，防止事故工况下形成的过量照射、放射性物质的释放或爆炸性物质或有毒气体之类险情的继发性危害，以保持其采取必要行动的能力。

营运单位应对应急设施的可居留性进行评价。可居留性的评价和审查不应局限于设计基准事故，应当适当考虑严重事故的影响。

当考虑涉及放射性物质释放的事故情景时，应根据工作人员可能受照射剂量的大小确定是否满足可居留性准则。主控制室等重要应急设施应满足的可居留性准则如下：在设定的持续应急响应期间内（一般为 30 d），工作人员接受的有效剂量不大于 50 mSv，甲状腺当量剂量不大于 500 mGy。

核反应堆事故情况下可居留性的评价中，场外剂量的估算应考虑应急设施的有限空间，采用符合实际的有限 γ 射线烟云剂量模式。

大气弥散因子是评价事故后果、可居留性的重要输入参数。计算大气弥散因子所用的气象数据应从厂址气象测量中获取。确定大气弥散因子时应考虑建筑物尾流的影响。

7.2.1.2 可达性

主要应急设施的设计需要考虑应急响应期间，相关应急人员可以顺利地到达该设施，开始应急响应工作，需要考虑风向的影响，必要时需要设置通道以保证其可达性。

7.2.2 通用设计特性

在对应急设施进行设计时，应综合考虑其位置、大小、内部布局和设备的配置，使其满足该设施应具备的功能要求。一般来讲，对主要应急设施进行设计时，需要综合考虑的因素如下：

1）有关应急组织在该设施内的应急岗位职责、工作特性和相互关系；

2）工作位置的合理性；

3）所需设备、资料和辅助工具的放置；

4）设备维护的需求；

5）显示设备的可接近性和可视性；

6）会议和个人工作所需的场所安排；

7）足够的通信设备的配备和可识别；

8）对进入该设施人员的监测和去污手段；

9）盥洗间、食物与饮料间、休息间和急救间的布置；

10）可靠电源的保障；

11）各应急设施之间的通路和进入控制；

12）噪声水平和交通方式。

在进行主要应急设施设计时，还要考虑对人员进入的监控措施，以防未经获准人员的进入和使用设施内的设备，导致应急准备程度的下降和对应急响应发生不应有的干扰。

应急设施内为应急响应专门配备的设备、器材和用品，应是应急响应所需的，并适当考虑其冗余度。表 7.1 给出了可供选用的典型设备、器材和用品的示例。

表 7.1　主要应急设施和应急响应组设备、文件基本配置表

文件和设备配置	主控制室	技术支持中心	应急指挥中心	应急抢修	消防保卫组	后勤保障及医学救护组
文件类						
场内应急计划	√	√	√	√	√	√
最终安全分析报告	√	√	√			
环境评价报告书	√	√	√			
应急行动水平	√	√	√	√	√	√
核事故场外应急计划			√			
周边区域地形图	√	√	√			
核设施平面布置图	√	√	√	√	√	√
核设施房间标识图	√	√	√	√	√	√
相关应急执行程序	√	√	√	√	√	√
事故规程	√	√	√			
系统流程、电气图	√	√	√			
技术规格书	√	√	√			
通信联络表	√	√	√	√	√	√
应急人员花名册	√		√			

文件和设备配置	主控制室	技术支持中心	应急指挥中心	应急抢修	消防保卫组	后勤保障及医学救护组
事故后果评价手册		√	√			
通信设施						
安全电话交换机			√			
广播警报发布台	√		√			
生产调度电话交换机	√		√			
行政电话	√	√	√	√	√	√
公网电话	√		√			
生产调度电话	√		√			
安全电话	√	√	√	√	√	√
内部传真机	√	√	√	√	√	√
外部传真机			√			
数据网络传输终端	√	√	√			
摄像、投影等			√			
防护用品						
直读式个人剂量计	√	√	√	√	√	√
TLD	√	√	√	√	√	√
防碘呼吸面具	√	√	√	√	√	√
碘片	√	√	√	√	√	√
发套、手套、鞋套	√	√	√	√	√	
便携式辐射监测仪			√			
连体服	√	√	√	√	√	√
工具						
维修专用工具			√	√		
常规修理工具			√	√		
生活用品						
食品、饮用水	√	√	√	√	√	√
急救药箱	√	√	√	√	√	√
应急灯	√	√	√	√	√	√
手电筒	√	√	√	√	√	√
文具用品	√	√	√	√	√	√

注：本表只是提供了基本配置，实际情况会有不同，另外具体配置数量也需根据应急的需求来确定。

7.2.3 各应急设施功能及设计特性

7.2.3.1 主控制室

主控制室的功能根据正常运行和事故工况下承担的任务不同，其主要功能为：

1）在核设施正常运行时，为操纵员提供一个舒适、安全和适合操作的环境；

2）对运行状态进行集中控制和监测，显示并提供全部安全参数；

3）在应急的各个阶段，作为运行控制组所在地，对核设施实施运行控制，分析和诊断事故状态，提出应急状态分级建议，保证安全状态的重新恢复或尽可能减轻事故后果；

4）在应急的初始阶段，在启动应急控制中心以前，主控制室可能是指挥应急响应的主要设施，并能发出早期警报。

主控制室通常具有足够的屏蔽、密封和通风，使得在应急期间，工作人员能按所需要的时间在主控制室内进行操纵工作，并满足所要求的可居留性准则。具体的设计性能特点有：

1）对控制室设置适宜的温度、湿度、噪声和良好的照度；

2）其主体结构除满足屏蔽性能外，在设计上能按厂址特征地震参数进行抗震设防，在经历地震安全停堆后能保持其可居留性（福岛后的技术要求），钢筋混凝土墙壁可抵御飞射物的袭击；

3）主控室内设有多重良好的空调和通风系统，特别是专门安装有事故空调系统，在事故期间，送入主控室的空气通常需要经过碘过滤器过滤，主控室维持微弱正压，门、窗、贯穿件要求密封；并设有监测仪表对进风管道空气中的放射性进行连续监测。当探测到进风管中或室内有高辐射时，操作人员可手动或安全信号自动启动事故空调系统，用以避免放射性物质进入主控室，防止室内人员受到过量的内外照射；

4）主控室内使用不可燃材料，周围的墙壁和门进行隔火设计，以防火险；火灾探测器位于不在操纵员直接视线之内的盘上。

安装在主控制室内的设备应足以满足应急期间对核设施的控制和监视。应当用诸如冗余度和多样化的办法来保证主控制室的通信系统的可靠性。

其他必需的应急设备可在主控制室，或其附近的地方取得。

7.2.3.2　辅助控制室

在与主控制室实体和电气分隔的辅助控制室（备用控制室）内，应有足够的仪表及控制设备，以便在主控制室丧失其完成基本安全功能的能力时，能实施停堆、保持停堆状态、导出余热并监测电厂基本参数以及实施控制室的其他应急响应功能。

辅助控制室的可居留性要求与主控制室相同。

7.2.3.3　应急控制中心

应急控制中心也称应急指挥中心，应急控制中心是核设施营运单位应急响应的指挥、管理和协调中枢，是核事故应急期间应急指挥部和国家有关部门指派代表的工作场所。应急指挥中心是核电厂最重要的应急设施之一。应急指挥部在应急响应中的岗位设置在应急指挥中心。

应急控制中心在应急响应过程中具有如下基本功能：指挥和全面管理、协调场内应急响应行动，与场外有关应急组织和国家有关部门进行通信联络，通报事故信息、应急状态和应急响应信息，保持与场外有关应急组织的联络，同时，满足下列要求：

1）在中心内可取得核设施重要安全参数、核设施厂场内及其邻近地区放射性状况信息以及气象数据，场区及辐射控制区的人员信息；

2）应具有联络核设施主控制室、辅助控制室、场内其他重要地点以及场内外应急组织的可靠通信手段；

3）实施环境事故后果评价、堆芯工况的判断，能利用技术手段实现应急辅助决策的功能；

4）满足可居留性要求。

除非能证明应急控制中心对所有假设的应急状态都能适用，否则应在不大可能受到影响的合适地点设立一个备用的应急控制中心，其功能基本上应能达到应急控制中心的相关要求。

应急控制中心应设在核设施的场区内与主控制室相分离的地方。在确定该设施的位置时，应考虑恶劣气象条件下的行车抵达路线、停车、邻近后勤支持、保卫、辐射防护以及后备应急指挥中心的可能需求等因素。确保在应急响应期间应急人员可以顺利地到达该中心。

应急指挥中心由应急指挥室、技术支持室、辐射评价室、通信室、休息间、配电间、柴油发电机房、风机房等房间、食品贮存间和必备的生活设施所组成。

应急指挥中心应配备必要的应急资源，如安全分析报告、环境影响报告书、应急计划和相关实施程序、周边区域地形图、核电厂平面布置图、事故规程、系统流程、电气图、技术规格书、应急联络表、广播警报发布台、各种通信电话、传真机、个人剂量计等。

应急指挥中心为完成基本功能通常需要装备某些系统，如计算机辅助应急决策系统、反应堆工况诊断系统、事故后果评价系统、信息传递通信系统和信息显示系统等。计算机辅助应急决策系统是利用计算机的软硬件系统建立核事故应急响应所需的各种信息资源，同时将应急决策所需的各种评价软件集成一体的综合系统。反应堆工况诊断系统主要用于诊断事故状态、预测事故发展趋势、评价堆芯损伤状况以及估算释放源项，是堆芯裸露和大量放射性物质释放之前防护行动决策的主要依据。事故后果评价系统是利用测量的或计算得到的源项数据和实时气象参数，计算释放的或可能释放的放射性物质在环境介质中的剂量分布，以确定是否需要采取干预行动以及干预行动的距离和范围。信息传递通信系统和信息显示系统是指将应急响应中各种关键信息进行综合显示的软硬件设备的总和。

应急指挥中心应满足在厂址发生地震时能够顺利开展工作的需求；该中心可获得重要安全参数和场内及其邻近地区放射性状况信息以及气象数据，为便于应急指挥人员决策，还需设置各种数据传输和显示系统，同时，还需有联络主控制室、辅助控制室、场内其他重要地点以及场内外应急组织的可靠通信手段；应单独设置通风与空调净化系统，以保证具有足够的密封，并有适当长时间防护因严重事故而引起危害的其他措施，确保其可居留性。应急指挥中心的入口还应设有污染检查和去污设施，当外部污染严重时可以防止其内部受到过量污染；另外，该中心内还应储备应急响应人员在整个应急响应期间生活所需的食物以及饮用水。

应急指挥中心是核电厂应急响应工作的需要。由于核安全要求的逐步提高，特别是美国三哩岛核事故、前苏联切尔诺贝利核事故以及日本福岛核事故的发生，对应急指挥中心的功能要求、资源配备和设计可能提出较高的要求。

7.2.3.4 技术支持中心

技术支持中心的主要功能是为技术支援的专家和应急响应人员、技术服务和技术监督的场外专家和工作人员提供活动和工作的场所。其主要工作是对主控制室和应急指挥部相关人员提供技术支持以缓解事故后果，该中心也可以作为与主控制室操作不直接相关的应急工作人员的会议地点。技术支持中心主要从事的活动有：

1）事故工况下，分析和预测事故机组的发展状态及其趋势，进行堆芯损伤评价，估算释放源项；

2）给场内应急指挥部和运行控制组提供控制机组和决策的建议；

3）及时与场外专家交流有关信息，进行技术咨询；

4）收集准备实施运行方案所需的信息、数据、表格和必要的图纸资料；

5）参与制定应急响应的实施方案；

6）向应急指挥部提供必要的信息或提出要求场外技术支援的建议。

技术支持中心应与主控制室分开设置，两者之间有安全可靠的通信、信息交流设备，保障技术支持功能的实施；严重事故情况下，应采取防护措施以确保其正常的工作。技术支持中心的可居留性要求与主控制室相同，包括要求应设计成能抵御设计基准外部事件，如设计基准地震、强风和洪水等。应为技术支持中心设置常用电源和备用电源。具体设计特征为：

1）建筑结构与主控制室的建筑结构相同，其屏蔽性能、密闭性能及通风过滤性能均良好；

2）能显示电厂的有关信息和参数；

3）必要的通信工具有电话、传真等，可与场内应急控制中心、主控室进行通信联系。

7.2.3.5 运行支持中心

运行支持中心是在应急响应期间供执行设备检修、系统或设备损坏探查、堆芯损伤取样分析和其他执行纠正行动任务的人员以及有关人员集合与等待指派具体任务的场所。

应考虑应急期间该中心的可居留性要求。应确定专门用于运行支持中心的可居留性准则。当事故的实际影响使该中心不满足所要求的准则时，该中心的功能应转移到其他场所。

运行支持中心应与主控制室、技术支持中心分开设置。设置位置在核动力厂保护区内，或在能够快速进入保护区的其他合适位置。

运行支持中心与主控制室、核设施场内的响应队伍及场外的响应人员（如消防队）有安全可靠的通信设备，有足够的空间用于响应队伍的集合、装备和安排工作。

根据抢修的需要，运行支持中心还需配备维修专用工具、便携式仪器仪表等，以及必要的应急所需设备和防护用品。

7.2.3.6 公众信息中心

公众信息中心的功能是接待公众和新闻媒体的采访，在应急期间按规定向新闻媒体和公众提供有关核设施应急和公众防护行动的信息，收集公众对有关应急的舆论和反映，对公众和新闻媒体的信息需求做出响应，澄清失真的传闻。

公众信息中心可以设置在核设施所在场区以外、一般位于烟羽应急计划区之外的地方，具有足够的空间和为媒体安排的基础设施来进行信息的发布。它应是一个预先设计好的设施，无需考虑可居留性的要求。

7.2.3.7　通信系统

核设施营运单位的应急通信系统是事故应急期间，各应急设施、应急组织之间传递信息的主要工具，是实施应急计划的重要组成部分，该系统的主要功能满足以下要求：

1）发出或传递应急通知和应急警报；

2）向上级主管部门、国家核安全监督部门传递有关核电厂的数据信息，具有向国家核安全监管部门进行实时在线传输核电厂重要安全参数的能力；

3）场区内应急设施、组织、有关流动车辆和人员之间的联络；

4）应急设施、组织之间有关数据、图表和图像等各种应急信息的传输。

为核设施正常运行所安装的通信系统，应具有足够的通信容量（冗余性）、通信手段的多样性，以确保在应急状态下的可运行性，例如，可以准备一些扩音器、报警系统、地面有线通信（电话）、微波和无线电、卫星电话。扩音器和报警系统应能通知到场区所有人员。

在核设施运行之前，在主控制室、应急控制中心、车队、营运单位上级主管部门、其他指定的技术支援单位、国家核安全监管部门、地方政府以及新闻机构之间，应准备好应急期间所使用的附加电话、无线电、网络设备或其他通信网。

通信系统在应急情况下应有防干扰、抗过载、防窃听或在丧失电源时而不造成损坏的能力。除非得到不会阻塞的保证，否则紧急电话不应依靠公用的电话系统。确保对通信系统的升级或修改（如购买新的设备）不会造成通信系统中的关键部分的不兼容。为此，在不同的响应组织之间应定期（如每月）进行通信试验。

如果应急状态要求在场外立即开始行动，营运单位应做好准备，按营运单位应急计划的规定，及时向核动力厂所在省核应急机构发出警报。

附件 X 给出了我国核电厂与国家核安全局数据传输的内容要求。

7.2.3.8　监测和评价设施

核动力厂监测和评价设施应具备以下功能：

1）监测、诊断和预测核动力厂事故状态；

2）监测核动力厂运行状态和事故状态下的气载或液载放射性释放；

3）监测事故状态下核动力厂厂房内有关场所、场区及其附近的辐射水平和放射性污染水平；

4）按有关规定，监测厂址地区气象参数和其他自然现象（如地震）；

5）预测和估算事故的场外辐射后果。

提供的设施应包括监测适当范围内有关参数的仪器设备，以便在可能的范围内可靠地调查分析事故的演变过程并进行合适的辐射防护评价。选用的仪表设备，尤其是辐射防护评价设备，即使在最严重的辐射条件下和恶劣环境条件下都应保持其充分的可运行性、灵敏度和精确度。在营运单位应急计划中，应列出用于应急测量以及连续评价应急状态的那些监测系统。

1．应急监测设施

主要包括：厂房辐射监测系统；环境辐射监测系统；地震仪表监测系统；气象参数监测系统。

（1）厂房辐射监测系统

厂房辐射监测系统的主要功能是提供反应堆的各屏障层的辐射参数、厂房不同区域的辐射水平、气态和液态流出物的排放活度，从而为分析反应堆的安全状态、事故后果的评价提供必要的数据。在事故状态下，可以利用辐射监测系统的部分监测通道指示来判断放射性释放情况。

厂房辐射监测系统的基本功能除保证辐射水平不超过正常运行的水平外，部分通道（事故后监测）可以用于监测和分析事故后果，它们能满足事故及事故后监测的设计要求，可对屏障完整性、区域的辐射水平及气态和液态流出物的排放活度做出评估和推断。

为了分析各系统的辐射水平，除上述在线监测系统外，还设有专门的事故后核取样系统，可收集反应堆冷却剂系统、二回路、再循环阶段的安注系统或安全壳系统以及废液和废气处理系统等部位的样品。从各个部位采集的样品送到现场实验室测定分析，测量结果可传送到应急控制中心。

（2）环境辐射监测系统

该部分内容详见第 10 章辐射应急监测。

（3）地震仪表监测系统

地震监测系统的主要功能是对厂址周围可能出现的地震进行观测记录，当地震加速度超过规定值时发出报警信号，以便运行人员及时采取相应的应急措施。

地震监测系统由地震加速度测量系统、地震报警系统、标定装置、时间记录装置、计算机系统和供电系统组成。属于地震加速度测量系统的若干只加速度拾震器分别布置在反应堆厂房和场区内数个观测点上，其信号传输到专设的地震控制室。属于地震报警装置的若干只拾震器布置在反应堆厂房底板处，其信号送到主控室，当地震加速度超过规定值时将在主控室发出警报。

（4）气象参数监测系统

气象参数监测系统的主要功能是为核设施正常运行提供直观而可靠的、累计性很强的气象要素（如风向、风速、温度、气压、降雨量、相对湿度）；在事故工况下，环境事故后果评价模式根据实际情况采用不同高度的气象参数。气象观测系统一般由气象铁塔站和地面气象站组成。所有观测要素可实时传输应急指挥中心。

2．事故后果评价设施

为进行场内的评价通常应提供下列仪表和设备：

1）核动力厂测量与控制设备，监测事故演变过程的设备（例如，通过监测压力和温度、液面高度和流量率、反应堆冷却系统和安全壳内的氢浓度）；

2）用于正常和应急状态时的工艺、区域、排出流等监测和测量的固定式和可携式辐射监测器及取样装置；

3）自然现象监测仪，例如气象仪器、地震仪器等。

为开展场外的评价一般应配备下列仪表和设备：

1）监测自然现象的仪器；

2）测量外照射剂量、剂量率和气溶胶中 β-γ 放射性的固定式和活动式的辐射监测仪器；

3）实验室设备，包括配有全套监测、通信设备的活动实验室和设在核动力厂附近的取样设施；

4）地图，例如标有通道和拟建路段位置、调查区域、撤离区域、取样点、学校、医院、私人和公共水源等的地图。

7.2.3.9 防护设施

为了有效地执行应急响应中所需的防护措施，应提供掩蔽所之类的一些设施，并将它们列入营运单位应急计划。应说明具有防护功能设施的性能（如屏蔽、通风和物资供给）。

7.2.3.10 急救和医疗设施

在营运单位的辅助应急设施中，应建立场区医疗应急设施，医学救护设施的主要用途为：

1）供抢救危急伤病员使用，必要时做止血、包扎、脱臼和骨折的处置和固定，使得这些伤病员能安全地运送出厂区；

2）用于医学应急人员对受污染人员的简单去污；

3）用于对一般轻伤员的现场及时处置；

4）迅速将需要外送的伤病员安全地送往专门医院。

通常，医学救护设施设备包括：

1）表面污染监测仪；

2）常规急救药箱；

3）辐射应急药箱（如阻吸药、促排药、碘片、抗放射性药品、污染洗涤剂）；

4）生物样本采集器材；

5）担架；

6）受伤与受污染人员登记表格；

7）供更换的干净衣服；

8）呼吸保护用品；

9）防护面、衣具；

10）医疗专用救护车；

11）必备的通信工具。

7.2.3.11 应急撤离路线和集合点

核动力厂应设置足够数量、具有醒目而持久标识的安全撤离路线和应急集合点，集合点应能抵御恶劣的自然条件，应考虑有关辐射分区、防火、工业安全和安保等要求，并配备为安全使用这些路线所必需的应急照明、通风和其他辅助设施。

7.2.3.12 消防保卫设施

消防保卫设施的主要功能是供治安保卫和消防人员实施区域控制、人员清点、交通管制和配合消防行动。

7.3 场外应急设施的功能及设计特性

场外应急设施的设置也要体现核事故应急的基本原则，做到常备不懈、积极兼容，以保障场外应急组织顺利地实施应急响应职能。根据各应急组织的应急岗位职能，进行场外应急设施规模和布局的确定。

为保障场外各应急响应职能的实施，各种设施、设备需要满足必要的设计特性。场外应急设施并不要求专门用于核应急响应，然而核设施一旦出现应急状态需要场外做出响应时，应能立即投入使用，即要求按照"常备不懈、积极兼容"的原则进行组织和安排。当确定场外各个应急设施的规模和配置时，应该考虑下列情况：

1）场外各应急响应组织的任务、规模和相互关系；

2）应急设备和资源的可获得性、维修和存放的场所；

3）省（自治区、直辖市）内涉及场外应急的核设施的数量、规模、安全特性、位置和环境特征；

4）是否靠近国界；

5）备用电源。

7.3.1 场外应急指挥中心

场外应急指挥中心在场外应急响应期间，是省级场外应急指挥部的工作场所，在此进行组织、指挥和协调场外所有应急响应行动，其基本功能参见表7.2。

表7.2 场外应急设施基本功能

功能		场外应急设施			
		应急指挥中心	前沿指挥所	应急监测中心	评价中心
基本功能	应急管理	√	—	—	—
	应急评价	√	—	√	√
	实施防护措施	√	√	—	—
支持功能	技术支持	√	√	√	√
	通信联络	√	√	√	√
	通知	√	√	—	—
	数据交换	√	√	√	√
	行政管理	√	—	—	—
	后勤支持	√	—	—	—
	消防支持	√	√	—	—
	治安支持	√	√	—	—
	医疗支持	√	√	—	—
	公众信息	√	—	—	—

注：√ 表示场外应急设施具备的功能；—表示不具备。

场外应急指挥中心通常位于省（自治区、直辖市）人民政府所在地，也可设在核设施所在地区（市、县）。应急指挥中心的设计要考虑如下特性需求：

1）管理和指挥整个场外应急响应；

2）与核设施营运单位协调应急响应行动；

3）保证与各级应急组织和指挥人员联络；

4）应急指挥人员工作必需的活动；

5）能迅速获得应急决策所需的各种数据、资料、预测的评价结果，为决策提供各种必要的手段和设备。

场外应急指挥中心可以与当地非核设施的防灾、救灾指挥设施兼容。

7.3.2 前沿指挥所

在场外应急状态时，前沿指挥所是省级应急总指挥或相关人员，在邻近核设施的地方指挥各种应急响应工作的场所。其基本功能参见表 7.2。

前沿指挥所应位于比较接近核设施厂址、但又不受核事故影响的安全地方。前沿指挥所是在平时应有所准备、在事故较为严重时启用的应急设施。前沿指挥所的设计要考虑如下特性需求：

1）在前沿指挥所进行必要的指挥、通信、通告、发布命令；

2）保证场外应急指挥中心与事故核电厂周围现场的各应急队伍、设施之间的联络和信息交流，接受场外应急指挥中心的信息；

3）保证前沿指挥、工作人员及抵达现场的国家、省级各有关领导的活动。

前沿指挥所可以与当地非核设施的防灾、救灾设施兼容。

7.3.3 场外应急监测中心

在事故期间能进行环境样品的采集、核素分析（包括放化分析、物理测定）和进行环境监测的综合评价。其基本功能参见表 7.2。

场外应急监测中心应位于核事故的烟羽应急计划区以外的地方，在应急期间，可利用场外常规环境辐射监测设施、设备，需要事先做出安排。

7.3.4 评价中心

在应急期间，接受、分析来自核设施和场外应急监测中心提供的事故信息，能够供评价人员进行事故后果评价、提供评价结果和提出防护行动建议。

评价中心的位置应尽量靠近场外应急指挥中心，以便及时传送事故信息、为决策提供技术支持。评价中心需建立汇集与事故有关的信息和进行事故后果评价的计算机系统、评价软件及其外围设备。

7.3.5 辅助设施

场外应急设施中除上述主要设施外，还有一些辅助应急设施，根据核事故的特点，在应急响应期间也是需要发挥重要作用的场所。这些设施可以是现有的，也可以是事故时临时设置的设施。

7.3.5.1 撤离临时安置点

其主要作用是为事故时撤离人员安排临时食宿。应根据积极兼容的原则在烟羽应急计划区外的安全地方选定一个或几个撤离临时安置点。通常，可利用当地的学校、招待所、旅馆、会议场所和影院作为撤离人员临时安置的场所。

撤离临时安置点在发生事故期间为撤离人员提供食品和住宿及必要的医疗服务，同时应能对进入安置点的撤离人员是否受到放射性污染给予判别。

7.3.5.2 洗消和去污点

在发生核事故后，对受到污染的人员、车辆、地面及部分设备按控制标准进行洗消和去污，防止放射性污染的扩大和（或）消除污染。洗消和去污点的位置可设置在计划撤离区以外的交通控制点附近。应装备有洗消设备、去污设备、放射性表面污染监测设备等。

洗消和去污的方法和要求随对象及事故阶段的变化而不同。

7.3.5.3 场外应急医疗救援设施

场外应急医疗救援设施主要是对受伤、受污染人员提供急救、去污和护理，必须考虑向下列人员提供急救措施：

1）受到过量内、外照射的人员；

2）在发生事故后因防护措施的实施而引起的损伤或患病的人员，他们可能是既受伤又受污染的人员。

场外应急医疗救援设施要充分利用当地医院的设施、设备，重点应放在非辐射的急性损伤方面，辐射损伤一般安排在为核设施营运单位服务的相关医院进行救治。该设施内应贮存和提供一定数量的稳定性碘。

7.3.5.4 公众信息中心

公众信息中心是在应急期间经授权可发布有关事故信息、解答公众有关应急信息的查询、接待新闻媒介的采访的场所。

公众信息中心的位置应邻近场外应急指挥中心，该中心不必专用于应急状态。

7.3.6 应急通信

在场外应急设施内须给应急人员提供足够的通信能力。通信设备可与日常的通信设备兼容，但在应急状态下它们必须是可立即投入使用的。整个通信网络取决于各个应急设施的位置和功能，当地的地形条件及地形障碍、核设施的位置和场外各应急组织的布局。为应急响应所装设的通信系统应具有足够可靠性。应有多重的通信网络，为应急响应功能提供后备通信途径。

7.3.7 应急设备

在场外应急组织的各设施内，必须配备应急组织所需的各类设备，以保证该组织履行其指定的职责。

（岳会国编写，李雳审阅）

参考文献

[1] 国家核安全局. 核电厂核事故应急管理条例实施细则之一——核电厂营运单位的应急准备和应急响应，HAF002/01，1998.

[2] 国家核安全局. 核动力厂营运单位的应急准备和应急响应，HAD002/01—2010，2010.

[3] 国家质量监督检验检疫总局. 核电厂应急计划与准备准则场内应急设施功能与特性，GB/T 17680.7—2003.

[4] 国家质量监督检验检疫总局. 核电厂应急计划与准备准则场外应急设施功能与特性，GB/T 17680.3—1999.

[5] 秦山第二核电厂场内应急计划.

第8章　应急状态分级及响应

8.1 概述

根据核设施出现紧急情况的特征、性质、规模、后果及严重程度，特别是其可能造成放射性后果的严重性及影响范围对核设施的应急级别进行划分，以更好地实施应急响应行动。我国《核电厂核事故应急管理条例》规定核动力厂的应急状态分为：应急待命、厂房应急、场区应急和场外应急四个等级。在营运单位的应急计划中，必须规定在各类应急状态下向应急人员发出警报或使他们行动起来而采取的步骤。同时必须规定用作通知有关部门的准则，以及专门的应急行动水平（Emergency Action Level，EAL）。这些水平必须依据厂区内和厂区外辐射监测资料和指示工厂状况的相当数量的探测器读数来指定。核动力厂营运单位的厂内应急计划应规定每级应急状态时应采取的对策和防护措施以及执行应急行动的程序。应急总指挥应负责将执行的应急决定立即通知有关组织和人员。应急状态期间的响应包括应急评价、工程抢险、医疗救护以及公众防护等内容。

8.2 应急状态分级

核设施营运单位在制订应急计划和应急响应程序时，必须对每一种应急状态进行评价和分级。应急状态分级的通用方法是依据核电厂特定的应急行动水平来制定。

8.2.1 应急等级

核电厂设施的应急状态分为：应急待命、厂房应急、场区应急和场外应急四个等级。

1. 应急待命

出现可能危及核动力厂安全的某些特定工况或事件，表明核动力厂安全水平不确定或可能有明显降低。由电厂自行宣布应急待命，核动力厂有关工作人员处于戒备状态，场外某些应急组织可能得到通知。

当发生某些特定工况可能导致紧急状况时，就应发布应急待命的通知。但此时尚有时间采取预防性的和积极的措施来防止紧急状况的发生或减小其后果。

2. 厂房应急

核动力厂的安全水平有实际的或潜在的大的降低，但事件的后果仅限于场区的局部区域，不会对场外产生威胁。由电厂自行宣布厂房应急，营运单位按应急计划要求实施应急响应行动，场外应急响应组织得到通知。

当紧急状态的评价表明放射后果可能仅限于场区的局部区域时，应宣布厂房应急，这种紧急状况可能引起安全系统自动动作，也可能要求运行人员采取纠正行动。虽然有时可以断定紧急情况能够由运行人员来纠正和控制，但也要通知在实施应急计划中负责任的核动力厂营运单位的其他人员，并使他们处于待命状态，营运单位应按照通知程序向主管部门、国家核安全监管部门和地方政府报告事件的性质和程度。

在安全评价时分析过的事故中，预计其辐射后果不会超越厂房或场区的局部区域的那些事故属于这类应急状态。

3. 场区应急

核动力厂的工程安全设施可能严重失效，安全水平发生重大降低，事故后果扩大到整个场区，场区边界以外的所有区域，其放射性照射水平不会超过紧急防护行动干预水平。由电厂自行宣布场区应急，营运单位应迅速采取行动缓解事故后果，保护场区人员；场外应急组织可能采取某些应急响应行动（如开展辐射监测），并视情况做好实施防护行动的准备。

场区应急是指放射性物质释放的影响扩大到整个场区，但早期的信息和评价表明场外尚不必采取防护措施。应通知主管部门、国家核安全监管部门和地方政府，并且为慎重起见，场外的应急组织应处于待命状态。场内非应急人员应从场区撤离。

当场区边界处的剂量率达到规定的水平时，应宣布场区应急，在场区应急计划中应规定达到这些水平时的条件，只要可能的话就要按照已与场区边界处的剂量率相互联系起来的仪表读数和报警装置指示来规定这些条件。为了提供确实的证据，宣布应急状态所依据的资料应尽可能来自不同的渠道。

4. 场外应急

事故后果超越场区边界，场外某个区域的放射性照射水平大于紧急防护行动干预水平。场外应急的进入必须得到场外应急组织的批准，场外应急进入后应立即采取行动缓解事故后果，实施场内、场外应急防护行动，保护工作人员和公众。

场外应急的特征是堆芯已知或即将严重损害或熔化，同时安全壳失效正在发展或已经发生，核电厂的功能已经极大失效，有放射性物质大量释放，以至于有必要采取场外防护措施并通知主管部门、国家核安全监管部门和地方政府。非应急人员应从场区撤离。

表 8.1　各类应急状态、辐射情况和概率

应急类别	概率	堆芯状态	释放量	厂界
应急待命	1～2 次/堆年	燃料没有损坏	很少	
厂房应急	1 次/10～100 堆年	实际或潜在的安全水平下降	<10 Ci ^{131}I 当量 <10 000 Ci ^{133}Xe 当量	干预水平的一小部分
场区应急	1 次/100～5 000 堆年	保护公众的设施功能较大损坏	10～1 000 Ci 当量 >10 000 Ci ^{133}Xe 当量	不超过干预水平
场外应急	1 次/5 000 堆年	堆芯已经发生或即将发生损坏	>1 000Ci ^{131}I 当量 >10^6 Ci ^{133}Xe 当量	可能超过干预水平

注：1 Ci=3.7×10^{10}Bq。

营运单位的场内应急计划应明确规定宣布场外应急状态的特定条件和判别每个特定条件的准则。宣布场外应急的条件应以公众受照剂量限制和所预测的核动力厂状态为依据，并且应尽可能根据仪表的读数或报警指示来决定。而这类读数和指示应由场外的放射性水平及其与核动力厂特征参数的相互关系导出。为提供确切的证据，宣布这类应急状态所依据的信息应尽可能来自不同的渠道。

其他核设施的应急状态一般分为三级，即应急待命、厂房应急和场区应急。潜在危险较大的核设施可能实施场外应急。

研究堆的应急状态分级按照核安全导则《研究堆应急计划与准备》（HAD 002/06）中的规定，如表 8.2 所示。

表 8.2　研究堆应急状态分级

应急等级	行动水平
应急待命	厂址边界的放射性流出物 24 h 以上水平浓度大于 10 倍导出空气浓度或厂址边界全身 24 h 累计剂量已经或预计超过 0.15 mSv； 获悉将在设施周围发生严重的自然现象，如台风、地震等
厂房应急	厂址边界的放射性流出物 24 h 以上平均浓度大于 50 倍导出空气浓度或厂址边界全身 24 h 累计剂量已经或预计超过 0.75 mSv； 厂址边界处，全身 1h 平均剂量率已经或预计超过 0.2 mSv/h 或甲状腺 1 h 平均剂量率已经或预计超过 1.0 mSv/h
场区应急	厂址边界的放射性流出物 24 h 以上平均浓度大于 250 倍导出空气浓度或厂址边界全身 24h 累计剂量已经或预计超过 3.75 mSv； 厂址边界处，全身 1h 平均剂量率已经或预计超过 1.0 mSv/h 或甲状腺 1h 平均剂量率已经或预计超过 5.0 mSv/h
场外应急	厂址边界的全身剂量已经或预计持续超过 5 mSv； 厂址边界处，烟云照射途径的全身累计剂量已经或预计超过 10 mSv 或烟云照射途径的甲状腺剂量或预计超过 50 mSv

8.2.2　应急状态分级的判定

核设施营运单位应根据核动力厂的设计特征和厂址特征，提出确定应急等级的初始条件和应急行动水平。应急行动水平是用来作为应急状态分级基础的参数或判据，是宣布应急状态、启动应急组织防护行动决策的触发水平，这一般是预先确定的、基于特定厂址和可观测的对应某一应急状态的阈值。

应急状态分级和分级判据是制定应急行动水平的基础和依据。应首先根据核设施应急状态分级制定相应的分级判据，根据分级判据确定触发各应急状态的初始条件和应急行动水平。

应急状态分级判据是判断进入应急状态的依据，满足或符合该依据应进入相应的应急状态。分级判据可以是某个特定值，也可以是某个特定程度的事件。一般而言，可以作为应急状态分级判据的信息包括：

1）核设施在设计基准计算及最终安全分析报告中建立的技术规范、安全限值、整定值或报警值等。

2）核设施概率安全分析和严重事故评价中得到的相关信息。这些信息既可以来自核设施自身 PSA 和严重事故分析，也可以来自同类核设施 PSA 或其他标准 PSA 分析中可以借鉴的成果。例如，核电厂的 PSA 分析成果表明长时间丧失全部交流电源对压水堆核电厂是极其严重的。根据此信息，确定"核电厂在功率运行状态下发生丧失全部交流电事故，且在 15 min 内不能恢复，则进入场区应急"。

3）核设施在进入较高应急状态前在当前工况下经历的时间。这一时间将和采取相关应急措施所需的时间进行对比，以确定是逐级升级还是直接进入可能触发的最高应急状态等级，触发的应急状态等级应保证对公众的健康威胁最小。

4）核设施特定的规程及重要安全功能信息。这些信息包括特定运行规程、应急规程中的可视信号，进入某个规程的指示，或者重要安全功能状态树的指示等。

一些分级判据可以直接作为进入应急状态的应急行动水平，或通过最佳估算方法将其转化为应急行动水平，如易于观测或测量的连续参数、信息、仪表读数、整定值、报警信息等。一些分级判据可以将其导致的后果（功能失效或设备失效）作为相应的应急行动水平，如威胁核电厂安全的事件等。

应急指挥的判断也是应急状态分级的重要依据，特别是在面临紧急情况时，即使没有符合或满足相关的分级判据，也可以根据应急指挥的判断进入更高的应急状态等级。

8.2.3 应急状态的升级与降级

1. 应急状态等级的确定与升级

核电厂营运单位可以依据应急行动水平，参照以下方式确定应急状态等级和进行应急状态的升级：

（1）应急状态等级依据应急行动水平所触发的最高应急状态等级确定。例如，一个应急行动水平触发厂房应急，同时另一个应急行动水平触发场区应急，则应急状态等级为场区应急。

（2）当不同事件触发两个或两个以上应急状态等级相同的应急行动水平时，必要时应急状态的等级应升高一级。例如，若燃料包壳破损的 EAL 达到厂房应急，安全重要系统失效的 EAL 也达到厂房应急，则应升级到场区应急。

（3）根据随后即将发生或预计将发生的情况确定应急状态等级的升级。对于迅速发展的事件，若随后出现的应急行动水平对应更高的应急状态等级，则依据此应急行动水平对应急状态等级进行升级。

（4）依据应急指挥判断。如果应急指挥判断事故风险进一步增加，必要时可以提高应急状态等级。

2. 应急状态等级的降级

一般情况下，核电厂的应急状态不作逐步降级处理，而是待应急计划所规定的应急终止条件具备后，直接予以终止，然后进入"恢复"处理阶段。

对于因仪表指示值不准确或有误，或因初始症状判断不准确或有误，而将应急状态等级定高的情况，当发现并核实后，可作降级处理。

8.3　应急行动水平

8.3.1　应急行动水平介绍

　　核安全法规 HAF 002/01《核电厂核事故应急管理条例实施细则之一——核电厂营运单位的应急准备和应急响应》中规定，在核电厂营运单位的应急计划中，应根据核电厂的设计特征和厂址特征提出应急行动水平。在申请首次装料批准书时，提出初步制定的应急行动水平；在申请运行许可证时应提交修订后的应急行动水平审评，制定核电厂具体情况的应急行动水平。基于核安全法规的上述要求，考虑到我国核电厂营运单位在制定和应用应急行动水平（EAL）方面的经验，而利用美国 NEI 在指定 EAL 方法方面的管理和制定依据，编制适合电厂自身的应急行动水平。

　　1. 应急行动水平的基本特征

　　营运单位所制定的应急行动水平应具有以下基本特征：

　　（1）一致性。触发相同应急状态等级的应急行动水平应表征相同的风险水平。当出现某一种应急状态时，有可能会在不同初始条件和应急行动水平上表现出来，应保证不同的初始条件和应急行动水平所触发的应急状态等级一致。

　　（2）合理性。触发不同应急状态等级的应急行动水平应表征不同的风险水平，只有在工作人员和公众受到的健康和安全威胁增加时，才能由相应的应急行动水平触发应急状态升级。

　　（3）完整性。应急行动水平应表明触发每个应急状态等级的所有适用条件；触发不同应急状态等级的同类应急行动水平应具备逻辑上的完整性。

　　（4）易操作性。应急行动水平应易于快速、正确地识别，并依据其判断应触发的应急状态等级。

　　2. 初始条件、应急行动水平

　　初始条件是预先确定的、触发核电厂进入某种应急状态的一类应急行动水平的征兆或标志，描述初始条件和应急状态的对应关系。通常，初始条件和应急状态等级共同构成初始条件矩阵，快速判断是否需要进入应急状态以及确定应急状态的等级。在初始条件矩阵中，通常按应急等级依次递增或递减的顺序说明各种识别类中，每个初始条件与应急等级之间的对应关系以及这种对应关系的使用条件。

　　应急行动水平是用来建立、识别和确定应急等级和开始执行相应的应急措施的预先确定和可以观测的参数或判据。应急行动水平可以是特定仪表读数或观测值、辐射剂量或剂量率、气载、水载和地表放射性物质或化学有害物质的特定的污染水平、分析结果以及进入某个应急操作规程的条件等。

　　3. 识别类

　　对初始条件及应急行动水平按照一定的方式进行分类，称之为识别类。分类目的不同，产生的识别类可以不同。核电厂建立的初始条件及应急行动水平识别类应便于操作，并能够覆盖制定的所有应急行动水平。通常采用如下四种识别类进行初始条件和应急行动水平的说明：

A（Abnormal Rad Levels/Radiological Effluent）类：辐射水平和放射性流出物排放异常。

该类初始条件和应急行动水平给出非计划和不可控的环境放射性释放分级界限，A 类 EAL 矩阵实例见表 8.3。应当注意的是，辐射水平或放射性流出物异常不是最合适的应急状态分级依据，它存在一些缺陷。首先，在大量的应急事件中，辐射水平或放射性流出物异常很少会是始发事件，而常常是其他一些条件导致的后果。因此仅以该类指标可能难以对事故的进程和后果进行预测。其次，放射性流出物可能导致的场外后果受很多参数的影响（比如气象、源项等）。这些参数的变化可能使所评价的场外后果产生量级上的差别。因此，依据异常的放射性流出物指标进行应急状态分级，其适当性依赖于预先设定分级界限时采用的参数与事故发生时相应参数的一致性。

表 8.3　识别类型 A 异常辐射水平/放射性排出物初始条件矩阵举例

应急待命	厂房应急	场区应急	场外应急
AU1　任何向环境的气态或液态放射性物质的非计划排放，超过放射性技术规范书限值 2 倍的实际或预计的持续时间达到或超过 60 min 运行模式：全部	AA1　任何向环境的气态或液态放射性物质的非计划排放超过放射性技术规范书限值 200 倍的持续时间达到或超过 15 min 运行模式：全部	AS1　在实际的或预期排放时间内实际的或即将发生的排放的气态放射性，导致场外全身剂量大于 1 mSv，儿童甲状腺剂量大于 5 mSv 运行模式：全部	AG1　在实际的或预期的排放时间内实际的或即将发生的排放的放射性气体，用实际的气象条件计算出的场外全身剂量大于 10 mSv，儿童甲状腺剂量大于 50 mSv 运行模式：全部
AU2　电厂辐射的意外增加 运行模式：全部	AA2　辐照过的燃料的损坏或水位丧失已经或将导致反应堆压力容器外辐照过的燃料的裸露 运行模式：全部		
	AA3　放射性物质的泄漏或设施内辐射水平的增加，妨碍了为维持安全运行或建立或维持冷停堆所需系统的运行 运行模式：全部		

因此，应以应急状态分级时的核电厂工况为基本依据评价事件和确定应急状态等级，避免过高或过低地确定应急状态等级。在单独使用核电厂工况无法确定应急状态等级时，才结合 A 类初始条件和应急行动水平进行分级。同时，也应综合考虑该类初始条件和应急行动水平之间的相互作用，以进行正确、及时的应急状态分级。某些情况下，辐射水平和放射性流出物排放异常会给出不保守的结果，此时需要用其他识别类中的初始条件和应急行动水平进行补充。

F（Fission Product Barrier Degradation）类：裂变产物屏障降级。

该类是根据裂变产物屏障受到威胁的程度来确定响应的状态等级，裂变产物屏障受到威胁的程度涉及屏障的丧失或潜在丧失，以及同时受到威胁的屏障数目，F 类 EAL 矩阵实例见表 8.4。反应堆堆芯的裂变产物屏障包括燃料包壳、反应堆冷却剂系统压力边界和安全壳。燃料包壳屏障包括所有堆芯燃料芯块的包壳。反应堆冷却剂系统压力边界屏障包括反应堆冷却剂系统一回路侧、稳压器安全阀、泄压阀，直至一回路隔离阀及其上游的所有连接管线和阀门。安全壳屏障包括安全壳建筑物、安全壳隔离阀及其上游的所有部件。该屏障还包括主蒸汽管线、给水管线、吹除管线，二次侧隔离阀及其上游的所有连接部件。

表 8.4　识别类型 F 裂变产物屏障降级初始条件矩阵举例

应急待命	厂房应急	场区应急	场外应急
FU1　安全壳任何丧失或任何潜在丧失 运行模式：功率运行、热备用、启动、热停堆	FA1　燃料包壳或堆冷却剂系统（RCS）的任何丧失或任何潜在丧失 运行模式：功率运行、热备用、启动、热停堆	FS1　任何 2 道屏障丧失或潜在丧失 运行模式：功率运行、热备用、启动、热停堆	FG1　任何 2 道屏障的丧失且第 3 道屏障的丧失或潜在丧失 运行模式：功率运行、热备用、启动、热停堆

注：①初始条件中使用的逻辑反映下述考虑：
· 燃料包壳和 RCS 屏障比安全壳屏障的重要性更高。与 RCS 和燃料包壳屏障相关的"应急待命"IC 在"系统故障"IC 中说明。
· 在场区应急等级，必须有能力来动态评价目前状态离"场外应急"的阈值有多远。例如，如果燃料包壳和 RCS 屏障"丧失"的 EAL 存在，这向应急指挥指出，除场外剂量评价外，必须集中进行连续的放射性总量和安全壳完整性的评价。另一方面，如果燃料包壳屏障和 RCS 屏障"潜在丧失"EAL 同时存在，则应急指挥更有理由相信，不需要立即升到场外应急。
· 如果事件恶化，则必须保证有能力升到更高应急级别。例如，RCS 泄漏率稳定持续增加，表明对公众的健康和安全的风险增加。
②裂变产物屏障 IC 必须能够处理事件的动态过程。因而，如果已经超过受影响的阈值，立即将（即在 2 h 内）丧失或潜在丧失，则会导致一个应急等级，特别是对较高的应急级别。

裂变产物屏障降级初始条件和应急行动水平主要依赖核电厂运行工况下指示安全系统状态的监测能力。当运行模式为正常启动、运行或热停堆时，所有屏障正常，仪表和应急设施按技术规格书的要求全部使用，最初通常由仪表读数和定期采样来识别一道或多道屏障受到威胁。当核电厂进入冷停堆和换料运行模式时，反应堆冷却剂系统压力边界和安全壳可能开放，对裂变产物的屏障能力下降。此时，功率运行阶段运行的安全系统只有少数维持在原有的运行状态，安全系统状态的监测能力也受到很大限制，仪表不可能充分有效地探测事件的直接征兆，基于征兆的裂变产物屏障降级初始条件和应急行动水平不适用。在所有运行模式下，不能仅依据超过技术规格书的要求宣布反应堆冷却剂系统压力边界和安全壳丧失或潜在丧失，除非正在进行的事件需要这些屏障缓解功能。

应急状态分级不应过分依赖对安全壳完整性的评价。一般不能将安全壳完整性评价作为应急状态升级到场外应急的唯一依据。还应综合考虑其他有关因素。例如，无论安全壳完整性是否受到威胁，即使假定安全壳的泄漏在技术规格书的允许范围之内，如果安全壳中存有大量放射性，也可能导致超过紧急防护措施干预水平而要求进入场外应急状态。另一方面，无论安全壳是否受到威胁，除非燃料包壳严重破损，使得放射性物质从堆芯释放到反应堆冷却剂中，否则不可能导致要求采取场外紧急防护行动的大量放射性释放而要求进入场外应急。同时，一些导致安全壳失效的重要现象分析还存在着一定的不确定性。

安全壳的单独丧失或即将丧失可触发"应急待命"，燃料包壳或反应堆冷却剂系统压力边界的丧失或潜在丧失可触发"厂房应急"，两道屏障同时丧失可触发"场区应急"。确认两道屏障丧失，同时第三道屏障受到威胁可触发"场外应急"。裂变产物屏障的初始条件和应急行动水平必须能够处理事件的动态过程。例如，在场区应急状态，必须有能力对目前状态距离场外应急的阈值进行动态评价。特别是将触发较高的应急状态等级等，如果已经超过所设计的阈值，依据"立即丧失或潜在丧失某种裂变产物屏障"可触发该状态。在指定 F 类初始条件中，应依据裂变产物屏障状态触发各级应急状态等级的逻辑，见图 8.1。

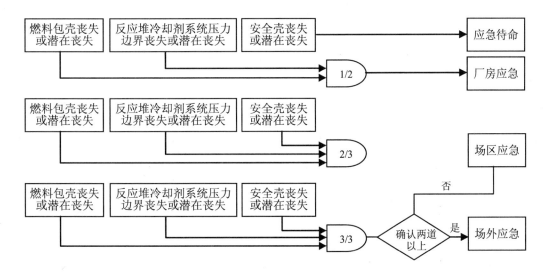

图 8.1　F 类初始条件触发应急状态的逻辑

H（Hazards or Other Conditions Affecting Plant Safety）类：影响核电厂安全的灾害和其他事件。

该类初始条件和应急行动水平依据可能或即将发生的危害和其他事件对核电厂安全的损害程度，确定相应的应急状态等级，以确保核电厂人员和场外应急组织做好准备，应对这类危害的后续影响，H 类 EAL 矩阵实例见表 8.5。H 类中的危害包括自然灾害、敌对行为和其他破坏性事件或现象。如果这类危害确实已经对安全功能和裂变产物屏障造成了损伤，应用征兆或对损伤的观察加以确认。应急状态的升级或终止应根据随后发生的事件威胁安全的程度来确定。

S（System Malfunction）类：系统故障。

该类初始条件和应急行动水平依据核电厂执行安全功能系统、监测安全功能的系统及执行安全功能系统的支持系统的损伤确定响应的应急状态等级。因燃料包壳和反应堆冷却剂系统压力边界降级而触发"应急待命"的初始条件也包括在 S 类中，S 类 EAL 矩阵实例见表 8.6。

S 类初始条件和应急行动水平体现了系统功能丧失对核电厂安全的影响。应在方法学上确保指定的应急行动水平包括所有可能导致的放射性释放后果的序列。对于 S 类初始条件和应急行动水平的制订，PSA（概率风险评价）是非常有用的工具。可以依据 PSA 分析的有关结果，将导致放射性释放风险的关键系统或系统故障组合（事故序列）作为触发应急状态的初始条件和应急行动水平。一般可用导致堆芯损伤，或安全壳外早期大量释放的系统故障（或故障组合）触发场区应急状态，除非这些故障在场区边界附近所导致的辐射水平低于干预水平。

表 8.5　识别类型 H 影响电厂安全的危害和其他状态初始条件矩阵举例

应急待命		厂房应急		场区应急		场外应急	
HU1	影响保护区的自然的和破坏性的事件 运行模式：全部	HA1	影响电厂关键区域自然的和破坏性的事件 运行模式：全部	HS1	确认电厂关键区域内的保安事件 运行模式：全部	HG1	导致设施实际控制丧失的保安事件 运行模式：全部
HU2	在保护区内发生的火灾，检测后 15 min 内不能扑灭 运行模式：全部	HA2	发生影响到为建立或维持安全停堆所需电厂安全系统可运行性的火灾或爆炸 运行模式：全部	HS2	主控制室撤离已经开始且不能对电厂进行控制 运行模式：全部	HG2	按应急指挥判断要宣布"场外应急"存在的其他状态 运行模式：全部
HU3	有毒或可燃气体泄漏，认为对电厂安全运行造成危害 运行模式：全部	HA3	有毒或可燃气体在关键区域内或附近的释放，危害到为建立或维持安全停堆所需安全系统的可运行性 运行模式：全部	HS3	按应急指挥判断要宣布"场区应急"存在的其他状态 运行模式：全部		
HU4	已确认的保安事件表明电厂安全水平潜在降级 运行模式：全部	HA4	确认在电厂保护区内发生保安事件 运行模式：全部				
HU5	按应急指挥判断要宣布"应急待命"存在的其他状态 运行模式：全部	HA5	已开始撤离主控制室 运行模式：全部				
		HA6	按应急指挥判断要宣布"厂房应急"存在的其他状态 运行模式：全部				

表 8.6　识别类型 S 系统故障初始条件矩阵举例

应急待命		厂房应急	场区应急		场外应急	
SU1	全部重要母线的场外电源丧失的时间超过 15 min 运行模式：功率运行、启动、热备用、热停堆		SS1	全部场外电源丧失和全部场内重要母线交流电源丧失 运行模式：功率运行、启动、热备用、热停堆	SG1	全部场外电源和全部场内重要母线交流电源长时间丧失 运行模式：功率运行、启动、热备用、热停堆

应急待命	厂房应急	场区应急	场外应急
SU2　不能在技术规格书限值内达到所需要的停堆 运行模式：功率运行、启动、热备用、热停堆	SA2　一旦超出反应堆保护系统设定值和手动停堆成功，反应堆保护系统仪表未能完成或启动自动停堆 运行模式：功率运行、启动、热备用	SS2　一旦超过反应堆保护系统的设定值和手动停堆不成功，反应堆保护系统仪表未能完成或启动自动停堆 运行模式：功率运行、启动	SG2　反应堆保护系统仪表未能自动停堆，手动停堆不成功，有关指示表明堆芯冷却能力受到极大威胁 运行模式：功率运行、启动
SU3　控制室内安全系统的大部分或全部预报信号或指示非计划丧失 15 min 以上 运行模式：功率运行、启动、热备用、热停堆		SS3　全部关键直流电源丧失 运行模式：功率运行、启动、热备用、热停堆	
SU4　燃料包壳降级 运行模式：功率运行、启动、热备用、热停堆	SA4　主控制室内的大部分或全部安全系统预报信号或指示非计划丧失，同时①重大瞬态过程正在发展中，或②补偿性的非报警指示装置，不可利用 运行模式：功率运行、启动、热备用、热停堆	SS4　热量去除能力完全丧失 运行模式：功率运行、启动、热备用、热停堆	
SU5　反应堆冷却剂系统泄漏 运行模式：功率运行、启动、热备用、热停堆	SA5　重要母线交流电源能力减少到只有一个电源的时间超过 15 min，以致任何附加单个失效都将产生全厂断电 运行模式：功率运行、启动、热备用、热停堆		
SU6　全部场内或场外通信能力的非计划丧失 运行模式：功率运行、启动、热备用、热停堆		SS6　不能监测在发展中的重大的瞬态过程 运行模式：功率运行、启动、热备用、热停堆	
SU8　因疏忽造成临界 运行模式：热备用、热停堆			

8.3.2 应急行动水平的适用条件

核电厂应急行动水平的制定需考虑其适用条件。适用条件主要包括放射性物质存在的位置及所经历的运行模式。放射性物质（主要是裂变产物）在压水堆核电厂内通常存在于反应堆堆芯、乏燃料水池或独立乏燃料贮存装置中。核电厂运行模式包括具有相近热力学和堆物理特性的多个标准运行工况和标准状态。

适用条件不同，影响应急行动水平制定的核电厂系统布置、裂变产物屏障状态等特性也会存在差异。应急行动水平的制定需考虑不同适用条件下，放射性物质具有的屏障状态和核电厂特定的放射性物质释放的指示或征兆。

压水堆核电厂营运单位制定应急行动水平时，适用条件中所使用的运行模式应与技术规格书中规定的运行模式保持一致。例如，压水堆核电厂运行模式通常分为：功率运行、启动、热备用、热停堆、冷停堆、换料、卸料等。

依据应急行动水平进行应急状态分级时，应符合应急行动水平的适用条件。应急行动水平的适用条件与事件发生时，没有进行响应行动之前的核电厂运行模式相对应。例如，发生在冷停堆或换料运行模式下的事件，即使核电厂随后进入了更高的运行模式，应急状态等级也应依据冷停堆或换料模式适用条件下的相关应急行动水平确定。

核电厂使用条件中规定的运行模式应与其技术规格书一致，并使用相同的术语表述。美国核能研究所（Nuclear Energy Institute）发布的报告 NEI 99-01 "Methodology for Development of Emergency Action Levels" 第五版中给出了压水堆核电厂运行模式的示例：

功率运行：反应堆功率>5%，反应性系数≥0.99；

1）启动：反应堆功率≤5%，反应性系数≥0.99；

2）热备用：反应堆冷却剂温度≥350℉，反应性系数<0.99；

3）热停堆：100℉<反应堆冷却剂温度<350℉，反应性系数<0.99；

4）冷停堆：反应堆冷却剂温度<200℉，反应性系数<0.99；

5）换料：反应堆压力容器封头的螺钉处于非充分压紧状态；

6）卸料：所有反应堆燃料从反应堆压力容器中卸除。

在实际情况下，各个核电厂可以根据各自堆型、技术特点等实际情况制定适合该电厂的运行模式。

8.3.3 应急行动水平的编制及依据

1. 制定应急行动水平的一般方法

每个核电厂都应制定适用的应急行动水平，宣布核应急状态等级的依据就是依照预先制订应急行动水平（EAL）。一个核电厂制定应急行动水平，必须覆盖其全部可能的事件，即从最初的运行工况的潜在异常事件开始，一直到反应堆堆芯损坏直至堆芯熔化的全部发展过程。

判定的根据就是主控室的仪表显示（或其他测量仪器的显示）（数字化显示、状态指示的读数等）。这些显示可以是辐射剂量、气载放射性水平、流出物放射性水平，以及地表放射性物质的特定污染水平。一般情况下，可用于判断（建立）应急行动水平的仪表（数字化）显示主要有：

（1）安全壳辐射监测仪表；

（2）堆芯欠热度监测仪表；

（3）冷却剂仪表（温度、流量、稳压器水位、压力等）；

（4）压力容器水位显示指标；

（5）堆芯出口热电偶指标；

（6）堆芯外测量仪器；

（7）堆芯内测量仪器；

（8）冷却剂辐射水平监测仪器；

（9）安全壳浓度（如硼浓度）监测仪器；

（10）其他显示仪器，等等。

2．通用格式安排

对于 A、H、S 各个识别类的初始条件按照"应急待命"、"厂房应急"、"场区应急"和"场外应急"排序。对所有识别类，首先给出一个初始条件矩阵与应急等级之间的对应关系。以上识别类中，每个 EAL 都是用以下方式构成的：识别类、应急等级、初始条件、运行模式、应急行动水平、依据（编制说明）。

对于 F 类，"裂变产物屏障"的逻辑表达方式，是为了表示 EAL 之间的内在联系以及支持更精确的动态评价。为达到上述目的，还有其他方法，比如使用流程图、方框图或矩阵等。

3．通用依据

对于运行超出电厂技术规格书规定的安全极限的"应急待命"，包括极限运行状态（LCO）和行动规定的时间，通用的应急行动指南（例如 NEI-99-01，第五版）给出了主要阈值或判据。此外，更为严重事件的先兆（如丧失厂外交流电源、地震），也包括在"应急待命"的 EAL 中。这样，便清楚地划分了最低应急级别和"非应急"通知之间的界限。

对于很多"厂房应急"等级，选择初始条件主要是基于可能引起损坏电厂安全功能的危害（如龙卷风、飓风、电厂关键区域内的火灾）或需要直接额外帮助（主控制室撤离），从而保证增强对电厂的监督。无论是否发生共模失效，以基于征兆和基于屏障的应急行动水平都能充分预示多重失效的结果。宣布"厂房应急"状态，就会使技术支持中心（TSC）增派人员提供帮助和加强监测。因此，没有必要直接升级到"场区应急"状态。如果能观察到的话，这类危害产生的损坏可能会是升级到"场区应急"或"场外应急"的依据。其他已经规定的"厂房应急"，对应于与应急等级描述相一致的条件。

确定"场区应急"和"场外应急"的依据主要是基于当时已知的或能合理预测的电厂条件的裂变产物屏障受到损坏的程度和严重性。

8.3.4 影响应急行动水平制定的核电厂特征

核电厂之间的共性使许多核电厂营运单位制定的应急行动水平是相同或相类似的，但核电厂特征对应急行动水平仍具有明显的影响。核电厂营运单位制定的应急行动水平必须符合核电厂特有的设计特点和厂址特征。

影响应急行动水平制定的核电厂设计特点主要体现在安全功能设计、监测系统仪表、设备、技术规格书限值、核电厂特定的规程、PSA 和严重事故分析的重要见解等方面。应保证所制定的应急行动水平与核电厂设计特点相匹配。

对于一个厂址上有多个反应堆的核电厂，应急行动水平必须考虑共用系统丧失对多个反应堆的影响。核电厂址附近还有其他核设施时，所制定的初始条件和应急行动水平也必须考虑其他核设施的影响。核电厂应急行动水平制定的一般方法还需使用者根据核电厂的特征加以应用。

8.3.5 应急行动水平的应用

核电厂的应急行动水平的直接用户是工作在核电厂主控室的操纵员和正副值长（以下简称运行人员），在核事故应急状态下，尤其是发生了比较严重的核事件/核事故情况下，运行人员必须高度负责地、准确无误地、迅速快捷地将反应堆控制在安全（停堆）状态，这就必须有一套简单、准确、可读性强、可操作性强、易于理解的应急行动水平。

应急行动水平在国内使用已经有相当一段时间，国家核安全局在对新建核电厂应急计划的审查和运行核电厂应急计划的复审过程中，都要根据应急行动水平使用的经验反馈，对现有的应急行动水平作出修订升版。通过经验反馈，应急行动水平具有如下特点：

（1）与应急操作规程的有机结合。在应急行动水平的研制过程中，技术人员就已经注意到了"将有些应急操作规程相关的应急行动水平与事故规程的入口条件统一起来考虑"，以利于在事故规程中将应急状态作为应急操作的一部分，使之可以降低应急分级的模糊性且减少分级所需的时间。

（2）应急行动水平的可操作性。文中许多部分的应急行动水平的阈值所对应的都是一些客观的事实、事件、可以连续观测到的过程或状态参数、报警值、整定值、取样分析结果或是相应规程的入口条件。

（3）应急行动水平矩阵表的用户便利性。用 NUMARC/NESP-007 "Methodology for Development of Emergency Action Levels，Revision 5"的矩阵表方法来表示应急行动水平非常直观，而且，运行人员可以非常方便地按照事件/事故的类别快速地找到其所对应的初始条件，既具有针对性，又便于快速查找。

在具体应用应急行动水平时，还需要对瞬态事件加以考虑。当确认瞬态事件没有造成后果或满足其他的终止准则时，可以不对瞬态事件进行应急状态分级，或终止对瞬态事件的应急状态。对于一些瞬态事件，应判断在实施纠正措施的过程中，核电厂是否进一步受损，并根据判断结论对瞬态事件进行分级。

在核电厂正常的预期响应过程中，某些设定的实施计划或因操纵员正当行为导致的某种情况，可能会达到某个应急行动水平，也不应据此进入应急状态。

8.3.6 应急行动水平的管理

应急行动水平是应急计划的一部分，应和应急计划一起进行修订。当核电厂发生修改时，应及时对其初始条件和应急行动水平进行相应的修订，以确保所制定的应急行动水平能够反映核电厂的实际情况。一般而言，需要对应急行动水平进行修订的核电厂修改包括：

1）放射性物质总量增加；

2）放射性物质处理或贮存场所位置变化；

3）放射性物质贮存或使用条件变化；

4）防止或缓解放射性物质释放的工程控制、行政控制或安保措施变化，如自动、手动或非能动的放射性物质释放缓解系统、工程几何结构、对某个场所放射性物质总量的限制、安全保障等发生变化。

在使用新的或修订后的应急行动水平之前，应对核电厂运行人员和相关应急组织的人员进行适当的培训，以保证运行人员和相关应急组织的人员理解有关应急行动水平的基本概念，熟悉和掌握应急行动水平的有关内容。

8.4　各应急状态下的响应行动

核动力厂营运单位在根据应急行动水平进入到某种应急状态时，需要马上采取相应的响应行动，针对不同的应急状态通常需要采取的主要响应行动如下：

1. 应急待命

营运单位的应急组织进入有准备的状态，适当地启动部分响应；需要分析和确定导致应急待命的条件，采取缓解措施，减轻潜在威胁；根据需要在核动力厂附近实施监测；需要时向主控制室或操纵员提供技术支持；向场外通告。

2. 厂房应急

营运单位应实施场内应急计划，启动部分响应；采取措施使核动力厂恢复安全状态，缓解应急状态，对主控制室或操纵员提供技术支持；将无关人员和参观者撤离，并安置于安全区域；对场内应急响应人员和从场外到来的应急人员提供防护；对场内人员的污染情况进行监测，确保受污染的人员或物项不会未经检测就离开场区；在核动力厂附近实施监测，以确认场外无需防护行动；同时按规定向场外报告事故（或事件）的情况。

3. 场区应急

营运单位应实施场内应急计划，采取措施使核动力厂恢复安全状态，采取行动缓解应急状态，包括请求场外援助；对主控制室提供技术支持；启动场内技术支援中心、应急控制中心和厂址附件后备应急设施，扩大可用的应急力量；撤离场内无关人员和参观者，并安置于安全区域，并清点所有现场人员；根据危险情况为场内应急响应人员和从场外到来的应急人员提供防护；对事故的性质和后果进行评价，并采取相应的行动；按规定向场外报告事故（或事件）情况，在核动力厂附近的场外实施监测。

4. 场外应急

当需要进入场外应急状态时，核动力厂营运单位向省（自治区、直辖市）核应急组织及时提出进入场外应急状态的建议和场外实施防护行动的建议。营运单位应实施场内应急计划，启动所有的响应；将无关人员和参观者撤离，安置于安全区域，并清点所有现场人员；根据危险情况为场内应急响应人员和从场外到来的应急人员提供防护；采取行动缓解应急状态，包括请求场外援助；对控制室提供技术支持；启动场内技术支援中心、应急控制中心和厂址附件后备应急设施，扩大可用的应急力量；对事故的性质和后果进行评价，并采取相应的行动；通过指定的人员或自动的资料传输气象资料和剂量评价结果；根据已得到的电厂资料和预计的未来情况，提供预期的放射性释放量和剂量值；对核动力厂附近的场外实施监测。

当事故辐射后果影响或可能影响邻近省（自治区、直辖市）时，由地方应急组织负责按规定通报事故情况，并提出相应建议。

（侯杰编写，岳会国审阅）

参考文献

[1] 国家核安全局. 核安全导则汇编. 北京：中国法制出版社，1998.

[2] 李继开. 核事故应急响应概论. 北京：原子能出版社，2010.

[3] 国家环境保护总局核安全与辐射环境管理司. 核事故与辐射事故应急培训教程.

第 9 章 核事故后果评价技术

9.1 概述

9.1.1 评价的目的

核事故评价是应急准备的一部分，是实施应急计划的能力，同时也是应急响应的重要内容。核事故的发生会造成放射性污染物的释放或潜在释放，释放的污染物通过环境介质，如大气、水体等进行扩散进而对人产生放射性危害和损伤。核事故后果评价的目的就是为以适当和及时的方式进行干预提供依据以减轻事故的影响。一方面，为防止确定性健康效应（死亡和各种类型的健康损伤），在核事故引起的大规模（堆芯损伤）释放发生不久或者发生之前采取紧急防护行动，使急性照射剂量（外照和吸入）低于确定性效应的阈值；另一方面，通过食入控制和临时避迁及永久再定居来降低随机性效应（受照群体中的致死性或非致死性癌症以及该群体子孙后代中的遗传效应）的健康风险。

评价的目的具体包括：

1）了解事故的类别和规模；

2）对事故的后果进行估算及预测；

3）为采取应急防护措施的决策提供技术依据。

评价的内容不仅包括事故下的环境监测（见本书第 10 章），也包括对事故后果的模拟计算以及对监测和计算结果的分析及评价。评价活动贯穿应急响应行动的整个过程，并且可能在事故后仍会持续较长时间。

IAEA 和各国均对核设施的事故后果评价能力有明确要求。如美国联邦法规 10 CFR 50.47（b）（4），50.47（b）（8）和 50.47（b）（9）以及"生产和利用设施的应急计划与准备"的 IV.E.2 节中，要求每一个运行许可证或联合许可证的申请者描述其应对辐射应急的计划，这些计划必须包括用于确定放射性物质向环境的释放量以及持续地评价其影响的设备的规定；要求许可证持有者对气载放射性物质事故释放后的大气输送和扩散进行接近实时的持续性评价，为评价放射性物质向大气释放的放射性后果提供输入并有助于实施应急响应决策。在美国 NRC 的 NUREG-0654《制定和评价核动力厂辐射应急响应计划与准备的准则》中要求许可证持有者建立恰当的方法和设施对应急状态下实际和潜在的场外后果进行评价和监测。IAEA 安全丛书 No. 50-SG-06《营运机构对核动力厂事故的应急准备》、安全丛书 No. 86《核设施事故场外后果评价技术和决策》等均有对评价活动及评价设施的要求。

我国现行法规和导则中也有对放射性后果评价及决策的相关要求，如《核动力厂营运单位的应急准备和应急响应》（HAD 002/01—2010）在应急组织的职责及评价设施中都要求营运单位有能力对事故状态进行监测、诊断和预测，对场外事故后果进行预测和估算。

9.1.2　特征及影响因素

本节着重介绍后果评价的特征及其主要影响因素，内容限于评价向大气环境的事故性释放所导致的后果，因为向水环境的事故性释放在商用反应堆的总危险中的贡献较小，而且当发生这类事故时，对人的照射可能会有相当长时间的延迟。但这里所阐述的一般特征同样适用于评价向水环境的释放。

9.1.2.1　特征

1．时间特征

为制定不同类型的决策行动，一般将辐射应急过程划分为不同的时间阶段，早期、中期和晚期，具体参见 5.2.1.1 节相关内容。

根据这些时间段的划分，事故后果的评价随事故进展和释放情况在不同阶段也有所区别：

释放前阶段，初始评价要以在安全分析报告、应急计划等报告中所预先假想的典型源项及剂量的预期值为基础来判断。

事故早期阶段，要考虑来自核设施的直接外照射，也有来自烟云、地面上的沉积物、衣服和皮肤上的沉积物的外照射以及吸入烟云中的放射性物质产生的内照射。可根据烟羽弥散计算求得剂量预期值，此时可以以从设施所获取的数据、厂址当地的气象条件和后来有关的场外监测值为评价的基础。

烟羽释放期间，要基于核动力厂的工况和监测结果调整防护措施（实施防护措施，如碘片发放、隐蔽或撤离，也可能不得不在没有场外测量证实的情况下及时决定）。可以使用剂量率和吸入剂量与剂量率的比值来估算烟羽通过期间公众和工作人员的吸入剂量。注意：此时吸入的甲状腺剂量可能比外照剂量高上百倍或更高。

事故中期阶段，由于大部分释放已经结束，烟羽已经通过，所考虑的释放不只是惰性气体，此时已经有大量的放射性物质沉积于地面上，因此，在此阶段，主要考虑沉积于地面上的的外照射、由于食入直接或间接污染了的水和食物以及吸入从污染表面（例如地面、道路和建筑物）再悬浮的放射性物质造成的内照射。在烟羽通过后要通过评价确定出高沉积剂量率的区域并撤离。根据沉积照射率和核素浓度确定需要进行食入控制的区域和临时避迁的区域。

晚期阶段的评价主要照射途径是地面沉积放射性对人的外照射和人因食入污染的食品和水造成的内照射。与早期的评价不同，事故晚期要考虑地面的长期照射，而且是长寿命的放射性核素（如 ^{137}Cs、^{90}Sr）起主要作用。晚期的食入照射途径与事故中期也有所不同，事故中期的食品和水的污染主要是直接沉积引起的，而后期主要考虑在食物链中放射性物质从植物根部吸收等长期途径。此外，晚期阶段的评价还应包括对事故规模和进程更明确后的回顾性评价。

2．尺度特征

核事故后果评价的尺度，根据事故的类型、规模以及释放的特征，根据后果评价所应用的目的，所选择的评价范围是不同的。对核动力厂核事故的应急响应来说，在事故的早期阶段，评价的尺度一般是局地的，与应急计划区的范围大致相当，一般为十到几十公里的范围，评价结果主要为采取紧急防护行动提供依据，因此我国核设施的核事故应急评价系统的模拟范围一般如此，而在晚期阶段，则可能需要结合具体的污染情况考虑更大范围的一些长期途径所带来的剂量后果。

对一些放射性后果极为严重的核事故，如 1986 年 4 月的切尔诺贝利核电站事故、2011 年 3 月的日本福岛第一核电站核事故，由于释放量大（INES 7 级），造成了气载放射性物质在全球范围内的扩散，因此需要大尺度的长距离迁移模式进行评价。

而对其他不同的应用目的，如对控制室的可居留性进行分析时，由于控制室离源的距离较近，且受局地建筑物的影响较大，则需要考虑用尺度更小的，但更为精细的评价模式来评价。

3．应用特征

事故后果的评价应用于核设施的安全分析、环境影响评价以及应急准备及响应等不同方面，如：

①评价核设施的厂址可接受性和专设安全设施的充分性时，对设计基准事故导致放射性物质的潜在弥散及放射性后果进行保守评估；

②对控制室在假定的设计基准放射性事故和危险化学物质释放期间的可居留性进行保守评估，以论证控制室在事故条件下仍可维持居留性；

③对放射性物质事故释放后的大气输送和扩散进行评价，为实施应急响应决策提供依据；

④评价核设施引起的环境风险，对核动力厂事故谱的放射性物质潜在的弥散和放射性后果进行评价，也就是采用 PRA（概率危险评价）技术来评价各种潜在事故对公众造成的危险；

⑤对应急计划区的大小进行测算。

上述应用范围不同，评估模型和评价方法各不相同，所要满足的验收准则也各不相同。

目前，事故分析和后果评价的方法可归纳为确定论分析方法和概率安全分析（PSA）分析方法：

（1）确定论分析方法

确定论分析方法是核动力厂发展史上长期使用的一种方法。其基本思想是贯彻纵深防御的原则。除了将反应堆设计得尽可能安全可靠外，还设置了多重的专设安全设施，以便在一旦发生最大假象事故情况下，依靠安全设施将事故后果减至最低限度。在确定安全设施的种类、容量和响应速度时，需要一个参考的假象事故作为设计基础，然后用描述核动力厂物理过程的计算模型。确定论事故分析过程包括以下 4 个方面：

①确定一组设计基准事故；

②选择特定事故下的单一故障；

③确认分析所用的模型和核动力厂参量都是保守的；

④将最终结果与规定的验收准则相对照，确认安全系统的设计是充分的。

确定论的安全评价方法是迄今为止被广泛应用的一种成熟的评价方法，也是各国核安全当局批准的传统的安全评价方法。这种方法较为简便，评价也很快速。只是这种方法往往以多年实际应用的经验和一些保守的假设为基础，而许多假设又不太符合客观实际，因而得出的结果往往过于保守。

典型的确定论方法就是安全分析报告中对设计基准事故进行放射性评估。大气弥散条件的计算，一般利用整年的风向、风速、大气稳定度联合频率分布，得到不同距离边界上、不同时间段、各方向的相对空气浓度值（X/Q），为了满足保守评估的要求，取低超越概率的 X/Q 值来计算剂量后果（如美国 NRC 的 PAVAN）。

（2）概率安全分析（PSA）分析方法

概率安全分析（PSA）是以概率论为基础的风险量化评价方法。与传统的确定论安全分析方法相比，概率安全分析方法可较现实地反映核动力厂的实际状况，其分析对象不仅仅局限于设计基准工况，而是尽可能地考虑更广泛的事件谱，并对这些事件的进程进行全面的分析，并在此基础上对风险进行量化。已运行的核动力厂可能有成千上万种潜在事故，事故造成的危害用所有潜在事故后果的数学期望值来表示，这个数学期望值就是风险。按简单定义，风险就是后果与造成这种后果的事故发生频率的乘积。

按照研究的层次分类，PSA 通常分为 3 个级别。一级 PSA 的目的在于计算堆芯损坏频率（CDF）。堆芯损坏是指"反应堆堆芯裸露并被加热到预计会发生长期包壳氧化或严重的燃料损坏，且涉及的堆芯部分足以引起大的放射性释放"。二级 PSA 是在一级 PSA 分析结果的基础上，研究堆芯损坏后的事故进程及安全壳响应，评价各种放射性核素向环境的释放量及释放频率。三级 PSA 进一步研究放射性物质在环境中的扩散，估算其对公众健康和社会环境的影响。目前，详细的二级 PSA 和三级 PSA 尚未普遍开展，具体应用也较少。在实际应用中，与 CDF 并列使用的风险度量指标是早期大量释放频率（LERF），即"导致放射性核素在有效地疏散紧邻核动力厂的居民之前大量地、未被缓解地从安全壳向外界释放并造成早期健康影响的事故的频率"。

核动力厂在使用概率论方法对应急计划区进行测算时，应至少基于二级 PSA 的分析结果，但由于大多还处在研究当中，许多国家的应急计划都采用美国《反应堆安全研究》（WASH-1400）中用概率风险评价所得到的事故释放类别及其源项作为参考。表 9.1 和表 9.2 列出了《反应堆安全研究》中压水堆事故释放类别的定性描述和源项。

表 9.1　压水堆事故释放类的描述

释放类	事故描述
PWR1	熔融燃料与在压力壳内底部残存的水接触，发生蒸汽爆炸。安全壳喷淋和热量去除系统假定失效，蒸汽爆炸毁坏堆压力壳的上部和导致安全壳破坏，大量放射性可能在 10 min 以内以喷团的形式从安全壳中释放入大气环境
PWR2	堆芯冷却系统失效，堆芯熔化同时安全壳喷淋和热量去除系统失效。由于过压使安全壳屏蔽破坏。可能在大约 30 min 内以喷团的方式向环境释放大量放射性
PWR3	由于安全壳热量去除系统失效，导致安全壳过压破坏。在堆芯熔化开始之前，放射性去除系统能局部工作
PWR4	在失水事故以后，堆芯冷却系统和安全壳喷淋注入系统失效。安全壳系统不能很好地隔离，但安全壳再循环喷淋和热量去除系统能去除安全壳大气中的热量
PWR5	与 PWR4 类似。堆芯冷却系统失效，但安全壳喷淋注入系统能运行，进一步减少安全壳的温度和压力。安全壳未能很好地隔离，造成很大的泄漏率

释放类	事故描述
PWR6	由于堆芯冷却系统失效造成堆芯熔化。安全壳喷淋不运行，但安全壳屏障完好直到熔融堆芯熔穿安全壳混凝土底部，放射性物质进入地下，一部分经地面释放到大气中
PWR7	与 PWR6 类似，但安全壳喷淋投入运行减少安全壳内的压力和温度
PWR8	类似设计基准事故（大管道破裂），但安全壳未能在需要时很好地隔离。其他工程安全设施假定运行正常，堆芯没有熔化
PWR9	类似设计基准事故（大管道破裂），仅仅在燃料芯块之间的间隙中的放射性释入安全壳，堆芯不熔化，假定按最低限度需要的工程安全设施满意地投入运行，去除堆芯和安全壳中的热量

表 9.2　压水堆假想事故释放类汇总表[a]

释放类	发生概率/（1/R·a）	事故发生到开始释放的时间/h	释放持续时间/h	预计堆芯熔化到释放的时间/h	释放高度/m	释热率/（英热单位/h）	释放量占堆芯总量的份额							
							Xe-Kr	有机 I	I	Cs-Rb	Te-Sb	Ba-Sr	Ru[c]	La[d]
PWR1	9×10^{-7b}	2.5	0.5	1.0	25	20 和 520[b]	0.9	6×10^{-3}	0.7	0.4	0.4	0.05	0.4	3×10^{-3}
PWR2	8×10^{-6}	2.5	0.5	1.0	0	170	0.9	7×10^{-3}	0.7	0.5	0.3	0.06	0.02	4×10^{-3}
PWR3	4×10^{-6}	5.0	1.5	2.0	0	6	0.8	6×10^{-3}	0.2	0.2	03	0.02	0.03	3×10^{-3}
PWR4	5×10^{-7}	2.0	3.0	2.0	0	1	0.6	2×10^{-3}	0.09	0.04	0.03	5×10^{-3}	3×10^{-3}	4×10^{-4}
PWR5	7×10^{-7}	2.0	4.0	1.0	0	0.3	0.3	2×10^{-3}	0.03	9×10^{-3}	5×10^{-3}	1×10^{-3}	6×10^{-4}	7×10^{-5}
PWR6	6×10^{-6}	12.0	10.0	1.0	0	无	0.3	2×10^{-3}	8×10^{-4}	8×10^{-4}	1×10^{-3}	9×10^{-5}	7×10^{-5}	1×10^{-5}
PWR7	4×10^{-5}	10.0	10.0	无	0	无	6×10^{-3}	2×10^{-3}	2×10^{-5}	1×10^{-5}	2×10^{-5}	1×10^{-6}	1×10^{-6}	2×10^{-7}
PWR8	4×10^{-5}	0.5	0.5	无	0	无	2×10^{-3}	5×10^{-6}	1×10^{-4}	5×10^{-4}	1×10^{-6}	1×10^{-8}	0	0
PWR9	4×10^{-4}	0.5	0.5	无	0	无	3×10^{-6}	7×10^{-9}	1×10^{-7}	6×10^{-7}	1×10^{-9}	1×10^{-11}	0	0

注：a. 本表取自美国《反应堆安全研究》（WASH-1400）；

　　b. 释放类型 PWR1 分成两种不同能量释放类型 PWR1A 和 PWR1B：PWR1A 概率为每堆年 4×10^{-7}，释热率为 5.86×10^{3} kW（20×10^{6} 英热单位/h）；PWR1B 概率为每堆年 5×10^{-7}，释热率为 1.52×10^{5} kW（520×10^{6} 英热单位/h）；

　　c. 包括 Mo、Rh、Tc、Co、Ru；

　　d. 包括 Nd、Y、Ce、Pr、La、Nb、Am、Cm、Pu、Np、Zr。

　　上述为对事故源项的概率安全分析。而一次假想的放射性物质释放所造成的后果也随当时的条件，特别是主导气象条件、公众所处位置与生活习惯等的不同而有很大差异。例如，就位于沿海设施而言，释放的放射性物质向内陆弥散与吹向海洋的后果是完全不同的。因此在评价事故风险时，释放及其可能造成的后果二者都必须以概率基本结构进行处理。在计算过程中将获得放射性浓度、辐射剂量、健康效应、受防护措施影响的面积和人数、经济代价等主要结果，每一类都与相应的发生频率相关联，其结果形式一般是分类频率分布和补余累积频率分布（CCFD）。一系列事故后果概率评价程序已在不同国家开展，其中应用较为广泛的程序有美国的 CRAC 系列（后来被 MACCS 取代）、CRACIT、UFOMOD、MARC 等。

9.1.2.2 评价的影响因素

会影响评价结果的主要因素：

1. 源

下列源的特征对事故后果会产生重要影响：

（1）源的类型

不同的释放源的类型，如核动力堆、研究堆以及燃料循环设施等，由于可能发生事故的工况各不相同，因此所造成的后果及影响范围也不同。对核动力厂的释放源项主要来自堆芯损伤后放射性物质通过安全壳的泄漏、旁路、蒸汽发生器传热管破裂等途径进入环境。而对燃料循环设施主要考虑 UF_6 事故、铀氧化物的起火或爆炸事故、临界事故等，且除辐射后果外还要对其化学毒性进行评价。

（2）源的规模

事故的规模主要取决于放射性物质释放到环境中的数量。可能的释放大小或者实际的释放大小，是评价过程中首先要回答的问题。一开始，只能作推测性的回答，这通常以核动力厂状况所提供的信息为基础或者对预先分析的假想参考事故按新的信息进行修正作出初步推测。随着评价工作的进行，依据场外的监测结果，对释放量和场外后果的估计会越来越精确。

（3）放射性核素的组成及核素的形态

各种放射性核素的相对比例，特别是长寿命和短寿命核素的相对数量之所以重要，一是各种核素对人体的"毒性"不同；二是在事故不同阶段，对后果有影响的核素不同。在事故早期，对后果有影响的主要是惰性气体、挥发性核素等；在事故中期和晚期，对后果有影响的主要是长寿命放射性核素。另外，气体、挥发性核素、气溶胶和颗粒物的相对比例也是一个影响因素。这些不同形态的放射性物质在环境中的行为和对人体的照射途径不同。

此外，如果这些放射性物质释放持续时间比较长，这些释放的性质可能随时间而变化。

1995 年 NRC 出版了《轻水堆核动力厂事故源项》（NUREG-1465），考虑了自 TID-14844 发布以来关于裂变产物释放的新资料。对于一个严重的堆芯熔化事故，该报告提供了释放到安全壳的更现实的估算源项，详细给出了源项的释放时段、核素类型、释放量和化学形态。表 9.3 为 NUREG1465 给出的源项核素的修订表。其中对碘的化学形态的考虑也由 TID-14844 的以元素碘为主变为以 CsI 气溶胶形态的放射性碘为主，这些都对评价结果带来影响。

对非轻水堆的污染类事故，为了确定合适的防护行动，控制应急人员的应急照射、评价环境数据必须确认同位素的组成。对某些同位素如 Pu，其烟羽和再悬浮所致的吸入剂量可能对早期健康效应造成威胁，虽然其外照剂量可能很低。

（4）源的释放时间和释放持续时间

预计的或实际的释放时间和持续时间，对决策是十分重要的。如果释放还没有开始，或者释放被暂时推迟或中断，应该向决策人员提供可能还有多少时间开始释放或者重新开始释放的情况。进行这种估计，要以对该核设施预先分析的事故情景和当时实际的或预计的工况为依据。

表 9.3　核素分类表

序号	标题	核素
1	惰性气体	Xe、Kr
2	卤素元素	I、Br
3	碱金属	Cs、Rb
4	锑族元素	Te、Sb、Se
5	钡、锶	Ba、Sr
6	惰性金属	Ru、Rh、Pd、Mo、Tc、Co
7	镧系元素	La、Zr、Nd、Eu、Nb、Pm、Pr、Sm、Y、Cm、Am
8	铈族元素	Ce、Pu、Np

从确认事故开始到出现放射性物质向大气释放之间的时间间隔是重要的。如果这段时间很短，那么在发生释放之前就不可能采取什么措施。一般地说，大型核设施（如动力堆），有完善的安全系统，大多数情况下，发生非控释放之前会有一段延迟时间。这段延迟时间可能从 0.5 h 到 1 d，也可能更长。

释放的持续时间是变化的，可以从几分钟到几天。一般而言，对于持续几个小时的释放来说，可以预期释放的最主要部分发生在第一个小时。其他情况下，当释放的时间可能延长、可能持续几天时，多数放射性会在第一天释放出来，释放可能有峰值，峰值出现的时间间隔是不同的，很难进行预测。如果持续时间很长，可能会发生气象条件的改变，如风向、风速的改变，这会影响到对公众剂量的评估。

表 9.4 为 IAEA 给出的有关释放时间的指南。

表 9.4　有关释放开始和释放期间的指南

由事件开始到大气释放开始的时间	0.5 h～1 d
放射性物质可能连续释放的时间	0.5 h～几天
主要释放部分可能出现的时间	释放开始后 0.5 h～1 d
释放物迁移到照射点的时间	8 km：0.5～2 h
（释放后的时间）	16 km：1～4 h

一般在评价中要确定用于确定释放源项所需输入的事故进程相关时间，对核电厂来说，典型的事故进程相关时间有停堆时间、放射性物质释放到安全壳的时间、释放到环境的时间、释放结束的时间等。

2. 放射性物质在环境介质中的输送及扩散特性

除了源项物质的物理和化学特性外，还有许多环境因素可以确定事故在环境中扩散的范围及后果。

一旦放射性气体成气溶胶从而成为气载物，它的飘移和弥散方式就由其本身的物理性质和其进入的环境大气性质所决定。见图 9.1。

进入大气的污染物具有一定的速度和温度，通常与周围大气的速度和温度不同。由于温差和垂直速度的作用，污染物有一个垂直方向的运动分量，这种向上的抬升称为烟羽抬升，它使释放点的有效高度发生变化。

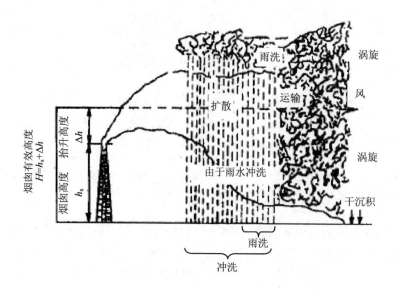

图 9.1 放射性物质在环境介质中的输送及扩散

在烟羽抬升以后，污染物随风运动，称为"输送"，大气湍流运动引起污染物的随机运动，使污染物与空气混合，在水平和垂直方向扩展，这一过程叫"大气扩散"。输送和扩散合在一起称为"大气弥散"。计算污染物的弥散条件和稳定度类别等与表征大气混合能力的湍流指标关系密切。

在障碍物，如建筑物和构筑物附近，污染物的轨迹由于气流变形而受到影响。不同下垫面及地形条件的厂址，如沿海厂址、内陆厂址，受局地机械及热力作用的影响在输送扩散条件方面差异较大。

此外，污染物在经过烟羽抬升、输送和扩散的同时，还要经历下述过程：

（1）放射性衰变及其子体的累积

（2）湿沉积

雨洗或雪洗（汽或气溶胶被云中的水滴或雪清洗，作为降水落下）；

冲洗（在雨云下的汽或气溶胶被落雨消洗）；

雾洗（汽或气溶胶被雾中的水滴清洗）。

（3）干沉积

气溶胶的沉淀或重力沉降（粒子直径大于 10 μm）；

在飘移途中气溶胶碰撞在障碍物上以及汽和气体吸附在障碍物上。

（4）气溶胶的形成和聚结

（5）表面沉积物质的再悬浮

在进行后果估算时，这些过程大都能以数学形式表示并纳入计算模式之中。

3. 与人口有关的因素

影响事故后果的人口特征因素，主要有：

（1）离事故释放源不同距离及方位的人口的分布情况；

（2）人口的年龄组成（受相同剂量照射的年轻人比老年人出现辐射晚发效应的可能性大）；

（3）所居住建筑物的屏蔽因子；

（4）公众教育状况。

4．应急准备的情况及应急响应措施的实施情况

应急准备是否充分，如应急设施是否正常启动运行、应急人员是否训练有素、应急物资是否到位等，直接决定了应急响应活动的有效性。而应急状态下，一个最主要的因素就是干预时机的选择。如果在任何放射性释放进入环境之前，或任何放射性到达某给定位置或区域之前，防护措施能够充分实施，就能实现完全避免剂量。在某些情形下，特别是很快发生的事故，通过防护措施的实施可以有效减少剂量。因此，启动和实施干预的速度通常是确保减轻事故后果的重要因素。

本章后面小节的内容将从实用角度出发，重点介绍 PWR 核动力厂和燃料循环设施的核事故早期和中期应急响应期间的后果评价相关问题。

9.2 评价的步骤

目前，国际上已有不少先进的用于核电厂和核设施应急响应的事故辐射后果预测和估算的评价程序。一般来说，对核电厂事故剂量后果的预测需要三个基本步骤：

1）预测从电厂释放的放射性物质数量和释放时间，即源项；

2）预测烟羽的移动，即大气弥散过程，它包括气象场和放射性核素浓度场的计算；

3）预测烟羽所致剂量和剂量造成的健康效应。见图 9.2。

因此，几乎所有的事故后果的计算模式，不管是复杂的还是简单的，都由这三大基本模块组成。但在事故发生的不同阶段，由于评价的目的和内容的不同，对后果评价模式的复杂程度和参数选取的要求也不相同。

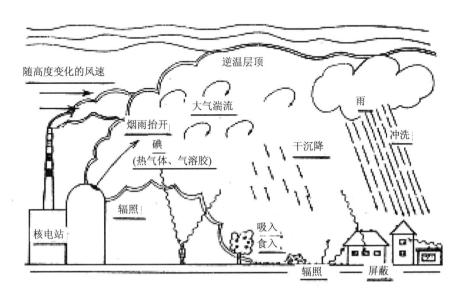

图 9.2 放射性烟羽所致剂量途径

9.2.1 源项

对"源项",不同出版物给出定义各有不同,有的认为,释放物质的特性为"源项",包括每一种放射性核素的释放量、释放物质的物理和化学形态、释放的持续时间和释放的热含量以及其他一些参量;而针对在核电站发生的核事故时,"源项"指释放出来的裂变产物的数量,是估计事故对个人和环境造成的后果的一个基本参数,是指在一个严重事故中,裂变产物释放到安全壳内的时间、进入安全壳内的数量、种类和形式,以及这些裂变产物悬浮在安全壳内空气中时的行为。国际原子能机构有关辐射防护术语的安全导则中将源项定义为:放射性物质从一给定的源中实际的或潜在的释放情况,包括释放的成分、数量、释放率和释放方式。有文献认为,在这个定义中,实际包括两种不同的情况:实际的释放和潜在的释放。实际的释放叫"事故释放源",潜在的释放才叫"源项"。后一种源项的定义为:在假想的严重事故以后,放射性物质释放到环境中的数量、释放随时间的变化和特征;这个源项是由故障树分析,有关材料、系统和核动力厂行为的数据以及用于安全研究的假设、管理要求和概率风险评价综合计算得到的。本书将不严格区分是安全壳内的核素行为还是释放入环境的放射性量以及是潜在还是实际的释放源,将其统称为"源项",但在应用中会具体加以明确。

9.2.1.1 核动力厂事故源项

1. 堆芯损伤评价的步骤

应急状态下对核动力厂事故源项的确定来源于对堆芯损伤的判断,裂变产物的释放途径以及可能由工程安全设施所带来的削减因子(如喷淋或过滤等),从而确定出进入环境的释放源项。此外,还可以依据反应堆内、安全壳内等关键位置处的仪表的辐射监测数据等进行估算。但应注意做这种估算时不要仅依据一个仪表的读数。因为严重事故期间,堆芯损伤行为和裂变产物在堆芯、一回路冷却剂系统、安全壳大气中的行为非常复杂。

堆芯损伤评价是一个持续的过程,评价人员必须不断跟踪堆芯的变化情况,不断更新堆芯损伤评价的结果。以下所列为一个大概的步骤:

步骤1:评价堆芯可能已经裸露的关键安全功能指标的状态

评价关键安全功能的状态要关注以下问题,如果任一关键安全功能不能满足或者降级,则认为堆芯可能裸露,则执行步骤2和步骤3:

(1)核动力厂是否已经进入次临界(停堆)?如何确认?

(2)堆芯现在是否仍未裸露,能持续多长时间不裸露?如何确认?

(3)进入到主回路和二次侧的水量是否足够带走衰变热?

(4)衰变热是否能被带到环境中?如何确认?

(5)重要辅助设施的状态如何?直流电源和交流电源的状态如何?

步骤2:监测堆芯可能马上就要裸露的指标

可考虑以下指标:

(1)堆芯出口热电偶读数(CET)和主冷却系统压力,可用于判断堆芯是否裸露。

(2)压力容器内水位指示系统,也可用于判断堆芯的可能裸露。水位的降低说明没有充足的注入水量来淹没堆芯。但水位的指标主要应用于对趋势的判断,因为在事故工况下监测值一般有较大的不确定性。在堆芯损伤后，水位指示系统就不再可靠了。

步骤 3：如果裸露对堆芯损伤做出预测，给出评价的结果及防护措施

如果堆芯预计要裸露（步骤 1）或者有指征表示即将裸露（步骤 2），则要确定预计的时间：

（1）从燃料棒气隙释放的时间；

（2）压力容器内堆芯熔化的时间。

进行关键安全功能的评价、堆芯状态的评价，进行预期后果的计算及早期防护行动的建议，而不能等待堆芯损伤确认后再进行。

步骤 4：对辐射水平进行监测，确认并评估堆芯的损伤状态

如辐射仪表（如安全壳内）探测到辐射水平剧烈的增加（量级水平的），则可以证实堆芯已经损伤。但要考虑以下可能性：

（1）旁路监测器的释放；

（2）受其他源的干扰；

（3）监测区域可能无法代表整个安全壳；

（4）错误地考虑屏蔽和其他设计因素；

（5）探测仪表失效；

（6）仪表误读。

再次评价步骤 3 中的内容。

步骤 5：继续进行损伤评价

堆芯裸露后，使用可能的信息继续评价堆芯的损伤情况。

完成以上步骤需要对水量注入、欠热度余量、堆芯裸露、冷却剂浓度以及安全壳内的氢浓度等做出评价。

2．堆芯损伤评价方法学及严重事故分析程序

目前较为常用的堆芯损伤评价方法及程序：

（1）堆芯损伤评价导则（CDAG）

《Core Damage Assessment Guidance》（简称 CDAG）是美国西屋公司针对西屋公司压水堆研究的堆芯损伤评价方法。1996 年经美国 NRC 批准的西屋公司堆芯损伤评价导则（CDAG）是在 1984 年西屋公司堆芯损伤评价方法《Post Accident Core Damage Assessment Methodology》（PACDAM）基础上修订的，但两者采用不同的评价方法。西屋公司对 PACDAM 进行修订的原因主要是：该方法依赖于放射核素取样来测量反应堆冷却系统和安全壳内某些特定裂变产物同位素的浓度，并采用反应堆内辅助装置来确认堆芯损伤状态。由于取样的延时性不能反映裂变产物最新的状态，特别是裂变产物和氢气在反应堆冷却剂系统与序列相关的特性，也不能反映裂变产物在安全壳内的沉降以及在取样管线中的积累和降解，因此不能有效地支持应急响应决策。修订后得到的 CDAG 适用于堆芯降解瞬态过程和堆芯损伤严重事故成功结束后的准稳定状态。它基于反应堆的固定装置来诊断堆芯损伤的存在和评价堆芯损伤程度，可以提供更及时准确的堆芯损伤评价。

CDAG 中堆芯损伤级别分为：无堆芯损伤、燃料包壳损伤燃料过热损伤。无堆芯损伤是指燃料包壳是完整的，裂变产物的释放是由于燃料棒先前存在的缺陷；燃料包壳损伤是

部分燃料包壳已经失效，使裂变产物从包壳间隙释放进入反应堆冷却系统；燃料过热损伤是指燃料芯块达到了可以使裂变产物从燃料芯块中快速释出并释放到反应堆冷却系统的温度。CDAG 首先利用堆芯出口热电偶（CET）和安全壳辐射剂量率监测（CRM）获取两个主要测量参数和反应堆冷却剂压力以及安全壳喷淋系统状态推导出堆芯损伤的级别和损伤份额，再利用辅助装置测量参数来证实堆芯损伤状态的存在，这些辅助参数主要是：一回路热段温度、反应堆压力容器水位、源量程计数率监测、安全壳氢气浓度。

图 9.3 为堆芯损伤评价导则执行的流程图。CDAG 的第一步是判断堆芯损伤的级别。这些判断基于堆芯出口热电偶（CET）和安全壳辐射剂量率监测（CRM）指示。若堆芯无损伤，则继续监测。第二步是利用 CET 和 CRM 来评价堆芯损伤的程度，对于燃料包壳损伤和燃料过热损伤分别采用公式来计算堆芯损伤程度。第三步通过辅助装置的响应证实堆芯燃料包壳损伤状态的存在。要把确定的堆芯损伤评价结果报告给厂内应急计划规定的应急响应机构或负责人员，以采取适当的保护措施。

需要说明的是，CDAG 给出的结果是堆芯损伤评价，即损伤份额的评估，并没有估算具体的释放源项。但其结果可以作为后续源项估算的基础。

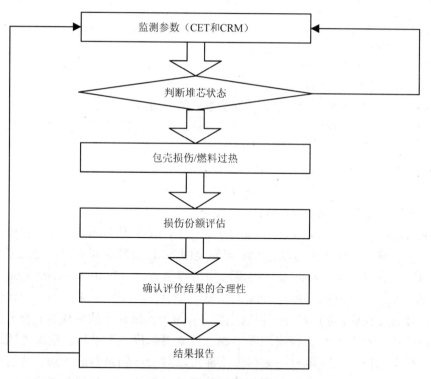

图 9.3　堆芯损伤评价导则执行流程

（2）MELCOR 程序

MELCOR 程序是在美国 DOE 支持下，由圣地亚国家实验室为美国核管理机构开发的一套集成的工程应用程序。MELCOR 是在 STCP 的基础上开发的一个完整的第二代系统性程序，为克服其某些限制，重写了两部分代码，一是裂变核素释放到环境的系统反应，二是泄漏的后果。其中严重事故进程与源项部分程序称为 MELCOR，相关后果部分程序称为 MACCS。

　　MELCOR 程序能模拟轻水堆严重事故进程的主要现象，并能计算放射性核素的释放及其后果。作为核事故评价专家诊断和源项分析系统，也可作为 PSA 风险评价工具，广泛应用于沸水堆和压水堆核电站严重事故分析。

　　MELCOR 的大部分模型是机理性的，且已经过验证，带有可调参数，在一定范围内可作不确定性与敏感度分析。MELCOR 模拟范围包括：反应堆冷却剂系统的热工水力学性能；安全壳与厂房的热工水力响应；热构件的热工学响应、堆芯的升温与降解、堆腔室反应（包括熔融堆芯-混凝土反应）；氢气的产生、迁移、燃烧；裂变产物的释放、迁移与沉积；工程安全措施对热工水力行为和裂变产物行为的影响等。

　　（3）SESAME 程序

　　SESAME 程序由法国核安全与辐射防护研究院（IRSN）开发而成。该系统利用获取的实时监测参数以及电站固有的运行和设计参数，对反应堆机组的状态进行分析、诊断和预测，及时地对可能或已经发生的气载放射性释放源项进行分析和计算。其计算流程见图 9.4。

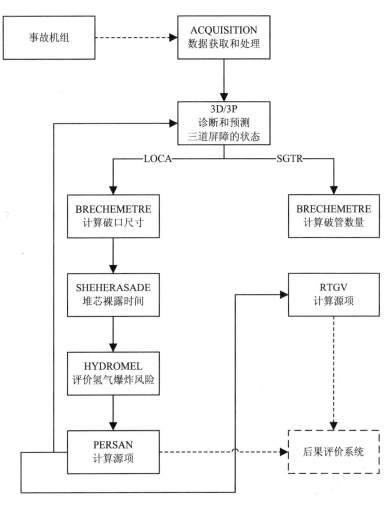

图 9.4　SESAME 程序构架

发生事故后，SESAME 系统通过 ACQUISITION 模块实时获取事故机组的状态参数（100 个重要机组参数），并将其归类，进行处理，显示成便于用户查询和比较的形式。专家利用这些参数以及反应堆系统和运行特性参数并考虑操纵员对机组运行的干预行动，使用 3D/3P 方法，对事故类型做出判断，对反应堆三道屏障的状态给出诊断与预测，SESAME 程序考虑了两类事故序列，即蒸汽发生器传热管破裂事故（SGTR）和一回路破口事故（LOCA）。在 LOCA 情况下，利用 BRECHEMETRE 模块进行破口尺寸的计算，使用 SHEHERASADE 模块预测堆芯裸露的时间，利用 HYDROMEL 模块预测氢气燃烧的风险，并预测出氢爆炸后安全壳内达到的压力和温度的峰值，利用 PERSAN 模块预测燃料包壳破裂和堆芯熔化的预期时间，并计算出释放到环境中的放射性量。在 SGTR 情况下，利用 BRECHEMETRE 模块计算发生断裂的蒸汽发生器传热管数量，再利用 RTGV 模块计算释放到环境中的放射性量。

此外，目前国际上核安全界常用的严重事故分析程序主要还有：

（1）系统性程序：STCP（分成四部分：MARCH3、TRAP-MELT3、VANESA 与 NAUA/SPARC/ICEDF），ASTEC，MAAP，THALE，ESTE，JASMINE，MACRES，MAPLE 等；

（2）机理性程序：SCDAP/RELAP5，CONTAIN，VICTORIA，CATHARE/ICARE，GASFLOW 等。

3．源项估算方法

上述程序及方法，有些可以直接给出释放到环境中的放射性量，有些只能给出对堆芯状态的诊断结果。在进行后果计算时，需要了解向环境的释放源项中不同核素的组成、释放量以及释放的时间进程。严重事故期间，堆芯损伤行为和裂变产物在堆芯、一回路冷却剂系统、安全壳大气中的行为相当复杂，虽然目前已有很多大型程序能针对特定的严重事故进行状态模拟和源项估算。但严重事故期间堆芯和裂变产物行为受多种因素制约，程序难以完全准确地反映实际情况。因此，对于事故应急的早期阶段，特别是在潜在的大量放射性释放发生之前和开始释放后的较短期间内，由于所能获得的用于辐射后果预测或估算的信息（主要是指用于确定释放源项的信息和用于估计大气弥散的气象信息）极为有限且其不确定度较大，加之要求做出预测和估算时间上的紧迫性，故对事故辐射后果预测和估算程序还应满足以下三项主要要求：现实可行、操作简便和快速。

由美国核管会组织开发的 RASCAL（The Radiological Assessment System for Consequence Analysis）系列（RASCAL 1.0、RASCAL 2.0、RASCAL 3.0、RASCAL 4.0）的程序除可以满足上述三项主要要求外，对源项估算的方法还具有多样性的特点，涵盖了基于堆芯状态、基于安全壳辐射水平、基于一回路冷却剂水平等多种源项判断方式，因此这里对其源项估算方法重点加以介绍。应急情况下可以使用以下方法及公式快速计算出源项。

（1）计算所需的核动力厂参数

1）堆芯积存量

对于基于堆芯损伤状态来判断的源项，积存量是非常重要的参数，一般来说，运行核动力厂的设计文件中均有详细的积存量信息。为便于读者参考，表 9.5 提供了典型的归一化堆芯积存量，该表使用点燃耗程序 ORIGEN-S 计算放射性核素的时间变化浓度。

计算假设燃耗为 38 585 MW·d/tU 的单一燃料组件。堆芯包含 193 个组件，功率水平为 3 479 MWt，燃料丰度为 4.0 Wt% ^{235}U。表中不含半衰期小于 10 min 的核素。短半衰期的子体被包含进其长半衰期母体中。

由于燃耗不同，对半衰期超过 1 年的核素的积存量需进行燃耗的调整。

表 9.5　典型的归一化的堆芯积存量表

核素	堆芯积存量/（Ci/MWt）	核素	堆芯积存量/（Ci/MWt）	核素	堆芯积存量/（Ci/MWt）
^{139}Ba	4.74×10^4	^{141}La	4.33×10^4	^{127}Te	2.36×10^3
^{140}Ba	4.76×10^4	^{142}La	4.21×10^4	^{127m}Te	3.97×10^2
^{141}Ce	4.39×10^4	^{99}Mo	5.30×10^4	^{129}Te	8.26×10^3
^{143}Ce	4.00×10^4	^{95}Nb	4.50×10^4	^{129m}Te	1.68×10^3
^{144}Ce*	3.54×10^4	^{147}Nd	1.75×10^4	^{131m}Te	5.41×10^3
^{242}Cm	1.12×10^3	^{239}Np	5.69×10^5	^{132}Te	3.81×10^4
^{134}Cs	4.70×10^3	^{143}Pr	3.96×10^4	^{131m}Xe	3.65×10^2
^{136}Cs	1.49×10^3	^{241}Pu	4.26×10^3	^{133}Xe	5.43×10^4
^{137}Cs*	3.25×10^3	^{86}Rb	5.29	^{133m}Xe	1.72×10^3
^{131}I	2.67×10^4	^{105}Rh	2.81×10^4	^{135}Xe	1.42×10^4
^{132}I	3.88×10^4	^{103}Ru	4.34×10^4	^{135m}Xe	1.15×10^4
^{133}I	5.42×10^4	^{105}Ru	3.06×10^4	^{138}Xe	4.56×10^4
^{134}I	5.98×10^4	^{106}Ru*	1.55×10^4	^{90}Y	2.45×10^3
^{135}I	5.18×10^4	^{127}Sb	2.39×10^3	^{91}Y	3.17×10^4
^{83m}Kr	3.05×10^3	^{129}Sb	8.68×10^3	^{92}Y	3.26×10^4
^{85}Kr	2.78×10^2	^{89}Sr	2.41×10^4	^{93}Y	2.52×10^4
^{85m}Kr	6.17×10^3	^{90}Sr	2.39×10^3	^{95}Zr	4.44×10^4
^{87}Kr	1.23×10^4	^{91}Sr	3.01×10^4	^{97}Zr*	4.23×10^4
^{88}Kr	1.70×10^4	^{92}Sr	3.24×10^4		
^{140}La	4.91×10^4	^{99m}Tc	4.37×10^4		

注：*表示包含了该核素的短寿命子体。

2）冷却剂

有些事故的计算会用到冷却剂活度。表 9.6 为正常冷却剂的核素浓度，取自美国 ANSI/ANS 18.1—1999。

表9.6　冷却剂中的核素浓度

核素	压水堆冷却剂/（Ci/g）	沸水堆冷却剂/（Ci/g）	核素	压水堆冷却剂/（Ci/g）	沸水堆冷却剂/（Ci/g）
^{110m}Ag*	1.30×10^{-9}	1.00×10^{-12}	^{95}Nb	2.80×10^{-10}	0.00
^{140}Ba	1.30×10^{-8}	4.00×10^{-10}	^{63}Ni	0.00	1.00×10^{-12}
^{84}Br	1.60×10^{-8}	0.00	^{239}Np	2.20×10^{-9}	8.00×10^{-9}
^{141}Ce	1.50×10^{-10}	3.00×10^{-11}	^{32}P	0.00	4.00×10^{-11}
^{143}Ce	2.80×10^{-9}	0.00	^{88}Rb	1.90×10^{-7}	0.00
^{144}Ce*	4.00×10^{-9}	3.00×10^{-12}	^{89}Rb	0.00	5.00×10^{-9}
^{58}Co	4.60×10^{-9}	1.00×10^{-10}	^{103}Ru	7.50×10^{-9}	2.00×10^{-11}
^{60}Co	5.30×10^{-10}	2.00×10^{-10}	^{106}Ru*	9.00×10^{-8}	3.00×10^{-12}
^{51}Cr	3.10×10^{-9}	3.00×10^{-9}	^{89}Sr	1.40×10^{-10}	1.00×10^{-10}
^{134}Cs	3.70×10^{-11}	3.00×10^{-11}	^{90}Sr	1.20×10^{-11}	7.00×10^{-12}
^{136}Cs	8.70×10^{-10}	2.00×10^{-11}	^{91}Sr	9.60×10^{-10}	4.00×10^{-9}
^{137}Cs*	5.30×10^{-11}	8.00×10^{-11}	^{92}Sr	0.00	1.00×10^{-8}
^{138}Cs	0.00	1.00×10^{-8}	^{99m}Tc	4.70×10^{-9}	0.00
^{64}Cu	0.00	3.00×10^{-9}	^{129}Te	2.40×10^{-8}	0.00
^{55}Fe	1.20×10^{-9}	1.00×10^{-9}	^{129m}Te	1.90×10^{-10}	4.00×10^{-11}
^{59}Fe	3.00×10^{-10}	3.00×10^{-11}	^{131}Te	7.70×10^{-9}	0.00
^{3}H	1.00×10^{-6}	1.00×10^{-8}	^{131m}Te	1.50×10^{-9}	1.00×10^{-10}
^{131}I	2.00×10^{-9}	2.20×10^{-9}	^{132}Te	1.70×10^{-9}	1.00×10^{-11}
^{132}I	6.00×10^{-8}	2.20×10^{-8}	^{187}W	2.50×10^{-9}	3.00×10^{-10}
^{133}I	2.60×10^{-8}	1.50×10^{-8}	^{131m}Xe	7.30×10^{-7}	3.30×10^{-12}
^{134}I	1.00×10^{-7}	4.30×10^{-8}	^{133}Xe	2.90×10^{-8}	1.40×10^{-9}
^{135}I	5.50×10^{-8}	2.20×10^{-8}	^{133m}Xe	7.00×10^{-8}	4.90×10^{-11}
^{83m}Kr	0.00	5.90×10^{-10}	^{135}Xe	6.70×10^{-8}	3.80×10^{-9}
^{85}Kr	4.30×10^{-7}	4.00×10^{-12}	^{135m}Xe	1.30×10^{-7}	4.40×10^{-9}
^{85m}Kr	1.60×10^{-8}	1.00×10^{-9}	^{138}Xe	6.10×10^{-8}	1.50×10^{-8}
^{87}Kr	1.70×10^{-8}	3.30×10^{-9}	^{91}Y	5.20×10^{-12}	4.00×10^{-11}
^{88}Kr	1.80×10^{-8}	3.30×10^{-9}	^{91m}Y	4.60×10^{-10}	0.00
^{140}La	2.50×10^{-8}	0.00	^{92}Y	0.00	6.00×10^{-9}
^{54}Mn	1.60×10^{-9}	3.50×10^{-11}	^{93}Y	4.20×10^{-9}	4.00×10^{-9}
^{56}Mn	0.00	2.50×10^{-8}	^{65}Zn	5.10×10^{-10}	1.00×10^{-10}
^{99}Mo	6.40×10^{-9}	2.00×10^{-9}	^{95}Zr	3.90×10^{-10}	8.00×10^{-12}
^{24}Na	4.70×10^{-8}	2.00×10^{-9}			

注：* 表示包含了该核素的短寿命子体。

　　在稳态条件下，碘和其他裂变产物可能从包壳破损的燃料棒逃逸出来进入冷却剂系统。由于燃料棒中的内部压力和燃料棒外冷却剂的压力在稳态下是平衡的，因此逃逸率是低的。进入冷却剂中的裂变产物不断被冷却剂净化系统清除，因此平衡浓度处于较低的水平。

　　然而，如果反应堆瞬态引起冷却剂系统的压力迅速降低，从燃料棒的逃逸率会增长引起冷却剂浓度临时升高（或称"尖峰"）。也有认为冷却剂会通过包壳的破损进入燃料棒。

如果反应堆冷却剂压力骤降，水会滤掉沉积在包壳内表面的碘和铯盐，在瞬态期间逃逸出来的碘和铯增加。

计算"尖峰"冷却剂的积存量，可假设冷却剂中卤素（碘）和碱金属（铯）的浓度通过乘以峰值因子来增加。

3）反应堆冷却剂系统的水装量

可以从核动力厂的技术规格书中得到反应堆冷却系统的水装量。

4）反应堆安全壳空气体积

可以从核动力厂的设计报告中获取安全壳空气体积。

5）反应堆功率水平

6）燃料燃耗

7）堆芯中的组件数

8）设计压力

设计压力取自核动力厂的设计报告。估算时可以比较实际安全壳压力和设计压力来确定实际的泄漏率是否接近或低于设计泄漏率。

9）设计泄漏率

设计泄漏率取自核动力厂的设计报告。

10）PWR 蒸汽发生器水装量

（2）源项类型

这里的源项指的是每一种核素进入环境随时间变化的活度。计算源项的基本方法将核动力厂划分为若干库室，计算进入每个库室的活度和移出每个库室的活度。

例如，考虑 PWR 停堆后的失水事故，燃料破损后核素进入安全壳，然后进入环境。第一个库室就是燃料。先计算从燃料棒到安全壳大气的释放。燃料的核素积存量会由于核素衰变和进入安全壳大气而被耗减。此外，燃料中的某些核素还会由于其母体的衰变而增长。第二个库室是安全壳。进入安全壳的活度是从燃料释放的活度，从安全壳大气移出的过程有放射性衰变、去除过程（喷淋等）、向环境的泄漏。

下面是各种事故类型下源项的计算方法。

1）基于堆芯裸露时间的源项

核动力厂的放射性物质都包容在燃料棒中的。除非燃料棒被显著损伤否则不可能有大规模的放射性释放。导致其发生的唯一方式是主冷却剂系统失水，这样堆芯就会裸露。如果能估算出堆芯多长时间会裸露，就能估算出堆芯损伤的程度，从而得到从堆芯释放出来的每种裂变产物的活度。

如果能指定堆芯的裸露时间，则可根据表 9.7 估算堆芯损伤的份额。该表取自NUREG-1465 的压水堆堆芯积存量的释放份额。

使用该表时应注意：表中的份额是特定时段的，不是累积的。因此，在压力容器熔穿阶段中堆芯积存量的总的释放份额应是包壳失效、堆芯熔化和压力容器熔穿三个阶段的释放份额之和。需要强调的是，表中的数据只是一种典型的堆熔事故的代表，释放份额不能包络所有的潜在严重事故序列或代表任一特定的严重事故序列。然而，表中的时段划分基于可能导致最早期燃料失效的事故序列，其本质上是基于满功率运行和没有应急堆芯冷却系统投入运行的大破口事故。这种状态可导致非常快速的堆芯裸露。然而，如果在堆芯冷却系统出现小破口或应急堆芯冷却系统初始成功投入运行，堆芯就不会裸露。在低衰变热产生率下每个释放时间段可能会变长，表中释放份额会高估。

表 9.7 PWR 堆芯积存量的释放份额

核素组	压水堆堆芯释放份额		
	包壳破损 （气隙释放阶段） （持续 0.5 h）	堆芯熔化阶段 （压力容器内） （持续 1.3 h）	容器熔穿阶段 （压力容器外） （持续 2.0 h）
惰性气体（Kr、Xe）	0.05	0.95	0
卤素（I、Br）	0.05	0.35	0.25
碱金属（Cs、Rb）	0.05	0.25	0.35
碲组（Te、Sb、Se）	0	0.05	0.25
钡、锶（Ba、Sr）	0	0.02	0.1
惰性金属（Ru、Rh、Pd、Mo、Tc、Co）	0	0.002 5	0.002 5
铈组（Ce、Pu、Np）	0	0.000 5	0.005
镧系元素（La、Zr、Nd、Eu、Nb、Pm、Pr、Sm、Y、Cm、Am）	0	0.002	0.005

计算这种源项时首先计算从燃料棒进入安全壳大气或冷却剂的活度，然后选择释放途径。

$$A_i = I_i \times AF_i \tag{9-1}$$

式中，I_i——核素的积存量；

AF$_i$——释放份额。

2）基于指定的堆芯损伤结点确定源项

该方法可以通过堆芯损伤状态来确定可能出现的最大损伤程度。按照以下三种状态来确定：正常冷却剂活度、尖峰冷却剂活度或 1%～100%包壳破损。

①正常冷却剂活度

使用核动力厂或表 9.6 推荐的冷却剂浓度，考虑从停堆时间到输入的最大损伤点时间的衰变。冷却剂系统内的放射性量 I_i 是核素 i 的浓度乘以总的冷却剂量。可能的释放份额是流失的冷却剂量除以总冷却剂量。

②尖峰冷却剂活度

尖峰冷却剂可以出现在反应堆停堆、启动、功率迅速变化、冷却剂系统降压。冷却剂中碘和其他裂变产物浓度可以高 3 个量级。考虑尖峰释放的情形时，按照表 9.6 的浓度，所有的卤族元素（碘）和碱金属（铯）在计算中要乘以尖峰因子。

正常运行和尖峰释放的源项只适用于 SGTR 和安全壳旁路的释放途径。计算时需要指定冷却剂流失的质量泄漏率。一般来说，泄漏率假设和维持水位所需的补给流的大小一致。

③包壳破损

对包壳破损，可使用表 9.7 的份额来确定，也可以通过其他相关的堆芯损伤评价方法来得到包壳的破损情况。

对要进入堆熔的事故，可尽量选择使用"基于堆芯裸露时间的源项"。因为对堆熔的事故，使用"基于指定的堆芯损伤节点"确定源项，释放的时序可能根本是不现实的。此外，用户可能对何时会开始出现堆芯损伤的了解相对较多，而对何时会出现最大损伤的了解较少。因此，对预期会进入堆熔的事故，使用"基于堆芯裸露时间的源项"会得到更现实的结果。

冷却剂释放有两种释放途径：SGTR 和安全壳旁路。用户需要给出冷却剂从反应堆冷却系统流出的泄漏率。一般地，泄漏率假设与维持水位所需的补给水流量相同。进入环境前所用的削减因子在本章后面讨论。

3）基于安全壳辐射监测的源项

事故条件下可使用安全壳辐射监测读数来估算通过安全壳泄漏释放途径的源项。一系列的安全壳辐射监测读数及读数的时间可以实现对堆芯损伤状态的模拟。

作为示例，图 9.5 给出了安全壳辐射监测读数与堆芯损伤状态的关系。该图显示了在停堆后 1 h 和 24 h 计算的读数，取自美国 NRC 的 RTM-96。图中线段条代表了从 1%到 100% 堆芯损伤状态计算得到的安全壳辐射监测读数，计算的堆功率为 3 000 MWt。

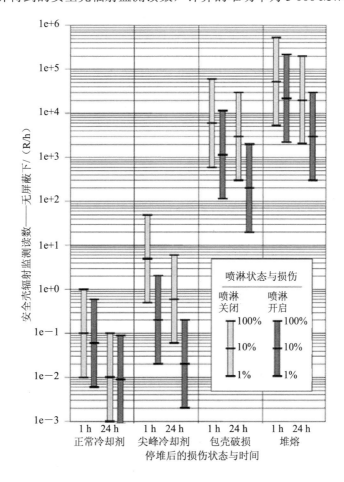

图 9.5　停堆后损伤状态与安全壳内辐射监测读数对应

估算源项时，先确定安全壳"喷淋开启"或"喷淋关闭"的状态。接下来，根据停堆和监测读数的时间调整图中的数据。图中有正常冷却剂（normal coolant）、尖峰冷却剂

（spiked coolant）、包壳破损（cladding failure）和堆熔（core melt）四种状态。如果辐射监测读数超过堆熔值的 1%，则假设开始堆熔，使用堆熔的源项。如果辐射监测读数不到堆熔值的 1%，则堆芯损伤状态假设为包壳破损。

以上仅是一个示例，不同的堆型、不同安全壳内的布局以及安全壳内辐射监测仪表的不同安装位置等都会导致不同的关系曲线。每个核动力厂都在运行前对此有专门的计算分析，供应急情况下判断源项使用。

此外，因为计算过程会有很大的不确定性和限制，在使用这个计算源项的方法时要格外谨慎。

4）基于冷却剂样本的源项

核动力厂冷却剂样本中测量的放射性核素浓度可用于确定源项。可以分不同核素给出冷却剂核素浓度值。由于冷却剂活度的分析一般花几个小时来完成。因此，本源项方法一般不用于事故早期。

假设冷却剂样本代表了在释放开始时反应堆冷却系统（RCS）中的活度浓度，并假设停堆，则测量得到的浓度值乘以 RCS 水量可作为 RCS 中的总活度。假设清洁补给水被加入到主系统中维持水位。补给水流率确定了污染水流出主回路的速率。如果样本是在补给水加入后采样的，则该样本代表的是稀释浓度。

冷却剂离开 RCS 有两种途径：通过传热管破裂进入蒸汽发生器二次侧或通过冷却剂管道系统的破口泄漏到安全壳内。

5）基于安全壳大气样本的源项

可以使用安全壳大气样本测到的放射性核素浓度确定通过安全壳泄漏途径释放的活度（不能用于 SGTR 或安全壳旁路的途径）。

测量得到安全壳大气中每个核素的浓度后，安全壳内核素浓度乘以体积释放率等于活度释放率。注意在应用时应使用经过采样时间衰变修正的浓度值。

6）基于各核素的流出物释放率和释放浓度的源项

可以根据事故时流出物监测的结果来计算源项。如可按照各核素的流出物释放率来计算。释放假设直接进入大气因此不考虑削减因子（过滤等），也可以按照流出物浓度和流率来计算。

7）基于分类核素的监测释放源项

核动力厂经常报告的监测数据一般是三类核素的混合：惰性气体、碘和粒子。

进行监测的混合释放可开始于停堆前或停堆后。

停堆前，假设惰性气体和碘是放射性平衡的，与表 9.5 积存量中的比例相同。惰性气体中各种惰性气体和碘的份额参见表 9.8。

表 9.8　停堆时惰性气体和碘在总活度中的份额

核素	停堆时堆芯积存量/（Ci/MWt）	停堆时份额	停堆 1 h 堆芯积存量/（Ci/MWt）	停堆 1 h 后份额
^{83m}Kr	3 050	0.018 3	2 089	0.020 9
^{85}Kr	278	0.001 7	278	0.002 8
^{85m}Kr	6 170	0.037 1	5 287	0.052 8

核素	停堆时堆芯积存量/（Ci/MWt）	停堆时份额	停堆 1 h 堆芯积存量/（Ci/MWt）	停堆 1 h 后份额
^{87}Kr	12 300	0.074	7 133	0.071 3
^{88}Kr	17 000	0.102 2	13 309	0.133
^{131m}Xe	365	0.002 2	364	0.003 6
^{133}Xe	54 300	0.326 1	54 002	0.539 7
^{133m}Xe	1 720	0.010 3	1 697	0.017
^{135}Xe	14 200	0.085 4	13 158	0.131 5
^{135m}Xe	11 500	0.069	793	0.007 9
^{138}Xe	45 600	0.273 7	1 942	0.019 4
总惰性气体		1.000 0		
^{131}I	26 700	0.115 4	26 604	0.146 6
^{132}I	38 800	0.167 7	28 701	0.158 2
^{133}I	54 200	0.234 3	52 424	0.288 9
^{134}I	59 800	0.258 5	27 106	0.149 4
^{135}I	51 800	0.224	46 636	0.257
总碘		1.000 0		

对粒子说，假设为碘化铯，燃耗为 38 585 MW·d/tU。表 9.9、表 9.10 给出了相关份额可做参考。

表 9.9　停堆时粒子的份额

核素	堆芯积存量/（g/MWt）	活度浓度/（Ci/g）	堆芯活度/（Ci/MWt）	摩尔数	CsI 中潜在摩尔数	CsI 活度/（Ci/MWt）	CsI（活度组分）
^{131}I	2.15×10^{-1}	1.24×10^{5}	26 700	1.64×10^{-3}	1.64×10^{-3}	2.67×10^{4}	1.15×10^{-1}
^{132}I	3.77×10^{-3}	1.03×10^{7}	38 800	2.85×10^{-5}	2.85×10^{-5}	3.88×10^{4}	1.67×10^{-1}
^{133}I	4.80×10^{-2}	1.13×10^{6}	54 200	3.61×10^{-4}	3.61×10^{-4}	5.42×10^{4}	2.33×10^{-1}
^{134}I	2.24×10^{-3}	2.67×10^{7}	59 800	1.67×10^{-5}	1.67×10^{-5}	5.98×10^{4}	2.58×10^{-1}
^{135}I	1.48×10^{-2}	3.51×10^{6}	51 800	1.09×10^{-4}	1.09×10^{-4}	5.18×10^{4}	2.23×10^{-1}
稳定 I	5.42			4.27×10^{-2}	4.27×10^{-2}		
总 I	5.70		231 300	4.48×10^{-2}	4.48×10^{-2}	2.31×10^{5}	9.96×10^{-1}
^{134}Cs	3.64	1.29×10^{3}	4 700	2.72×10^{-2}	2.60×10^{-3}	4.49×10^{2}	1.93×10^{-3}
^{136}Cs	2.03	7.33×10^{4}	1 490	1.49×10^{-4}	1.43×10^{-5}	1.42×10^{2}	6.13×10^{-4}
^{137}Cs*	3.73	87.1	3 250	2.72×10^{-1}	2.60×10^{-2}	3.11×10^{2}	1.34×10^{-3}
稳定 Cs	2.25		1.69×10^{-1}	1.62×10^{-2}	1.62×10^{-2}		
总 Cs	6.35		9 440	4.96×10^{-1}	4.48×10^{-2}	9.02×10^{2}	3.89×10^{-3}
总 I+ Cs			240 740		4.48×10^{-2}	2.32×10^{5}	

注：*表示包含了该核素的短寿命子体。

表 9.10　停堆时和停堆 1 h 后粒子的份额

核素	停堆 CsI 活度/ （Ci/MWt）	停堆后 CsI 活度比例	停堆 1 h 后 CsI 活度/ （Ci/MWt）	停堆 1 h 后 CsI 活度组分
^{131}I	26 700	0.115	26 604	0.145 9
^{132}I	38 000	0.167 1	28 701	0.157 4
^{133}I	54 200	0.233 4	52 424	0.287 5
^{134}I	59 800	0.257 5	27 106	0.148 6
^{135}I	51 800	0.223 1	46 636	0.255 7
总 I	231 300	0.996 1	181 471	0.995 1
^{134}Cs	449	0.001 9	449	0.002 5
^{136}Cs	142	0.000 6	142	0.000 8
^{137}Cs*	311	0.001 3	311	0.001 7
总 Cs	902	0.003 9	902	0.004 9
总 I+ Cs	232 202	1.000 0	182 373	1.000 0

注：*表示包含了该核素的短寿命子体。

（3）释放途径

在确定上述源项类型后，需考虑向环境的释放途径，这样就能得到最终进入环境的源项。

对 PWR 主要考虑四种可能的释放途径：安全壳泄漏、安全壳旁路、SGTR 和直接进入环境。表 9.11 为可能的途径。

表 9.11　各源项可能的释放途径

源项类型	释放途径			
	安全壳泄漏	安全壳旁路	SGTR	直接进入大气
堆芯裸露时间	×	×	×	
堆芯损伤节点——冷却剂尖峰释放		×	×	
堆芯损伤节点——包壳破损	×	×	×	
安全壳监测读数和安全壳采样	×			
冷却剂样品		×	×	
流出物释放 （速率、浓度、混合物）				×

1）释放途径模型及削减机制

所有的削减因子假设作用于除惰性气体以外的所有核素。削减因子对惰性气体不起作用。削减因子可参考表 9.12 或核动力厂的设计值。

表 9.12　削减机制及削减因子

削减机制或原因	削减因子
安全壳喷淋（参考：NEREG/CR-4722）	起始 0.25 h：exp（−12 t） 0.25 h 以后：exp（−6 t）
安全壳滞留期间的自然过程（参考 NUREG-1150）	起始 1.75 h：exp（−1.2 t） 1.75 h 到 2.25 h：exp（−0.64 t） 2.25 h 以后：exp（−0.15 t）
PWR 冰冷凝器——没有风扇或再循环	0.5
PWR 冰冷凝器——1h 或更长时间的再循环	0.25
安全壳旁通途径中的沉积析出	0.4
SGTR 隔离（破口在水面下）	分配系数 0.02
SGTR 未隔离（破口在水面上）	分配系数 0.5
SGTR 冷凝器乏汽释放	0.05
SGTR 安全释放阀释放	1
过滤器	0.01
削减因子的下限（除过滤器以外）	0.001
安全壳喷淋削减因子的下限（参考：NUREG/CR-4722）	0.03

①安全壳泄漏

当核素滞留在安全壳大气中，它们会被喷淋去除或自然机制去除而造成壁面沉积。如果安全壳喷淋运行，可以迅速降低除惰性气体外的所有核素的浓度。如果没有喷淋，诸如重力沉降、湍流碰并等自然过程也会逐渐降低粒子和放射性气体的空气浓度。

滞留期间喷淋和自然过程的削减因子 RF 以公式（9-2）来计算：

$$RF = e^{-\lambda t} \tag{9-2}$$

式中，λ 为喷淋和自然过程的削减常数。

②安全壳旁路

安全壳旁路是冷却剂从 RCS 进入辅助厂房或直接进入环境而不经过安全壳大气。

首先需要计算冷却剂中每种核素的初始浓度。如果使用冷却剂源项类型，则可直接使用冷却剂中每种核素初始的浓度。如果使用堆芯损伤状态的源项类型，假设核素进入主冷却系统，初始浓度是进入主冷却剂系统的核素的活度除以总冷却剂体积。如果使用堆芯裸露源项，初始冷却剂浓度是从堆芯释放的活度除以总冷却剂体积。

冷却剂浓度接下来乘以沉积析出的削减因子。NUREG-1228 给出的安全壳旁路的析出削减因子取 0.4。

接下来可用补给水流率来估算冷却剂的泄漏。通过冷却剂浓度乘以该值可就得到流出的放射性量。

这样冷却剂中的浓度会由于泄漏而减少。如果使用堆芯裸露源项，还需要考虑不同时段内有新的放射性进入冷却剂系统。

③SGTR

该途径计算主冷却系统的活度浓度的方法同上。从主回路出来的活度进入 SG 的方法与旁路相同，除了不考虑沉积削减因子。

从主冷却系统到二次侧系统的流率，可从补给水流率估算。一般进入 SG 的流率达到 500 加仑[①]/min 时，大约相当于一根 SG 管断裂。

对 U 形管，用户指定破口在 SG 水面以上还是以下。对直流式 SG，破口总假设在水面以上。

如果破口在水面以下，进入 SG 的活度假设在 SG 水中均匀混合。则 SG 中的活度浓度是进入 SG 的活度除以 SG 水的重量。

跑出 SG 的蒸汽中非惰性气体的活度浓度假设为 SG 中的浓度乘以分配系数。如果破口在水面以下，分配系数可取 50。换句话说，在蒸汽中的非惰性气体核素浓度假设为 SG 水中浓度的 1/50（0.02）。如果破口在水面以上，分配系数为 2，也就是蒸汽中的浓度是水中浓度的一半。

注意：分配系数是滞留因子，不是去除因子。分配系数减缓了核素从 SG 的释放，但不能防止释放。只要 SG 未被隔离，蒸汽就会持续从 SG 水中去除核素。蒸汽的去除率是蒸汽中的浓度乘以蒸汽流率。

蒸汽中的核素有两种途径跑到环境。第一种是安全释放阀，第二种是冷凝器乏汽排放。从安全阀释放时没有核素的去除，而是从冷凝器乏汽排放，则要考虑过滤器去除作用，（如 95%的非惰性气体核素过滤掉，可乘以 0.05）。

2）泄漏因子

可按以下四种方法确定释放到环境的泄漏因子，见表 9.13。

表 9.13　各释放途径确定释放率的方法

释放途径	确定释放率的方法
安全壳泄漏	单位时间安全壳体积的百分数，或安全壳压力和破口尺寸
安全壳旁路	冷却剂流率（维持 RCS 液位的补水流量）
SGTR	冷却剂流率+蒸汽率
流出物释放的监测	直接进入环境

①单位时间内释放的体积百分比

泄漏份额（LF）用于计算被释放到环境的放射性占安全壳大气放射性的份额。

②安全壳压力和破口尺寸

在破口尺寸和安全壳压力已知的情况下，可计算通过该破口的泄漏率。假设为不可压缩流体，可使用以下公式计算：

$$\mathrm{MFR} = C\left(\frac{\pi D^2}{4}\right)\sqrt{2\rho(P_1 - P_2)g} \tag{9-3}$$

$$\mathrm{LF} = \frac{\mathrm{MFR} \cdot t}{\rho V_c} \tag{9-4}$$

式中，C —— 取 0.63，试验得到的扩散系数，一般范围在 0.59＜C＜0.65，量纲一；

---

① 1 加仑（美）=3.785 41 L。

D —— 破口直径，英寸[①]；

ρ —— 安全壳大气密度，磅[②]/英寸 ^{3}；

P_1 —— 安全壳大气压力，磅/英寸 ^{2}；

P_2 —— 大气压力，磅/英寸 ^{2}；

g —— 重力加速度，英寸/秒 ^{2}，磅和质量单位的转换；

V_c —— 安全壳体积。

③冷却剂流率

安全壳旁路事故中冷却剂不通过安全壳释放。当冷却剂泄漏时，不再有压力，在正常大气压力下，冷却剂会变成蒸汽，冷却剂中的核素就成为气载形式释放。冷却剂质量流率乘以核素浓度就得到核素的释放率。或者，冷却剂质量流率除以总冷却剂体积得到冷却剂中核素的泄漏份额。一般情况下，不可能直接测量得到冷却剂的泄漏率，可由补给水流率来估算。

④"直接"释放，在释放时段内释放所有活度

直接释放到大气用于三种流出物监测的释放源项：核素活度的释放率；核素的活度释放浓度及流率；监测的混合释放率。

这些释放假设为去除后或减弱过程后测量得到的，代表实际进入环境的释放率。因此，不考虑减弱机制。

（4）对源项的衰变计算的考虑

大多数源项的计算需要考虑放射性核素的衰变及其子体增长。表 9.14 为不同源项对衰变计算的说明。

表 9.14 不同源项的衰变考虑

源项	在开始释放前衰变	在释放时衰变
堆芯裸露时间	是	是
堆芯损伤状态	是	是
安全壳辐射监测	是	是
冷却剂采样	否	是
空气采样	否	是
核素释放率	否	否
核素浓度	否	否
监测混合物	是	是

9.2.1.2 燃料循环设施源项

本节的燃料循环设施指除核反应堆外的民用核燃料循环设施（包括铀矿冶、转化、同位素分离、元件制造、燃料后处理设施以及放射性废物处理处置设施）。我国法规和导则规定必须对核燃料循环设施潜在事故后果的严重程度进行评价。

燃料循环设施所涉及的事故种类主要有：①UF$_6$ 事故；②铀起火和爆炸；③临界事故；④同位素释放。下面重点介绍我国在燃料循环设施中考虑较多的 UF$_6$ 事故和临界事故。

---

① 1 英寸=0.025 4 m。

② 1 磅=0.453 592 37 kg。

1. UF$_6$事故

UF$_6$是一种广泛用于核燃料循环设施的工作物质,在我国核燃料循环系统中的铀转化、浓缩、元件制造等设施中广泛使用,并且涉及不同的丰度。在常温常压下,UF$_6$为白色固态粉末,一个标准大气压下56.4℃下即可升华并且化学性质活泼。

严重的事故性释放很可能发生在正在加热状态下的UF$_6$钢罐破损或钢罐着火的情况。释放出来的UF$_6$气体与空气中的水蒸气剧烈反应,生成氟化铀酰(UO$_2$F$_2$)和氟化氢(HF)并放出热量。如果湿度足够,反应会产生UO$_2$F$_2$的水化物和HF-H$_2$O雾,现场可看到白色烟雾。UF$_6$释放的化学毒性更值得关注,甚至超过其放射风险。可溶解的铀化合物允许的照射水平基于其化学毒性的分析。UO$_2$F$_2$是一种极易溶于肺中的粒子,而有重金属毒性的铀可以影响人的肾脏。HF酸雾可引起皮肤和肺的烧伤。事故发生后几分钟就可能达到中毒水平,所以应采取快速的防护行动。

和核动力厂的核事故不同,天然和低浓缩铀的化学致命或毒性气载释放一般不会产生超过应急干预水平的放射性,但却会有化学危害。因此,在考虑辐射危害前要先估算化学毒性的后果。如果正在释放过程中,要避免和有UF$_6$及其反应产物的烟羽接触。高UF$_6$浓度的烟羽是可见的,可以很快刺激到人的肺部。要尽快从烟羽中撤离出来或采取合适的隐蔽措施。

UF$_6$泄漏事故后果分析可分为七个步骤,包括:

步骤1:确定泄漏的UF$_6$的量及物理状态

根据泄漏容器的类型和UF$_6$物理形态,确定泄漏UF$_6$的量。需要说明的是,液态UF$_6$会蒸发,但是并不是所有的UF$_6$都会在空气中传播,这已经被历次泄漏事故所证明。在加热的钢罐、火灾中的泄漏物或气体转移过程中,则存在UF$_6$气体。

步骤2:评价应急防护行动的需要

如果泄漏UF$_6$的数量少于0.5 t,推荐防护行动半径为800 m。更大量的UF$_6$泄漏,推荐防护行动半径扩大到1 600 m。如果泄漏已经发生、正在发生或看似即将发生,在事故响应人员决定撤离时间和地点之前,掩蔽可能是较为合适的初始行动。

步骤3:预计铀的吸入量和下风向的HF浓度

根据估算的可溶性铀摄入量和下风向关心点HF的浓度,评价事故可能的毒性效应。

步骤4:评价化学毒性导致的可能的健康效应并决策保护行动

将估算的可溶性铀摄入量和HF浓度,分别与表9.15和表9.16中的健康效应对比,评价可能的健康效应,在评价时需要考虑暴露持续的时间。如果暴露持续时间短且浓度低,则不会产生显著的健康效应。如果可能出现显著的健康效应,则相应的干预措施是必要的。

表9.15　摄入可溶性铀的健康效应

可溶性铀摄入量/g	健康效应
<0.005	无
0.008	暂时性肾损伤阈值
0.050	持久性肾脏损伤阈值
0.230	50%死亡

注:a. 健康效应为"无"并不是没有效应,而是无法在临床上观察到;

b. 参考已经出现的历次事故工作人员的健康调查,持久性肾脏损伤的阈值可能比表中的数值要高许多,50%死亡的阈值可能更高。

表 9.16 HF 暴露的健康效应

空气中 HF 的浓度/（g/m³）	暴露时间/min	健康效应
0.002 5	—	可发觉气味，但无健康效应
0.004	60	ERPG-1
0.013	15	刺激
0.016	60	ERPG-2
0.024	30	立即危及生命健康
0.408	60	ERPG-3
0.100	1	无法忍受 1 min
3.500	15	致命

注：ERPG 为美国应急响应行动指南，不同文献中，对于立即危及生命健康的阈值和致命阈值稍有差异。

应急响应计划指南（Emergency Response Planning Guideline，ERPGs）由美国工业卫生协会（AIHA）的应急响应计划委员会（Emergency Response Planning Committee）提出。ERPGs 的提出是为了建立对潜在泄漏事故后果所需要的应急响应水平，提供可接受事故影响水平的阈值。ERPGs 的实质是指定了不同响应等级的污染物浓度上限。ERPGs 也分为三级，具体包括：

ERPG-1：在该浓度下，可以认为几乎所有的个体暴露 1 h，仅仅受到轻微的、可逆的健康影响，或者察觉不到明显的不可忍受的气体；

ERPG-2：在该浓度下，可以认为几乎所有的个体暴露 1 h，不会经历或持续受到不可逆的、严重的健康危害，并削弱个人采取自我保护的能力；

ERPG-3：低于该水平时，可以认为几乎所有的个体暴露 1 h，不会经历或者产生危及生命的效应。

表 9.17 给出了 HF 和 UF_6 的应急响应行动指南。需要说明的是，ERPGs 仅仅考虑成人的健康影响。表 9.18 给出了根据 ERPGs 计算出的 HF 毒性负荷和可溶性铀吸入量。

步骤 5：预计下风向的待积有效剂量当量

采用常用的剂量估算模式，估算关心点处泄漏出的 UF_6 所致的有效剂量当量。

表 9.17 HF 和 UF_6 的应急响应行动指南

ERPGs 等级	HF/10^{-6}	UF_6/（mg/m³）
ERPG-1	2	5
ERPG-2	20	15
ERPG-3	50	30

表 9.18 HF 的毒性负荷和 UF_6 的吸入量

ERPGs 等级	HF/[（mg/m³）²·min]	可溶性铀吸入量/mg
ERPG-1	160.6	6
ERPG-2	16 059.0	18
ERPG-3	100 368.6	36

注：常温常压下，对于 HF，$1×10^{-6}$ 相当于 0.818 mg/m³；呼吸速率按成人 1.2 m³/h 计算。

步骤 6：将待积有效剂量当量与有关的剂量水平进行比较

将估算出的关心点待积有效剂量与有关规定的剂量行动水平进行比较。

步骤 7：推荐或校正防护行动建议

对比步骤 4 和步骤 6 所进行的比较，以确定适当的防护行动或调整防护行动建议。

综上所述，当发生 UF_6 泄漏事故时，首要的任务是确保设施周边公众的生命健康安全，确保事故应急处理人员的生命健康，然后再根据泄漏量和事故景象，对泄漏事故的后果进行评估，并根据事故景象和应急对策，进行事故的处理。

下面具体给出确定钢罐中 UF_6 释放源项的方法：

（1）计算源项的基本方法

方法与上节的核动力厂事故源项的方法相似。首先计算现有活度 I_i；其次，根据描述的事故计算可能的释放份额 AF_i；再次，这两项乘以减弱系数 RF_i（如过滤或喷淋）。最后，乘以泄漏率 LF 得到释放到环境的源项 S_i。

$$S_i = I_i \times AF_i \times RF_i \times LF \qquad (9\text{-}5)$$

式中，S_i —— 泄漏到环境中的放射性核素 i 的活度；

　　　　I_i —— 某一系统或者容器中放射性核素 i 的总量；

　　　　AF_i —— 放射性核素 i 从某一系统或者容器泄漏的有效泄漏份额；

　　　　RF_i —— 放射性核素 i 的削减因子；

　　　　LF —— 放射性核素 i 经由建筑物或过滤器泄漏到环境中的份额。

（2）初始积存量

表 9.19 为常用 UF_6 容器的型号和装料量。

表 9.19　UF_6 钢罐型号和装料量

钢罐型号	容量/t	实际物料量/t
30A，30B	2.5	2.3
48A，48X	10	9.5
48Y，48G，48F，48H	14	12.6

目前，国内采用的 UF6 容器主要为 48X 和 30B 两类。铀转化厂将精致 UO_2 转化为 UF_6 后装入 48X（装料量约为 9.5 t）中，在铀浓缩厂将 48X 容器装入供料系统的电加热箱进行铀同位素分离生产，出厂 UF_6 产品则装入 30B 容器（装料量约为 2.3 t），供应给燃料元件厂使用。在进行事故分析时，一般假定每个容器均装满物料，总的初始物料量为每种型号容器数量乘以该型号容器的装料量。

（3）释放份额和释放率

UF_6 泄漏事故发生时，UF_6 的物理状态可能是液态、固态，也可能是处于火灾中的固态。不同的物理状态的泄漏份额见表 9.20。当泄漏的 UF_6 处于液态，而且泄漏原因是由于阀门或者连接软管故障导致的泄漏时，则需要根据泄漏位置的不同确定泄漏份额，泄漏份额见表 9.21。

表 9.20　不同 UF_6 形态及钢罐损伤类型的泄漏份额和泄漏率

UF_6 物理形态	钢罐破裂		阀门或连接软管故障	
	泄漏份额	泄漏速率/（kg/s）	泄漏份额	泄漏速率/（kg/s）
液态	0.65	32	*	4
固态	1.0	0	1.0	0
火灾中的固态	1.0	8	1.0	1

注：* 阀门或连接软管故障时，液态 UF_6 的泄漏份额见表 9.21。

表 9.21　阀门或连接软管故障时的 UF_6 泄漏份额

阀门位置	最大泄漏份额
360°-顶部	0.387 0
270°-侧面	0.552 8
180°-底部	0.922 2

注：UF_6 的有效泄漏量是初始装料量和有效份额（AF）的乘积。

（4）释放途径

泄漏出的 UF_6 有三种途径进入到环境中，分别为：

①直接泄漏到外部空气中；

②通过建筑物泄漏到环境中；

③通过过滤器泄漏到环境中。

对于某些情况，可以假定 UF_6 在进入大气环境前，全部转化为 HF 和 UO_2F_2。表 9.22 列出了不同情况下 UF_6 转化为 HF 和 UO_2F_2 的情况。

表 9.22　泄漏到大气前 UF_6 的转化情况

途径		没有转化为 HF 和 UO_2F_2	全部转化为 HF 和 UO_2F_2
直接	液态	×	√
	固态	√	×
	火中的固态	×	√
经由建筑物		√	×
经由过滤器		√	×

注：×表示不存在这种情况。

对于直接进入大气的途径，假定从钢罐泄漏的所有物质都进入大气，没有受到任何减少机制的影响，到大气的泄漏速率就是从钢罐中的泄漏速率。可能泄漏的 UF_6 除以泄漏速率决定泄漏的时间。UF_6 以一个恒定的速率泄漏直到耗尽。

对于经由建筑或者过滤器的泄漏情况，则应明确 HF 和 UO_2F_2 的泄漏份额、一个建筑物的气体交换速率（每小时交换量）以及泄漏开始和结束的时间。此处的泄漏份额指的是由于建筑物或过滤器而减少的量。

由于铀是长半衰期核素，在事故后果评估中，不考虑放射性衰减。

（5）可溶性铀的摄入和 HF 的计算

如果是气态 UF_6 释放，假设 100%的 UF_6 进入气载烟羽中，这样对可溶性铀的释放份额为 0.68，HF 为 0.23。如果是液态 UF_6，对可溶性铀的释放份额为 0.34，HF 为 0.12。

2. 临界事故

表 9.23（NUREG/CR-6410）给出了用于临界计算的第一个裂变脉冲的裂变次数和总裂变次数。

表 9.23　临界计算中的裂变产额

情景	第一个裂变脉冲的裂变数	总裂变数
小于 100 加仑的溶液	1×10^{17}	3×10^{18}
大于 100 加仑的溶液	1×10^{18}	3×10^{19}
液态/粉末	3×10^{20}	3×10^{20}
液态/金属碎片	3×10^{18}	1×10^{19}
固态铀	3×10^{19}	3×10^{19}
固态钚	1×10^{18}	1×10^{18}
大的燃料储存排列，不足以达到快速临界	无	1×10^{19}
大的燃料储存排列，可达到快速临界	3×10^{22}	3×10^{22}

确定临界裂变产额时，要考虑可能的释放份额。可能的份额对惰性气体、碘和其他核素分别为 1.0、0.25 和 0.000 5。还要考虑钢、混凝土和水的屏蔽厚度。这些厚度用于计算中子和γ急性照射由于屏蔽带来的减弱。

表 9.24 列出了每 10^{19} 裂变所释放的核素的量。这些值的计算基于 ORIGEN（ORNL 1989）。

表 9.24　每 10^{19} 裂变所释放的核素的量

核素	活度/Ci	核素	活度/Ci
^{83m}Kr	1.50×10^2	^{131}I	7.30
^{85m}Kr	89.0	^{132}I	1.00×10^3
^{85}Kr	1.30×10^{-5}	^{133}I	1.70×10^2
^{87}Kr	1.10×10^3	^{134}I	4.20×10^3
^{88}Kr	6.60×10^2	^{135}I	5.00×10^2
^{89}Kr	4.60×10^4	^{91}Sr	3.20×10^2
^{133m}Xe	1.90×10^{-2}	^{92}Sr	$1.20E\times10^3$
^{133}Xe	2.70×10^{-3}	^{106}Ru	2.00×10^2
^{135m}Xe	3.30×10^2	^{137}Cs	1.00×10^{-2}
^{135}Xe	5.20	^{139}Ba	2.40×10^3
^{137}Xe	2.40×10^4	^{140}Ba	11.0
^{138}Xe	1.00×10^4	^{143}Ce	1.00×10^2

若临界发生在厂房内，要考虑从厂房向大气的泄漏率以及进入环境的惰性气体、碘和其他核素的削减因子。

对临界事故，用源项计算临界照射剂量，推荐如下方法：

10 英尺距离处的剂量（REM）Dcrit，（Hopper and Broadhead 1998）：

$$D_{crit} = D_{gamma} + D_{neutron} \qquad (9\text{-}6)$$

$$D_{gamma} = 1 \times 10^{-15} \times F_T \times e^{-(0.386 \times S + 0.147 \times C + 0.092 \times W)} \qquad (9\text{-}7)$$

$$D_{neutron} = 1 \times 10^{-14} \times F_T \times e^{-(0.256 \times S + 0.240 \times C + 0.277 \times W)} \qquad (9\text{-}8)$$

式中，F_T —— 总裂变数；

　　　S —— 钢屏蔽厚度，英寸；

　　　W —— 水屏蔽厚度，英寸；

　　　C —— 混凝土屏蔽厚度，英寸。

其他距离 x 处：

$$D(x) = \left(\frac{10\text{英尺}}{x} \right) \times D(10\text{英尺}) \qquad (9\text{-}9)$$

9.2.2　大气扩散

本节主要描述放射性物质的大气输送、扩散（大气弥散）过程，它包括气象场和放射性核素浓度场的计算。污染物在经过烟羽抬升、风场输送和湍流扩散的同时，还要经历放射性衰变及其子体的累积增长、干/湿沉积、再悬浮等过程。在进行后果估算时，这些过程都要以数学形式表示并纳入计算模式之中。

应急状态下，有两种不同类型的后果评价，一种为"实时"评价，根据当前及之前的气象条件进行计算，得到污染物的实时分布。实时评价以当前所能方便测量得到的气象资料，如风向、风速、降水、大气稳定度等直接引入简单的扩散模式（如高斯模式）中进行计算，气象数据不需要处理或仅仅需要诊断处理，因此简单、快速，是各核动力厂必备的评价手段，可制成快速查算手册供应急时使用；另一种为"预报"评价，通过气象预报模式对未来的气象场进行预报，这样可以计算未来污染物的移动趋势及其可能分布的状态，为更早地采取防护行动提供依据。国内现有核动力厂的事故后果评价系统基本也都具备预报的功能，但由于获取数据的条件不同、计算模型不同，因此计算的时效性和精度也不相同。

9.2.2.1　风场的计算

风场计算是后面计算扩散来获取浓度场的基础，广义地讲应该为气象场的计算。它可以根据当时的气象状态，通过各种数学模型来计算应急所需时刻的各种气象参数，如风、温、湿、降水、气压等。

计算机技术的发展，为运行复杂庞大的气象预报模式提供了有利的硬件条件，气象学家们研发出功能越来越强大的气象模式，但将其应用于核事故应急，就要在预报精度、应急所需的时效性要求以及应急状态下所能获取的初始资料之间进行权衡。

国内核设施进行事故预测评价时解决气象预报数据的方式主要有两种：

一种是依赖气象部门每天的预报业务，由气象部门提供已经预报好的数据，核动力厂对数据进行风场诊断处理后就可以直接使用，这样处理的好处是可以利用气象部门的计算机资源，节省计算时间，另外气象部门可以及时获取周围气象台站数据，对预报结果的准确性有较好的保障，但这种方式需要核动力厂和气象部门之间具有可靠的数据传输方式。

另一种是核动力厂自己使用预报模式来计算，这种方式需要获取厂址及其周边台站的气象观测数据作为初始场，优点是可以充分利用核动力厂厂址处的气象系统的数据，在突发状态下若无法获取外部气象支援可以依靠自己的技术力量及厂址气象观测数据来驱动气象预报模式的运行。

针对以上两种应用，分别对风场诊断模式和风场预报模式的原理作一简单介绍。

1. 风场诊断模式

所谓诊断模式，是根据实际观测资料，经过插值、连续性调整后，将风速插值到所关注区域内的关注点上，一般可用于初始风场的插值。核动力厂在得到气象部门的预报数据后也可采用此方法将预报数据插值到扩散计算所需的格点上。该方法计算量小，速度快，但对数据的依赖性较强，数据点的稀疏、下垫面的复杂程度直接影响到插值结果的精度。

常用的内插方法有权重内插、多项式内插，调整后的风场要能满足连续方程，又使各个格点某些物理量，例如动能、动量、涡度等保持守恒。

2. 风场预报模式

所谓风场预报模式，是指输入一个初始的风场、温度场、气压场等参数，模式根据一系列方程不断迭代运算，计算出未来的风场、温度场、气压场等。它需要数据量少，但运算量大，较诊断模式的耗费机时要长。

比较常见的用于事故后果计算的预报模式主要有 PSU/NCAR 的 MM5 模式（日本的 SPEEDI 系统即采用该模式预报气象场）、WRF（Weather Research Forecast）等。其中 WRF 是由美国气象界联合开发的新一代中尺度预报模式和同化系统，这个模式采用高度模块化、并行化和分层设计技术，集成了迄今为止在中尺度方面最新的研究成果。该模式中包括了如辐射过程、边界层参数化过程、对流参数化过程、次网格湍流扩散过程以及微物理过程等物理过程，是一个完全可压的非静力模式，这里不再作详细介绍。

9.2.2.2 扩散场的计算

在风场模式计算出风场的分布后，或者在获取到厂址的实测气象资料后就可以进行扩散场的计算，这样就可以根据源项求得放射性物质的浓度场。

计算污染物扩散的方法主要有两个体系：欧拉（Eular）方法和拉格朗日（Lagrange）方法。所谓欧拉法就是描述流体质点在空间各点各时刻的速度场，而拉格朗日方法则是描述每个流体质点的位置 r 随时间 t 的变化规律。常见的随机游走（Monte-Carlo）模式就是拉格朗日方法的应用之一。

扩散模式从实际应用的类型，一般可划分为高斯烟羽（烟流）模式、高斯烟团模式、随机粒子模式和欧拉模式等几类。

高斯烟羽模式的计算简单、快速、概念清晰，对定常的均匀平直流场以及平坦地形上的小尺度扩散是一种较好的近似，因此，常用于核设施许可证申请和应急响应的计算中，特别适用于事故早期快速、粗略地估算事故的规模，因为它们可快速提供对大气浓度、沉积和剂量的合理估算，而仅依靠一些地形和气象等相对有限的信息。如在核安全审评和核环境影响审评中应用较多的 XOQDOQ、PAVAN，用于早期应急响应的 RASCAL 程序等均采用高斯烟羽模式。但高斯烟羽模式有几个缺陷。首先它是静态模式，不考虑扩散的变化，而是瞬时形成直到远处的烟流；其次，在低风速条件下，模式会趋于"崩溃"，因为浓度与风速成反比，风速趋于 0 时结果将不存在；最后，烟羽模式不考虑气象场的空间变化，无法很好地反映地形的作用。此外，烟羽模式每个时刻的计算结果都是独立的，无法反映前一时刻排放的影响。因此，当扩散尺度较大、下垫面较为复杂时，应考虑对烟羽模式进行修正（如分段烟羽模式或加入慢摆作用的修正项等）或者选用其他模式。

每当烟羽模式遇到不适用的情况时，烟团模式几乎总会成为替代的首选。在较大范围内，风向会发生变化。下垫面不均匀或在某些天气系统控制时流线会发生弯曲或出现辐合、辐散流场；另一方面，当扩散的时间尺度达到小时量级时，低频的风速、风向变化已不能当做随机量处理，平均轴线加正态分布的模式将引起很大误差，此时用高斯烟团模式更符合实际情况。高斯烟团模式考虑高斯分布的计算核，可分段考虑流场随时间的变化。较有影响的有丹麦 Riso 实验室的 RIMPUFF 模式、美国 EPA 的 CALPUFF 模式等。这两个模式都引入了烟团分裂概念以及处理气象场空间变化造成烟团扭曲变形的情况。

拉格朗日粒子模式也是描述大气扩散问题的有效方法。它可以良好地适应实际流动和湍流的时空变化，对于模拟复杂地形、低风速条件的扩散过程是很适宜的，如美国 ARAC 系统应用的 LODI 模式（由劳伦斯-利弗莫尔国家实验室开发）。粒子模式的主要缺点是计算量偏高。

欧拉模式是基于流体力学方程构建的，是对流动和污染扩散过程的数值求解，主要应用于城市和区域空气质量模拟，如美国的 CAMQ 等。它更适用于多源、多污染物的综合性环境过程模拟，模式系统较为复杂，对计算条件要求较高。

总之，在复杂地形条件下，由于流场和湍流场在时间和空间上的不均匀，采用简单的解析方法得到的评价模式计算出的浓度分布和实际状态之间有较大的差异。通常情况下，地形和气象条件复杂程度越高，偏差越大。一些先进的大气扩散模式，在较高质量风场的基础上，不同程度地考虑了复杂地形的影响，包括烟羽抬升、部分穿透、烟囱顶部效应、垂直剪切风，建筑物下洗效应，子网格尺度的地形，水陆交接面效应等，可提供更真实的烟云轨迹和浓度估计。选择什么样的大气扩散模式应用于事故后果评价中，要在获得一个精确且可靠的预测值和减少计算时间即采用较简单的模式之间进行权衡。

下面对高斯模式和 Monte-Carlo 粒子随机行走扩散模式做重点介绍。

1. 高斯模式

（1）高斯模式的理论基础

在大气扩散领域里已有许多关于高斯模式推导的文献。高斯扩散模式是在污染物浓度符合正态分布的前提下推导的。在扩散方程中，假设扩散系数为常数，可以得到正态分布形式的解；从统计理论出发，在平稳和均匀湍流假定下也可以证明扩散粒子位移的概率分布是正态的。虽然实际大气不满足理论假设的前提条件，但大量小尺度扩散试验表明，正态分布假设至少可以作为一种粗略的近似。

公式（9-10）为对一维的扩散方程求解后得到的表达式：

$$\chi(x)/Q = \frac{1}{(2\pi)^{1/2}\sigma}\exp[-\frac{1}{2}(\frac{x-x_0}{\sigma})^2] \tag{9-10}$$

式中， $\chi(x)$ ——离浓度分布中心 x_0 距离为 x 处的浓度；

Q ——释放量；

σ ——扩散参数。

大气扩散参数是距释放点距离或时间的函数，它们也是大气稳定度和地表粗糙度的函数。各核动力厂址均有符合自己厂址特征的扩散参数。

（2）高斯烟团模式

公式（9-11）为一个基本的三维高斯烟团模式的浓度方程：

$$\frac{\chi(x,y,z)}{Q} = \frac{1}{(2\pi)^{3/2}\sigma_x\sigma_y\sigma_z}\exp[-\frac{1}{2}(\frac{x-x_0}{\sigma_x})^2]\exp[-\frac{1}{2}(\frac{y-y_0}{\sigma_y})^2]\exp[-\frac{1}{2}(\frac{z-z_0}{\sigma_z})^2] \tag{9-11}$$

其中 (x_0, y_0, z_0) 为烟团中心的位置，此方程考虑了对烟团的输送。式中扩散参数是离烟团中心的方向的函数。然而，在大多数烟团模式的计算中，烟团被假设为在 x、y 方向是对称的。因此，x、y 可以被距离烟团中心的水平距离所取代。

公式（9-11）的形式对烟团中心高度在垂直扩散不被地表或不被大气上层所阻挡的情况下是适宜的。实际情况下垂直扩散一般不是无阻挡的。

典型地，地表和大气混合层顶部假设为反射层。当进行这些假设时，垂直的指数项 $\exp[-\frac{1}{2}(\frac{z-z_0}{\sigma_z})^2]$ 被考虑了反射的指数项的总和所代替。这个求和为：

$$\sum_{n=-\infty}^{\infty}\left\{\exp[-\frac{1}{2}(\frac{2nH-h-z}{\sigma_z})^2] + \exp[-\frac{1}{2}(\frac{2nH+h-z}{\sigma_z})^2]\right\}$$

这里，H 是混合层顶的高度，h 是释放高度。

如果 H、h 或 z 中的一个或多个是 0 的话，该项可被简化。例如，如果 H 与 σz 相比较大并且 z 等于 0，该项可被 $2\exp[-\frac{1}{2}(\frac{h}{\sigma_z})^2]$ 所取代。

在较长的下风向距离处，垂直扩散参数与混合层厚度在同一个量级上，烟团模式可被进一步简化，假设物质在垂直方向上是均一分布的。根据这后一个假设，烟团模式变为：

$$\chi(r)/Q = \frac{1}{2\pi\sigma_r^2 H}\exp[-\frac{1}{2}(\frac{r}{\sigma_r})^2] \tag{9-12}$$

这里 H 是混合层厚度。

（3）直线高斯烟羽模式

烟团模式代表了一系列烟团构成的烟羽。烟羽中某一点的浓度是由该点附近所有烟团在该点浓度的叠加计算的。实际上，烟团模式是经过该点的烟团的数值时间积分。在释放点附近，当烟团从源移动到受体，假设气象条件是常数。如果风速假设比 0 大得多，并且被计算浓度的点在下风向足够远，当烟团经过该点的扩散参数随距离的变化可以忽略时，烟团模式可被积分为烟羽模式。

假设 x 轴为平均输送的方向，平均输送速度是 u，这样在烟羽通过期间的平均浓度为：

$$\chi(x,y,z) = \int_{t=-\infty}^{t=\infty} \frac{Q'F_y F_z}{(2\pi)^{3/2}\sigma_x\sigma_y\sigma_z} \exp[-\frac{1}{2}(\frac{x-ut}{\sigma_x(x)})^2] \mathrm{d}t \tag{9-13}$$

其中，χ 为浓度，Q' 为释放率，$F_y F_z$ 为指数项，x 为下风向距离，u 为风速，t 是时间。积分后，烟羽模式浓度公式变为：

$$\chi(x,y,z)/Q' = \frac{F_y F_z}{2\pi u\sigma_y\sigma_z} \tag{9-14}$$

地面释放的直线高斯烟羽模式常常表示为：

$$\chi/Q' = \frac{1}{\pi u\sigma_y\sigma_z} \exp\left[-\frac{1}{2}\left(\frac{y}{\sigma_y}\right)^2\right] \tag{9-15}$$

当释放点和受体在地面高度上并且 H 较大，包含 F_z 的指数项的和为 2。这样，方程（9-14）中的常数 2 在公式（9-15）中就没有了。

另一个值得解释的假设是气象条件假设为水平均匀并且定常的。这意味着将烟羽从释放点输送到受体的风向和风速以及扩散的湍流被假设为在模拟区域不随地点而改变。这同样意味着气象条件在释放期间和输送期间不会随时间改变。因此，在估算短期释放点附近的接受点的浓度和剂量时，这些假设限制了直线烟羽模式的使用；在更远距离处需使用另外的模式。

2. 拉格朗日模式——随机游走粒子扩散模式

拉格朗日粒子弥散模式是把每个污染质点当成有标志的质点，通过释放大量粒子，计算粒子的轨迹，而这些粒子描述了气载污染物在大气中的迁移扩散。粒子在流场中按平均风输送，同时又用一系列随机位移来模拟湍流扩散，这样就表达了平流和湍流扩散两种作用，最后由这些粒子在空间和时间上的总体分布估算出污染物的分布。

积分粒子运动的拉格朗日方程，将粒子的运行轨迹写成下列形式：

$$x_i(t+\Delta t) = x_i(t) + v_i(x_i(t),t)\Delta t + v_i'(x_i(t),t)\Delta t \qquad i=1,2,3 \tag{9-16}$$

其中，x_i 为粒子的三维坐标分量；v_i 为平均风速分量（$\overline{u}, \overline{v}, \overline{w}$）；$v_i'$ 为湍流脉动速度分量（u'，v'，w'）；t 为时间序列；Δt 为时间步长。每个时间步的脉动速度通过假设运动遵从 Markov 假定，即

$$u'(t+\Delta t) = u'(t)R + (1-R^2)^{1/2}\sigma_u\xi$$

$$u'(t+\Delta t) = u'(t)R + (1-R^2)^{1/2}\sigma_u\xi \tag{9-17}$$

$$w'(t+\Delta t) = w'(t)R + (1-R^2)^{1/2}\sigma_w\xi + (1-R)\tau\frac{\partial\sigma_w^2}{\partial z}$$

其中，式中右边第二项代表速度涨落量中的随机部分，ξ 为符合高斯分布（平均值为 0、

标准差为 σ_i ）的随机数；$\sigma_u = (\overline{u'^2})^{1/2}$，$\sigma_v = (\overline{v'^2})^{1/2}$ 和 $\sigma_w = (\overline{w'^2})^{1/2}$ 为脉动量 v_i' 的标准差；$R(\Delta t) = \exp(-\Delta t / \tau)$ 为拉格朗日自相关函数；τ 为 Lagrangian 时间尺度；w 分量公式中右边的第三项是为避免质点在低能区的堆积而引入的修正项。

方程（9-16）考虑了平均风输送影响和大气湍流风脉动的影响，湍流脉动反映了时间尺度小于 1 h，对应于较短的长度尺度。中尺度运动可以使弥散的烟羽显著增大（Gupta 等，1997），对于大尺度模拟问题，需要考虑中尺度风脉动影响。因此，考虑中尺度风脉动影响的粒子运动方程为：

$$x_i(t + \Delta t) = x_i(t) + v_i\big(x_i(t), t\big)\Delta t + v_i'\big(x_i(t), t\big)\Delta t + v_i''\big(x_i(t), t\big)\Delta t \qquad i = 1,2,3 \quad (9\text{-}18)$$

其中，v_i'' 为中尺度风脉动速度分量（u''，v''，w''）。

运用拉格朗日粒子弥散模拟方法的关键在于确定决定粒子运动平均轨迹的平均风场、三个速度分量的拉格朗日时间尺度和涨落的标准差。湍流参数化方案是影响模式精度的关键因素，基于拉格朗日粒子弥散模拟方法的不同模式，采用不同的湍流参数化方案，例如，美国的 Hanna（1982）参数化方法等。

由公式（9-16）～（9-18），即可计算粒子在空间运动的轨迹，决定其各时刻的位置。对于空间关注点浓度的计算，一般引入核函数方法。在模式中引入核函数方法，可以提高扩散计算精度和效率，不仅可以避免复杂的嵌套计算，而且可以快速合理地得到有限关注点的浓度。

放射性核素空气浓度的计算方法：每个网格中的浓度正比于质点通过该网格时所需时间的总和，因此每个网格的浓度 C_k（Bq/m^3）用下列公式计算：

$$C_k = \frac{Q}{N \cdot T} \sum_{i=1}^{N} N_{ik} \cdot \Delta t / V_k \qquad (9\text{-}19)$$

式中，Q —— 释放的放射性活度，Bq；

$\quad\quad N$ —— 释放的粒子总数；

$\quad\quad T$ —— 所有粒子扩散时间的总和，s；

$\quad\quad N_{ik}$ —— 第 i 个粒子在 k 网格中穿行时间内的时间步数；

$\quad\quad \Delta t$ —— 时间步长，s；

$\quad\quad V_k$ —— 网格 k 的体积，m^3。

在浓度计算中，根据放射性核素的半衰期和粒子迁移的总时间对放射性衰变进行修正。

3. 干沉积

干沉积率由下式给出：

$$\omega_d' = -v_{dd}\chi \qquad (9\text{-}20)$$

式中，ω_d' —— 沉积率，活度/m^2；

$\quad\quad -v_{dd}$ —— 干沉降速度。

不同文献对沉降速度的取值不完全一致。RASCAL 中假设对于碘和所有粒子的干沉积速度为 0.003 m/s。联邦德国辐射防护委员会第十七卷出版物中假设分子碘为 0.01 m/s，有机碘为 1×10^{-4} m/s，粒子为 1.5×10^{-3} m/s。IAEA 安全报告丛书 No.19 中对元素碘为 0.04 m/s，

有机碘为 2×10^{-4} m/s，粒子为 2×10^{-3} m/s。惰性气体不计算沉降。沉降时干沉降的物质从烟团中清除出去，维持质量守恒，计算时需考虑源项损耗模式计算从烟团清除的质量。

4. 湿沉积

当释放时的气象条件有降水出现时，除了惰性气体，释放的物质会被湿沉降降到地表。对惰性气体不考虑湿沉降。当降水发生时，假设其对气体和粒子的清除是不可逆的。因此，湿沉降不受释放高度的影响。与湿沉积有关的地表污染和由此所导致的地面照射剂量也不受释放高度增加的影响。对湿沉积可按粒子和气体不同处理。

对粒子，湿沉积率使用冲刷模型计算，假设当降水完全垂直穿过烟羽时对粒子的收集是不可逆的。在冲刷模型中，粒子湿沉积率 ω'_{wp} 为

$$\omega'_w = -\lambda_p \int_0^\infty \chi \mathrm{d}z \tag{9-21}$$

式中，λ_p——冲刷因子，是降水类型、强度和温度的函数，随降水速率的增加而增加，且液态降水比固态降水高。

可按照下式计算：

$$\lambda_p = (CEP_r)\Big/\Big(0.35P_n^{1/4}\Big) \tag{9-22}$$

式中，C——经验常数，假设为 0.5；

E——平均收集效率，假设为 1.0；

P_r——降水量，mm/h；

P_n——归一化降水量，P_r/1 mm/h。

对雪来说，冲刷因子为：

$$\lambda_p = 0.2P_r \tag{9-23}$$

对气体，湿沉积率的计算假设空气中的气体浓度与降水中的浓度处于平衡状态。按照这个假设，气体湿沉积率与地面附近的空气浓度成正比。气体的湿沉积率也可用湿沉积速度来计算：

$$v_{dw} = cSP_r \tag{9-24}$$

式中，v_{dw}——湿沉降速度；

c——将降水量从 mm/h 转变为 m/h 的因子；

S——溶解度系数；

P_r——降水量（对于雪为水当量），mm/h。

对反应性气体（如 I_2）溶解度系数可取为 1 000。对于非反应性气体，溶解度系数大概低 3 个数量级，因此可以忽略。表 9.25 列出了典型的冲刷因子和湿沉积速度。

表 9.25　典型的湿沉积参数

降水类型	冲刷因子	湿沉积速度
小雨	0.25	2.8×10^{-5}
中雨	3.3	8.3×10^{-4}
小雪	0.006	8.3×10^{-6}
中雪	0.3	4.2×10^{-4}

9.2.3 剂量

当发生向大气释放放射性核素的事故后，人将受到若干不同途径的照射。当烟羽向下风向迁移时，人最初会受到来自烟云中的放射性物质的外照射和吸入放射性物质后的内照射。放射性物质在其迁移期间会通过干、湿沉积过程被从烟云中除去，并转移到地面，因此还会引起沉积物质的外照射、再悬浮于大气中的放射性物质的吸入，以及放射性物质经环境向消费食品的转移。这里给出应急早期阶段需要考虑的主要照射途径的计算方法及相关参数。

1. 吸入剂量

吸入剂量由该位置处的时间积分的空气浓度乘以吸入剂量转换因子和呼吸率得到。成人的呼吸率美国 EPA 的推荐值为 $1.2\ \mathrm{m}^3/\mathrm{h}$。

$$D_{inh} = \mathrm{BR} \sum_i [\mathrm{DF}_{il} \int \chi_i \mathrm{d}t] \tag{9-25}$$

式中，BR —— 呼吸率；

$\int \chi_i \mathrm{d}t$ —— 核素 i 时间积分的空气浓度；

DF_{il} —— 核素 i 引起照射的吸入剂量转换因子。

2. 烟云照射剂量

对处在半无限被污染空气中的烟云浸没剂量可用公式计算：

$$D_{cld} = \sum_i [\mathrm{DF}_{iC} \mathrm{SF}_p \int \chi_i \mathrm{d}t] \tag{9-26}$$

式中，DF_{iC} —— 核素 i 的浸没照射剂量转换因子；

SF_p —— 建筑物屏蔽因子，在无隐蔽的户外，取值为 1。

上式采用了半无限大烟羽的近似。实际上对发射能量较大的γ放射性核素，这种近似的方法误差较大，有限烟羽的方法则更为合理。有限烟羽需要对烟羽的全部体积元的剂量贡献进行积分，积分时还要考虑到γ辐射在空气中的吸收和散射。因此，在源的附近，烟云照射的计算使用有限烟云近似。当烟团长到足够大的时候，可转为半无限模式计算烟云照射。应急时在时间允许的条件下，可用有限烟羽模式来计算。可以使用事先已经算好的校正因子对半无限烟羽的结果进行校正，也可使用计算机程序直接计算。

3. 地面照射剂量

对在每一位置处的累积地面照射剂量由累积地表浓度乘以剂量转换因子和地表修正因子得到。这里的剂量因子计算的是离地面 1 m 高度处的剂量。这是一个合理的假设，因为只有能量最低的光子的平均自由程不到 2 m。因为剂量因子计算的是光滑的无限大平面的受照剂量，所以需要地表粗糙度的修正因子。

$$D_{gs} = \mathrm{SRF} \sum_i [\mathrm{DF}_{iG} \int C_{ig} \mathrm{d}t] \tag{9-27}$$

式中，DF_{iG} —— 核素 i 的地面沉积照射剂量因子；

SRF —— 地表修正因子；

C_{ig} —— 核素 i 的地表浓度。

初始地面照射剂量由烟羽到达时开始计算，到结束照射时结束计算。

9.3 评价与决策

9.3.1 决策的目的

进行后果计算、确定需要实施的防护措施，以减轻核设施事故的场外辐射后果，需要决策过程来实现。决策可分为两类：一类目的在于减少事故期间的照射；另一类是为了减轻来自事故污染的照射而采取的长期措施。

1．对减少直接照射的决策

这些决策的目的在于减少来自事故产生的放射性烟羽的直接照射的剂量、吸入这种气载物质而接受的剂量，或者由高水平地面污染的照射而产生的剂量。一般来说，相对于这类照射已经考虑了三种防护措施：撤离、隐蔽和发放稳定性碘片。必要时，有暂时的呼吸防护。

在事故早期阶段，可选择隐藏或撤离；在其中的任一情况下都可以通过发放稳定性碘片来减少放射性碘产生的甲状腺剂量。

撤离是在确认了放射性物质即将释放后，将人们由可能受到影响的地区尽可能快地撤走。这一行动的目的是减少因吸入和直接照射产生的剂量，而且，如果这决策足够及早地开始实施可以避免撤离的人们受到任何照射。如果在释放之前不可能撤离该区的居民，则撤离的目的是使居民在遇到烟羽前尽可能远离事故厂址和减少居民受到烟羽的照射。但是如果人们被烟羽追上，而他们又是在室外或在仅有很少屏蔽效果的交通工具里，则他们可能受到高于他们停留在屋内可能接受的剂量。

可以要求人们隐蔽在他们的屋子里，关闭窗户和门。此外，由于空气经建筑物中的小缝隙进入屋内时受到了过滤作用从而降低了室内放射性物质的浓度，吸入剂量也会降低。

有些情况下可能要优先采用隐蔽而不是撤离，例如：

（1）释放来得比较迅速，以致在照射之前要实施撤离已不可行；

（2）释放是由惰性气体组成的，由于几乎没有什么放射性物质沉积于地面，所以不引起长期照射；

（3）涉及的撤离人数过大；

（4）由于风向变化，局部地区降雨或即将降雨，或者复杂地形，造成弥散条件不确定；

（5）冰或雪一类的恶劣天气条件阻止了立即的撤离。

由于隐蔽不可能维持很长时间，因而不是用于防护长期外照射的合适措施。

对于可能受到照射的群体，可以在他们受到放射性烟羽照射之前或之后立即发放给稳定性碘片。这将阻止放射性碘为甲状腺所吸收，而且，如果是在合适的时间里给药，可以有效地减少这一器官受到的照射。

2．减少长期剂量的决策

搬迁、去污和限制对土地的使用是减少来自地表外照射的长期累积剂量的适当措施。由于不要求立即行动，这些决策是基于剂量和测量的结果。如果这些措施会带来巨大的经济损失，则需要仔细进行代价-利益的权衡。

搬迁是在事故发生后的某一时间将人们从受影响的地区迁走，这可能要持续一段长的时间。当人们可能接受的剂量降低到某个可以接受的水平时,人们便可返回他们的家园。

9.3.2 评价与决策的关系

图 9.6 为由评价到决策的简化图。

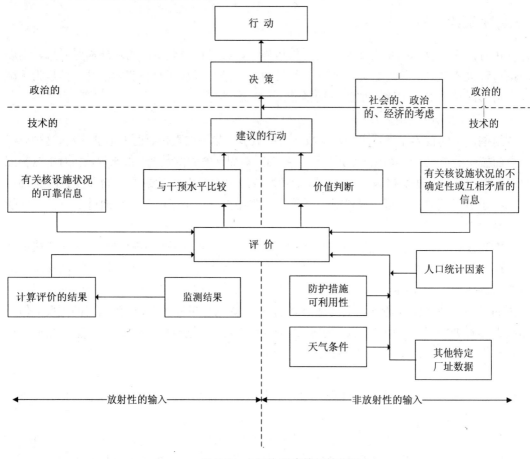

图 9.6 由评价到决策的简化图

决策过程应注意以下问题:

(1)应注意辐射应急的时间阶段特征。在放射性释放发生之前就应该实施预防性的防护措施。在事故不同阶段,要分析各照射途径的重要性,确定有效的防护措施。在某种可能的范围内,释放实际发生前有关防护措施的决策应依据:

①释放的可能性及其后果的估计;

②估计即将发生释放的时间尺度;

③对即将发生的释放进行预期剂量的计算,与干预水平进行比较。

(2)虽然在制订应急计划时,划分了应急计划区,为制定有关实施防护措施的决策提供了基本的地理范围,但不应该认为区域的边界是固定不变的,即边界以外不能实施防护措施,边界以内自动实施。如果需要的话可以将实际的响应扩展到区域以外。

(3)做决策时要判断信息的不确定性。充分的信息是做决策的关键,而事故早期的信息肯定是不充分且有可能是错误的,所以对决策人员来说,该阶段是最困难的阶段。特别是在等待放射性物质释放，而不是实际释放或完成释放时期，制定有关的防护措施通常特别困难。尽管如此，事故释放前阶段仍是实施防护措施的最理想的时期。

9.3.3 核应急决策支持系统

目前对核应急决策支持系统的开发尚未像前述后果评价系统的开发充分。核事故的应急决策过程涉及社会、环境、政治、经济以及生态保护等因素。特别是早期核应急决策中应主要考虑健康影响、最大受照个人剂量、个人可避免剂量、集体可避免剂量、经济代价、社会因素、公众心理等决策需要考虑的因素。对这些因素的综合考虑对决策模型提出了挑战。

在核应急决策分析中常用的方法有代价-利益分析、代价-效能分析、多属性效用分析和多准则筛选分析等。这些方法复杂程度各异，有的较直观，例如代价利益分析；有的较复杂，需要涉及决策者的价值判断等主观因素，例如多属性效用分析。

较简单的方法在其决策模式中考虑的影响因素较少，而且一般只是考虑可以定量化的因素，例如辐射剂量和防护措施的经济代价等。如果考虑到其他因素的影响，例如只可能对其进行定性分析的某些社会政治性质的因素的影响，那么最终采取的决策方案有可能偏离这种决策分析所给出的结果。这也是此种方法的一个很大的局限性。另一方面，较复杂的决策分析方法，例如多属性效用分析，虽然可以同时考虑定量和定性的影响因素，但由于要将这些性质非常不同的影响因素尤其是只能对其进行定性分析和评价的因素用一个共同的尺度来衡量，因而这种度量尺度只可能是抽象的，包含决策者的主观价值观念在内。所以，要向决策者解释这种方法的概念和使用，以及向公众解释这种方法导出的决策结果都存在一定的难度。

下面介绍几种常用的辐射防护最优化处理方法。

1. 代价-效能分析方法

为比较各防护方案的优劣，分别计算各方案在减小单位集体剂量时所付出的代价，即计算代价-效能比 $\Delta X/\Delta S$，其中 ΔX 为实施某防护方案较前一方案增加的防护代价，ΔS 为相应的集体剂量的减少。代价-效能比数值较小的方案为较优。在此分析方法中只考虑了防护代价和集体剂量这两个最基本的因素。此方法简单易行，不需要预确定 α 值（单位集体剂量辐射照射相当的货币代价，此值由主管部门用法律的形式规定）。此方法也有不足之处，比如它得出的只是较优方案，而不一定是最优方案。它不能确定出最优防护水平。

2. 代价-利益分析方法

代价-利益分析方法是一种直接体现最优化思想的方法，它的主要特点是能够辨认出总的净利益最大方案，即

$$B = V-(P+X+Y) = 最大 \tag{9-28}$$

式中，B 为总的净利益，V 为毛利益，P 为除去辐射防护代价之外的所有生产代价，X 为达到相应防护水平所需付出的防护代价，Y 为该防护水平相应的辐射危害代价。如果认为 V 和 P 与辐射防护无关，那么欲使 B 最大，必须使 $(X+Y)$ 最小。也就是说，代价-利益分析方法的核心是找出辐射防护代价和辐射危害代价之和为最小的防护方案，即最优防护方案。

可用两种方法计算辐射危害代价 Y。一种方法只考虑集体剂量，而不考虑个人剂量的

分布，与这种计算方法相应的代价-利益分析方法称为简单的代价-利益分析方法；另一种计算方法既考虑集体剂量又考虑个人剂量的分布，称为扩展的代价-利益分析方法。

辐射危害代价 Y 为：

$$Y = \alpha S \tag{9-29}$$

式中，α 为单位集体剂量辐射照射相当的货币代价，元/（人·Sv）；S 为集体剂量，人·Sv。

扩展的代价-利益分析方法与简单的代价-利益分析方法的差别在于分析时不仅考虑防护代价和集体剂量，而且还考虑了其他与辐射防护有关的因素，例如个人剂量的分布、不同性质的人群组等。

以个人剂量的影响为例。个人剂量的分布常常是不均匀的，较大的剂量有可能带来较大的危害，即使花费较大的代价也应当先设法降低较大的个人剂量。具体方法是，在计算辐射危害的代价时，在公式（9-30）中加入反映个人剂量分布的 β 项，按下式计算 Y：

$$Y = \alpha S + \sum_j \beta_j S_j = \alpha S + \sum_j \beta_j N_j H_j \tag{9-30}$$

式中，S_j 为第 j 组工作人员的集体剂量，它是该组的人数 N_j 和人均剂量 H_j 的乘积；β_j 是赋予第 j 组单位集体剂量的附加代价，对于不同水平的个人剂量，β_j 的数值不同，个人剂量越大，β_j 的数值越大。

代价-利益分析方法可以确定最优防护水平。可以认为这一方法较直接地体现了辐射防护最优化的基本思想。

3．多属性效用分析方法

多属性效用分析方法是一种用途十分广泛的决策方法，它的突出特点是可以把那些难以用货币价值定量的因素定量化，从而可以对那些通常只能做定性分析的问题做出定量的判断，使得决策更加科学化。

在多属性效用分析方法中，首先对所要考虑的各个因素确定效用函数，然后计算各方案相应的效用值，最后比较各个方案总效用的数值，总效用值高的方案为优。

求得每个因素的部分效用值以后，将其加权求和，依下式计算各方案的总效用数值：

$$U_i = \sum_{j=1}^{n} w_j u_{ij} \tag{9-31}$$

式中，U_i 为第 i 个方案的总效用值；u_{ij} 为第 i 个方案中对于 j 因素（j=1，2，…，n）时的部分效用；w_j 是赋予 j 因素的权重因子，它是归一化的，即 $\sum w_j = 1$。

对于高层战略问题的决策，这一方法可能是非常吸引人的，但实际执行起来可能是困难的。因为它要求精确地表述分效用函数（大都是非线性的），并要求评价和指定权重因子，而权重因子的赋值反映出相关利益者（Stackholder）的意愿。

9.4　国内外主要后果评价软件系统简介

目前我国的运行核动力厂均开发了适合本核动力厂厂址特征的应急事故后果评价软件（包括应急计算机辅助决策系统），并配有相关的硬件设施（包括数据的网络传输系统及展示系统）。这些模型及软件有的属于自主开发，有的属于引进国外的成熟软件再进行本地化的二次开发。表 9.26 列出了国内核设施核事故后果评价软件开发的状况。需要说明的是各设施一般开发有根据厂址气象系统得到的单点或多点气象数据进行计算的实时快速评价程序及手册，下表并未列出。

表 9.26　国内核设施核事故后果评价软件开发的状况

	大亚湾核电站	秦山核电基地	田湾核电站	国家核应急协调委	环保部核与辐射事故应急技术中心
源项	SESAME	一期：根据四类堆芯损伤程度判断，通过仪器、仪表和事故取样系统进行详细评价；二期：CDAG 的方法；三期：通过辐射监测系统、取样分析及破损燃料定位系统	基于堆芯裸露时间、安全壳内γ辐射水平、冷却剂放射性活度		SESAME INTERRAS
气象数据	由气象部门提供预报风场后进行风场诊断	风场预报模式	风场预报模式	由气象部门提供预报风场后进行风场诊断	由气象部门提供预报风场后进行风场诊断
扩散及剂量计算	引进 RODOS 本地化二次开发，采用 RIMPUFF 烟团模式	随机游走粒子-烟团模式 RPPM	三维蒙卡数值弥散模式（TW-NAOCAS）	引进 RODOS 本地化二次开发	引进 RODOS 本地化二次开发
决策分析	无	无	无	有	有
计算机展示平台	GIS	GIS	GIS	GIS	GIS

表 9.27 列举了国外一些成熟的开发和应用的核事故实时后果评价与决策支持系统及其特征。

表 9.27　国外开发和应用的核事故实时后果评价与决策支持系统

系统名称（开发机构/国家）	中小尺度大气扩散模式	风场计算	辐射剂量计算	应急干预措施模拟	应急干预措施决策分析	中尺度和远距离模式
ARAC（LLNL/美国）	粒子扩散模式（三维 MCWF）（MATHEW/ADPIC）	有	有	无	无	有
RODOS（欧共体）	分段高斯烟羽模式；高斯烟团模式；拉格朗日烟团模式等	有	有	有	有	有
RECASS（SPA/俄罗斯）	高斯烟团模式；三维数值模式；蒙特卡罗模式	有	有	有	无	无
SPEEDI（JAERI/日本）	粒子扩散模式（WIND04/PRWDA）	有	有	无	无	有

下面重点介绍一些主要的后果评价软件及系统:

(1) RASCAL

RASCAL 由美国核管会(NRC)组织开发,其版本在使用中不断升级,已经有 RASCAL 1.0、RASCAL 2.0、RASCAL 3.0、RASCAL 4.0 系列等若干个版本。1997 年,IAEA 在 TECDOC-955 中首次正式推荐使用的 InterRAS 程序正是其国际版本。NRC 认为,RASCAL 具有现实可行、操作简便和快速的特点,所以在其应急技术响应手册的各个版本中,十分明确地规定将 RASCAL 作为在核事故应急响应早期阶段预测和估算事故辐射后果的主要工具之一。主要模块有 ST-DOSE(由源项计算剂量)、FM-DOSE(由野外监测数据计算剂量)和 DECAY(衰变计算)三个计算工具。其技术路线已在前文进行了详细描述。需要补充说明的是,最新版的 RASCAL 4.0 较前期版本有了较大改进:

首先是计算模型的优化,例如,RASCAL 4.0 可以提供随时间变化的源项并与扩散模块耦合计算,改进了静风的处理等。

其次,该软件结合了美国 NRC 监管下的核设施(包括核动力厂和燃料循环设施)的具体信息并进行了开发,其核设施数据库包含的设施信息主要有核设施的经纬度、核设施周围人口密度、反应堆类型、反应堆功率、安全壳设计泄漏率等详细参数。这样在对典型事故工况进行后果评价计算时,可以从程序中直接调用各种参数。

此外,RASCAL 4.0 可以与 Google Earth、ArcMAP 结合使用,RASCAL4.0 除可用单点实测值之外,还可利用多站点、实测及预报气象数据。气象数据的获取方式上也有很大改进,RASCAL 4.0 可从美国国家气象局网站直接导入计算,极大地提高了输入与输出的效率。

(2) ARAC

ARAC 是 Atmospheric Release Advisory Capability 的简称,由劳伦斯·利弗莫尔国立实验所(LLNL)开发,是由美国 DOE 的 NNSA 进行管理的应急响应评价系统,用于计算放射性、化学和毒性物质向大气的释放。该系统由一套相互关联的气象和扩散模式构成,可提供多尺度(局地、区域、洲际和全球尺度)的大气流场和扩散模式,扩散模式 LODI 采用拉格朗日随机蒙卡方法。输出产品包括污染物空气、地面沉积浓度以及瞬时及时间积分剂量。美国 NRC 在其 RTM-93 中,界定了 RASCAL 和 ARAC 的应用差别,由于 ARAC 需要有源项数据的支持,且计算时间较长,因此在烟羽早期阶段,先使用 RASCAL 进行快速计算,以尽快为防护行动提供依据,而在相关信息获取后再进行复杂的 ARAC 计算,以得到更远处的、更精确的扩散结果。

(3) SPEEDI

SPEEDI 是 System for Prediction of Environmental Emergency Dose Information 的简称。是由 JAEA 开发的计算机软件,可依据释放源项的情况(从反应堆向大气释放的各核素的释放量随时间的变化)、反应堆周围的气象和地形数据,进行大气扩散的模拟,对大气中放射性物质的浓度和剂量分布进行预测,WSPEEDI 是 SPEEDI 的 Worldwide 版本,主要用于实时预报事故条件下气载放射性核素在大尺度范围内所造成的辐射后果,由 MEXT 向 NSC 派遣的(财)原子力安全技术中心(NSTC)操作运行。SPEEDI 系统具有气象条件的预报、空气及沉积浓度的估算、内、外照剂量的评价以及计算结果在地理系统的输出显示等功能。采用 PSU/NCAR 的 MM5 模式预报气象场(需输入全球气象背景的预报场,由日本气象部门提供），采用 Moute-Carlo 模式计算大气扩散，源项可由工况给出或者由监测数据推算。

（4）RODOS

RODOS 是 Real-time and On-line Decision Support System 的简称，为欧洲核应急决策支持系统，现已有第 6 版。该系统由下述 4 个子系统组成：操作子系统（OSY）、分析子系统（ASY）、对策子系统（CSY）和评价子系统（ESY）。子系统 ASY 包含局地尺度模型链 LSMC 和大尺度模型链 LRMC（包含 MATCH 模式），可进行欧洲范围内不同尺度的放射性模拟计算。其中，LSMC 的扩散模型采用烟团模块 RIMPUFF 和分段烟羽模块 ATSTEP；MATCH 为三维拉格朗日—欧拉混合型大气弥散模式。与前三种评价系统不同，RODOS 还包含了详细的食物链计算模块（陆地食物链、水环境食物链、森林环境食物链以及氚食物链等）、对早期防护措施和晚期防护措施进行定量分析的 CSY 子系统以及借助决策规则和专家判断对应急措施的利与弊进行决策分析的 ESY 子系统。

9.5 辐射后果评价的不确定性分析

进行后果评价的每一个步骤都有不确定性。这些不确定性来源主要有：

（1）模式化过程中的不确定性

用于描述源项释放过程和大气弥散过程以及剂量模型等都是通过数学公式表达计算的，这些过程的复杂性会导致模型描述偏差。

（2）归因不全引起的不确定性

在评价过程中，可能存在这样的事实：没有全面考虑各种因素的贡献。这可能是因为缺乏对有关过程的足够认识或对预想不到的事件缺乏认识能力造成的。

（3）参数值和输入变量的不确定性

从评价的三步骤来说，最大的不确定性一般认为是对源项的估算。在灾难性安全壳失效情况下，如果采用流出物监测器读数估算源项，源项可能会被低估 1 000 000 倍。对较轻的（非堆芯损坏）事故，它的总释放是通过受监测的路径释放且大部分是惰性气体，这时源项的不确定性就会降低。然而输送和剂量计算的不确定性仍然存在。

实际烟羽的轨迹与模式模拟的烟羽的差别是不确定性的另一个主要来源。由剂量模式预期的剂量基于平均环境放射性浓度。因此，如果监测点在实际烟羽的内部（图 9.7，点 B），则观测到的剂量大于预期剂量，如果监测点在烟羽的外部（点 A），则小于预期剂量。所以，即使在最有利的环境下，也无法期望初始的野外监测结果与模式的预期结果相一致。

即使输入相同的条件（例如源项、气象条件和剂量因子），不同的剂量和后果模式所估算的结果也不相同。

因此，显然不应该期望预期剂量与早期的野外监测数据有很好的一致性。预期剂量应当仅被当做粗糙的估计。对剂量或后果预期模式不加选择和不加分析地使用，不考虑它们的缺点和事故工况的不可预测性，会给防护行动的决策带来误导。表 9.28 给出了与严重事故剂量评估有关的不确定性的总的估计。不确定性因子是指事故的模式预期值与可能测量到的平均剂量率的比值。烟羽位置的不确定性因子以度的形式表示。显然地，总的来说，在事故释放早期所可能期望的最优估计是预期剂量与野外监测剂量在因子 10 以内，而实际很可能会更不精确。

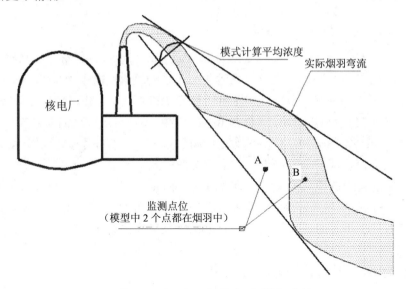

图 9.7　实际烟羽与模式预测的相关性

表 9.28　不确定性因素的组成及其大小

因素	不确定性因子 [a]		
	最优值	最大可能值	最差值
源项（事故和序列）	5	100～1 000	1 000 000
弥散			
扩散（浓度）	2	5	10
输送（方向）	22°	45°	180°
输送（速率）	1	2	10（低风速）
剂量	3	4	10
总计			
剂量	10	100～10 000	1 000 000
方向	22°	45°	180°

注：a. 估计不确定性因子是基于某一地点的监测平均剂量（例如 15～30 min），而不是一个单独的监测读数。

9.5.1　源项模拟的不确定性

在事故期间，预测释放的组成及时间是预期后果的第一步。与源项预测有关的误差对预期剂量及后果有着直接影响。

现在的反应堆都安装了在线辐射监测仪表，能够测量从核动力厂排风口释放的惰性气体（注意：一般认为惰性气体对公众的威胁不如放射性碘和其他粒子大）。对碘和其他粒子的在线监测被认为是不实际的。因此，在许多核动力厂，确定释放时碘和粒子的存在是通过释放期间所采集样品的分析。这种分析可能需要几个小时。此外，释放时放射性核素的组成可能与仪器刻度假设的组成不匹配。因此，现有的系统能够给出大部分的释放的特性，但是它们不能对那些非常不可能发生的释放给出快速的估计，而那些释放都可能会对公众造成最大的威胁。

更重要的是，核动力厂的监测系统是针对放射性的常规释放设计的。但导致场外早期健康效应（死亡和受伤）的事故既是快速的，也是未经过过滤的，所以释放很可能通过未监测路径进入大气。

如果采用基于核动力厂工况估算源项的方法，虽然这些方法在释放开始前就考虑了未监测路径的释放并计算预期值，但研究表明，即使所有的核动力厂工况都已知，现有的计算机模式对源项的预测的不确定性因子也只能在 100 以内。这些研究说明了源项计算的困难，因为在实际事故中不可能知道核动力厂工况的全部细节。因此，在对导致较多释放的严重事故响应的早期，给出一个有着合理的精确度的源项的预测是非常困难的。

9.5.2 输送模拟的不确定性

在估算出从核动力厂释放或有可能释放的放射性物质总量后，预期剂量的下一步是描述物质在大气中迁移的特征。为了预报剂量及后果，模式必须估算出空气中和地面上空间各点处的放射性核素的积分浓度。然而，即使能够精确地估计出源项，场外区域的预期剂量也仍然存在着较大的不确定性。

1981 年，在爱达荷国家工程实验室进行了一次非放射性示踪物（SF$_6$）研究。Lewellen 等（1985）比较了所得气体浓度与各种模式的预报结果，以评价这些模式在应急响应情况下的潜在用途。显然，即使是最复杂的模式也无法重现大气中发生的真实情况。这一例子表明，在局地尺度上模拟输送是很困难的，微小的因素也能对后果的预测产生显著的影响。

放射性物质从厂址的初始输送受局地条件（如地形与气象条件）的支配。典型情况下，气象数据能够从厂址附近的气象观测塔获得。厂址所在处的天气与风的状况无法为远离工厂的状况提供确切的信息，尤其是在低风速期间。用于早期快速评价的大多数模式都没有考虑局地地形对物质输送和扩散的影响。当核动力厂位于复杂地域（如河谷或海岸）情况下，那里的风速和气流能在离核动力厂很短的距离内发生很大的变化。如海陆风环流能引起风向 180°的转变，这种变化是防护行动不能仅依据厂址处所测风向的原因。因此，对于严重事故，应该针对核动力厂附近几公里内所有的风向上采取行动。

9.5.3 剂量和健康效应估计的不确定性

预期剂量的最后一步是确定估算的剂量是否意味着可能导致早期健康效应。剂量因子用于把照射转化为剂量，并且还要根据放射性烟云的大小和位置给出各种修正因子。这些修正因子是对复杂情况所作的简单近似。这些剂量因子是基于有限的数据和假设导出的，其中一些还有争议。适用于各种年龄段和组织的剂量因子涉及的范围很宽。因此，剂量因子和修正因子的选取对预期剂量有很大影响。

9.6 重大核事故后果评价的实例

在人类核电利用的历史上曾发生过的并产生深远影响的核事故，主要有前苏联切尔诺贝利核电站核事故、美国三哩岛核电站核事故以及日本福岛第一核电站核事故。下面对其释放源项及其后果分别作简单介绍。

9.6.1 切尔诺贝利核电站核事故

切尔诺贝利核电站是苏联时期在乌克兰境内修建的第一座核电站。曾被认为是世界上最安全、最可靠的核电站。但 1986 年 4 月 26 日，核电站的第 4 号核反应堆发生瞬时临界和蒸汽爆炸，爆炸使机组被完全损坏，8 t 多强辐射物质泄漏，尘埃随风飘散，致使俄罗斯、白俄罗斯和乌克兰许多地区遭到核辐射的污染，成为核电时代以来最大的事故，被判定为国际核与辐射事件分级表 INES 7 级核事故。

1. 堆芯核素的释放和大气输运

切尔诺贝利核电站是压力管式石墨慢化沸水反应堆（RBMK-1000 型），反应堆爆炸引起的安全壳和堆芯结构损坏，导致大量放射性物质从反应堆释放出来。整个释放时间约为 10 天，其中，事故后第一天，大约释放了 25%的放射性物质。前苏联专家模拟重构了整个事故过程，大体将放射性核素释放分为四个阶段。

（1）初始释放（事故后第 1 天）。这个阶段主要是由于反应堆爆炸引起的放射性物质的机械释放。

（2）释放率下降至初始释放阶段的 1/6（事故后 2～6 天）。这个阶段通过直升机向堆芯投放碳化硼、白云石、沙土和铅等物质，对石墨实施灭火措施，释放率水平迅速下降。

（3）释放率再次上升至初始释放阶段的 70%（事故后 7～10 天）。这个阶段由于余热所致的堆芯燃料温度过高，挥发性放射性物质，特别是碘大量从堆芯释放。

（4）释放率迅速下降至初始释放阶段的 1%以下（事故 10 天后）。这个阶段采取了将裂变产物包含在化学上更稳定的混合物中等特殊措施，释放率水平急剧下降。

对释放量的判断主要基于辐射测量和样品分析结果，事故期间从堆芯燃料释放的放射性物质为$(1～2)×10^{18}$Bq，不确定度为 50%。其中假设裂变产物中全部惰性气体，约 10%～20%的挥发性放射性核素碘、铯和碲和 3%～6%的其他更稳定的核素从堆芯释放。核素释放量估计具体见表 2.8。

由于反应堆爆炸和火灾，使放射性物质输送到较高的高度。根据航测结果，4 月 27 日的烟羽高度超过 1 200 m（600 m 处辐射剂量率最大），随后的几天，烟羽高度低于 200～400 m。挥发性核素碘和铯可输运到 6～9 km 的高度，其中少量进入低平流层，可通过大气输运到较远的距离。一些耐高温的核素，如铈、锆、镎和锶等，大部分沉积在附近地区。

2. 防护措施

事故后开展的首要任务是灭火和稳定反应堆的操作，并尽量控制消防队员和现场工作人员由于燃烧和辐射引起的过度伤害。另外，启动了气象监测和辐射监测工作，并根据辐射干预水平，提出了附近居民的隐蔽和撤离区域的建议。在进一步明确了堆芯放射性气体和气溶胶释放的持续时间后，最终对方圆 30 km 地区的乌克兰基辅和白俄罗斯戈麦尔等地区的 115 000 人实施了撤离应急措施。

为防止烟羽中放射性核素碘在甲状腺的积累，对附近居民发放了碘化钾，事故后的几天中，对 540 万人实施了碘预防措施。

按照测量的污染水平，将反应堆 30 km 半径范围分为三个区域：①4～5 km 半径范围。在可预见的将来，除了核动力厂必需的工作外，一般人员禁止再进入。②5～10 km 半径范围。一定时间以后，部分地区和相关特殊工作情况下允许再进入。③10～30 km 半径范围。

在实施严格的放射性监督后，允许再进入并从事农业生产。

需要说明的是，爆炸发生后，由于对后果的严重性估计不足，前苏联政府反应迟缓，在事故后 48 h，一些距离核电站很近的村庄才开始疏散。

3．剂量评估范围和方法

对事故所致的剂量的估算是根据环境监测、甲状腺和体部测量。剂量评估主要考虑核素沉积外照射和饮食摄入途径。其中对于沉积外照射，长期主要考虑 ^{137}Cs，对于饮食摄入，事故后第一个月主要考虑牛奶和绿叶蔬菜中的 ^{131}I，这之后，主要考虑食物中的 ^{134}Cs 和 ^{137}Cs。

根据对一般人群的估算，甲状腺剂量几乎全部来自在事故后的最初几周饮用含有 ^{137}I 的新鲜奶。撤离者的平均甲状腺剂量估计约为 500 mGy（范围值 50～5 000 mGy）。在前苏联污染区没有撤离的居民约 600 万，平均甲状腺剂量约 100 mGy，其中超过 1 000 mGy 的居民只有 0.7%。平均学龄前儿童的甲状腺剂量约为人口平均值的 2～4 倍。白俄罗斯、乌克兰和俄罗斯 19 个州（包括污染区）的 9 800 万居民平均甲状腺剂量相当低，约为 20 mGy，多数（约 93%）不超过 50 mGy。其他欧洲国家居民的甲状腺剂量约为 1.3 mGy。

关于全身剂量，在前苏联地区，1986—2005 年，600 万居民污染接受的平均有效剂量约为 9 mSv，而对于 3 个共和国 9 800 万居民的平均有效剂量为 1.3 mSv，其中 1/3 是在 1986 年所接受的。

9.6.2　美国三哩岛核电站核事故

美国三哩岛压水堆核动力厂二号堆于 1979 年 3 月 28 日发生的堆芯失水而熔化和放射性物质外逸的重大事故，被判定为国际核与辐射事件分级表 INES 5 级核事故。在这次事故中，主要的工程安全设施都自动投入，在事故现场，只有 3 人受到了略高于剂量管理限值的照射。

由于安全壳的包容作用，泄漏到周围环境中的放射性总量参见 2.3.3。事故对场外居民产生的最大个人剂量不到 1 mSv，核动力厂附近 80 km 以内的公众，由于事故，平均每人受到的剂量不到一年内天然本底的 1%，因此，三哩岛事故对环境的影响很小。

三哩岛事故早期的气象条件的影响暴露了仅在下风向采取防护行动的固有问题。图 9.8 表示事故第一天由厂址处气象系统测得的小时风矢量。很明显，厂址处的风向在 12 h 期间变化十分剧烈。

在上午 7：30 到 8：00 之间，宾夕法尼亚州政府对厂址以西地区发布了紧急撤离警报（上午 7：20 宣布场区应急，紧接着 7：23 宣布总体应急）。如果厂址以西区域的撤离在上午 8：00 开始的话，那么对于任何发生在 8：00 以后的释放，撤离的区域是不够大的，因为局地风的条件改变了。在上午 9：00，厂址以北区域是下风方向，而在 11：00，厂址以东区域是下风方向。所幸的是，在发布紧急撤离警报后大约半个小时，应急等级被降为应急待命，因为在厂址以西地区的剂量率测量表明没有大量的释放。

NRC 特别调查小组后来指出，基于厂内的观测，整个人口稀少地带（环绕厂址 2.5 英里半径）的撤离应该保证不迟于上午 7：30。

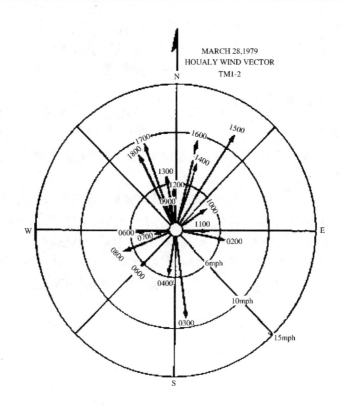

图9.8　1979年3月28日实测的三哩岛2号堆处的小时风矢量

9.6.3　日本福岛第一核电站核事故

2011年3月11日日本东北发生大地震，震级达9.0级。地震引发了强烈的地振动和海啸，受地震和强烈海啸袭击的日本福岛第一核动力厂发生了核事故，大量放射性物质释放到环境，造成大范围的环境污染，令整个核能界为之震惊，引起国际社会的广泛关注。

1. 福岛第一核电站释放过程

3月11日14：46地震发生时，福岛第一核电站1号机组、2号机组和3号机组正处于反应堆满功率运行状态，4号机组、5号机组和6号机组处于反应堆定期检修中，其中4号机组的燃料已转送乏燃料池。地震发生后，1～4号机组厂房的完整性丧失，相继出现了如下可能与放射性物质释放相关的事件，分机组摘要如下：

1）福岛第一核电厂1号机组

3月12日：15：36发出爆炸声，推测发生氢气爆炸，事后证实反应堆厂房严重损毁。

2）福岛第一核电厂2号机组

3月14日11：01，伴随3号机组反应堆厂房的爆炸，反应堆厂房的屋顶墙壁出现了开口；

3月15日00：00，开始排汽；06：10，有爆炸声同时抑压水池腔室压力降低；06：20左右，可能是抑压水池腔室发生了事故。

3）福岛第一核电厂3号机组

3月14日11：01，3号机组反应堆厂房附近发生爆炸；

3 月 16 日 08：30，3 号机组冒出水蒸气样白烟。

4）福岛第一核电厂 4 号机组

3 月 15 日 06：14，确认 4 号机组操作区域的墙壁部分破损；09：38，反应堆厂房 3 层附近发生火灾；11：00 左右员工确认火自行熄灭；

3 月 16 日 05：45，再次发生火灾。

根据日本公布的福岛第一核电厂厂区内各监测点的 γ 空气剂量率的测定结果，最大剂量率为 11 930 μSv/h，出现在 3 月 15 日的正门附近，且 3 月 15—16 日厂区的剂量率一直维持在较高水平，表明该时间段内放射性物质的释放对总释放量的贡献最大，如此高的释放率与 2 号机组抑压池爆炸和 4 号机组的厂房损伤有关。

2. 放射性物质大气释放源项的评估

（1）采用堆芯诊断的源项评估

事故后，日本原子力安全机构（JNES）对反应堆堆芯状态进行了诊断。原子力安全•保安院（NISA）根据该诊断结果计算了福岛第一核电站核事故放射性物质的大气释放量，并于 2011 年 4 月 12 日公布了计算结果，其中 ^{131}I 约为 1.3×10^{17} Bq、^{137}Cs 约为 6.1×10^{15} Bq，已经达到国际核事件分级（International Nuclear Event Scale，INES）中的 7 级核事故（堆芯的放射性裂变产物大量逸出至厂区外，其量相当于 10^{16} Bq^{131}I 当量）。

此后，JNES 利用 5 月 16 日东京电力株式会社（TEPCO）提交给 NISA 的地震后电站参数，对反应堆堆芯状态进行重新诊断。NISA 根据新的诊断结果，对福岛第一核电站核事故放射性物质的大气释放量进行了重新计算，并于 6 月 6 日公布了计算结果，其中 ^{131}I 约为 1.6×10^{17} Bq、^{137}Cs 约为 1.5×10^{16} Bq。

在日本于 2011 年 6 月提交的报告中给出了相关的评估细节。基于核动力厂运行记录和测量参数，通过严重事故分析程序 MAAP，TEPCO 提供了关于福岛第一核动力厂机组的堆芯损伤情况的评估报告。NISA 采用分析程序 MELCOR 对报告的正确性进行验证。在 MELCOR 分析中，对事故开始后的也是重大事件发生的 4 天中的核动力厂瞬时状态进行了计算，对结果有重大影响的参数或时间序列不确定的参数给予了大的关注。根据这些参数的敏感性分析，确定了时间序列，研究了事故情形。表 9.29 中综合给出了福岛第一核动力厂 1 号、2 号和 3 号三台机组裂变产物的环境释放比率。

表 9.29　福岛第一核动力厂事故后的裂变产物释放份额

机组	惰性气体	CsI	Cs
1 号	0.95	0.006 6	0.002 9
2 号	0.96	0.067	0.058
3 号	0.99	0.003	0.002 7

（2）根据环境监测结果进行的评估

日本的核事故后果评价系统——环境应急剂量预测信息系统（SPEEDI）是由日本原子力研究开发机构（JAEA）开发的计算机软件，可依据释放源项的情况（从反应堆向大气释放的各核素的释放量随时间的变化）、反应堆周围的气象和地形数据，进行大气扩散的模拟，对大气中放射性物质的浓度和剂量分布进行预测。本次福岛第一核电站核事故中，由于无法通过反应堆的参数获取释放源项，SPEEDI 系统无法对大气中放射性物质浓度和γ空气吸收剂量率进行定量预测。因此研究了推算源项的替代的方法：将环境中放射性物质浓度的测定结果和 SPEEDI 系统计算的核电站至测定点的扩散模拟结果相结合，在一定的可信度上反推相应释放时刻的释放源项。

JAEA 通过大气扩散计算结果（假定 1 Bq/h 的单位释放率）与环境监测数据的对比，进行释放率的逆推算，将得到的释放率乘以认为该释放所持续的时间长度，得出释放总量，从而进行放射性惰性气体所致的地面γ空气吸收剂量率的分布、大气中放射性碘的浓度分布随时间变化的预测。在释放率的推算中，主要使用了大气中碘和铯的取样监测数据。释放率用测定所得的大气中放射性核素的浓度与假定单位释放率计算得出的相同地点的大气中的浓度相除得出。当无取样监测数据时，假设一定的放射性核素组成比例，将单位释放率的计算结果和γ空气吸收剂量率进行对比，求出释放率。

4 月 12 日，NSC 公布了其采用上述推算方法进行的 3 月 11 日至 4 月 5 日福岛第一核电站各反应堆向大气释放量的评估结果，其中，^{131}I 为 1.5×10^{17} Bq，^{137}Cs 为 1.2×10^{16} Bq。此后，日本又不断更新 SPEEDI 的推算结果，但量级没有变化，估算的结果与采用堆芯诊断的源项评估的基本一致。

3．应急决策

在难以准确获得核动力厂状态和放射性释放信息的紧急情况下，日本对福岛第一核电站周围的公众实施了预防性撤离。

2011 年 3 月 11 日

20：50　福岛县对策本部对福岛第一核电站半径 2 km 范围内的居民发出了撤离指示。

21：23　因福岛第一核电站 1 号机组堆芯无法冷却，首相对福岛第一核电站半径 3 km 范围内的居民发出了撤离指示，对福岛第一核电站半径 10 km 范围内的居民发出了屋内隐蔽指示。

3 月 12 日

05：44　因福岛第一核电站反应堆安全壳内的压力有可能上升，首相对福岛第一核电站半径 10 km 范围内的居民发出了撤离指示。

18：25　因福岛第一核电站 1 号机组反应堆厂房氢爆，其他机组有同时出现事故的风险，首相对福岛第一核电站半径 20 km 范围内的居民发出了撤离指示。

3 月 15 日

11：00　因福岛第一核电站多台机组出现各类问题（1 号、3 号机组氢爆；2 号机组爆炸冒烟；4 号机组爆炸火灾等），首相对福岛第一核电站半径 20～30 km 范围内的居民发出了撤离指示。

3 月末，现场对策本部及福岛县灾害对策本部要求禁止进入 20 km 撤离区域，4 月 21 日，首相采纳 NSC 的建议，指令将半径 20 km 范围内设为警戒区域。

随着环境监测资料的不断丰富，特别是航空测量给出的放射性物质的地面分布资料，以及 SPEEDI 系统的运行和剂量评估结果，NSC 建议重新建立应急防护行动区，见图 9.9，并做好应急准备。

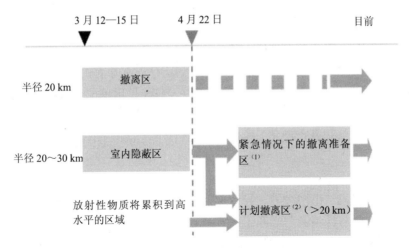

（1）不包括计划撤离区的室内隐蔽区称为紧急情况下的撤离准备区。
（2）在放射性物质将累积到高水平的半径超过 20 km 的区域需要建立计划撤离区。

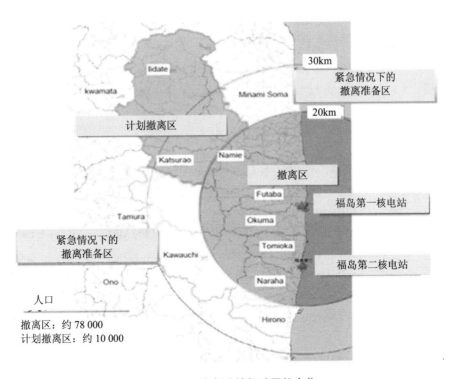

图 9.9 应急防护行动区的变化

4．福岛核事故的经验与启示

福岛核事故发生后，围绕着长时间全厂断电事故、多机组事故以及严重事故发生后的应急响应行动等方面，我国乃至世界核电界开展了有关的研究行动。认真总结日本福岛核事故放射性后果评价的经验，作为经验反馈，可以提高我国应对核事故放射性后果评价的能力。

（1）事故源项的获取

日本的应急响应支持系统（ERSS）由于地震后数据传输系统故障，未能获取事故发生后必要的电站参数，无法发挥其原有的功能；SPEEDI 系统未能通过 ERSS 系统或核动力厂放射性释放的实测值而获取必要的源项数据，无法发挥原有的定量预测大气中放射性物质浓度和γ空气吸收剂量率以及累积剂量的功能，只能采用单位释放量进行定性估算。

在极端条件下可能无法获取到实时的工况参数，因此在对堆芯进行诊断分析时应有冗余的手段，在获知信息有限的情况下尽可能快地估算出源项，同时要考虑可靠的数据接口及数据输入方式。

（2）后果评价能力

福岛核事故中多机组出现故障，导致放射性的释放持续多日并且是阵性释放，因此，应考虑较长时间的释放源项及与之匹配的气象条件。

评价手段中应考虑利用环境监测数据快速反演释放源项并进行事故放射性后果评价。

此外，以往的核事故后果评价一般关注气载流出物的释放，此次福岛核事故中放射性废水向环境泄漏，引起对海域评价的关注。因此，后果评价中需要考虑放射性废水向地表水、地下水和海域泄漏的景象及其放射性后果评价。

（李冰编写，乔清党审阅）

参考文献

[1] IAEA Safety Series No.86，Techniques and Decision Making in the Assessment of Off-site Consequences of an Accident in a Nuclear Facility，IAEA，Vienna，1987.

[2] USNRC. Criteria for Preparation and Evaluation of Radiological Emergency Response Plans and Preparedness in Support of Nuclear Power Plants. NUREG-0654FEMA-REP-1，Rev.1.1980.

[3] IAEA Safety Guide No. 50-SG-06，Preparedness of the Operating organization（Licensee） for Emergencies at Nuclear Power Plants，IAEA，Vienna，1982.

[4] USNRC. Reactor Safety Study，WASH-1400，1975.

[5] L. Soffer et al. Accident Source Terms for Light-Water Nuclear Power Plants. NUREG-1465，USNRC，1995.

[6] J.J. DiNunno et al. Calculation of Distance Factors for Power and Test Reactor Sites. USAEC TID-14844，U.S. Atomic Energy Commission（now USNRC），1962.

[7] IAEA Safety Series No.55，Planning for off-site response to radiation accidents in nuclear facilities，IAEA，Vienna，1981.

[8] 胡二邦，陈竹舟. 核事故场外辐射后果评价方法. 北京：原子能出版社，1991.

[9] IAEA-TECDOC-1127，A simplified approach to estimating reference source terms for LWR designs，IAEA，Vienna，1999.

[10] 施仲齐. 核或辐射应急的准备与响应. 北京：原子能出版社，2010.

[11] USNRC. Response Technical Manual-93，Vol.1，Rev.3，1993.

[12] USNRC. Response Technical Manual-96，1996.

[13] WCAP-14696，Westinghouse Owners Group Core Damage Assessment Guidance．Pittsburgh，1996.

[14] 魏玮，周志伟. 应用 CDAG 方法进行秦山二期大破口 LOCA 严重事故堆芯损伤研究. 核科学与工程，2008，28（4）.

[15] USNRC. MELCOR Computer Code Manuals，NUREG/CR-6119，Vol. 1，Rev.2 SAND2000-2417/1，2000.

[16] E. COGEZ，SESAME．GNP3 3：Description of physical models，IPSN of France，2002.

[17] 黄维德，韩敏. 核电站事故情况下的反应堆状态诊断和预测程序. 中国电机工程学会第七届青年学术会议论文集，2002.

[18] 李冰，吴德强，刘新华. 事故辐射后果分析评价系统（InterRAS）中文版的开发及功能介绍. 核安全，2002（1）.

[19] USNRC. RASCAL 4：Description of Models and Methods，2010.

[20] IAEA Safety Reports Series No.19 Generic Models for Use in Assessing the Impact of Discharges of Radioactive Substances to the Environment，IAEA，Vienna，2001.

[21] 张永兴. 核与辐射事故应急决策支持系统理论及其应用. 北京：中国计量出版社，2008.

[22] UNSCEAR，2008. Annex D. United Nations Scientific Committee on the Effects of Atomic Radiation. Sources and Effects of Ionizing Radiation. 2008 Report to the General Assembly with scientific annexes. United Nations，New York.

[23] 日本経済産業省原力安全・保安子院. 地震被害情報（第 94 報）（4 月 15 日 08 時 00 分現在. http：//www.meti.go.jp/press/2011/04/20110415002/20110415002-1.pdf，2011-04-15.

[24] 日本政府原子力災害対策本部. 原子力安全に関する I A E A 閣僚会議に対する日本国政府の報告書－東京電力福島原子力発電所の事故について－. http：//www.kantei.go.jp/jp/topics/2011/iaea_houkokusho.html，2011-06-07.

[25] 日本経済産業省原子力安全・保安院（NISA）. 東北地方太平洋沖地震による福島第一原子力発電所の事故·トラブルに対する INES（国際原子力·放射線事象評価尺度）の適用について. http：//www.meti.go.jp/press/2011/04/20110412001/20110412001-1.pdf，2011-04-12.

[26] 日本経済産業省原子力安全・保安院（NISA）. 東京電力株式会社福島第一原子力発電所の事故に係る 1 号機、2 号機及び 3 号機の炉心の状態に関する評価について. http：//www.meti.go.jp/press/2011/06/20110606008/20110606008-2.pdf，2011-06-06.

[27] Report of Japanese Government to the IAEA Ministerial Conference on Nuclear Safety - The Accident at TEPCO's Fukushima Nuclear Power Stations，2011，6.

[28] Masamichi CHINO，et al. Preliminary Estimation of Release Amounts of ^{131}I and [137]Cs Accidentally Discharged From the Fukushima Daiichi Nuclear Power Plant Into the Atmosphere[J]. J Nucl Sci Tech，2011，48（7）：1129-1134.

[29] 日本内閣府原子力安全委員会（NSC）. 福島第一原子力発電所から大気中への放射性核種（ヨウ素 131、セシウム 137）の放出総量の推定的試算値について. http://www.nsc.go.jp/info/20110412.pdf，2011-04-12.

[30] 陈晓秋，李冰，余少青. 日本福岛核事故对应急准备与响应的启示. 二十一世纪初辐射防护论坛第九次会议文集，2011 中国扬州.

第 10 章　辐射应急监测

10.1 概述

10.1.1 监测目的

应急监测的目的是：

（1）为事故分级提供信息；

（2）为决策者在依据操作干预水平（OIL）采取防护行动和进行干预决策方面提供帮助；

（3）为防止污染扩散提供帮助；

（4）为应急工作人员的防护提供信息；

（5）准确和及时地提供数据以评价有关辐射事件所造成的危险水平和程度；

（6）确定危险的范围和持续时间；

（7）提供有关危险的物理和化学特性方面的细节；

（8）验证补救措施（诸如去污程序等）的效能。

10.1.2 监测组织

对于辐射监测存在着很多官方机构和组织，它们出于不同的目的在从事常规的环境辐射和放射性污染水平的监测。在安排应急工作时，重要的是要知道这些组织，并能够了解它们在设备和合格人员方面的资源，且能谋求它们的支持。只要有可能，所有响应的机构都应当定期进行演习或练习，为应对辐射事故作好准备。

本手册介绍的通用监测组织，是根据应急响应准备手册中给出的有关组织和响应方面的总体要求，以及反应堆或其他辐射事故评价方面的内容给出的。图 10.1 给出的是有关通用监测组织的概述，以及上述出版物中提到的相关应急功能的框图。

10.1.3 应急监测和取样计划的设计原则

应急监测和取样计划的设计，取决于已经定下来的基本目的（图 10.2）。必须先提出需要给予回答的一些问题，然后再对确定资源需求（专业人员、设备和实验室设施）的大纲进行设计。

在设计应急监测大纲时，需要对现有的能力和技术经验加以认证。只要还存在基本组成方面的不足，就清楚地表明，需要在诸如经验和能力方面进行建设和改进。在这过程中，重要的是要辨认响应机构和技术专家的作用和责任，以及为每一种操作或功能确定标准的操作程序。那些负责开发监测能力的负责人，还应当考虑与其他管辖区之间建立在共享资源和能力方面的协作和相互支援的协议，以缩短调动时间和响应时间。

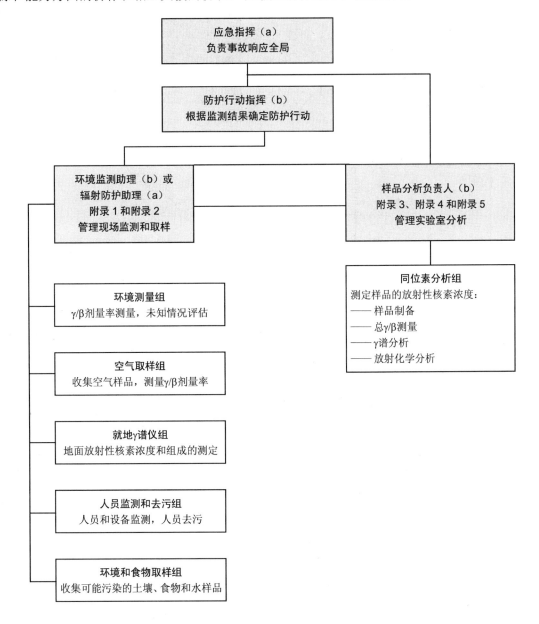

图 10.1 通用的环境和源监测组织

在核或辐射事故期间，以及后期连续的一段时间内，应急响应资源很可能会严重超负荷运行，此时最关键的一点是要在获得附加支援以前，确保这些资源尽可能可靠和高效地得到利用。在事故开始阶段，应当利用所有可获得的气象信息以及评价模式的评价结果来确定放射性物质释放可能影响到的有人地区的范围。在安排监测和取样的优先顺序时，应当考虑该区域的构成，即是否是居住区、农业区、郊区、商业区，以及它是否对工业活动、公众服务和基础设施单元有重要作用。是否需要对人员、家畜、谷物、水源等实施附加防护行动，是否要对饮水和食物实施禁用，以及对关键基础设施进行维护或恢复。这些都应当根据操作干预水平和其他因素来确定。

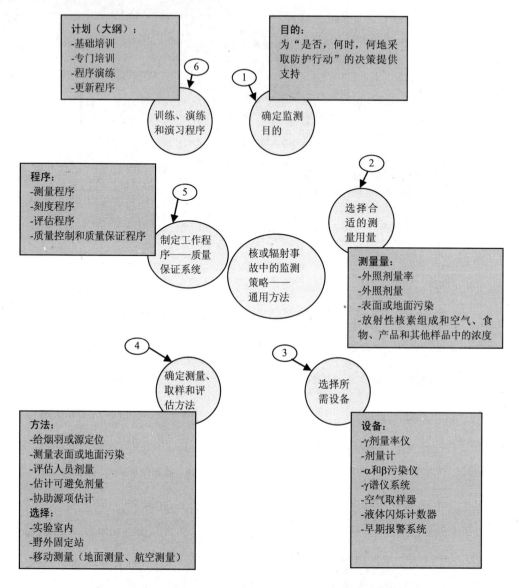

图 10.2　监测策略

在响应的初始阶段，优先要做的应当是确定哪些受影响地区确实是"脏"的（受到污染），而不是先去做定量分析，这一点对于响应资源有限时就显得特别重要。

对于严重的核事故，可能需要对一个大的地域（100～1 000 km^2）展开即时监测。为此，为了早期监测和烟羽追踪，通常都建议在核电站（NPP）周围建立自动测量站，它们将连续测定环境中的剂量率，并把信息传至应急中心。假若这些测量站还能测量气载微尘和气态碘，那就更好。还要准备好标有事先选定取样点（围绕一个电站至少 50 个）的地图。在考虑到源项、气象条件等因素情况下，利用计算机对放射性烟羽扩散进行模拟，可以帮助确定监测的优先顺序：受到最大污染的居民区应当优先进行监测。

　　释放出来的放射性核素组成取决于反应堆事故情景。挥发性放射性核素 ^{131}I, ^{132}I, ^{133}I, ^{131}Te, ^{132}Te, ^{134}Cs, ^{137}Cs, ^{103}Ru, ^{106}Ru 和惰性气体是最可能释放的核素。在一次事故之后的最初几天和几周内，对剂量贡献最大的是一些短寿命放射性核素，如：^{132}I, ^{131}I, ^{132}Te, ^{103}Ru, ^{140}Ba 和 ^{141}Ce。在制定一个监测和取样计划时，必须考虑这一点。

　　应急监测和取样计划的设计，取决于可能遇到的事故规模以及对辐射应急作出响应的合格监测队伍的可获得情况。

　　图 10.3 中的决策树描述了问题的顺序，根据这些问题来确定应急监测和取样响应行动。

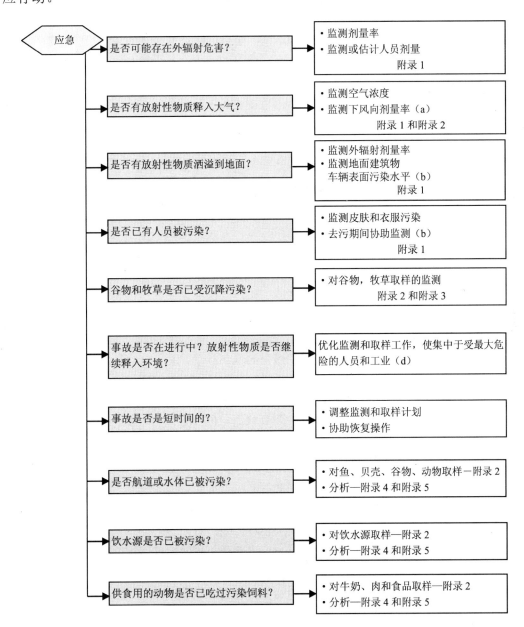

图 10.3　应急监测和取样决策序列

10.1.4 不同规模事件情况下核应急监测的主要任务与内容

1. 小规模事故

对于涉及像源的丢失、小型运输事故、小型放射性物质泄洒这些小规模事故，此时的全部需求可能只是一个熟练掌握辐射防护监测技术的人员，配备一套基本的辐射监测设备。这个技术专家或辐射防护评价员可以是一个有执照的辐射防护检查员，一个保健官员，一个消防官员等，他们必须能熟练使用监测设备，熟练解释测量结果，并与补救行动方面进行沟通。基本的辐射监测设备，可以包括一台中量程剂量率仪和一台通用的可携污染监测仪。

在地域广阔的国家，上述这些官员可能都住在首都，需要对当地一些不熟练的人员进行培训，使他们能学会对基本监测设备的运用，学会远距离与技术专家就应急状态和相应的测量问题进行沟通，以获取技术专家关于对情况的评价，并采取预防措施和合适的恢复行动。消防队员、警察或其他当地应急响应人员可能是提供这类支持的合适人员，但前提是他们必须接受适当的培训和装备有适当的监测设备。在这些安排中，重要的是要保证应急通信和协调方面的安排到位，以保证不论是在白天还是夜晚的任何时间，都能联系到相关人员，并且能保证测量组和辐射防护助理之间信息联络畅通。

辐射防护助理将要就需要进行那些测量和携带什么监测或取样设备，或向事故地点派遣人员等问题作出决定。一个不携带监测或取样设备的辐射防护评价员不可能充分确定危险的范围和性质，必须依靠合适的辐射探测仪器来确认存在或不存在电离辐射源。

2. 中到大规模事故

对于伴有大气释放的事故，将需要若干个监测组，通过测定烟羽中空气浓度及来自烟羽的沉积物来确定对居民的危害。监测组需要测量由烟云照射、地表照射或直接来自源的周围剂量率。监测组应当在事故早期就开展工作，以保证最大程度保护公众成员，同时要充分考虑监测组的安全。假若一次事故或应急有可能延续一个较长的时间，那么应当安排好替换那些在现场的人员。

在确定了最直接的一些情况和采取了适当的紧急行动之后，就需要制订取样计划来判明是否需要对人员进行临时性避迁和对动物作隐蔽安排，以及换用不受污染的饲料。蔬菜和其他当地生长的作物，饮水源和由当地喂养的牛奶都需加以检测，并与行动水平作比较。这类取样计划的规模和特点将取决于释放的范围和规模，以及当地的农业实践和居民分布方面的人口统计资料。

在重大事故的各个阶段都需要取样。在涉及气载污染的事故早期阶段，取样的优先顺序是：

（1）释放期间的烟羽中空气取样；放射性核素浓度测量，以便为吸入危害评估和 OIL1 和 OIL2 的再计算提供必要的数据；

（2）释放终止以后或者烟羽飘过以后的土壤取样；放射性核素浓度测量给出地面沉积数据，以及为了再计算 OIL4、OIL6、OIL7 所需要的数据；

（3）释放终止以后或烟羽飘过以后的污染食物/水和牛奶取样；放射性核素浓度测量，为食物禁用提供依据性数据。

10.1.5 监测和取样的序列

（1）监测组的数目取决于释放的规模，可以从一个到很多个。各种数据从现场传送到为监测组提供指导的中央控制点。现场收集的样品送回去进行γ谱分析或其他放射性核素分析。

（2）假若表面污染的扩散是由于一次气载释放的沉降所造成，那么要特别注意辐射水平升高的地面、一直在下雨的地区、居民中心和食物生产区。

（3）对监测人员污染的情况要详细记录，以便有可能继续进行内剂量学跟踪、筛选和评价。

（4）确定监测和取样频率和取样位置等。安排好监测、取样和样品分析组人员之间的换班。

10.1.6 人员资质

在应急响应中，对于响应人员：应当还是技术熟练的、有经验的、对在常规工作中的监测设备、样品采集和制备程序，以及样品分析是熟悉的。

然而应当知道，负责常规监测和取样的人员还应接受针对非常规的和应急监测和取样的专门培训。在这类工作中，可能会遇到更高的读数，可能需要在样品操作中更加小心，还可能需要采用一些不是很精密的技术来筛选大量样品的非正规做法。

在应急中使用没有经验的人员和采用未经验证的技术是不适当的，因为这样可能导致不适当、错误的判断，或者不恰当地分配本来就不充足的资源。因此基本的要求是负责环境和源监测的主要人员是经过很好培训的，而且是在指定岗位上经过定期演练的。这对于常规和非常规监测的操作经验还是非常有用的，因为需要应急响应人员对他们所采用的测量和取样技术是高度熟练的。作为培训和准备的一部分，必须准备和定期进行比对性演练，以全程检验队伍的响应能力并对取样、测量程序和其他程序进行检验。

熟悉测量和取样的技术人员可能还需要接受有关应急通信设备的使用培训，例如双向无线电报话机，地图识读和全球定位系统（GPS）设备。可以轮换性地把熟练的驾驶员、引航员和无线电操作员派到监测和取样队，为他们提供这些技术服务。这些人员可以从当地机构的应急响应人员或防卫人员中抽调出来，接受定期的培训和演练，以掌握和保持这些技能。

所有去现场的人员，可能会遇到高水平的外照射、吸入危害和表面污染问题。因此这些队员应当经过很好的培训和装备有恰当的个人防护装备，以及知道关于撤回剂量指南水平的要求。

1. 应急指挥

应急指挥是对应急负有全责的人员，他对应急响应负最终责任。应急指挥可以简单的是已发生事故的场址区域内的最高职员、一个高级警官或一个地方的高级政府官员。这个岗位几乎不可能由一名辐射防护专业人员来承担，因为辐射方面的事情，在对一次事故作出的总体响应中，很可能只是其中的一个相关因素。

2. 防护行动指挥

防护行动指挥在反应堆事故中是根据事故分级和环境监测资料负责确定防护行动的

官员，通常是一名专业保健物理学家，应当懂得 OIL 的应用。

3．环境监测助理或辐射防护助理

环境监测助理或辐射防护助理，最可能是一名专业的运行方面或环境方面的保健物理学家，具有在环境和源的监测技术方面的知识和经验，应当懂得 OIL 的应用，但不一定在具体的实验室分析技术上高度熟练。被提名担当这一岗位的人员，应当在指导监测和取样队伍方面、在评价由监测组提供的数据的重要性方面，以及在与事故评价组织的其他成员沟通方面接受过演练。

4．样品分析负责人

样品分析负责人是一名环境监测数据解释方面的专家，极可能是一名环境保健物理学家，或者是一名样品放射性核素含量分析的专家，应当懂得 OIL 的应用，以及知道如何推导和修订 OIL。

5．环境测量组

环境测量组应当是这样的技术人员，他们在辐射剂量率和表面污染测量方面接受过培训，并且对应急响应情景进行过定期演练。他们还可能在航空巡测方法方面接受过培训。

6．空气取样组

空气取样组人员，应当在掌握外剂量率和污染监测技术以外，能熟练掌握空气取样技术。他们还可能需要接受这样的培训，即在把空气样品放入合适的密封和带标识的容器之前，利用可携辐射监测仪对空气样品进行现场评价。空气取样组成员不需要熟练掌握具体的分析技术，例如γ谱技术。然而假若空气样品能送回到熟悉这些技术的人员手中，那么他就可能对放射性核浓度给出更精确的评估（同位素分析组）。

7．就地γ谱仪组

一个就地γ谱组仪组，是一个能在现场条件下熟练使用γ谱仪的专家队伍。该组成员可以来自环境实验室，或来自能熟练掌握地表辐射测量评价的地质测量员。组的成员还可能在航测技术和程序方面接受过培训。

8．人员监测和去污组

人员监测和去污组成员，要会熟练使用污染监测仪，以评估人员皮肤、衣服的污染，以及污染物体、表面、设备和车辆的污染，以防止污染扩散，以及测定人员和表面去污的效率。该组成员还可能要掌握安全的脱衣方法和人员及表面的去污技术，以及甲状腺测量筛选技术。所有这类人员应当接受这类技术定期的再熟练培训。

9．环境和食物取样组

环境和食物取样组成员，是需要有经验的环境取样人员，或者是接受过关于所需特种样品正确的取样程序指导的人员。取样组成员并不需要是样品分析专家。进入高剂量率或严重污染地区的环境和食物取样组可能不仅需要熟悉辐射后果评价技术，以监视他们自己的安全状况，而且在需要时，还要能有效和快速地从现场提供有关辐射后果方面的数据。

10．同位素分析组

同位素分析组是由在样品制备、γ谱测量和其他放射性核素分析技术方面接受过很好培训的人员组成。这类人员应当使用很好刻度过的设备以及公认的和验证过的分析技术，并经常地参与这些分析工作。这类人员可以从大学、政府的分析实验室、研究实验室或工业实验室中抽调。对应急计划人员来讲，重要的是要懂得可以从这些组织获得怎样的人员和设备方面资源。作为应急准备的一部分，应当制备好一些应急时可能需要进行评价的样品的标本，同时这类人员应当进行事故响应的演练，即可能需要快速分析大量样品和即时报告结果的演练。

10.1.7 仪器配备

辐射监测仪器可以分为固定的、可移动的、可携带的、个人的和实验室装备的。固定的、可移动的和可携带的仪器，可以进一步分为辐射监测设备和污染监测设备两大类。详见图 10.4。

1. 辐射监测设备

辐射监测设备用于测量剂量率和/或剂量。β+γ剂量率仪一般是对一个参考γ源刻度的，所以有些可能会高估β剂量率。β+γ剂量率仪一般都有一个窗，以让辐射进入探测器。当窗打开时，仪器探测β和γ辐射；当窗关闭时，仪器只测量γ辐射。此类仪表用于现场测量，有些可能是够坚实的，有些可能是不够坚实的。必须小心，防止触破它。不带窗的γ剂量率仪是更坚实的，但是不适于β、低能γ和 X 射线测量。β+γ剂量率仪可以再分为低或环境水平的，中等水平和高水平的三类，适用的剂量率量程如下：

低（环境）量程	0.05 μSv/h～100 μSv/h
中量程	10 μSv/h～10 mμSv/h
高量程	1 mSv/h～10 Sv/h

高量程仪器常常装备有可伸缩的探头，以便使操作人员与源的距离达到最大。在对应急响应作计划时，重要的是要保证仪器的量程能满足事故条件下所需求的量程要求。对于运输事故，低水平到中等水平的仪器可能就够了。对于涉及高放射性源的重大事故，需要附加中量程到高量程的仪器。对于可携设备，最好带有声响响应。假若预期周围的噪声水平很高（例如重型机构声或交通车辆声），那么采用耳机可能是恰当的，它可帮助操作人员确定出分立的剂量率的峰值。固定的剂量率仪表一般在当地都装有一组声响警报和警告灯光，还可以把读数和警报远传到一个中央监测控制点。

可携带仪表可能具有数字的或模拟的刻度。对于数字读出，必须小心，它的自动换量程设备可能从每小时微西弗转换到每小时毫西弗。仪表的标尺必须在明亮的阳光和大雨下仍清晰可辨，同时在夜里要能自己发光。仪表的响应时间应当足以保证操作人员能够在不用过分耽误（为了等待读数在某一具体数值附近稳定下来）的情况下读取数据。对于模拟式仪表，标尺可以是对数的、拟对数的，或线性的。对于对数标尺，操作人员需要接受关于标尺读法的训练，以保证报告数据的正确。线性刻度的仪表通常都有量程开关，典型的是 X1，X10，X100。这类仪表应当对每一个量程刻度到 2/3 满偏转。有些仪器可能备有一个以上的探头，例如一个是中量程，一个是高量程。这类仪表应当对两个探头都进行刻度。

中子剂量率仪是专门性仪表，一般只设置在需要进行常规中子剂量率测量的核设施内。它们一般用当量剂量单位来刻度，同时由于为了使入射探测器的中子流得到热化而需要附加慢化体，从而使体积变得较大。为了考虑不同的中子谱，修正因子不得不只应用于最适用的探测器。

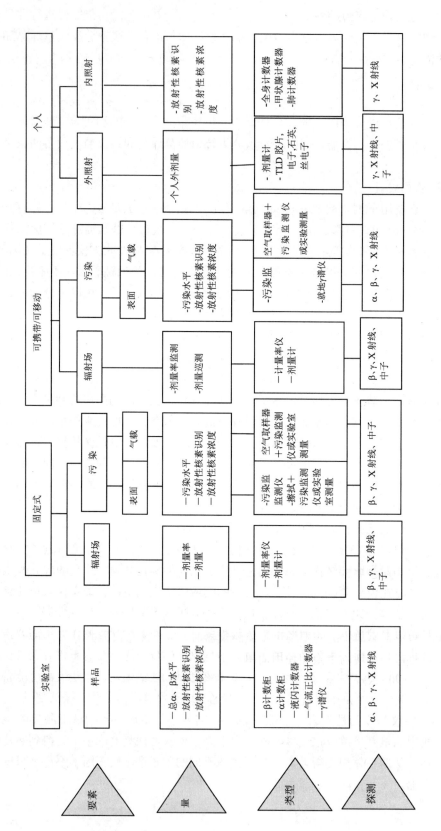

图 10.4　辐射监测仪表

2. 污染监测仪

污染监测仪可以进一步分为测量表面污染的和测量空气污染的。表面污染监测仪一般叫作污染监测仪。固定式仪表，诸如手和衣服监测仪，安装在污染控制区的边界处。发生事故后，可以建立临时的污染控制区，凡是进入该区域的所有人员、车辆和设备在离开该区域时将接受污染检查。可携带污染监测仪用于检查来自于固态或液态源的泄洒、实际操作非密封源所引起的污染扩散，以及空气中放射性物质沉降所造成表面污染。它们还可用于检查人员皮肤和衣服，工作台、地板、墙壁、机构等的污染。

重要的一点是，要选择最适合于所要测量的辐射（α、β或γ）的种类和能量的污染监测仪。探测α辐射的仪器通常采用硫化锌荧光体作为闪烁体，以及光电倍增管放大信号，然后记录一个对某种α源刻度的以每秒计数（CPS）或每分计数（CPM）表示的适当率表上。也可采用硅半导体探测和薄窗盖革——弥勒计数器。在监测α污染时，由于α辐射在空气中的射程很短，因此重要的是要在保持不接触表面（防止污染仪器）和防止擦破探测器薄窗的条件下，使监测仪靠近污染表面。假若表面是湿的，那么由于水的屏蔽作用使得α辐射难以被测到。假若表面不是光滑的和不是非吸收性的，例如车体或平滑的桌面，那么直接的α监测只能作为一种存在α放射性的指示，可以总体上低估所存在的活度大小。

最常用的β+γ污染监测仪，采用盖革——弥勒探测器，它们一般是结实的，能给出很好放大的信号，但是不能甄别不同的γ能量。闪烁探测器，诸如塑料荧光体和例如碘化钠固态晶体也用于β测量。污染监测仪，对于低能β和γ辐射，需要采用薄窗探测器。对于中能到高能β，可以采用带有较厚探测窗的更结实一些的仪表，此类仪器通常装有一个端盖或闸门，当它打开时，允许仪器同时探测β和γ辐射；而当它关闭时，只探测γ辐射。有些污染监测仪备有可替换的探头。重要的是使仪器的电压设置和刻度设置正确调整到每个探头所需要的参数。率表可以有数字的或者模拟的显示，前面讨论过的关于用模拟的和数字的刻度的剂量率仪表的比较时所作的评述，同样也适用于这里。声响响应对于污染监测仪来讲，是一种基本的辅助功能，因为它能使操作人员的注意力集中在探头或仪器所在的地方，而不是要连续不断地去观察表头读数。表头读数可以通过声响响应的频度来读取。采用耳机可以使操作人员在嘈杂的环境中清楚地听到仪表的声响，或者可以进行寂静的操作而避免操作人员去关心不必要的事情。重要的是要使选定的污染监测仪已经在反映测量用的几何条件下，针对要监测的放射性核素进行了恰当的刻度。

只测量γ的污染监测仪，有采用闪烁探测器、正比计数器、电离室探测器和 GM 探测器。在选择最适用于事故情况的现场污染监测仪器时，应当注意仪器的耐久性和所使用的电池要易于获得，易于现场更换和使用简单。

市场上可以获得很多精心设计的高级污染监测仪。这类仪器应当是由技术熟练的人员来使用。对于一般的应急测量，最好采用不是特别尖端的仪器。

3. 空气取样器

一台空气取样器，基本上是一台在设定取样时间内以已知流率或某一特定流率在调节好的取样周期下运行的泵，它抽引空气通过相应的过滤介质；接下来对空气中的相关污染进行分析。滤纸上的活度被评估（Bq 或 kBq），在知道取样空气体积之后，就可以给出以 Bq/m^3 或 kBq/m^3 表示的平均活度浓度结果。装置在核设施内的固定式空气取样器用于常规空气污染水平监测，并且当水平异常升高时，能通过声响和可视警报信号发出警告。可移动空气取样器,诸如由可携式发电机牵引的大体积空气取样器,可以安置在需要的地方。运行电压为 12V 的可携式空气取样器,对于野外取样是有用的。此时,取样器可以直接用鳄鱼夹,或者间接通过车上的点烟打火机与监测车的电瓶相连接。无论如何,一辆计划使用可携空气取样器的应急车辆,只要可能,就应当事先备有带外插座的导线。可携空气取样器工作在每分几十升的流率。它们或者可以采用一个严格要求的孔板把流量限制到某一流率,或者它们的流率可以事先刻度好。假若过滤器上的尘埃负荷很大,那就必须小心,因为这样可能会限制了流率。在这种情况下,应当在取样前和取样后都检查转子流量计,并且在估计浓度时要采用它们的平均值。

所采用的过滤器的类型,取决于有待测量的污染物。活性炭过滤器适用于放射性碘,而玻璃纤维过滤器或纸过滤器适用于总β+γ微粒取样,充水鼓泡器,适用于氚水/氚蒸汽。

4. 就地γ谱仪

就地γ谱仪方法(附录 4)是评估γ发射体地表污染的一种快速方法。有很多因素会给就地γ谱仪测量带来不确定性,特别是由于实际的污染源分布与测定刻度因子时所假定的分布之间的差别。必须考虑到场址的特点。在这一点上,开阔的、光滑的和平坦的区域,远离干扰性的物体,加上没有开展过农业的或其他活动(这些活动已经破坏了最初放射性核素沉积以后所形成的垂直方向上的浓度分布)将是理想的。必须把探测器认真放在确定位置上(距地面 1 m 高,探测器面向下)。

在应急情况下,在把谱线强度转换为表面污染时,通常假定放射性核素是均匀分布在地表平面上。根据情况的不同(干或湿沉降,事故发生后的时间,土壤的物理—化学特性,表面粗糙度等),这一假定可以导致对单位面积地表上最初沉积的污染物总活度的低估。然而,只要测量是在事故早期或中期(即沉积后不久)完成的,这种偏差不大可能超过 2 倍。

由于 NaI(Tl)和 Ge 探测器的灵敏度都非常高,随着污染水平的增高,就地γ谱仪的应用将会遇到越来越多的困难。死时间问题和谱峰形状的破坏可以严惩影响分析结果。对相对效率为 20%~30%的标准 Ge 探测器,当表面污染超过 1 MBq/m^2(对 ^{137}Cs)时,就开始偏离它的正常运行,采用屏蔽来减少探测器灵敏度,或者选择其他效率较低的探测器可以扩大其适用量程几个量级。

对探测器类型的选择取决于若干情况和条件。假若可以获得,Ge 探测器具有高分辨率的优点,使得能对各种放射性核素进行更具体的识别,从而可以更精确地测定样品中每一种放射性核素的活度。然而它的精密设计、容易受损和需要冷却到非常低的温度(通常利用液氮)将会限制它的应用范围。另一方面,更简单、结实和耐久的 NaI(Tl)闪烁探测器具有耐环境腐蚀的优点,尽管用户必须满足于这类探测器达到有限分辨率。

探测器的选择还取决于事故的类型。例如,单一的或少量的 X 发射体(如 ^{131}I 或 ^{137}Cs)环境污染可以容易地用 NaI(Tl)来评估,而具有核素的混合场就需要高分辨的 Ge 谱仪。

5. 个人剂量计

假若应急人员需要进入高剂率区,他们需要佩带个人剂量计。可以采用的个人剂量计类型取决于当地的剂量计服务情况,可以是热释光剂量计(TLD)佩章,TLD 泡管剂量计,胶片佩章或者玻璃磷光剂量计。这几种剂量计获得了在性质上有历史意义的结果,这些结果表明,它们需要送回剂量测量服务中心进行。在应急情况下,非常希望采用直读式剂量计来补充这些剂量计。直读式剂量计的优点是佩带者可以定期地实时知道到该时刻为止的，或者从事某项具体操作中已经接受的剂量大小。石英丝电子剂量计（QFE）是相当便宜的一种常用直读式仪器。电子直读个人剂量计（也是通常使用的）除了能给出可视结果以外，还可能对应所接受的每一个剂量增量发出一次嘟嘟声，还可以在预置水平下发出警报。嘟嘟声频率的增加立刻警告佩带者附近的周围剂量率发生变化。假若应急监测组未获得直读式剂量计，那么可以根据剂量率仪的测量值和它们留在有某种剂量率的具体位置上的时间来估计监测组所受的照射，有几种剂量率仪还能测定积分剂量。

6. 带屏蔽的β计数装置

在移动的或固定的实验室中，带屏蔽的β计数装置对于总β+γ计数和大量样品的快速筛选都是很有用的。在这类屏蔽体内采用的探测器是一种薄端窗盖革计数管。计数率显示在率表上或定标器/定时器上，假若需要经常运输移动的话，它们就应当是加强型的，而不是灵敏的适于实验室用的仪器。

7. 其他专用的分析设备

其他专用的分析实验室设备，储如，γ谱仪，液体闪烁计数器和气流正比计数器。以实验室为基础的γ谱仪测量见附录 4。

8. 取样

环境取样中重要的是收集有代表性的样品，以便能精确和快速地确定出在地表、水、食物、植物等的污染水平和范围。不同取样组之间的取样技术应当保持一致。

样品应当在对该区域有代表性的位置和更可能受污染的位置上采集，而不是在最容易到达的位置上采集（例如在山顶上，在那里雨水已流走），也不是沿路边取样。在平坦的地形处取样，而不是在陡崖区或沟壑里取样，以避免沟壑和树木等。四轮驱动的车辆对于到达各种地形是有用的。所有样品应当收集和放置在适宜的容器内保存或进行调节（假若规定的话）。样品必须有标签，说明样品的性质、取样地点、取样日期和时间，以及取样组的识别符号。

样品或许在现场用可携/可运输仪器进行评估，和/或在移动实验室或回到一个专家实验室进行样品制备和放射性核素分析。

标准的分析程序可能需要为快速方法所替代，以适合大量样品和需要尽可能快获得结果。可以采用样品筛选技术。此时，对于低于某一确定水平的样品不作进一步分析，因为相对于采取防护行动这一要求来讲，它们是不重要的。高于一定筛选水平的样品可能需要进一步分析以获得更精确的信息。建议所有在应急情况下要进行环境测量的组织之间，事先就取样方面的协议达成一致。详细的取样技术见附录 2。

10.1.8 核应急车载监测系统（监测车）

为了监测分队实施现场巡测和其他作业的需要，具有一定装备的机动车辆是十分重要的。在以前通常称之为监测车（包括取样车），随着技术的发展和装备的不断完善，近年来这类车辆已发展成为综合多种功能的车载系统。它们配备有辐射和气象等多种监测设备，并具有远程移动通信和自供电能力，在发生各种核和辐射事故（恐怖事件）的情况下，能随监测分队迅速赶赴事故现场，通过环境监测和取样测量，及时提供事故现场现场辐射及周围环境辐射污染状况，为推算（或查明）事故源项（或原因）、评价事故影响后果，决定应急防护行动、制定处置方案和采取恢复措施提供技术依据。因此是应急监测分队的重要装备。

10.1.9 移动实验室

一个得到适当装备的移动实验室,对于快速分析来讲具有很大优点。这种实验室所用的车辆大小,可从有篷运货车或平台运货卡车底盘,到商用半拖车,挂钩货车或甚至铁路车厢。这些实验室内设置的通用设备包括γ谱仪,总γ/β计数器,以及液闪烁系统,还有其他的探测设备。

移动实验室的用途随事件的不同而不同。移动实验室是为具体的目的而建立的,例如,为了在一次核电站发生的事故中进行快速分析。移动实验室也可以装备来作常规环境研究、丢源事件、未知源物质的事件、运输事故、核武器事故,以及核恐怖事件的分析。只要作好计划并认真设计,移动实验室就可以建立成能处理所有这些事件的场所。

采用移动实验室的唯一最重要的理由是为了在现场进行快速分析,顾名思义,要求在现场有快速的实验室通过量。为了保持有效,移动实验室必须得到很好维护和一旦出现事故立即投入使用。自驱动的带篷卡车或平台运货卡车存在引擎可能出问题这个薄弱环节,这就有可能使实验室不能立刻被启用。相反,安装在拖车中的实验室在这方面有优点,牵引车出了毛病,很容易可用另一辆车辆来牵引。移动实验室也可以安装在军用运输飞机中,提供快速调度的支援。重量和高度对于军事飞机来讲是一种重要考虑因素,而乡间的道路条件则可能要求比通常路上行驶的车辆有更加坚固的悬挂条件。重要的是移动实验室中的设备要具有良好的状态。移动实验室应当是自己供电的,它要独立于事故现场的电力供应。

移动实验室设备的选择,对于保证样品可以快速通过实验室是关键的。建议有一台本征锗γ探测系统,以及相应的计算机和软件。屏蔽体的尺寸及其设计,必须允许测量比正常样品更大的样品,因为在应急情况下,样品制备可能扩展到只需要进行一种半定量的筛选测量的情况。备有一台以上γ谱仪的优点是不仅可以对付仪器出故障的情况,而且也提高了样品通过量。这些探测器的屏蔽体系应当坚固地锚定在移动实验室的框架上,同时在设计中要保证在不利的道路条件、快速停车和小的事故等情况下不会使屏蔽体移位而把它抛射出去。在γ探测系统中,可以快速分析很多种样品,从大样品袋中的植物样到小的空气滤纸和测量盘上的样品。作好计划,使之能在不同高度的各种不同样品几何条件下进行测量是可取的。实验室装载的初始液氮量应当至少能供一周使用。

为移动实验室选择的第二类仪器通常是总γ/β计数器。可以相当容易地把固定实验室使用的流气式正比计数器改进后用于移动实验室。再一次强调,锚定是重要的,像在很多系统中那样,一般都把作为屏蔽使用的单块铅砖放在一起。总γ/β计数器多少是有局限的,这些仪器基本上限于测量空气滤纸,擦拭样,以及由水样蒸干后形成的微粒分析。但是这些仪器在确定的几种事故情景下,都可以有大的用处,它们和γ谱仪系统组合以后的用途在下面讨论。实验室应当至少带足一星期用的计数气体。

液体闪烁计数(LSC)系统可以放在移动实验室中。这些设备可以对 ^3H、^{14}C 和其他低能β发射体提供有效的分析,同时很多较新的实验室可容易地配置总γ/β计数,切林柯夫计数和总γ计数。再一次强调,由于这些系统的重量,锚定是重要的。某些商业的液烁系统适合于在移动实验室使用;其他的则不适用。具有自动换样装置常常是有用的,但是小的单个样品的 LSC 系统也是有用的。其他一些专用的探测器，诸如碘化钠探测器，测量低能γ线的薄窗 GM 探测器，涂抹样或擦试样计数器都可以按装置在移动实验室内。

不建议在移动实验室中放置α谱仪探测系统，因为α谱仪必要的样品制备过程对于快速的、现场的、应急目的的分析来讲费时太长。

1. 执行分析

在一次未知的源事故中，总γ/β计数器可用来扩展或帮助确定是否有γ谱仪系统探测不到的放射性核素，或非γ发射体核素存在。例如，一次怀疑只有单个放射性核（如 ^{241}Am）的事故。很多γ谱仪系统可以探测到来自 ^{241}Am 的γ射线，其他一些却不能。为此，一台总γ/β计数器是重要的。另外，假若出现高水平的β计数时，（γ计数不能对此作出解释），可以得出或许是一种纯β发射体（如 ^{90}Sr）事故的推测。假若总γ/β计数中出现的高水平γ计数不能由γ计数来解释的话，可以得出钚或 ^{210}Po 的推测。重要的一点是，在一次涉及未知源的事故中，总γ/β计数器可以帮助一位有经验的保健物理学家在不进行详细的、费时间的放射化学分析的情况下，确定存在什么放射性核素。

在其他的发射γ放射性核素的情况下，一旦确定了放射性核素发射γ与发射β的比例，采用总γ/β分析（特别是空气过滤器和擦拭样品）就可以显著减少γ谱仪系统的工作负担。

正如上面提到的，γ谱仪系统需要足够大的屏蔽体以测量不寻常的样品。有可能需要在开始时只测量小的样品，因为可能收集到高浓度的样品，这样有可能要求测量小的样品，以减少仪器的"死时间"。在某些情况下，把高活度的样品（对它们，会出现很大的死时间）送回去进行样品制备会浪费宝贵的时间。有了较大的屏蔽体就允许采用一个样品架系统来适应不同的要求；预先对放在搁架上不同几何条件下的测量效率作好刻度就可以利用同一支架测量不同活度的样品以节省宝贵的时间。在此以后，就可以对诸如袋装蔬菜这类样品进行测量，主要是寻找一种超过操作干预水平的计数水平，以判断是否需要决定不让水果或蔬菜上市。极其重要的是要防止屏蔽体和探测器在计数期间受到交错污染。把实验室用可替换的大塑料垃圾袋包住探测器和垫在屏蔽体内部，这样做了以后，即使出现泄漏，或者假若样品容器外部是污染的话，也容易进行去污，屏蔽体和探测器仍然不会被污染。

因为大多数实验室人员具有的是基于定期进行的环境样品测量经验，对应急测量需要采用新的模式。很多探测系统（γ谱仪、总γ/β和液体闪烁计数器）可以具有"低样品计数率舍弃"或"高样品计数率终止"的特性，这些特性不是用于常规样品。所谓"低样品计数率舍弃"，简单地讲是当一个样品的计数率是低计数率（设计在系统中的一个计数率）的话，就被判定为终止或舍弃对样品的计数测量。该计数率可以由操作干预水平推算出来。例如，在应急测量中，1 500 Bq/L 或许可以成为建立操作干预水平的一个水平。分析人员可能希望设置低样品计数率模式来排除任何不显示 1 000 Bq/L 左右的样品（修正成计数/分，计数/秒，或峰面积），因为低活度或没有活度的样品从一开始就不会产生大的辐射后果。这种软件对有关的峰或能量窗进行扫描，假若由于计数率不够而达不到设置点的话，计数就终止。对于应急早期阶段，决策人员对小于 1 000 Bq/L 的探测限会非常满意的。一种提供快速分析的类似方法是根据 OIL 来确定计数率，这种分析的时间可能是十分短的。对于重要的样品，当有更充分的时间时，运回固定实验室进行再计数。

相反，假若在高样品计数时间结束之前好的统计已被达到的话。例如，一个较高活度的样品可以在只有一分钟的计数中达到好的统计水平，而不是分析人员用程序设置的

20 min 计数。这种终止可以为测量其他样品节省了时间，因而提高了实验室的通过量。假若样品的测量结果是用手算的，那么必须知道计数时间，或者和样品计数一起打印出来，做不到这一点，计算到的活度将是错误的。

2. 样品制备能力

建议不要在移动实验室内进行样品制备。还必须防止移动实验室的本底放射性升高。样品制备工作或者可以在其他车辆中进行，或在某种就地可以获得的空间或设施内的装置中进行。这样可以防止发生溢漏而污染了移动实验室的内部，同时防止引入潜在的污染源和高活度的源，这些源可以影响测量仪器的本底。样品制备能力最重要的特征是可利用的空间，因为将有很多样品要采集、打开、处理和在计数之前进行制备。在备有拖车专门供制样的情况下，可以设置供简单的放化分析用的风柜。在其他的移动实验中，可以装备带专门处理设备的手套箱（这对于处理钚污染样品是特别重要的）。在应急情况下，需要简单的样品制备办法。复杂的放化程序化时太多，同时消耗太多的材料。对于γ谱仪计数，样品可以放在大量供应的简单容器内。马林杯对于正常环境水平的精确计数是有用的，然而它们在应急情况下的使用和替换费用立刻会成为问题。其他的常用玻璃或塑料容器经过很好地刻度后可提供有用的结果。可以把测量总γ/β的擦拭样品很快放入具有足够空间进行处理的计数垫盘内。可以把样品倾入液烁瓶管中，可以在移动实验外把闪烁液更安全地加入瓶管中。采取污染预防措施保护样品制备实验室始终是明智的，例如在计数器顶上放置吸收纸，保证充分提供样品处理设备，特别是对于土壤样品，商用的或厨房级不锈钢匙和切割设备是非常有用的，可以相当容易去污。

移动实验室相对于样品制备区和现场样品控制点（在开始处理之前，最初接受样品的地方）的布局是重要的。移动实验室应当离开样品制备区和样品控制点足够远的距离，以把来自高活度样品的干扰降到最低。

10.1.10 航空巡测

1. 地面污染测量

可以由土壤样品的实验室测量、就地γ谱仪测量或航空谱仪测量来确定地表污染。但通过土壤样品的收集和测量来确定地表污染是耗时间的，因为假若测量要对巡测区有代表性的话，就需要收集很多样品来分析。采用就地γ谱仪来对较大面积进行污染巡测，速度是较快的，但仍然是费时间的。航空谱仪测量可以认为是对大面积进行快速巡测的合适方法。对于这种巡测，高纯锗探测器（HPGe）是最受偏爱的探测器，但在某些情况下，NaI（Tl）探测器也可以采用。

通常用于铀矿勘探的航空测量系统，装备有体积在 16～50 L 之间大体积 NaI（Tl）闪烁探测器。一般来讲，这些探测器也可用于航空污染巡测，特别是在地面污染核素只包含少数几种γ发射体的情况下。对测量谱的评价和地面放射性核素浓度的确定，可以按照铀矿勘探中使用的程序来完成。

航空γ谱仪测量可以受到多种不确定性的影响，它们来自土壤中放射性核素的实际分布和确定转换因子时所采用的分布之间的不一致，地形结构（森林、建筑物等）以及可能的未知因素。探测器响应随光子能量和入射角（包括直升机本身可能的屏蔽的影响）的变化关系必须知道。因此在任何使用之前，必须针对谱仪的航空测量要求进行刻度。

当穿过污染空气飞行时，特别要注意避免设备污染和人员受照。空气中放射性核浓度应当是低的或是忽略的。当怀疑飞机已经穿过污染空气时，可能需要进行去污，而且可能需要对地面污染的测量结果进行再确认和/或调正。

为了对地面污染进行快速测定和绘图，地面取样是一种方法。无论如何，时间充裕的话，可利用地面取样结果来对航空测量进行交互刻度。

2．搜寻放射源

对于一个或几个放射源的搜寻，可以利用车载测量系统或手持剂量率仪步行完成。假若需要在一个大面积内进行快速搜寻，那么认为航空监测是搜寻γ发射源（高活度）最合适的方法。此时 NaI（Tl）探测器是最看好的探测器。然而基于高气压电离室、正比计数器，GM 探测或其他合适的剂量率仪系统也是可用的。

一般来讲，气象条件在航空监测中起到重要作用。飞行员能在白天进行，需要可见度在 1.5 km 或更大、云层不低于 150 m 的可视气象条件。

10.1.11　应急监测人员的防护

应急工作人员撤回剂量指南（对应急工作人员最大允许的剂量计读数）应当表示为在自读式剂量计上的一个累积外照射剂量值，它必须隐含地把来自吸入途径的可能内照剂量也考虑在内。应急工作人员应当作出各种合理的努力不超过这个水平。应急工作人员撤回剂量指南只作为一种指导水平，应当在每次应急中加以评估。应急队伍防护行动指南值见本手册的附录 1 中的程序 A9。

一旦事故早期阶段结束，就必须在允许应急工作人员从事可能产生附加剂量的其他活动之前，就对所接受的总剂量（早期阶段内）加以确认。

10.1.12　质量保证和质量控制检验

1．现场测量和取样

有些测量工作是在现场进行的，而其他一些测量则是在实验室内对现场采集的样品进行的。为了使测量获得有效的结果，无论在哪种情况下都必须正确地按现场工作程序进行。在取样开始之前，所有人员都应当知道使用哪些程序，以保证所要采集的介质和介质的量，或者所要测定的特性都是恰当的。

2．技术

现场测量或采集的样品必须能代表所要分析的参量或介质。绝大多数环境参量和介质随位置和时间而改变。例如，土壤一般都包含不同大小的粒子，这些粒子的化学组成和表面活性通常是粒子大小的函数。水体，例如湖泊和海洋通常是分层的，各层的物理和化学组成是变化的。

在开始取样之前，必须清楚地确定所要取样的介质，以保证样品对该介质具有代表性。假若要对植物取样，样品要不要包括植物的根？假若要包括根，那么是否必须小心地把粘在根部的所有土壤去掉？假若要对代表一个大区域内的空气状况的大气气溶胶进行取样，那么风向有什么关系？在离地面多大高度上取样？同时，靠近建筑物或活动区取样是否存在会对样品成分产生影响的危险？样品应当能代表介质的整体，又必须不被外来物质污染。取样过程本身可以影响到样品的有效性。例如在把一个水取样器伸到湖水下层的过程中，可以把靠近表层的水带到所要取样的下层。因此在开始取样之前，就要仔细地考虑取样和样品处理的细节。

3．样品的制备和储存

很多种环境介质的测量，例如，植物、水和大气微尘，需要采集介质样品，然后送回实验室分析。这些样品在可以进行分析之前可能需要先作某种形式的预处理。例如，植物样可以干燥或灰化，而水样可以过滤。在可能的场所，要把那些预期含有高浓度分析物的样品组与那些低浓度的样品组分开处理，以使交错污染的可能性降到最低。一般情况下预处理会改变样品的物理形态，有时也改变化学形态。在计划预处理工作时，重要的一点是要考虑所要进行的测量的特性，以及测量工作要求样品所具有的状态。

在计划和实施样品预处理时，还要考虑是在测量结果报告中将要涉及的样品参考状态。例如，植物样、土壤样或沉积物样在分析之前通常要称重，在报告结果时以取样的单位重量和/或单位面积来表示。通常情况下，这几类样品在采集之后直接称重（湿重），在分析之前进行干燥和再次称重（干重）；然而在应急情况下样品干燥这一步可能被跳过。在这种草案下，重要的是要保证所有样品都干燥到相同程度，以便在结果报告中用单位干重来表示。但是假若结果用每单位重量或每单位面积收集样品来表示，那么这个限制就可以放弃。对结果的报告，应当采用与审管机构在给出 OIL 时所采用的形式相同，也即或者是干重，或者是初始样品的重，假若样品的预处理过程可能改变有待测量的样品的特性的话，那么对预处理过程的判定可以是复杂的。例如，倘若要进行测量的植物样品中含有易挥发的成分（发碘），那么对植物样品的预处理必须保证不会引起该成分的挥发。

4．编码和记录保持

在样品采集或现场测量时，必须对样品和所形成的数据进行编码，以便在接下来的分析、计算和数据报告阶段能识别它们。保持编码尽可能简单对于把数据传输中发生错误的可能性降到最低是有好处的。但是无论如何编码应当是有足够鉴别性的，以便使每组样品和数据能和通过本实验室的其他无关样品和数据区别开来。必须注意要清晰地给样品和现场数据作标记，以使读错标签和记号的可能性减到最小。特别是在取样和现场测量阶段，常常希望编码能包含有关于取样或测量的地点和/或时间，或者有关样品或测量特性的信息。

在对现场测量或取样工作，以及接下来的数据分析工作设计记录方案时，重要的是要考虑记录下来的数据对于最后分析结果的今后利用是足够完整的。通常情况下，在现场测量或取样和分析阶段可以获得的信息，要比预期对结果解释有意义的信息详细得多，但往往只把那些看起来直接有用的信息记录下来。直到对数据进行最后研究时，才发现某些没有被记录下来的信息对于结果解释可能一直是有用的。为了防止有用信息的可能损失，重要的一点是要养成在合订笔记本或其他可重复使用的媒体上保存详细的现场和实验室记录的习惯。

5．化学和放射化学分析

化学及放射化学分析，应当采用已批准的程序和与其他实验室相一致的程序来完成。程序中要给出具体的质量控制检验方法。

6．借助仪器的分析

重要的一点是所有的分析人员对于在刻度、操纵和维护他们所使用的仪器中需要遵循的相关程序是完全熟悉的。

7. 仪器

为了使仪器保持高的运行效能，只要可能都要执行预防性保养计划。要保持好仪器性能记录，同时对仪器的任何调整要有书面记载。

8. 刻度

对很多种仪器，是有刻度标准的。对这些标准进行测量就可以获得一条曲线，它把来自仪器的信号强度和物质的浓度或者被测定特性的强度联系起来。在另外情况下，这种刻度由一种利用单个标准参考仪器、源、物质或样品的单点检验所组成。为了使测量是优质的，分析人员必须采用合适的标准、刻度程序和刻度频度，同时必须保持标准化的追索性记录。

9. 本底评估

分析人员必须保证做到在本底测量中所采用的程序是满足实际要求的，同时是按所需的频度进行测量的。必须保持好本底测量的记录，对这些记录进行统计学分析，使得这些数据可以得到恰当的修正，同时能发现和排除那些由仪器毛病或污染引起的改变。

10. 对仪器的稳定性检验

分析人员必须始终防止获得分析数据用的仪器性能不稳定。所有电子学组件会由于环境因素（如温度和湿度）的改变而产生误差，以及随着时间而退化；即使新的设备也可能包含薄弱的组件。仪器刻度和本底测量记录，包括质控图，是用于判断仪器稳定性的主要数据库。

11. 质量控制检验

必须恰当地对每一台仪器进行运行前的质量控制检验。

12. 现场和实验室记录

对环境介质或研究中的参数进行有代表性的测量是有用的。在测量或取样期间所作的现场笔记一般为判断样品或现场测量提供一种基础。类似地，在样品分析期间所作的实验室笔记可作为判断分析过程中是否存在可能对分析结果产生不利影响问题的依据。为此，在现场测量或取样期间，以及样品制备和分析期间，应当尽力把操作过程中可合理预期会对分析结果产生影响的各个方面记录下来。作为一般的规则，应当把适合于定量的每一个可能相关变量都记录下来，即使只采取在表格上作检验符号的办法。这些记录不仅对于作记录的人员，也不仅是在作记录的期间都可能是需要的，而且在很多情况下对于其他人员和今后的某些时间也是需要的。因此重要的是，记录要字足迹清楚和表述清晰。这样就可以使阅读它们的其他人员，能够根据所述而对事件进行再建。

13. 数据报告

在向防护行动指挥报告测量数据时，必须给出它们的不确定度估计。必须说明所报告的不确定度的含义，或者正确地阐述它们所代表的含义，或者描述它们是如何计算到的，因为一个简单的 $X+Y$ 的叙述可以用任何方式来解释。对不确定度的描述应当包括对所有重要的相关误差来源的估计，只要它们会在所报告的有效数字位数之内对最后结果产生影响，就不管这些误差源是来自现场测量、取样阶段、分析阶段或者数据处理阶段。

在报告数据时，报告的格式必须与它们预期的用途相协调。数据表的方法可以对数值以及它们的不确定度估计值进行全面描述。图形方法一般能以更形象的方法来描述数据。

在采用表格和图形方法时，重要的是要假定对于读者来讲，是没有任何东西可以一看就明白。为了让人懂得所表述的数据，表格栏的标题或者图例必须包含有必要的全部信息。在数据表述中，重要的是只报告合适的有效数字位数。通常在初步计算中，数据应当移位到附加的数字上，最后结果应当舍位到保留合适位数的有效数字。在计算机打印表格时，所用的格式可能对某些样品报告出太多位的小数点后数字。假若可能发生这种情况，那么表格应当被删改，以使所有的数据被限制到合适的数字位数。

10.1.13 核应急监测分队应急响应程序

首先必须注意的是，每一个监测分队成员在他们进入任何情况不明的区域之前，都必须对其辐射剂量率和污染危害程度的可能上限进行粗略估计。

监测组织的规模不同，其响应程序也不会相同，但从总体组成讲，环境应急监测的响应程序的内容大致如下：

1. 通知和动员（或待命）

（1）有核设施宣布进入事先规定的某种应急状态，或者其他地方即将或已经发生影响环境的辐射事故，所有指定的应急监测队成员被启动，其他队员处于待命状态。

（2）除非在通知中另有指令，否则被启动的监测队员将携带必要的设备和器材利用交通工具赶到预定的集合地点，听取行动指令（关于应急状况和监测任务）。

（3）除非在通知中另有指令，否则已处于待命状态的队员也须装备好必要的设备和器材，完成其他的响应准备，但仍然可以再和监测中心保持联系的情况下进行正常的活动。

2. 集合和发布指令

监测队员在指定地点集合以后，由队长或其他有关负责人作简单的情况介绍和发布指令，主要包括下列内容：

（1）关于事故的简略情况。

（2）目前情况的简单介绍，包括：

1）预期的辐射剂量率和潜在的污染危害；

2）已知的或预期的非辐射危害；

3）情况变好或变坏的可能性。

（3）对具体行动任务的解释，包括任何有待完成的特殊监测或取样。

（4）与参与响应行动的其他组织之间的配合，包括各自的作用、行动地区和联系地点等。

3. 设备保证、清点和检查

（1）接受指令之后，每个队员应当按所附清单对设备和器材进行清点，并做好记录。

（2）根据监测任务需要，可能需要补充某些特殊的设备和器材。例如，在可能有放射性碘及气体释放的情况下，假如可能的话，需要用银沸石取样器代替活性炭取样器。

（3）在开始行动之前，每个队员都应对所有检测设备进行一次性能运行检验。本底读数应登记在检查表格上。用塑料布把所带仪器、设备包裹好，以防止污染。

（4）在行动之前，应做一次通信检验，并把结果登记在指定表格上。

4．地图

监测队携带下列地图是十分必要的：它以核设施为中心，标有 16 个方位角，不同距离的圆周，以及重要的居民点、交通线、监测点、巡测路线等。

5．照射控制

（1）每班监测队员在他们开始行动的时候，都应该佩带好合适的个人防护装备和个人剂量计，并把他们的直读式剂量计的读数清零。为了尽可能减少照射，在不是完全必要的情况下，不要留在烟羽或污染区，或其附近。

（2）应当定时查看直读式剂量计的读数，以便对全身照射进行监测，其读数应登记在指定卡片上。

（3）当个人剂量超过低量程剂量计的测量上限（如 2 mSv）时，应立刻向队长报告。

（4）一般来讲，每天超过 10 mSv 照射剂量的行动，要经过特别批准。

（5）所有人员都应按个人防护指南的要求行事。

（6）每班队员结束工作时，应把直读式剂量计和应急照射登记表卡交给控制区出口处的监测员。由他们负责测量、记录和转交其测量结果。还应对从现场带回来的所有物件进行污染检查，达到许可水平放可放行。

10.2　应急监测相关法律法规和标准

10.2.1　应急监测相关法律法规和导则

1．《中华人民共和国环境保护法》（1989.12.26 实施）

第十一条　国务院环境保护行政主管部门建立监测制度，制定监测规范，会同有关部门组织监测网络，加强对环境监测的管理。

国务院和省、自治区、直辖市人民政府的环境保护行政主管部门，应当定期发布环境状况公报。

2．《中华人民共和国放射性污染防治法》（2003.10.1 实施）

第十条　国家建立放射性污染监测制度。国务院环境保护行政主管部门会同国务院其他有关部门组织环境监测网络，对放射性污染实施监测管理。

第十四条　国家对从事放射性污染防治的专业人员实行资格管理制度；对从事放射性污染监测工作的机构实行资质管理制度。

第二十四条　国务院环境保护行政主管部门负责对核动力厂等重要核设施实施监督性监测，并根据需要对其他核设施的流出物实施监测。监督性监测系统的建设、运行和维护费用由财政预算安排。

第二十六条　国家建立健全核事故应急制度。核设施主管部门、环境保护行政主管部门、卫生行政部门、公安部门以及其他有关部门，在本级人民政府的组织领导下，按照各自的职责依法做好核事故应急工作。

3．《核电厂核事故应急管理条例》（1993.8.4 实施）

第十五条　国务院指定的部门、省级人民政府指定的部门和核电厂的核事故应急机构应当具有必要的应急设施、设备和相互之间快速可靠的通信联络系统。

核电厂的核事故应急机构和省级人民政府指定的部门应当具有辐射监测系统、防护器材、药械和其他物资。用于核事故应急工作的设施、设备和通信联络系统、辐射监测系统以及防护器材、药械等，应当处于良好状态。

第二十一条　核电厂的核事故应急机构和省级人民政府指定的部门应当做好核事故后果预测与评价以及环境放射性监测等工作，为采取核事故应急对策和应急防护措施提供依据。

4.《国家核应急预案》（2002.2.16 实施）

4 应急准备

4.1 国家核应急组织的应急准备

4.1.3 建立和保持必要的核应急技术支持体系

根据积极兼容原则，充分利用现有条件，建立和保持必要的应急技术支持中心或后援单位，如应急决策支持、辐射监测、医疗救治、气象服务、核电厂运行评估等技术支持中心或后援单位，以形成国家核应急技术支持体系，保障国家的核应急响应能力。

4.1.4 应急支援力量与物资器材准备

国家核应急协调委有关成员单位根据分工，准备好各种必要的应急支援力量与物资器材，以保证应急响应时省核应急组织或核电厂营运单位提出紧急支援请求时，能及时调用，提供支援。其中包括：辐射监测支援、医学应急支援、应急交通支援、气象支援、工程抢险支援和应急物资器材准备。

5 应急响应

5.1 核电厂应急响应基本程序和响应活动

5.1.3 核电厂进入场区应急状态时，营运单位实施应急预案，采取措施使核电厂恢复安全状态，撤离场内非重要人员，按规定向场外报告事故情况，在核电厂附近的场外区域实施辐射监测。

5.1.6 当核电厂营运单位和省核应急组织的应急力量不足需要国家支援时，由国家核应急办根据支援请求按规定的程序报批，通知和要求被调用力量的单位及其上级部门，组织实施支援。可能需要提供的支援包括辐射监测等。

5.2.3 我国周边国家核事故及核动力卫星事故影响境内时的应急响应

我国周边国家发生核事故及核动力卫星事故可能或已经对我国大陆产生辐射影响时，参照本预案有关规定及执行程序组织应急响应。这种情况下的应急响应主要涉及辐射监测、饮水和食品控制、卫星污染碎片搜寻等。

5.《核动力厂营运单位的应急准备》（HAD002/01　2008.8 修订）

3.1 应急组织的主要职责和基本组织结构

营运单位应成立场内统一的应急组织，其主要职责是：

（7）进行场内的辐射监测，必要时进行场外的辐射监测。

3.4 应急行动组

营运单位应根据积极兼容原则设置若干应急行动组，并配备合适的人员。应急行动组一般应包括运行控制组、技术支持组、辐射防护组、运行支持组、公众信息组、行政后勤组等。

3.4.4 辐射防护组的主要职责为：

（1）负责场内辐射和化学监测，对场内污染区域进行调查、评价、划分、标记和控制；

（2）组织场外辐射调查、取样、分析和评价；

3.5　与场外应急组织的接口

必要时场内应急组织应当向地方应急组织提供以下支持：

（2）提供有关核动力厂状况、监测结果和剂量预测方面的资料；

核动力厂营运单位应急计划应考虑日常运行和应急兼容原则，对主要应急设施（主控制室，辅助控制室，技术支持中心，应急控制中心，运行支持中心，公众信息中心，通信系统，监测和评价设施，防护设施，应急撤离路线等）作出明确的规定和必要的说明。

6.9　监测和评价设施

6.9.2　提供的设施应包括监测适当范围内有关参数的仪器设备，以便在可能的范围内可靠地调查分析事故的演变过程并进行合适的辐射防护评价。选用的仪表设备，尤其是辐射防护评价设备，即使在最严重的辐射条件下和恶劣环境条件下都应保持其充分的可运行性、灵敏度和精确度。在营运单位应急计划中，应列出用于应急测量以及连续评价应急状态的那些监测系统。

6.9.3　为进行场内的评价通常应提供下列仪表和设备：

（1）核动力厂测量与控制设备，监测事故演变过程的设备（例如，通过监测压力和温度、液面高度和流量率、反应堆冷却系统和安全壳内的氢浓度）；

（2）用于正常和应急状态时的工艺、区域、排出流等监测和测量的固定式和可携式辐射监测器及取样装置；

（3）自然现象监测仪，例如气象仪器、地震仪器等。

6.9.4　为开展场外的评价一般应配备下列仪表和设备：

（1）监测自然现象的仪器；

（2）测量外照射剂量、剂量率和气溶胶中 β-γ 放射性的固定式和活动式的辐射监测仪器；

（3）实验室设备，包括配有全套监测、通信设备的活动实验室和设在核动核动力厂附近的取样设施；

（4）地图，例如标有通道和拟建路段位置、调查区域、撤离区域、取样点、学校、医院、私人和公共水源等的地图。

7.3　各应急状态下的响应行动

核动力厂营运单位在各应急状态下应采取的主要响应行动如下：

（1）应急待命

根据需要在核动力厂附近实施监测。

（2）厂房应急

对场内人员的污染情况进行监测，确保受污染的人员或物项不会未经检测就离开场区；在核动力厂附近实施监测，以确认场外无须防护行动。

（3）场区应急

在核动力厂附近的场外实施监测。

（4）场外应急

对核动力厂附近的场外实施监测。

7.5 评价活动

应急状态期间评价工作应包括下列内容:

（3）进行场内和场外部分区域的辐射监测和对核动力厂的放射性排出流进行监测。

7.8 应急照射的控制

（2）在应急响应区域的居民区进行环境监测，以鉴明需要采取紧急防护行动的地方。

（5）避免出现大的集体剂量的行动，例如通过居民区的环境监测，以鉴明需要采取防护和控制食品行动的地方以及在场外实施防护和控制食品的行动。

8 应急终止和恢复行动

8.1 应急状态的终止

当营运单位确认事故已受到控制并且核动力厂的放射性流出物的量已低于可接受的水平时，可以考虑结束场内的应急状态。

8.2 恢复行动

营运单位的应急计划应包括应急状态终止后的恢复行动，其主要内容包括:

（3）继续测量地表辐射水平和土壤、植物、水等环境样品中放射性含量，并估算对公众造成的照射剂量。

9 应急响应能力的保持

9.3 应急设施、设备的维护

营运单位应保证所有应急设备和物资始终处于良好的备用状态，对应急设备和物资的保养、检验和清点等加以安排。

6.《地方政府对核动力厂的应急准备》（HAD002/02）

地方应急组织主要负责厂区外的应急行动，必要时支援厂区内的应急行动。

2.4 人力

地方应急组织应积极采用兼容的原则，随时都能派出受过培训的人员去执行紧急情况各个阶段的应急任务，所需人数应通过对所要完成的任务的分析而加以确定，并在演习过程中加以验证。应急人员应由地方政府组织调配，例如，他们可能来自地方和国家政府部门，及其所属业务单位。参加应急组织的人员必须完全胜任在可能预见到的所有情况下完成他们的应急任务。应急人员需承担的任务:

（2）应急辐射监测评价

1）进行初期评价;

2）作综合评价，样品收集等;

3）进行样品评价并记录结果。

2.5 设施和设备

2.5.2 应设置一个移动的或固定的实验室以测定环境样品的活度。

2.7 地图

应急监测车里应备有折叠地图。

2.8 巡测路线和监测点

必须确定拟进行放射性巡测的路线以及预定进行放射性测量的数量适当的监测点，这些路线和监测点应能覆盖可能被事故影响的地区。在选择巡测路线和监测点时，应当强调在住房和居民中心附近进行测量的重要意义，同时还要考虑到识别监测点（特别是在夜间）

的问题。巡测路线和监测点必须在应急协调场所和应急监测车中的地图上标出。沿巡测路线和每个监测点的本底放射性数据也应事先标在该种地图上。事故后所选的实际巡测路线和实际监测点，以及进行这种巡测的频度，将根据紧急情况时的初始评价加以确定。

4.1　初期评价

应急辐射监测组应对厂址附近，特别是人口稠密区进行快速巡测。快速巡测必须包括测量外照射剂量，剂量率和气溶胶β和γ放射性活度。巡测的结果应立即传送到应急协调场所。对于这种初期的巡测，要采用简易快速的技术，但这些巡测要提供足够的资料，以便应急组织能采取有效的早期防护措施（例如发放预防药物，隐蔽和撤离等）。空气样品应当尽快送到应急辐射监测室，进行更全面评价（如用γ能谱测量法）。

厂区周围应设置连续空气取样器和装设热释光剂量计。连续空气取样器的过滤器能对初期危害大小的评价提供有用的资料。这些取样系统和热释光剂量计可在事故发生时立刻开始测量，必要时可长期连续自动运行。

4.3　综合评价

在进行了初期评价和制定了紧急的防护措施之后，必须着手进行一次以决定需要何种辅助措施为目标的紧急情况的综合评价。

（2）装备完善和训练有素的巡测组必须在厂区周围各个区域（特别着重在下风向区域）完成一次地面β—γ剂量率巡测。这些巡测组可以由营运单位、地方环保部门、放射卫生防护部门及其他有关部门提供。为了预报剂量，巡测务必查明关键放射性核素。

（3）应当估算公众已受到的剂量，并根据不断获得的放射性数据进行修正。此外，还应为是否采取进一步防护措施估算出预计剂量。

（4）必须执行一项广泛的取样计划，为作出在水和食物链方面是否进行干预的决策提供资料。

（5）必须调查残留的气载放射性活度。

4.3.1　取样

包括空气、水、农产品和其他食品等。

4.3.2　数据处理

4.3.2.1　巡测数据

现场直接读取的和转送到应急协调场所的巡测数据，虽能很方便地标示在地图上，但还必须记录在工作日志上并加以研究，以观察其瞬时变化趋势。所有测量组均必须使用一致的辐射单位与次级单位以免发生混乱。

4.3.2.2　取样数据

应当预先准备好计算机程序，用来辨认样品类型、取样时间和地点，以及表达实验结果的单位。还应有用于整理、储存和跟踪取样数据变化趋势的程序。为便于保健物理学家能计算任一假定天数的、因消费受污染的食品和水所造成的剂量负担，应急计划中应事先推导出公式。

4.5　应急解除

地方应急组织应当保证，只要有必要就将巡测、采样和评价规划执行下去，以确保公众免受污染，并使事故的长期后果可能引起的照射降至最低限度，直至自然过程而净化或其他补救措施无须继续下去时为止。

另外在HAD002/02还在附录Ⅰ中较详细地列举了应急监测所需要的设备,可具体参考。

7.　《核事故辐射应急时对公众防护的干预原则和水平》（HAD002/03）

3　事故的分期及照射途径

3.2　早期

在早期,是否采取某些适当和实际可行的防护措施来减少公众的受照剂量,主要根据对工况数据的分析和对事故后果的预估。在该阶段,虽然也能获得环境监测的某些初步结果（剂量率和烟羽气载物的浓度等）,但是由于这些结果数量有限,加上事故的发展过程和气象条件等因素往往是多变的,因此这些早期测量结果对于估算人员所可能受到的剂量来讲,意义可能是有限的。

3.3　中期

在中期,已能获得关于由沉积造成的外照射水平及食物、水、空气中污染水平的数据。沉积物的放射学特性也能被确定,在中期还可望使工厂恢复到安全状况,并将根据环境监测的结果采取某些防护措施,假若所发生的事故严重的话,那么中期阶段将会延长。并应视需要适当扩大环境测量的范围。

3.4　晚期

在此阶段,可以根据环境监测的数据来确定是否可以恢复正常生活。

10.2.2　应急监测相关标准要求

1.　《核动力厂环境辐射防护规定》（GB 6249—2011）（2011-09-01修订实施）

9.3　事故环境应急监测

环境应急监测是核动力厂事故应急计划的重要组成部分。监测原则、监测方法和步骤、监测项目、监测路线、监测网点、监测工作的组织机构、监测数据报告、发布办法等按核动力厂营运单位制定的应急计划中的相关规定执行。

2.　辐射环境监测技术规范（HJ/T 61—2001）

3.15　应急监测

在应急情况下,为查明放射性污染情况和辐射水平而进行的监测。

5.2　核设施环境监测

核设施周围辐射环境监测包括运行前环境辐射水平调查、运行期间环境监测以及流出物监测、事故场外应急监测和退役监测。

5.2.1.4　核事故场外应急监测

核事故场外应急监测分早期、中期和晚期监测。按地方核事故应急机构制定的应急监测计划,实施应急监测。

10.2　污染事故报告

10.2.1　初始报告与定期定时报告

对核事故、辐射事故或突发放射性污染事件,必须立即开展事故监测或应急监测,并迅速向上级主管部门报告。

初始报告要求在事故发生后就立即报告。

定期定时报告要求事故发生后每隔24小时报告一次,直至污染源得到有效控制,污染水平明显降低为止。

10.2.2　污染事故报告内容

1）污染事故的性质与类型。

2）放射性物质排放的成分和数量。

3）主要环境介质的污染水平及污染范围。

4）居民受照剂量的估算。

5）事故发生后所采取的控制污染措施和辐射防护措施。

10.2.3　建立污染事故技术档案

对伴有辐射设施出现的辐射事故或突发放射性污染事件必须建立专门的技术档案。对规模大、污染严重或影响范围广的事故，事故处理后应建立长期监测和观察的技术档案。

3．环境核辐射监测规定（GB 12379—1990）

4.1.2　源项单位的环境核辐射监测机构负责本单位的环境核辐射监测，包括运行前环境本底调查，运行期间的常规监测以及事故时的应急监测；评价正常运行及事故排放时的环境污染水平；调查污染变化趋势，追踪测量异常排放时放射性核素的转移途径；并按规定定期向有关环境保护监督管理部门和主管部门报告环境核辐射监测结果（发生环境污染事故时要随时报告）。

5.3.2.3　对于存在事故排放危险的核设施，运行期间环境核辐射监测大纲必须包括应急监测内容。

6.1.2.2　作为应急响应的就地测量，事先必须准备好应急监测箱，应急监测箱内的仪表必须保持随时可以工作状态。

4．核设施流出物监测的一般规定（GB 11217—1989）

4.4.4　在关键的排放点，为了在常规监测之外还能可靠地监测事故释放，要安装两套互相独立的监测装置。其中的一套用于常规监测，另一套用于事故监测。用于事故监测的装置，要求测量范围大（例如采用灵敏度较低的或带屏蔽的探测器）并附有报警装置。

5．《电离辐射防护与辐射源安全基本标准》（GB 18871—2002）

8.7　公众照射的监测

f）建立和保持实施应急监测的能力，以备事故或其他异常事件引起环境辐射水平或放射性污染水平意外增加时启用。

6．核电厂应急计划与准备准则（GB/T 17680）

（1）场外应急职能与组织（GB T 17680.2—1999）

本标准规定了核电厂所在省（自治区、直辖市）对付核电厂核事故的场外应急职能和应急组织应当满足的准则。

3　应急响应职能

3.1.1.3　应急监测与评价

组织和协调场外环境放射性监测，并结合核电厂提供的事故状态和放射性释放数据，结合获取的气象参数等方面的资料，对核事故的场外后果适时作出评估和预测。

3.2　支持职能

3.2.6　文秘与记录

对监测数据和评价结果，对应急响应的主要过程等准确地予以记录，并妥善收集与保存。

（2）场外应急设施功能与特性（GB/T 17680.3—1999）

本标准规定了核电厂场外应急设施和设备的功能与特性要求。

2.2 应急设施

用于应急响应目的的设施。它们将根据有关法规要求和积极兼容的原则设置。核电厂场外应急设施一般包括场外应急指挥中心，前沿指挥所、场外应急监测中心、评价中心和公众信息中心等。

3.1 场外主要应急设施的一般功能

3.1.3 场外应急监测中心

在事故期间能进行环境样品的采集、核素分析（包括放化分析、物理测定）和进行环境监测的综合评价。

4 场外应急设施特性准则

4.1.3 场外应急监测中心

场外应急监测中心应位于核事故的烟羽应急计划区以外的地方。在应急期间能进行环境样品的采集、核素分析（包括放化分析、物理测定）和进行环境监测的综合评价。

场外应急监测中心应尽可能利用场外常规环境辐射监测设施、设备；在应急期间，还可利用当地研究机构、高等院校等单位的监测设备，这种情况需要在场外应急计划中事先作出安排。

4.2.1 语音通信

4.2.1.2.3 场外应急监测中心

场外应急监测中心与下列各组织或设施间，必须建立通信联络：

1）场外应急指挥中心；

2）评价中心；

3）前沿指挥所；

4）核电厂营运单位；

5）省（自治区、直辖市）环保局、国家环保部门和（或）省（自治区、直辖市）卫生厅（局）、卫生部；

6）省（自治区、直辖市）气象中心。

4.3 设备和器材

4.3.3 场外应急监测中心

所需的设备包括：

1）样品收集装置；

2）样品制备装置；

3）γ谱仪；

4）α、β计数器；

5）γ监测仪表和连续γ监测系统；

6）热释光剂量计和测量仪表；

7）流动监测实验室（或车）、取样车；

8）办公家具、文具、复印机；

9）电话；

10）应急执行程序；

11）清洁区和污染区的标记；

12）应急电源；

13）图表资料和地图。

（3）场外应急计划与执行程序（GB/T 17680.4—1999）

本标准规定了编制核电厂场外应急计划及相应的执行程序应遵循的准则。

应急计划的格式（按顺序列出）

（8）应急监测与事故后果预测

3.6 应急计划的内容

3.6.8 应急监测与事故后果预测

给出应急监测的方案、内容。提出表示污染区不同污染水平图表的办法和统一的标志。

给出气象观测点的分布及气象数据的收集和传递方法。

给出预先估计的在不同气象条件和各种事故释放条件下辐射危害的大小和范围，以及事故的早期、中期、后期评价的内容和方法。

4.4 执行程序的目录

应急启动；

应急环境辐射监测和评价；

气象资料获取；

应急通知、通信和报警；

应急医疗救护。

依上面所列各目录中应给出的最低内容（即行动细则或步骤）如下：

4.4.2 应急环境辐射监测和评价

给出监测点的准确分布图、巡测路线、人员的通知方法及集合地点、仪器设备清单及存放位置、行动步骤、通信联络方法、仪器刻度与标定、样品分析、记录与保存、文件编制等。

给出评价所需的硬件和软件、接受电厂提供的放射性释放源项数据和现场采集的气象数据的方法、评价结果的报表格式和内容、评价结果的通报对象和通报方法。

（4）场外应急响应能力的保持（GB/T 17680.5—1999）

本标准规定了核电厂所在省（自治区、直辖市）应急响应能力的保持准则。

4.2.1.2 辐射监测

承担辐射监测任务的场外有关单位应按照辐射监测执行程序的要求，每年进行一次辐射监测练习。辐射监测练习要包括环境外照射水平巡测；对所有有关环境介质样品（如水、农作物、土壤和空气）的收集、分析和记录（可结合常规监测进行）；对模拟较高放射性浓度的气载物和液体样品的评价和分析以及监测结果的传递报告。

4.2.1.5 公众防护措施建议

应每年进行一次提出公众应急防护措施建议的练习。练习的主要内容包括根据有关辐射监测数据和剂量估算的结果，向有关应急决策部门就公众所应采取的应急防护措施及其实施时间和范围提出建议。

6 应急资源的保持

6.1 应急设施和设备

应定期对应急设施、设备进行维护，对应急物资器材进行清点和检查所发现的问题应及时加以解决。

对通信设备要经常进行检查。对辐射监测仪器的功能每个月进行一次检查，每年进行一次标定，尤其要检查监测仪器的量程范围是否满足应急响应的要求。

7 监察与检查

检查的目的是了解应急准备所涉及的设备和器材以及重要应急文件的状态（是否存在、是否可操作、是否能够满足实施应急响应的各项要求等），主要包括如下内容：

场外应急辐射监测、剂量评价和应急能力维持活动所需的设备器材和供应品。

（5）场内急响应职能与组织机构（GB/T 17680.6—2003）

本部分规定了核电厂场内应急职能和应急组织应满足的准则：

4.2 支持职能

4.2.12 保健物理支持

应急状态下，应提供保健物理支持以完成辐射水平、表面污染和空气污染的监测，监督应急工作人员所受剂量，完成剂量控制，包括控制污染扩散和车辆去污等职能。

6.5 辐射防护组人员组成和职责

6.5.2.3 环境监测与后果评价组长

环境监测与后果评价组长组织管理场外辐射调查、取样、分析、评价流出物释放，收集和分析所需的气象资料，进行辐射后果估算，提出场外辐射防护行动建议。

（6）场内应急设施功能与特性（GB/T 17680.7—2003）

本部分规定了核电厂场内核事故应急响应设施的功能和特性应满足的一般要求。

4.1.2 主要应急设施

9）监测评价系统

4.2 应急设施的一般功能

4.2.2.7 监测和评价系统

对于核电厂应急准备和响应来说，核电厂的监测与评价系统应具备以下功能：

1）监测、诊断和预测电厂事故状态；

2）监测电厂运行状态和事故状态下的气载或液载放射性释放；

3）监测事故状态下电厂厂房内有关场所、场区和场区附近的辐射水平和放射性污染水平；

4）按有关规定，监测场址地区气象参数和其他自然现象（如地震）；

5）预期和估算事故的场外辐射后果。

5.2 对主要应急设施的要求

电厂环境状态监测和评价系统

该系统的设计应具备能适时监测和获取以下方面数据的能力：

1）电厂释出的放射性物质数量、组分和释放速率；

2）由固定环境监测站点和野外巡测得到的环境辐射水平和放射性污染水平数据；

3）风向、风速、降水、大气稳定度类别等气象参数。

核电厂营运单位的环境状态评价系统，还应能基于电厂状态监测系统和电厂环境状态监测系统获得的信息，在应急响应期间即时对事故实际或可能的放射性释放源项及其辐射后果作出估计、预测和评价。

（7）场内应急计划与执行程序（GB/T 17680.8—2003）

本部分规定了编制核电厂场内应急计划及相应的应急执行程序应遵循的准则。

2.6 应急设施

包括应急监测与评价设施。

3 应急计划

3.7.5 应急组织与职责

描述各应急响应小组（其工作范围应覆盖通信、应急运行、反应堆安全分析、环境监测、事故后果评价、应急维修与工程抢险、治安保卫、后勤保证、消防、医学救护等方面）的组成及职责。

3.7.7 应急设施与设备

列出应设置的主要应急设施，包括监测与评价设施等的位置，基本功能及应配置的主要设备与器材，同时说明某些设施是否能满足可居留性的要求。

3.7.10 事故后果评价

描述事故后果评价的目的、任务和主要工作内容：事故工况评价、堆芯损伤评价、工作场所与场内场外辐射水平监测与评估以及场外辐射后果的预测与评价，说明获取评价参数（预估源项、安全壳与流出物的辐射测量结果、气象参数、环境监测结果）的方法与安排，并重点描述场外辐射后果评价方法与应急环境监测内容及安排。

4 应急响应程序

4.4.6.3 场外辐射监测和环境取样

本程序用于事故期间或事故后的场外辐射测量与环境取样。程序应规定监测组人员组成、通知、集合地点、设备存放位置、测量设备检验、任务情况、通信程序、预先确定的巡测路线、监测和取样位置、样品分析、监测结果传输与报告、结果文件编制、监测后人员与设备的污染检查，监测人员防护措施与注意事项。

4.4.11 应急状态终止和电厂恢复

本程序应列出在终止应急状态或进入恢复阶段前需要进行评估的项目，包括辐射监测设备在内的各种仪表的可使用性和完整性。

（8）场内应急响应能力的保持（GB/T 17680.9—2003）

本部分规定了对核电厂场内应急响应能力的保持要求。

3 培训

3.1 培训对象和培训要求

核电厂应该对可能承担应急任务的所有人员（包括辐射监测人员）进行与他们预计要完成的应急任务以及与他人的协作任务相适应的培训。还应对他们进行应急计划和有关执行程序的培训，以及自我保护知识的培训。

（9）核电厂营运单位应急野外辐射监测、取样与分析准则（GB/T 17680.10—2003）

本部分规定了核电厂营运单位应急野外辐射监测、取样与分析的基本要求。

3 应急野外辐射监测

在应急期间为了确定人员所受照射和环境污染的水平,在应急计划区内所进行的室外测量和环境取样分析活动。

4 组织

营运单位应急响应组织应该一天 24h 都有能协调和实施应急野外辐射监测和环境取样活动的工作人员。应急响应组织应该包括监测人员、取样人员、指导与协调监测和取样工作的人员及对监测和取样人员提供的数据、样品和其他信息进行分析的人员。一个应急野外辐射监测组可以单独和同时承担监测和取样的职责。

应尽可能迅速地启动应急野外辐射监测。场区内应每天 24h 至少有一个受过训练的监测组能随时启动,进行应急野外辐射监测。当可以增加更多的合格人员时,人员的安排要与应急的类型和严重程度相一致。

一个人员配备齐全的应急响应组织应该最少能派出 2 个应急野外辐射监测组,去执行 GB /T 17680.4 规定的场内和场外放射性监测和取样程序。如有可能,应该动员其他的监测组。但是要根据释放的性质、当地气象条件和路况、地形等派出监测组。

4.1 野外监测的人员组成

应指定一名应急野外辐射监测管理人员,其职责应该包括监测组的调度和管理以及监测数据的接收。该管理人员应该向负责场外放射性评价的人员报告。

每个应急野外辐射监测组至少应有两人,包括一名监测人员、一名驾驶人员。应急野外辐射监测组应向应急野外辐射监测管理人员报告。

4.2 培训

监测取样人员、应急野外辐射监测管理人员、驾驶人员都应接受岗位培训。对人员的培训应按照 GB /T 17680.5 来进行。

4.3 人员选派

监测组人员的选派应考虑监测组成员受照射历史、培训情况、对甲状腺阻断剂的敏感性和其他照射限制。

4.4 核电厂营运单位在应急野外辐射监测方面与外界的关系

4.4.2 地方政府监测组织

应该计划好与地方政府监测组织之间的协作,并应尽可能作为练习和演习的一部分对协作进行实践。这种协作可能包括分担取样活动、样品分析和样品数据交换。

4.5 后勤保障

应对满足短期和长期需求的设备和供给作出安排。营运单位应制定具体规定,以保证向监测组成员提供食品、水、初步急救的医药设备和补充物质,及替换损坏和受污染的设备或由于其他原因不能使用的设备。

5 设备与供给

应成套准备好专用设备和供给品以支持应急野外辐射监测。如果监测和取样由不同的组分别进行,则他们应该能得到满足各自需要的设备。

6 程序和技术

6.1 监测组管理

监测组成员应预先确定,并应经过培训。应编制并保存好监测组成员的名单,以便于通知监测组成员及时报到。

当一个监测组开始工作时，应该接到一个任务单并领取设备。每一监测组应利用设备盘存清单和可操作检查单（参见附录 2），核实所有用于监测、取样、通信和运输的设备是否切实可用。任何缺陷应得到更正或报告给野外辐射监测管理人员。

监测组在得到任务单和检查设备以后，前往指定监测点收集数据或等待进一步指示。

6.1.1 任务单

在派出前应向每一监测组提供任务单。该任务单应包括预先确定的内容，其内容参见附录 4。

6.1.2 派遣和控制

每一监测组在出发前应利用通信方式接受监测管理人员的检查，并确认该监测组的初始任务，此后其活动受无线通信的指示。野外辐射监测管理人员应指导监测组行动。应定期向监测组提供附录 3 表中相关内容的变化情况。

6.1.3 交接班

应该根据室外条件制定制度，使监测组人员在适当的时间间隔内得到休息。休息的地方应远离烟羽照射途径，使监测人员受照射剂量尽可能低。

野外辐射监测管理人员应向换班的组提供任务单。交接班时应使用检查清单，以保证监测组之间完整地交换关键信息，如放射性水平、设备状态、器材供应存量、路况和其他重要数据。

6.1.4 通信联络约定

应该使用无线通信约定进行联络，以便准确、迅速地交换信息。这种约定应简单、明了和实用。

6.2 烟羽监测

在野外辐射监测管理人员的指导下，监测组应获取烟羽监测信息以验证对公众的防护行动是否充分，并且根据气象数据和核电厂释放数据确认预期的放射性水平。尽可能确定烟羽中心线和边缘以评价释放的量和范围。

6.2.2 烟羽确定

监测组应该沿着烟羽通常弥散方向上的预定路线，在烟羽应急计划区地图上标明的预定监测点进行测量，来确定烟羽的位置和特征。除了预定的监测点外，可能需要在其他的位置测量以确定烟羽位置。如果放射性水平和地域允许，则还应作横向来回测量以进一步确定烟羽的辐射特征。

为了确定烟羽的位置，应在同一高度同时测量 β-γ 和 γ 剂量率。测量应在距地面至少 1 m 处进行以减少地面沉积的 β 辐射的贡献。应该在距离车辆至少 10 m 处进行测量，以避免车辆污染的影响。如果 β-γ 读数大于 γ 读数，则表明监测组浸没在烟羽中。如果在 β-γ 和 γ 两种读数之间没有显著区别，则表明监测组不在烟羽中，此时的 γ 辐射可能来自监测组上方或附近的烟羽，也可能来自烟羽经过之后的地表放射性沉积。可采用便携式铅屏蔽使 γ 探头具有方向性，从而确定 γ 辐射的来源。

如果监测组浸没在烟羽中，应采集空气样品以确定烟羽的组成和浓度。取样时应保证取样器远离监测运输工具马达的风扇和排气管。应使取样器避免受到机动运输工具和周围环境引起的表面污染再悬浮的影响，采用的取样技术应尽可能减少对过滤介质的操作。所选空气取样技术和样品体积大小应使监测组在室外条件下能够探测到浓度为 $10^3 \, \text{Bq/m}^3$ 的放射性 ^{131}I。空气样品应在正常无污染区测量以提高测量灵敏度。在不影响或降低取样有效性的情况下，空气采样流量应尽可能大以减少监测组在烟羽中的停留时间。在对样品进行室外测量时，监测组应离开烟羽，以防烟羽使测量仪器产生高而波动的本底。除了测量β和γ活性以外，还应在流动实验室中对样品进行γ能谱分析，测量烟羽中除惰性气体以外的重要组分。所有样品都应该有标签并送往放化实验室进行综合分析。

在烟羽消散后，为了确定地表放射性沉积水平，应进行地表辐射水平的巡测。地表的β-γ读数大于 1 m 高度处的β-γ读数表明存在地面放射性沉积。如果指示有地表放射性沉积，为了提供剂量评价的信息，应采用 1 m 高度处的任β-γ读数。所有β-γ测量都应该在距离车辆 10 m 以外进行。

6.2.3 附加的环境取样

可能要求监测组收集环境样品，如水、土壤、植物。可在环境辐射监测大纲内增加常规样品收集和分析，以提供附加的环境样品。

6.2.4 数据记录

所有调查数据记录应采用标准格式。其记录的顺序应该与数据收集的顺序相同。内容应以相同的顺序逐字传回应急中心。应执行一个永久采用的样品标识方法。样品标识应包括监测组标志、样品位置、日期和时间、样品体积、仪表型号、监测点位置和放射性水平。

6.3 人员防护

监测组成员负责监测并向野外辐射监测管理人员报告他们的个人累积照射量。野外辐射监测管理人员应监督监测组成员接受的剂量以保证他们不超过管理程序规定的剂量目标值，并努力使其合理可行和尽量低。其措施有：使预计受照剂量低于剂量目标值的某一份额；尽量减少在污染区域内的停留时间；处理热样品时要尽量减少照射时间、增加操作距离和使用适当的屏蔽层；规划好监测组到达监测点的路径；以及监测组成员对污染和照射的自我防护等。

应为监测组人员提供防护设备和物品，及如何使用这些设备和物品的指导，其中包括防护衣服和甲状腺阻断剂的使用。甲状腺阻断剂的使用应符合营运单位的有关规定。剂量计应包括直读式剂量计，其量程范围应覆盖监测组成员可能受到的剂量范围。应该配给个人热释光型（TLD）的剂量计。

6.4 污染控制

监测组在工作中应采取措施以防止他们自己及其设备受到污染，做法可以是把探测器探头包起来，正确地操作样品介质，定期监测运输工具和设备。应该在监测程序中述及撤回受污染的人员、运输工具和设备并将其去污。监测组操作样品时应避免样品的损坏或交叉污染。

7 样品分析

7.1 设备

在怀疑或已知有微尘或放射性碘释放时，应使用高分辨率γ谱仪进行总γ、β-γ的野外监测和气载放射性碘的测量。γ谱仪可以是移动式的，移动式γ谱仪可以使用直流或交流电源；γ谱仪也可以固定在一个人员可在其中滞留的场外或场内专门设施中。设备应加以屏蔽或使所放位置的本底照射不会影响测量所要求的探测限。

7.2 样品处理

7.2.1 样品初测

除了对空气样品进行总分析外，对环境介质的其他样品如水、土壤、植物，还应在室外使用对β-γ响应灵敏的仪器进行放射性活度的初步测定。应根据样品的优先等级确定样品的分析顺序，以便进行进一步的室外测量或实验室分析。

7.2.2 样品运输

应制定把样品从野外运输至实验室的管理规定。所有样品应明确标识和包装良好以利于运输中保持完整性。

7.2.3 取样数据

相关的样品数据资料，如样品标识、采集日期和时间、位置、活度水平等内容应记录于分析结果中。收集样品的日志应按顺序编号并应系统地保存。样品储存应保存它们的标识，防止损坏及交叉污染。

7.3 实验室分析

任何进行食入途径样品分析的实验室应是有资格的，并且有能力处理极低放射性水平的各种环境介质。

10.3 应急监测的一些建议

10.3.1 对应急监测人员的配置和培训

表 10.1 给出了建议的监测队伍最低的人员配置及所需的培训。实际上，一个组可以承担表 10.1 中的一项或几项任务，而不是由分开的组去完成每一种功能。实际上，一个"组"可以由几种组织构成，或者"组"之间可以交迭。应急规模确定监测组的数目，监测组的数目可从一支到很多支。

必须为每支野外监测队伍指定现场领导者。环境和食物取样组建议由地方人员陪同。

防范：

- 某些人员的体质对于碘的化合物是过敏的，如果他们服用了碘化钾，可能导致呼吸停止。因此，在对反应堆事故的响应组人员进行预选时，须考虑甲状腺阻断剂的因素。
- 如果已发给呼吸器或 SCBA，必须肯定已进行过适用性检验和/或其他性能检验。

10.3.2 取样策略及其方法

下面是关于取样策略和方法的某些考虑和建议。其内容取自橡树岭联合大学 1997 年 9 月的职业培训大纲。

1. 空气取样

环境空气取样用于测定放射性核素在周围空气中的浓度。

由于某些放射性核素是难于取样和/或分析的（例如，惰性气体和非常短寿命的放射性核素），它们的浓度可能只有通过间接方法来评估（例如用 TLD）。

表 10.1 关于监测组种类、人员和所需培训的建议

队伍	目的	最少人员要求	基本培训要求	特殊培训要求	更新培训频率
环境测量组	1. 测量烟羽、地面沉降或源的γ/β剂量率 2. 污染监测 3. 环境剂量测量 4. 评估未知状态	2	1. 放射性基础 2. 职业辐射防护	1. 放射性剂量率和表面污染测量技术 2. 应急响应场景 3. 见附录1中程序A0、A1～A5和A9	每半年一次
空气取样组	1. 为实验室分析收集空气样品 2. 测量γ/β剂量率 3. 污染监测 4. 空气样品的野外估算	2	1. 放射性基础 2. 职业辐射防护	1. 空气采样技术 2. 样品管理 3. 放射性剂量率测量技术 4. 空气样品的野外估算 5. 见附录1中程序A0、A9和附录2中程序B1	每半年一次
就地γ谱仪组	1. 确定不同放射性核素的地面污染 2. 确定是否超过地面污染OIL 3. 对丢失的源进行航空搜查 4. 测量γ/β剂量率	2	1. γ谱测量学 2. 保健物理 3. 基础核电子学	1. 辐射剂量率测量技术 2. 气溶胶测量技术 3. 见附录1中程序A0、A6、A7、A9和附录4中程序D1、D3	每半年一次
个人监测和去污组	1. 个人和设备污染监测 2. 甲状腺监测 3. 个人剂量测量 4. 人员和设备去污	3	1. 放射性基础 2. 职业辐射防护	1. 污染测量技术 2. 甲状腺测量技术 3. 去污技术 4. 剂量估算 5. 见附录1中程序A0、A8和A9	每年一次
环境和食物取样组	1. 收集已污染的土壤、蔬菜、食物和水的样品 2. 测量γ/β剂量率	2	1. 放射性基础 2. 职业辐射防护	1. 取样技术 2. 采样管理 3. 放射剂量率测量技术 4. 见附录1中程序A0、A9和附录2中程序B2～B7	每年一次
同位素分析组（实验室）	1. 确定样品中不同放射性核素的浓度 2. 估算总的α/β污染 3. 确定是否食物、水或牛奶样品超越GALs	5	1. γ谱测量学 2. α谱测量学 3. 放射化学 4. 基础核电子学 5. 总α/β测量	1. 样品制备技术 2. 样品管理 3. 数据估算 4. QA和QC测量 5. 见附录1中程序A8、附录3中程序C1、附录4中程序D2～D4和附录5中程序E1～E5	每年一次

作为一个规则，取样点的位置将从以下一些地方来选择：

1）沿着设施的围墙；

2）具有最大预期地面浓度（或沉积）的居民区；

3）15 km 以内具有最大预期地面浓度（或沉积）的城镇/社区；

4）具有最大预期平均地面浓度的场外位置（或几个位置）。

一般来讲，这些具有最大地面浓度的位置是利用计算机进行大气扩散计算来预估的。

这些位置应当离开地形发生突变的地方（例如悬崖，山头）或其他可以引起不正常的局地化气象条件的物体（如建筑物，交通，树木等）。

取样位置应当处在附近大型物体（如建筑物，树木等）的上风向。有时建议取样点处在大型物体下风向的距离至少 5 倍于物体高度。取样器到某个障碍物（如建筑物）的距离至少两倍于障碍物突出在取样器上面的高度。还建议，当取样器与树的距离小于树突出取样器的高度的两倍时，取样器到树的滴水线的距离要 10 m。假若取样器设在建筑物的层顶上，那么取样器离任何墙壁至少 2 m，并远离炉灶或焚烧炉的烟囱。

2. 取样泵漏气检验

漏气检验可以这样来进行：把一片薄的塑料片切成滤纸一样大小代替滤纸放在取样器内，在紧接着流量计的下流方向上安装一个鼓泡器/撞击器，开动取样泵。若有气流通过鼓泡器/撞击器液体（鼓泡），则表示有漏气，一种更简单（和更原始的）方法是把取样头像以前一样密封起来，开动取样泵。假若流量计指示有气体流动，则表示存在漏气。一种更精密的方法是连接一个压力表（如 U 形管气压计）到取样管路上，抽成真空，密封流量计的下游方向系统。假若不能在 1 min 左右时间内保持住真空，那么表明存在漏气。取样设备通常并不要求承受非常低的压力，因此在漏气检验期一定要小心，不要得不偿失。

未发现的漏气可以构成重要的误差来源。为了保持这种误差到最小，采用高质量的材料，尽可能减少连接，同时在流量计上游部分避免采用软管。软管可以拉伸，但在环境条件下比金属管更容易遭损坏，同时因为管道处于低压状态，因此易于压塌。

过滤器、流量计和泵

滤纸的种类

环境空气取样最常用的滤纸是玻璃纤维滤纸，因为即使在高流率和环境空气取样的大尘埃负荷条件下，也能保持低的压力降。穿过滤纸的压力降越低，作为一种规律，此时的流量计读数越精确。玻璃纤维滤纸对于 α 计数来讲，还具有埋藏损失相当低的优点。玻璃纤维滤纸重要的缺点是它的抗化学溶解性，而溶解性是放射化学分析的一个必要的先决条件。纤维素滤纸是结实的和能进行化学溶解的。不幸的是它有若干缺点：微尘被收集在滤纸的全部深度上，这对于 α 计数来讲会引起显著的埋藏损失。另外，当面速度降低时，它们的收集效率下降很快。薄膜滤纸易于溶解供效化分析，同时由于它们是表面负载，因此对 α 计数显示最小的埋藏损失。重要的问题是周围环境中的空气可以非常脏，这将会很大地增加薄膜滤纸上的压力降。为了保持其压力降到最小，采用孔径较大的薄膜滤纸，例如 3～5 μm 的滤纸。这对收集效率的影响很小，因为微尘是通过撞击、拦截和扩散效应而收集的，而不是由在滤纸的孔隔部分上的过筛效应收集的。

滤纸的大小和流率

取样的模式取决于所需要的分析种类和频率。用于测量 α 和 β 粒子的探测器（例如，流气式正比计数器）具有相当高的效率（例如，30%～40%）。用于分析个别放射性核素的探测系统（如 γ 谱仪系统）效率较低（如百分之几），因此需要高活度的样品。

假若需要频繁地分析个别放射性核素，就可能必须采用高流率和大滤纸以获得足够活度的样品。较小滤纸的优点是它们可以在一台常用的计数器（气流正比计数器，GM 或闪烁计数器）内直接受分析，而无须像大滤纸那样只能切开以后才能测量。要保证采用合适大小的滤纸支架组合。

一般来讲，碘收集在活性炭上。虽然银沸石具有对惰性气体滞留性较低的优点，但它用于常规碘取样仍然太贵。通常利用γ谱仪进行测量。

在公众可能受到的剂量中放射性碘占显著位置的场合，可能需要对各种不同形态的碘进行评估（元素、有机的和HOI）。这可以由下面的取样来完成：（按顺序）微尘过滤纸，一个碘化镉罐取元素碘，一个碘酚罐HOI，一个银沸石罐取有机碘。虽然所有形态的碘可容易地被人体吸入和吸收，但只有元素碘易于通过在土壤和植物上的沉积进入食物链。

因为吸收水分后含影响对碘的收集效率，因此除非在非常干燥的气候里，否则活性炭罐不应当使用一周以上。另外，^{131}I的寿命短（8天），必须进行相当快速的取样和分析。活性炭罐在不使用的所有时间内，应当密封在密封袋内。

惰性气体

惰性气体（氙、氪和氩）可以被收集在活性炭上，但是其效率很低，收集到的浓度很低，这对于收集低浓度空气中的惰性气体是不实用的。

绝大多数设施认为由TLDs测量到的环境照射率反映了（至少部分地）惰性气体浓度。

虽然复杂，但还是可能采用冷冻的方法收集大体积空气，然后将惰性气体在色层柱上分离，再用液闪计数器测量。

监测惰性气体的其他方案（不是对它们取样）是利用一个环境PING系统（微尘、碘、惰性气体监测器）。利用这种设备，空气经过一张滤纸先去除微尘，活性炭用于除去碘，一个空气气流的筛余物探测器只对此时遗留在空气中的放射性物质（惰性气体）产生响应。必须利用已知由该设施排放的气体混合物对这个气流筛余物探测器的响应进行刻度。

3. 氚

大气中以HTO形态存在的氚，一般用硅胶来吸附。所建议的方法中，使空气抽过一个3 cm×3 cm钢或玻璃（不是塑料）管，管中填有硅胶，空气流率大约0.1 L/min。然后用蒸馏方法收集HTO，用液体闪烁计数器分析。其他的收集方法包括采用分子筛、利用乙二醇或水的鼓泡器，以及冷井凝结法。

这些方法不能用来收集氚气（HT），但是氚气对公众剂量来讲，其重要性要远小得多。

4. 水取样

（1）地表水

地表水指溪流、河流、湖泊、池塘等。但这里所用的术语并不一定意味着样品是在浅深度上采集的。

（2）取样位置概述

1）在水的使用点，例如：娱乐区、公共供水源等；

2）在动物（例如：牛）饮水或取水后用于喂养动物的地方；

3）取水后用于灌溉作物的地方。

（3）河流、溪流、小港湾的取样位置

主要应考虑取样点水体中的放射性核素浓度是否均匀。假若它们是均匀的，那么不需要混合样品就可以得到代表性样品。在选择取样位置时，以下几点可加以考虑：

1）一般来讲，当沿着向下游方向继续远下去时，溪流/河流横断方向上的浓度会变得更加均匀。即使这样，离排放点下游方向几里处混合仍然是不完全的。

2）在湍流的下游（例如：回水），河水中的放射性核素浓度会更加均匀。

3）河流弯曲处的下游浓度会更均匀。

4）横断面多变（即宽度和深度变化）的河水中的浓度会更均匀。

5）与其他河流汇合的上游处而不是它的下游处，放射性核素也更可能很好混合。即使如此，还是要避免在紧靠汇合处的上游处取样。

本底样品一般在设施排放点的上游处采集。当在靠近海岸的河流中这样做时，一定要小心，要在上游足够远处取样，以避免潮汐的影响。

要在港湾内或靠近港湾的水体内收集代表性样品可能是困难的，因为淡水和海水之间的温度和密度差可以形成层流。应当对水样进行盐度分析。这一情况可由于潮汐运行引起浓度的瞬时变化而进一步复杂化。在这种情况下，有必要增加样品的数量，并根据潮汐条件来决定取样时间。一般来讲，要在逐次潮汐之间的间歇时间内取样。

假若能沿着一条水流采集若干个样品，那么它们可以在下列处收集：

1）在水流出现显著的实体改变的地方；

2）可以把这些特征概括为坝、拦河堰、汇水口、排放落水处等。

在水流相当狭窄，水混合很好的地方，一个取样点应当就够了；在水流中央的中层浓度处取样。假若样品是从边上，而不是水流中央采集的，那么最好是在水流最大的河弯外面的岸边取样。

对于较大的、混合不太均匀的河流，将需要知道区域性（相对于瞬时的）组成情况。这就涉及至少要采集垂直方向上的合成样，每一个垂直合成样，包括一个紧靠水面以下的样品，一个中深度上的，一个紧靠河底上面的一个样品。

对于大的、水流不太可能很好混合均匀的河流，通常建议沿着水流或河流的每一个位置取 3～5 个垂直合成样。有时明确规定，这些点是跨河面等距离分布的（例如每四分之一河宽点）。在很多情况下这种方法是好的，但在大的河流，特别是当取样点应当要反映河流的体积流量时，这种方法就不是合适的。

（4）湖泊和池塘的取样位置

湖泊和池塘很少会发生混合，相对于水流和河流来讲，它更容易分层。不像自由流动水体，它需要采集大量的样品。分层主要由于温度。因此，确定水的温度分布和在不同层面上独立取样是有帮助的。

1）在一个小型蓄水池内，在最深位置采集的单个垂直合成样就可以满足要求。在天然池塘内，这通常是靠近池中央的地方。对于一个人工的水体，最深处将在靠近坝体的地方，而不是在中央。

2）对于湖泊和大型蓄水池，需要收集若干个合成样。它们可以在一个横断面上、多个横断面上，或栅格式取得。

本底样品应当在离开设施一定距离、不受设施排放影响的地方采集。假若找不到这样的位置，那么样品只能来自不受设施影响的类似的附近水体。

（5）水流条件和浓度的变动性

水中浓度可能随着水流中的体积流率或池中的水位而改变。当我们向两条河流汇合处的下游方向前进时，浓度会因为稀释而下降。在一次大雨之后，或者融雪之后，水的体积会增加，浓度会降低。还应当设法测定水流的体积流率和水的深度。测定一个漂浮物经过一定距离所需的时间，是一种（不特别好的）廉价估计水流的方法。问题是水流表面的速度往往多少低于较深处水的速度。另外，表面上的物体可以受到风的影响。假若准备采用这个方法，那么采用可以生物降解的物质（如柚子），是一种不坏的选择。

水中放射性核素浓度也可以在一次降雨和雪融之后增加，这是由于增加了地表冲刷水进入水体，沉积物的再挟带，以及蓄水池的溢流造成。

（6）样品采集

应当事先对样品采集设备进行清洁处理，并放入袋中或包裹起来。应当戴上一次性乳胶或乙烯基手套，并对不同取样位置更换采样设备。

通常用船来取样，其次最好的位置是从桥上或码头上取样。不希望在岸边取水样。尽可能避免蹚水取样。假若要蹚水取样，那么要尽量避免扰动沉积物。取样器要从取样点的下游方向进入水体，再向上游方向移动取样。

1）汲取

取样器浸入水中时，要让开口向着上游方向。应当小心操作，以尽可能少扰动水体。容器应当完全浸没；应当不让水面的杂物被收集。同时，在收集靠近底部的水样时，应当小心，不要扰动沉积物，以防止它们被收集进去。

也可以先把水收集在一种器皿中，然后再转移到样品容器中。这提供了较大的灵活性，同时可以防止样品容器外壁受到污染。厨房里使用的不锈钢勺子和舀子都是这类很好的器皿。很显然，这种收集方法比起把水样直接收入样品容器来讲，样品有一个较大的透气过程。这可能造成挥发性物质较多的损失。

把收集器皿固定在一根延伸臂上，就能容易地扩大从岸上进行取样的距离。

利用非常类似于刚才描述的方法，可以获得水面下取样器。在这类设备中，安装在一棍子上的一个密封瓶放入水下适当深度处。一根附在瓶盖上的控制棒可用来打开瓶子，在瓶子充满以后，再关上。

2）蠕动泵

在取样地点没有固定电源的地方，可以用电池或发电机对潜水泵供电。这种泵的缺点是不能在大于 6 m 的深度上取样。

它们不仅对于收集水面样品是有用的，而且在收集水面样品时，还可以出色地扩大横跨水流或水池的横向距离。

泵的进水管需要用聚四氟乙烯（或其他合适的材料）严密塞住，因为它将在负压下运转。泵的排水管可以是医用的硅橡皮管。为了延长横向距离，可以把进水管连接到一根棍子或竿子上，以便支撑。当要收集流水中的水面样时，有可能必须在它进水管的末端处附加一个重物，以保证从所需的深度上取样。

在换地方取样之前，必须更换或清洁取样管，虽然在进行单个组合样的取样期内并不需要这样做。即使使用新的管子，在收集一个实际样品之前，通常都要让这个系统先抽过几升水。另外，应当允许水样沿着收集器皿的侧面往下流。这样可以减少跑气和挥发性成分的损失。

3）特殊取样器

此类设备常用来收集湖泊或河流中特定深度上的水样，较少用于监测井的取样。首先，在支持绳缆上作上标记，以辨认要取样的深度。当取样器往下降时，水能自由地通过取样器的体积。在所需要的深度上，一个加重的吊绳沿支持绳缆往下降。当它到达取样器时，它就触动行程机关，行程机关就会关闭取样器底部和顶部的塞子/阀门，然而把水密闭在里边。由于该吊缆容易丢失，聪明的办法是带上现场要用的备件。由于当取样器往下运动时，水流穿过取样器，因此可能存在这样的争议（不是十分有说服力）：这样可能使样品受到交错污染。

为了倒空它，底部塞子保持关闭，顶部阀门打开。然后水样从顶上倒出来。某些这类取样器作了一些改进，在它底部塞子上钻一个孔，装上某种阀门，水样可以从孔中排出。

此类取样器的问题是它有很多部件，难以清洁。

（7）地下水

地下水与地表水形成连续流，实际上涌泉湖、河流等可以认为是地下水来到地表的看得见的一个实例。地下水是所有常年河流的源头，是全球淡水的90%，是饮水的50%。而地下水的来源是降雨。

地下水存在于土壤颗粒之间的空隙中，在熔凝物质（岩石）的裂隙中，以及在空隙、洞穴等中。

在土壤的顶层（在那里水并不充满土壤颗粒之间所有的空隙）是不饱和（渗流）区。在非饱各区下面是饱和（地下水）区，在该区的土壤颗粒之间的可获得空间中全部充满了水。紧靠饱和区的上面是一个"边缘"，在该处水通过毛细管作用被移向非饱区。蓄水层是饱和区的一部分，它可能产生出"显著"量的水，例如足以支持一个泉或井。

一般来讲，地下水比地表水的流动要慢很多；典型的流速是每天几厘米到几米。不过也可能存在流经洞穴（特别是在石灰岩地区）和裂缝的大体积水流，其速度可与地表水相比。

地下水的流向和速率取决于两件事情：

1）地质渗透性。土壤的渗透性越强，地下水流动越快。一般来讲，土壤的孔隙度越大，渗透性越好，黏土是个例外，它虽是多孔隙的，但渗透性低。

2）水力梯度。水力梯度是指地下水面的斜率（水流上的喷嘴）。

一般来讲，地下水的流动方向与地表水的相同，它将倾向于跟随地面地形走，并流向附近的湖泊和河流。出现这一现象是由于水表面通常跟随土地的地表地形走——山下面的水面比山谷下面的高。但始终有例外：在有些情况下水面处在河流的底面以下，其流向将是从河流向下至水面。这些被称为"丢失的河流"。

对地下水的取样设备可以与地表水的相同。

5．土壤取样

（1）样品设计

在对一个可能污染的场址进行一次环境调查时，重要的决策之一是取样点的选定。有很多方法可以采用，其中最常用的四种方法将被详细讨论，包括它们的优缺点。

（2）判断性取样

判断性取样是根据以前的经验和/或推测来选择取样位置。这种选择可以根据熟悉场址情况人员的建议、可能污染的实际证据，或者类似场址的以往经验。

判断性取样与取样人的评价有很大关系，受到很多问题的影响。这些调查结果是难以重复或验证的，因为采用的标准很可能不一样。另外这种调查的统计偏差是值得怀疑的，因为这种方法所选择的（取样）位置容易受到取样人判断方面偏见的影响。

（3）简单的随机取样

简单的随机取样是在要调查的区域内随机地选择取样位置。这种方法的要求是对每一个取样位置具有相等的选择概率，同时每一个位置的选择是随机的、独立的。这是一种有效的调查方法，对小型场址是方便的。

这种方法的主要缺点是对大面积的调查场址可能发生遗漏现象。也就是当在少数区间内可以存在连串取样点的同时，可能有大的区间没有被取样。这可以通过对该区域进行重复取样的办法来校正，但这带来不必要的花费和努力。

（4）系统性取样

在这种取样方案中，把调查场址划成栅格，在等距间隔上取样。这种调查方法的优点是在整个厂址上有足够的取样，而且只要栅格的起始位置是随机选择的和放射性是随机分布的，那么这种取样方法在统计上是有效的。

假若由于风、水或人为障碍物造成污染物浓集成某些模式。例如，平行流动的排放水流。那么系统性取样可以带来很大的偏差。假若取样点跨过了栅格点，那么该栅格的一个纵坐标有可能被完全漏掉。只有在已进行的研究表明，保证不存在规律性间距的分布模式，或者对此已作了相应考虑情况下，才可采用系统性取样。注意，系统性取样通常对于一个场址的初步调查是足够的，因为更详细的跟踪研究将会发现任何异常的模式或分布。

（5）分层取样

分层取样的要点在于根据初步调查把场址分成具有大体相近污染水平的几个区域（或层面）。然后在每一个层面中用随机或系统的方法取样。这种方法同时解决了获得整个场址信息和弄清污染模式两方面的问题。另外，小心选择层面的办法通常可以在每个区域内得到较大的精确度和关于污染水平更好的总体指标。

（6）取样的充分性

为了充分地确定一种取样参数所需要的样品数量，一般取决于所希望的精确度与测量经费之间的折中。在若干参考文献中，给出了有关估计所需样品数量的指南。这些估计一般是基于能给出某些近似的统计参数的初步调查结果。然后再利用这些参数来估计所需要的样品总数。

（7）取样点的选择和排除

在采集样品之前就应当作好计划来解决不能进入取样区域的问题。一般来讲，从最近可达到的地点取样是不可接受的。在存在小型障碍物（例如岩石）的情况下，可以采用随机选取附加取样位置的办法来解决。然而对于相当大型的障碍物（例如道路），可能需要作更全面的评估。特别是某些人造屏障物可能是有意设置来屏蔽或者包围一个可能的污染区用的。

（8）取样位置

完美的土壤取样位置是很少找得到的。总是需要进行折中。然而下列对取样位置的建议可能是有帮助的：

1）预期有最大沉积/浓度的位置

2）把土壤中的浓度和气载的浓度，以及该给定位置的照射率联系起来的做法可能是合乎要求的。如此，靠近环境空气监测器和 TLD 位置收集土壤样品是有用的。植物样品和土壤样品也常常在同一位置取样。当然，这样做通常只是为了方便，不仅是出于把不同测量联系起来的愿望。

3）为了估计典型的土壤中浓度，一个好的空气监测位置的特征，也就是一个好的土壤取样位置的特征：远离可能影响沉积特性的对空气流动的干扰物（例如：建筑物、树、地形突变等）和远离表面径流（例如陡峭的斜坡）。

4）另一方面，对那些可能出现物质浓度的地区进行浓度评估，可能也是需要的：在森林地区和地面径流可能很差的地区。

5）在那些可能由于建筑、绿化活动、靠近尘土飞扬的道路等原因而已经受到干扰的地区。

6）娱乐区、学校、日托中心、附近居民点。

7）庄稼地、植物园。

已选定的取样位置应当首先清除任何树枝、石子、砾石或其他松散的碎片。假若有植物存在，那么最通常的做法是把它们修整到 0.5～1.0 m 的高度。应当把具体的做法记录在取样表格上。

（9）地表取样方法

最合适的取样方法取决于污染物的预期分布情况。在很大程度上，它取决于沉积物质是否来自空气，或者它是由于溢流、洪水等原因而进入土壤的。

最好采用那些在现场只需要很少的或不需要进行清洁处理的设备。例如，不锈钢瓦刀可以带到现场的每一个取样位置。用过的瓦刀然后被放入袋内带回实验室进行清洁处理。

其他会影响取样方法选择的因素是土壤的种类。一种在软性有机土壤中很好用的方法，在松散砂质土壤或黏土中未必是好用的。另一种在湿性黏土中证明是满意的方法，在干性硬黏土中就可能是完全无效的。不存在能很好适用于各种土壤的单种方法。最好采用标准化的方法。

当取样器在插入土面时感觉受到很大阻力的话，污染很可能在水平方向上是均匀分布的（至少在小范围内），同时会随深度呈指数减弱。为了使分析结果是有意义的，必须以一种可重复的方式收集有精确范围内的样品。

沿着直线，以 30 m 为间隔分别取 5 个样品，并加以合成。每个样分两步采集。第一步，把一个金属环压入土内与地表齐平。用一个一次性匙子把环中土壤取出，并转移到袋内。第二步，把环外面的土壤去掉，把环再压入土内。把环内土壤转入袋内。结果是收集到一个总深度为 5 cm 的样品。这种技术很适用于砂质土壤。它对硬黏土是不实用的。

很显然，按两步取样是不必要的复杂化。因此，对这种方法常用的一种改进是把一个 5 cm 深的环压入土内，然后一次取样。

压环技术的优点是设备简单，容易清洁和便宜。在实验室中可对大量环进行清洁处理，放入塑料袋，或用铝泊包起来，供带去现场。这就免去了需要在现场清洁的不便。

（袁之伦编写，岳会国审阅）

参考文献

[1]　INTERNATIONAL ATOMIC ENERGY AGENCY，Method for the Development of Emergency Response Preparedness for Nuclear or Radiological Accidents，IAEATECDOC-953，IAEA，Vienna（1997）.

[2]　INTERNATIONAL ATOMIC ENERGY AGENCY，Generic Procedures for Assessment and Response During a Radiological Emergency，lAEA-TECDOC-draft，IAEA，Vienna（1999）.

[3]　INTERNATIONAL ATOMIC ENERGY AGENCY，Generic Assessment Procedures for Determining Protective Actions During a Reactor Accident，IAEA-TECDOC-955，IAEA，Vienna（1997）.

[4]　INTERNATIONAL ATOMIC ENERGY AGENCY，Convention on Assistance in the Case of a Nuclear Accident or Radiological Emergency，IAEA-INFCICR/336，IAEA，Vienna（1986）.

[5]　INTERNATIONAL ATOMIC ENERGY AGENCY，Intervention Criteria in a Nuclear or Radiation Emergency，Safety Series No. 109，IAEA，Vienna（1994）.

[6]　WINKELMANN et al.，Results of Radioactivity Measurements in Germany after the Chernobyl Accident，Rep. ISH-99，1986，Institute of Radiation Hygiene，Federal Health Office，Germany.

[7]　LETTNER，H.，ZOMBORI，P，GHODS-ESPHAHANI，A.，GERZIKOWSKY，R，LAROSA，G，SITTER，H.，SCHWEIGER，M.，WINKELMANN，I.，Radiometric Measurements in Selected Settlements in Byelorussia and the Ukraine，J. Environ. Radioactivity 17（1992） 107-113.

[8]　ZOMBORI，P.，NEMETH，I.，ANDRASI，A.，LETTNER，H.，In Situ Gamma-Spectrometric Measurement of the Contamination in Some Selected Settlements of Byelorussia（BSSR），Ukraine（UkrSSR） and the Russian Federation（RSFSR），J. Environ. Radioactivity 17（1992） 97-106.

[9]　US DEPARTMENT OF ENERGY，Environmental Measurement Laboratory Procedures Manual，HASL-300（1992）.

[10] INTERNATIONAL COMMISSION ON RADIATION UNITS AND MEASUREMENTS，Gamma-Ray Spectrometry in the Environment，ICRUM Report 53，ICRUM，US A（1994）.

[11] WORLD HEALTH ORGANISATION，Guidelines For Iodine Prophylaxsis Following Nuclear Accidents，WHO Regional Officer for Europe，Environmental Health Series 35（1989）.

[12] INTERNATIONAL ATOMIC ENERGY AGENCY，Monitoring of Radioactive Contamination on Surfaces，Technical Reports Series No. 120，IAEA，Vienna（1970）.

[13] INTERNATIONAL ATOMIC ENERGY AGENCY，International Basic Safety Standards for Protection against Ionizing Radiation and for the Safety of Radiation Sources，Safety Series No. 115，IAEA，Vienna（1996）.

[14] BECK，H.L.，DECAMPO，I.，GOGOLAK，C.，In Situ Ge（Li） and Nal（Tl） Spectrometry，USAEC HASL-258（1972）.

[15] DEBERTIN，K.，HELMER，R.G.，Gamma and X-ray Spectrometry with Semiconductor Detectors，North-Holland，Elsevier（1988）.

[16] INTERNATIONAL ATOMIC ENERGY AGENCY，Measurement of Radionuclides in Food and the Environment：a Guidebook，Technical Reports Series No. 295，IAEA，Vienna（1989）.

[17] GREEN，N.，WILKINS，B.T.，An Assessment of Rapid Methods of Radionuclide Analysis for Use in the

Immediate Aftermath of an Accident，Monitoring and Surveillance in Accident Situations（Chadwickk，K.；Menzel，H.，Eds），Rep. EUR 12557 EN，Commission of the European Communities（1993）.

[18] GREEN，N.，HAM，G.J.，SHAW，S.，Recent Advances in Rapid Radiochemical Methods used at NRPB，Radioactivity and Radiochemistry（in press）.

[19] INTERNATIONAL COMMISSION ON RADIOLOGICAL PROTECTION，1990 Recommendations of the International Commission on Radiological Protection，Publication 60，Pergamon Press，Oxford and New York（1991）.

[20] INTERNATIONAL COMMISSION ON RADIATION UNITS AND MEASUREMENTS，Determination of Dose Equivalents Resulting from External Radiation Sources，Rep. 39，ICRUM，Bethesda（1985）.

第 11 章　应急通信、通知与通告

本章主要说明核设施（以核动力厂为主）的应急通信、应急通知、应急通告与报告，以及核事故国际通报等方面的内容。其中，应急通信方面包括应急通信的任务、要求、特点、通信的系统和设备、通信能力保持等；应急通知包括通知范围、要求、方式、应急响应人员和非应急响应人员的通知等；应急通告与报告包括应急通告、初始报告、后续报告、最终评价报告、定期提交的报告等应急报告的具体内容和格式，以及通告与报告的记录和保存等；核事故国际通报包括国际核事故通报公约和我国核事故的国际通报等。

11.1　概述

中华人民共和国民用核设施安全监督管理条例实施细则之二附件一《核电厂营运单位报告制度》（HAF001/02/01）规定，核动力厂营运单位在发生核事故的情况下，必须及时向国家核安全局和所在地区监督站报告。当核事故发生时，如何在快捷有效的前提下，准确无误地把事故的主要情况报告上级主管部门、地方政府部门，并通知各级应急组织，并且在适当时机向公众发布必要信息，同时保障整个应急响应期间通信的畅通，以便及时有效地采取应急响应行动，从而最大限度地限制和减少事故的危害和后果，都需要通过应急通信、通知与通告来实现，也是确保核设施安全运行的必要手段和措施。

应急通信是核动力厂应急工作的关键环节之一，信息的传递是应急响应的前提，核动力厂必须将应急通信作为应急计划与准备的重点之一。应急通知是核动力厂主控制室或应急指挥部将电厂进入应急状态的情况通知场内所有人员的方法，是实现快速响应的可靠保障。应急通报是核动力厂将进入应急状态和应急响应的情况报告上级管理机构、通报场外应急组织和后援单位的方法。核设施营运单位还应在正常情况下按要求向国家和地方政府的核事故应急管理部门、国家核安全局及相关部门进行定期报告。按照国际通报条约，各国有义务尽早向缔约国和相关国际组织提供有关核事故的情报，以便能够使超越国界的辐射后果减少到最低限度。

11.2　应急通信

11.2.1　应急通信任务

核动力厂应急通信系统是指挥、管理和实施场内应急响应行动以及保持营运单位应急组织与场外应急组织联系的重要手段。在营运单位应急总指挥的领导下，核动力厂应急通信由各级应急组织主要负责人负责，其组成人员包括核动力厂主管领导、通信人员。应急通信系统的基本任务包括以下几方面：

（1）保障核动力厂营运单位随时与上级主管部门及地方各级应急组织之间的联络；

（2）保障核动力厂应急指挥部与场外应急组织之间的通信联络与数据信息传输；

（3）保障核动力厂场内应急组织内部的通信联络与数据信息传输；

（4）保障核动力厂的应急通知和应急报警的发布；

（5）保障核动力厂的有关数据参数和图像有效而实时地传输；

（6）记录核动力厂场内、外应急组织之间以及场内应急组织之间的重要通话内容。

11.2.2　应急通信要求和特点

为核动力厂正常运行所安装的通信系统，应具有足够的通信容量（冗余性）、通信手段的多样性，以确保在应急状态下的可运行性，例如，可以准备一些扩音器、报警系统、地面有线通信（电话）、微波和无线电。扩音器和报警系统应能通知到场区所有人员。

在核动力厂运行之前，在核动力厂主控制室、应急控制中心、车队、营运单位上级主管部门、其他指定的技术支援单位、国家核安全监管部门、地方政府以及新闻机构之间，应准备好应急期间所使用的附加电话、无线电、网络设备或其他通信网。

通信系统在应急情况下应有防干扰、抗过载、防窃听或在丧失电源时而不造成损坏的能力。除非得到不会阻塞的保证，否则紧急电话不应依靠公用的电话系统。确保对通信系统的升级或修改（如购买新的设备）不会造成通信系统中的关键部分的不兼容。为此，在不同的响应组织之间应定期（如每月）进行通信试验。

如果应急状态要求在场外立即开始行动，营运单位应做好准备，按营运单位应急计划的规定，及时向核动力厂所在省核应急机构发出警报。

鉴于此，应急通信具有如下特点：

（1）快速反应性：及时、准确无误地传送和接收机组状态参数、环境监测与环境评价结果以及应急响应期间的其他各种信息。核事故的难预测性导致核事故应急通信准备的时间往往极其短暂，且通信保障范围广、跨度大，各应急响应组织的任务和位置变化可能瞬息万变，往往难以按照预定方案实施。这就要求平时做好充分准备，一旦接到应急响应命令，能够快速传递核事故应急信息。

（2）系统可靠性：通过良好的设计、维护和管理，确保应急通信系统的安全可靠以及相关设施的完好性，保证应急通信系统随时处于可用状态。

（3）多重保障性：核动力厂应急通信的设计应满足冗余性、多样性和多重保障的要求。必要时通过省级核事故应急指挥部请求场外应急组织提供应急通信支援。

11.2.3　应急通信系统和设备

核动力厂应急通信系统应根据核安全法规《核动力厂营运单位的应急准备和应急响应》中对应急通信与常规通信相互兼容的原则，以及通信手段多重性、多样性和冗余性的要求进行设置。应急通信系统应由有线通信系统、无线通信系统、无线电话和有线广播、报警系统等组成。其中有线通信系统包括行政电话交换机、安全电话交换机、直线电话等。下面为部分应急通信系统和设备的介绍。

行政电话交换机：一般要求在核动力厂内设有两台行政电话主机，分别设在不同建筑的通信网络中心机房，两套设备互为主备用，通过环网相连接，从而实现冗余双备份功能，确保了行政电话系统的可靠运行。行政电话系统通过专用通信链路接入公用电话网和核电集团通信专网等通信网络，它既能处理对外电话业务，又能处理对内业务。

安全电话交换机：一般设在核电站应急指挥中心内，其分机仅限于核动力厂各应急响应小组和厂内少量重要用户。应急响应时，根据应急指挥部的要求，将分机增加外线，使其保持与外部的通信联络，但公网电话不能拨入安全分机。

电力调度电话交换机：核电站内设有一台电力调度电话交换机，安装在主开关站通信机房内，连接至各个级别的电力调度中心、变电站、开关站的控制室和核电站厂区的主控制室，为核电站提供电力调度电话和电网行政电话。

直线电话：不经过核动力厂任何电话交换机而直接进入公网，在应急响应期间，为核动力厂的应急组织与国家和地方有关的应急指挥部门以及应急支援组织之间提供电话和传真联络服务。

卫星电话：不经过地面任何通信设施，在特殊应急情况下地面通信设施都无法使用时，能及时与外界联系。

无线通信系统与有线电话网配合使用，用于呼叫寻人和发布核应急信息，满足在核电站正常运行和应急工况下的移动通信需求。在应急状态下需要发布应急启动指令时，可方便快速发布预先设定好的信息。此外，台风季节该系统还能发布台风警报、防台抗台命令。

无线电话：核电站所用的对讲机频率需为专用频率，并与行政电话交换机连接，用于安全保卫组与现场流动保安人员之间的联络。环境监测车上也应配备无线电话，用于与电站技术中心联络。

有线广播系统：用于从各机组主控制室、辅助控制室、生产办公楼和应急指挥中心发出寻人呼叫和发布应急通知，具有分区呼叫和优先呼叫的功能，且支持火灾事故及其他事故广播和正常广播。

声警报系统：警笛安装在核电厂核岛厂房、常规岛厂房和 BOP 的各个建筑物内外，在发生事故时可发出相应的声警报信号。在事故工况下，从主控制室或辅助控制室以及应急指挥中心声警报控制台发出音响警报信息，从反应堆厂房和核燃料厂房就地也能发出音响警报信息，使工作人员听到不同音响警报信息采取相应的措施。广播系统既可以整体发布，也可以对单个或几个区域发布。警报系统的信号分厂房应急、场区应急和场外应急，为了区别发生事故的地点，警报后必须立即用广播说明。

11.2.4　应急通信能力保持

应急通信设施、设备的日常维护与应急维修，由维修相关专业处负责，维修方式包括日常维护和定期试验。

日常维护：维修处对核动力厂所有通信设备进行日常维护，出现故障时及时处理。

定期试验内容包括：①每个季度定期测试各机组主控制室的广播、警报系统；②每个季度定期测试 EM 楼的广播、警报系统；③每月对各应急设施中所有电话和传真机进行通信试验。

应急广播警报的定期试验由职业安全处事先发出通知预知，试验由相应应急岗位担当人员实施；应急电话和传真机的通信试验由应急管理部门人员实施，试验发现问题及时通报维修处解决，并跟踪落实。

除上述要求外，维修相关专业处还将按照有关规定对电厂其他有关的通信设施、设备进行定期试验。

应急通信人员参加应急响应组织，按要求配备足够的人力并参加应急值班，在通信系统出现故障时执行紧急维修任务，保障通信系统正常可靠工作。

11.3 应急通知

应急通知是在核动力厂营运单位各级应急组织、应急控制点等有关单位之间，传递关于核事故的情况、报告、通知和命令。

11.3.1 应急通知范围、要求、方式

应急通知的范围包括：电厂员工，场区内为电厂服务的承包商单位员工，在建工程区域的项目部员工和参建承包商员工、外来参观、学习人员，员工亲友及其他场内人员。

应急通知要使用规定的术语，语言简明，不产生歧义，数据和图文要清晰无误；对重要通知和命令要事先拟好草稿，经有关领导批准后方能发出；通知的初始信息必须简短明确，提供的信息包括电厂名称，报警人姓名和职务，进入应急状态的时间，应急等级、范围、气象条件等；如系重要通知和命令，在报发时要首先告知对方，并提醒对方记录或录音；接收人收到重要通知和命令后要立即办理。

应急通知的方式包括：有线广播、音响警报、无线寻呼、固定电话、巡逻车、巡逻艇广播等。

11.3.2 应急响应人员的通知

在核动力厂进入应急待命状态时，由事故机组主控制室值班人员根据通知程序规定，向应急响应人员发送进入应急待命的短信通知。防、抗热带风暴应急待命的通知和其他关于突发事件通知按核电总体应急预案的相关程序执行。

在核动力厂进入厂房应急及以上状态时，由应急指挥部技术助理根据通知程序规定，向应急响应人员发送进入应急状态的短信通知，同时通过广播宣布应急状态级别和简要的应急行动要求，并发出相应的应急声响警报。在应急指挥部相关人员尚未到岗的情况下则由事故机组主控制室发出相应的通知。

应急响应人员收到寻呼信息和声响警报后，立即赶赴应急中心就位，各组长用传真向应急指挥部报告人员到岗情况，对警报后仍未到岗者，组长或其指定的人员用电话或无线寻呼继续通知或安排替代人。非应急响应人员按警报和广播通知的要求采取应急防护行动。

各应急小组当需要在市内或其他地方的工作人员返回电站紧急支援时，应报告应急指挥部，并由应急指挥部指定人员用电话通知集合的时间和乘车地点。

11.3.3 非应急响应人员的通知

在应急状态下，由主控制室或 EM 楼发布有线广播和声警报信号通知电厂内非应急响

应人员，同时由安全保卫组派出警车在场区范围内进行移动广播通知，需要时派出巡逻艇在海上进行广播通知。

此外，承包商工作人员由承包商归口管辖部门通知，在建工程区域内所有人员由核电项目部负责通知，参观访问人员由负责接待的部门通知，员工亲友等其他人员由员工或接洽人员通知。

11.4 应急通告与报告

在核动力厂和研究堆发生等设施发生核事故时，营运单位必须及时向国家核安全局和所在地区监督站报告，按照核安全法规进行应急通告与报告。

11.4.1 应急通告

核动力厂营运单位应在发生事故并进入应急待命或高于应急待命状态后 15 min 内，采用电话和传真的方式向国家核安全监管部门发出应急通告，并在进入厂房应急或以上应急状态后 15 min 内向所在省（自治区、直辖市）核应急指挥中心发出应急通告。

通告的内容包括事故发生的时间、发生事故的机组、发生事故前机组工况和事故后概况以及已采取的和需要采取的应急措施等。电话通告有相应的标准用语，应急通告文本（或电子文本）的格式与内容也有相应的规定。

当需要场外提供应急支援时，由电厂应急指挥部（经电厂应急总指挥批准）向国家、地方和所属核电集团公司应急组织通告并提出请求。

对于已签订在具体事项方面（如医疗救护、气象数据获取、消防等）提供应急支援协议的外部单位，当需要其提供应急支援时，由电厂应急指挥部（或指令有关应急专业组）通告并提出请求。

研究堆营运单位必须在发生事故并进入厂房应急状态后 30 min 内采用电话传真的方式发出应急通告。

11.4.2 初始报告和后续报告

核动力厂营运单位应在核事故发生并进入厂房应急或高于厂房应急状态后的 45 min 内向国家核安全监管部门以及所在省（自治区、直辖市）核应急指挥中心发出应急报告。在应急初始报告发出后，每隔 1 h 向国家核安全监管部门和所在省（自治区、直辖市）核应急指挥中心发一次后续报告。在事故源项或应急状态级别变更时，应立即用电话传真方式向国家核安全监管部门报告。然后每隔 1 h 发一次后续报告。事故发生一段时间后若核动力厂事故状态变化相对缓慢，可每隔 2～3 h 报告一次，直到应急状态终止。营运单位的应急指挥应及时将终止应急状态的决定向国家核安全监管部门和终止厂房应急或高于厂房应急状态的决定向所在省（自治区、直辖市）核应急指挥中心报告。

研究堆营运单位必须在核事故发生并进入厂房应急状态后 1 h 内采用电话传真方式向国家核安全局应急中心和所在地区监督站发出应急报告。在初始报告发出后，每隔 2 h 用电话传真方式向国家核安全局应急中心和所在地区监督站发一次后续报告。在事故源项或应急状态级别变更时，应立即用电话传真方式向国家核安全局应急中心和所在地区监督站发后续报告。在核事故势态得到控制后，每隔 6 h 用电话传真方式向国家核安全局应急中心和所在地区监督站发一次后续报告。直至退出应急状态为止。

11.4.3 最终评价报告

营运单位应在应急状态终止后 30 天内向国家核安全监管部门提交最终评价报告，在终止厂房应急或高于厂房应急状态时应同时向所在省（自治区、直辖市）核应急组织提交该报告。报告的主要内容包括：

（1）事故发生前核动力厂工况、主要运行参数和事故演变过程；

（2）事故过程中，放射性物质的释放方式，释放的核素及其数量；

（3）事故的根本原因和导致其发生的直接原因；

（4）事故发生后采取的补救措施和应急防护措施；

（5）对发布的应急状态及其变更情况说明和事故后对场内外剂量分布的测量和估算；

（6）事故造成的损失和场内外污染情况及场内外人员受辐射情况；

（7）取得的经验教训和防止其再发生的预防措施；

（8）需要说明的其他问题和参考资料。

和核动力厂一样，核燃料循环设施营运单位也需在终止应急状态后一个月内向国家核安全监管部门和所在地区监督站提交核事故最终评价报告，报告的主要内容和核动力厂类似。

关于核事故应急报告的规定汇总见表 11.1。

表 11.1　关于核事故应急报告的规定

核设施 分阶段报告		核电厂	研究堆	核燃料 循环设施
应急通告		进入应急待命或更高应急状态后 15 min 之内	进入厂房应急或更高应急状态后 30 min 之内	进入应急状态后 1 h 之内
核事故 应急报 告	应急 报告	初始 报告	进入厂房应急或更高应急状态后 45 min 之内	进入厂房应急或更高应急状态后 1 h 之内	
		后续 报告	初始报告发出后，每隔 1 h 发一次	初始报告发出后，每隔 2 h 发一次	态势得到控制后报告
			源项或应急状态变化时立即报告，然后每隔 1 h 报告一次	源项或应急状态变化时立即报告，然后每隔 2 h 报告一次	
			势态得到控制后，每隔 4 h 报告一次，直至退出应急状态	势态得到控制后，每隔 6 h 报告一次，直至退出应急状态	应急状态终止时，发出应急状态终止报告
最终评价报 告		退出应急状态后 30 天内		

11.4.4 恢复期工作情况报告

核电厂应急状态终止并进入恢复期后，在最初数日，核电厂营运单位（或核电基地应急组织）应每隔 24 h 用传真书面报告一次恢复期工作情况；以后根据恢复情况，可将报告的间隔时间陆续延长。报告的内容应包括：

（1）营运单位所负责区域控制的接触情况；

（2）污染物的处理和处置方案和实际进展情况；

（3）地表辐射水平和土壤、植物、水等环境样品中的放射性含量，对公众造成的辐射剂量等；

（4）反应堆安全性的评估。

11.4.5 定期提交的报告

营运单位应在每年的第一季度末向国家核安全监管部门提交上年度的应急准备工作实施情况的总结和当年的计划报告。

应急准备工作年度总结报告于次年的第一季度末提交给国家核应急办、国家核安全局、国家能源局、所在省核应急办和所属集团，可与下一年度的计划报告一并提交。应急准备工作年度总结报告的内容包括：

（1）应急培训和演习内容、参加人员、取得的效果与总结评价；

（2）应急设施、设备、通信系统和各类应急器材的清单、状况、标定以及检查维修的结果等。

应急准备工作年度计划报告在每年的第一季度末提交给国家核应急办、国家核安全局、国家能源局、所在省核应急办和所属集团。应急准备工作年度计划报告的内容包括：

（1）应急培训和演习的计划和内容；

（2）应急设备的维护计划和预计的可能变更；

（3）有关应急文件的修订计划；

（4）其他需说明或计划的事项。

综合演习和联合演习的总结报告将在演习结束后一个月内提交给国家核安全局、国家核应急办、国家能源局、所在省核应急办及所属集团。在核动力厂进行的每一次演习（场内综合演习和场内外联合演习）都需要详细记录，并形成总结报告。

11.4.6 通告与报告的记录及保存

核设施营运单位应把应急准备工作和应急响应期间的情况详细地进行记录并存档，其中应急准备工作包括应急培训、应急演习和应急设施设备的检查维修。

所有承担应急响应任务的人员、非应急人员及相关人员的应急培训情况都要按照规定的文件或表格形式进行记录并保存，包括培训的类型、内容、起止时间、参加培训的人员、考评结果等。

不同类型的应急演习要按照规定由演习组织者或指定人员进行记录并保存，包括演习的名称、内容、类型、演习时间、地点、规模、参加人数、应急组织启动、应急人员到岗及响应情况、通信系统运行情况、通信程序执行情况、应急防护行动和措施执行情况、演习评估结果等。

应急设施设备的检查维修需记录对应急设施、设备及物资检查、维修和清点的结果，设备的可用程度及变更等情况。

应急响应期间需要记录的内容需要及时准确，是事故后果评价和经验反馈的重要依据。记录的主要内容包括：事故的发生与演变过程、应急状态级别及其变化、放射性物质的释放类型、释放途径、释放的核素种类及数量、应急防护行动、气象监测和辐射监测情况、事故后果评价结果、应急响应组织间信息的传达、应急组织及其人员启动和到岗情况等。应急状态终止及终止后记录的主要内容包括：终止应急状态的理由和时间、应急状态终止时的机组状态、厂区和周边环境辐射计放射性污染情况、人员和财产损失等。

应急记录的方式和手段分两种：按规定的文件和表格方式记录、利用电话录音系统对语音通话自动记录。应急的文件记录和表格记录要及时整理、归档保持。

11.5　国际通报

随着原子能应用技术的不断成熟，越来越多的国家加入到核能利用行列。为了防止发生核事故和如果发生任何这类事故，尽量减少其后果，各国希望进一步加强安全发展和利用核能方面的国际合作。各国有必要尽早提供有关核事故的情报，以便能够使超越国界的辐射后果减少到最低限度。

11.5.1　国际核事件分级

按照国际原子能机构的规定，核安全事件共分为 7 级，其中 1 级至 3 级为事件，4 级至 7 级为事故，0 级为偏差，安全上无重要意义。具体的分级依据参见本书第 2 章。

11.5.2　国际核事故通报公约

国际原子能机构在 1986 年制定了《及早通报核事故公约》，其主旨是进一步加强安全发展和利用核能方面的国际合作，通过在缔约国之间尽早提供有关核事故的情报，以使可能超越国界的辐射后果减少到最低限度。《及早通报核事故公约》的主要内容参见本书第 3 章。

条约缔约国或缔约国管辖或控制下的个人或法律实体需通报的核设施或活动如下：①不论在何处的任何核反应堆；②任何核燃料循环设施；③任何放射性废物管理设施；④核燃料或放射性废物的运输和贮存；⑤用于农业、工业、医学和有关科研目的的放射性同位素的生产、使用、贮存、处置和运输，以及用放射性同位素作空间物体的动力源。由上述设施或活动引起或可能引起放射性物质释放，并已经造成或可能造成对另一国具有辐射安全重要影响的超越国界的国际性释放的任何事故，需要及早通报。应提供的情报应包括：

（1）核事故的时间、在适当情况下确切地点及其性质；

（2）涉及的设施或活动；

（3）推测的或已确定的有关放射性物质超越国界释放的核事故的起因和可预见的发展；

（4）放射性释放的一般特点，按实际可能和适当情况，包括放射性释放的性质、可能的物理和化学形态及数量、组成和有效高度；

（5）预报放射性物质超越国界释放所需的当前和预测的气象和水文条件的情报；

（6）有关放射性物质超越国界释放的环境监测结果；

（7）已采取或计划采取的场外保护措施；

（8）预测的放射性释放过程中的行为。

同时应在适当间隔时间补充提供有关紧急情况事态发展的进一步情报，包括可预见终止或实际终止紧急情况的情报。

11.5.3 我国核事故的国际通报

在我国境内的核设施如果发生或者可能发生放射性物质释放，已经造成或者可能造成超越国界的影响，按照《及早通报核事故条约》，我国有义务进行国际通报，向国际原子能机构和受影响国家提供相关信息。国家核事故应急办公室是目前我国的国家通报点，负责提供所有类型事故的国际通报稿，并负责进行国际通报。

国际通报的应急类型包括：核设施场区应急、核设施总体应急、丢失危险源、空间物体返回、位置原因的高辐射水平、其他辐射应急或威胁。其中，对于核设施场区应急，不需要及时向国际原子能机构通报，可自愿提供有关信息，但应急状态可能进一步发展，且存在放射性物质释放越界的可能时，需及时向国际原子能机构和相邻国家或地区进行通报。对于核设施总体应急，可以通报提供有关信息和回应信息的要求，如发生或可能发生越界释放，必须及时向国际原子能机构和相邻国家或地区进行通报。

国内核设施应急的国际通报程序为：①国家核事故应急办公室根据所提供的报告和事故可能的发展趋势，组织国家核事故应急协调委员会专家咨询组，对事故进行分析，做好国际通报的准备；②国家核事故应急办公室根据国家核事故应急协调委员会专家咨询组建议，并向国家核事故应急协调委员会提出国际通报稿；③国家核事故应急办公室主任审定通报稿后，报国家核事故应急协调委员会审批；④国家核事故应急办公室按照国际原子能机构行文格式发送给国际原子能机构和我国驻国际原子能机构代表团。

国际通报的具体发送过程包括初始通报、后续通报以及我国获取的气象预报数据，同时回应来自潜在受影响国家或其他国家提供应急信息的请求、发送我国有关次应急的新闻稿副本以及国际核事件分级表。

（王韶伟编写，袁之伦审阅）

参考文献

[1] 国家核安全局. 核安全导则汇编. 北京：中国法制出版社，1998.
[2] 国家核安全局. 核动力厂营运单位的应急准备和应急响应. HAD 002/01—2010.
[3] 国家核安全局. 核燃料循环设施营运单位的应急准备和应急响应. HAD002/07—2010.
[4] 国际原子能机构. 及早通报核事故公约. 1989.
[5] 李继开. 核事故应急响应概论. 北京：原子能出版社，2010.
[6] 施仲齐. 核或辐射应急的准备与响应. 北京：原子能出版社，2010.

第 12 章 公众信息与公众沟通

12.1 公众信息宣传与沟通

12.1.1 定义

宣传：个人或团体借助于各种媒介表达自己的观念或主张，以影响受众的态度和思想的社会活动。由宣传者、宣传内容、传播媒介、宣传对象诸因素构成，具有目的性、社会性、阶级性、依附性等特点。按内容分为有政治宣传、科技宣传、经济宣传、文化宣传、宗教宣传等；按形式分为口头宣传、文字宣传、形象化宣传等。宣传所进行的不只是单纯的"提供信息"，而是要把接受信息者争取到信息发送者这一边来，并接受他的观念、立场。

在本书中，宣传者主体包括核设施监管部门、国家应急部门、省级应急部门和核设施营运单位，负责运用各种方法对宣传对象进行宣传。宣传对象为公众，宣传者可根据具体情况对宣传对象进行详细分类。由不同的宣传对象的特点出发，运用适当的宣传方式进行宣传，以达到预期目标。

沟通：本意指互相连通，现多指各方进行交流。通过沟通，可以使各方进行深入的了解，以求达到互相理解，相互信任的目的。

回顾 2011 年福岛核事故发生时，流言飞语、虚假信息、谣言广为散播，公众谈核色变，部分地区甚至出现了"抢盐"风波。可以看出虽然我国核事业发展几十年来，各级政府、核施及行业协会开展了各种形式的核能知识公众宣传活动，也取得了相当成效，但宣传工作仍然存在很多问题，公众对核与放射性的接受度依然不高。在核设施发生事故时，公众对于核的恐慌心理依然占据主导，这对于事故的处理与企业今后的发展是十分不利的。因此做好公众宣传与沟通，依旧是核设施运营企业十分重要的任务。

宣传与沟通，是核设施与公众之间不可缺少的桥梁。通过宣传核能知识等方法提高公众对于核与放射性的认知认同、减少对核与放射性的恐惧；通过沟通互相理解建立互信。

12.1.2 分类与目的

根据核设施的特点，本手册中将宣传分为日常宣传、事故情况下的宣传以及突发舆情应对三大类。

1. 日常宣传是指在核设施正常运行或无突发性事件情况下的宣传，宣传内容以知识普及与可公开的运行状态等。例如：

（1）核能的基本知识，国内外核设施的发展现状与前景；

（2）党和国家有关核能开发、利用以及核设施建设、运行与管理的方针、法规、政策；

（3）核安全、辐射防护以及核应急相关知识；

（4）核设施的经济效益、社会效益、环境效益以及生态效益；

（5）核设施的安全性以及应急计划与应急准备。

日常宣传的主要目的是提高公众对于核能及放射性的认知水平，与公众建立良好的沟通交流机制，提高核设施的公信力。

2．事故情况下的宣传是指在核设施发生重要事件或事故情况下的宣传。

根据《环境保护部（国家核安全局）核与辐射安全监管信息公开方案（试行）》中规定。

国家核安全局收到核电厂营运单位按照《核电厂营运单位报告制度》报送的，或者地方政府报送的以下通告后，经核实情况，72 h 内通过网站予以发布：

（1）发生可能引起媒体或社会公众广泛关注的国际核事件分级表（INES）0 级事件的通告；

（2）发生影响核电厂安全运行的火灾通告；

（3）发生国际核事件分级表 1 级以上事件的通告。

国家核安全局收到核电公司按照《核电厂营运单位报告制度》报送的进入应急待命及以上应急状态的核事故应急通告后，经核实情况，24 h 内通过网站发布应急状态信息。

其他核设施参照核电厂运行事件或应急信息公开要求执行。

核设施运营单位事故情况下的公众宣传可参考国家核安全局公开的信息，并结合自身特点制定事故情况下的宣传方案。

事故情况下的宣传的主要目的是减少群众的不安，平息舆论，防止出现由于宣传沟通不到位引发妨碍事故处理事件。

3．突发舆情是指在核设施正常运行期间，由于谣言或误解等外部因素引起的公众关注。突发舆情应对的主要目的就是尽快澄清事实、解释误会，防止其对公众造成不必要的紧张，防止其对核设施的正常运行产生影响。

12.2　公众信息宣传与沟通的基本方法

本节以核电厂与监管部门为例，给出一些已有的公众宣传方法，各核设施可根据自身特点，结合核电厂与监管部门的宣传经验，制定符合本设施的公众宣传方法。

1．项目建设前期公众参与实现公众宣传。我国核电建设历来重视在核电站投产前期就进行核安全公众宣传，国家核安全局于 2008 年 12 月发布了《核电厂环境影响评价公众参与实施办法（征求意见稿）》，规定了核电厂从厂址审批、建造到运行三个阶段的环境影响评价活动公众参与的实施办法，强制性要求核电厂建设项目各阶段的环境影响报告书中，均需纳入公众参与相关内容。《核电厂环境影响评价公众参与实施办法（征求意见稿）》将公众参与列为规章的做法，直接将核电公众宣传融入到项目前期建设中。

2．利用宣传媒介进行公众宣传。网络与报纸成为宣传的重要渠道。目前，各级核电安全监管部门均在政府网站上对核电厂安全审批状况进行信息公开，同时融入了基本核能知识科普板块；各核电企业也建立了自己的网站，传播核电企业理念，进行核科普知识的宣传。

利用宣传媒介进行公众宣传是核设施公众宣传中最为常见与重要的一种方式。近些年来网络媒体的迅速发展，已经逐渐成为了公众广泛接触的宣传媒介，因此要充分重视通过网络进行宣传。同时由于互联网匿名和不易查处等特点，容易发生散播谣言、以讹传讹等突发舆情，对于舆情应对，尤其是网络舆情应对有必要形成常态化，并展开有针对性的公众宣传。

在充分利用网络、移动平台等新兴宣传媒介进行公众宣传的同时，对于传统媒介也不应忽视。各核设施应加强与传统媒体合作，发掘公众宣传新途径。传统媒体被誉为是社会的神经系统，作为信息流通过程中的"把关人"掌握着信息报道权和解释权，具有一定的社会公信力。通过定期与新闻媒体沟通，开展核安全专家解读核安全知识的专访栏目录制，定期在电视媒体上播放核电知识宣传片，选取部分核电厂进行典型报道，开辟新的公众宣传途径。核安全保障措施"媒体化"将进一步有效扩大公众宣传的受众区域和受众人群。

3. 实地体验进行公众宣传。大亚湾核基地、秦山基地先后举行了"核电厂开放日"活动，通过组织本地区公众对科普展厅、模拟机房、厂区保护区进行现场参观和体验，让公众在切身感知中了解核电，对核能利用有更理性的认知。

4. 展览、讲座进行深度宣传。核电企业与地方政府、行业协会联合，通过展板展示、散发宣传手册进行核电知识、辐射防护知识的原理讲解，同时，邀请核能专家到各大高校进行面对面地交流，也成为在高校群体中普及核能知识的主要手段。

5. 加强公众宣传国际交流，学习国外最佳实践。一般来说，核电发展了多久，核安全公众宣传工作就开展了多久。目前，国际上美国、法国等国开展核电建设工作历史较久，其在核能公众宣传工作中实践最丰富，收益最多。建立国际间核安全公众宣传的交流机制，通过国际间实地互访、成果交流等形式，将为有效借鉴和应用国外的最佳实践提供较高的平台。

12.3　公众宣传与沟通的内容

12.3.1　核设施日常宣传

各核设施日常公众宣传内容包含知识宣传、核设施信息宣传等内容。知识宣传以宣传核能与放射性知识，辐射防护及应急情况下公众的自我保护方法等为主；在宣传核设施安全性的同时帮助公众建立简单辐射防护的能力。

对于核设施信息宣传，各核设施可参考环境保护部（国家核安全局）信息公开的内容，结合自身特点，选取或增加对公众宣传有益的内容进行宣传。

《环境保护部（国家核安全局）核与辐射安全监管信息公开方案（试行）》文件中规定信息公开的内容为：核与辐射安全监管信息是环境保护部（国家核安全局）在履行核与辐射安全监管职责过程中制作或者获取的，以一定形式记录、保存的信息。环境保护部（国家核安全局）公开的信息包括以下内容：

1. 核与辐射安全法规、导则、标准、政策和规划，国家核安全局年报。

2．核电厂的选址、建造阶段的核与辐射安全审评和监督、环境影响评价、厂址选择审查意见书、建造许可证等信息。

3．核电厂试运行、运行阶段的核与辐射安全审评和监督、环境影响评价、首次装料批准书、运行许可证、运行事件或事故等信息。

4．民用研究性核反应堆的核与辐射安全监管信息。

5．核燃料循环设施的核与辐射安全监管信息。

6．放射性废物处理、贮存、处置以及核设施退役的核与辐射安全监管信息。

7．核安全设备监管信息。

8．放射性同位素和射线装置等核技术利用项目及城市放射性废物库的辐射安全监管信息。

9．核与辐射应急准备和应急响应信息。

10．辐射环境质量和环境辐射监测基本信息。

11．人员资质管理、注册核安全工程师考试等信息。

核事故应急响应，特别强调公众宣传中要着重宣传核应急准备与应急响应信息；在宣传核设施安全性的同时，强调核事故应急准备的常备不懈，应急响应中从核设施到集团公司、从场内到场外、从地方到国家为应急提供的强有力的保障。

12.3.2 应急情况下公众宣传与沟通

应急情况下公众宣传与沟通是指在应急待命、厂房应急、场内应急、场外应急四种应急状态下的公众宣传与沟通。应急组织机构中应设有公众信息发布机构，以便完成应急计划等相关规定中的任务。例如：

（1）对国家以及地方政府提供要求的核设施事故信息；

（2）使其他未参与应急响应的营运单位人员及相关单位人员了解事故最新情况；

（3）应急期间经授权可发布有关事故信息、公众防护行动信息、解答公众有关应急信息查询、接待新闻媒体的采访，收集各界人士的反映以便进行适当的信息交流，遏制谣言；

（4）为国家、地方政府发言人提供所需资料。

（郜建伟编写，林权益审阅）

参考文献

[1] 辞海（1999 年缩印版）．上海：上海辞书出版社，2000.
[2] 环境保护部（国家核安全局）核与辐射安全监管信息公开方案（试行）.
[3] 辽宁红沿河核电厂场内应急计划.
[4] GB /T 17680.1—2008.

第 13 章　核应急医学救援

人类在不断利用放射线或放射性核素的过程中，逐渐发现它们对人体的损害作用。在核事故情况下，释放出的多种放射性核素，由不同途径作用于人体，对人员的影响或伤害情况较为复杂。虽然核事故引起急性伤亡的人数有限，但可能导致较多的受照者，较广的污染范围及相对较长的辐射作用时间，且容易造成较大的社会和心理影响。因此，医学应急救援人员除掌握一般医学救治知识外，还需要掌握辐射对人体作用及损伤的主要特点，特别是由辐射生物效应引起的各种病变，应予以重视。

13.1 辐射的健康效应

人体受到电离辐射照射，会导致组织和器官出现功能或结构的变化、损伤甚至损害。这些从变化到损害的种种变化统称为辐射效应。电离辐射剂量与生物效应的关系，是辐射防护及放射损伤医学处理的重要理论基础。

在核电厂（核设施）可能发生核事故时，必须适当地确定对公众采取防护措施的干预剂量水平，正确诊断人员损伤情况并采取适当的医学处理措施，对核事故照射的远期后果进行科学的预测与评估等。因此，需要对辐射产生的健康效应，有较全面的了解。

13.1.1 辐射的来源

人类从古至今生活在一个充满辐射的自然环境中，辐射与阳光、空气、水都是人类生活的一部分。人类所接触到的辐射源，分为天然的和人造的两类。

天然辐射源：包括环境中天然存在的辐射源、来自太空的宇宙射线、土壤及建筑材料中所含的天然放射性核种（^{40}K、^{238}U、^{232}Th 及它们一系列的子核素）、食物中的 ^{40}K、空气中的 ^{222}Rn 和它的子核素等。

人造辐射源：包括人为因素所产生的辐射，例如医疗诊断、核爆落尘、核能发电等。

有关研究表明：人体接受的辐射剂量中，3/4 来自自然界，1/5 来自医疗诊断，而大家关心的核能发电，每年所造成的辐射剂量比例为 1/400。

13.1.2 辐射健康效应

机体受到各种电离辐射的作用称为辐射照射或简称为照射。来自体外的辐射源对人体的照射，称为外照射，进入人体内的放射性核素对人体的照射，称为内照射。

电离辐射对人体的影响和损伤作用，称为辐射生物效应，有关辐射效应的具体内容参见第 1 章的 1.2.2.3 节。

一般来说，因辐射照射而生成的生物效应，可按照效应发生的规律、出现的时间或出现的对象来分类，见表 13.1。

表 13.1 辐射照射与生物效应的分类

分类方式	分类	定义
照射方式	外照射	放射源位于人体外对人体的照射，分全身照射和局部照射
	内照射	存在于人体内的放射性核素对人体的照射
照射持续时间	急性照射	短时间内（小于 1h）接受的照射
	慢性照射	多指环境中长寿命核素造成的持续（例如数年以上）照射
机体受照范围	局部照射	机体的局部（仅某一个或数个器官或组织）受到照射的情形
	全身照射	机体的所有组织或者器官都受到照射的情形
效应表现的个体	躯体效应	指受照者个体身上出现的辐射效应。胚胎或胎儿在母体内受到照射，其后发生的辐射效应是特殊的躯体效应
	遗传效应	表现在受照者后代身上的辐射效应
发生率与剂量关系	组织反应	有剂量阈值特征的细胞群损伤，损伤的严重程度随剂量的增加而加重，也称确定效应
	随机效应	效应的发生不存在剂量阈值，辐射效应发生概率与受照剂量成比例关系
效应出现时间	早期效应	照射后在数月内出现的辐射效应
	远期效应	照射后经过数年以后出现的辐射效应
辐射是否为单一危害因素	辐射效应	因电离辐射照射产生的效应
	放射复合伤	除电离辐射作为致病原因外，还复合有其他致损伤因素，如冲击波、光辐射等

13.2 核应急医学救援的特点和对策

13.2.1 核事故应急医学救援特点

（1）环境恶劣。核事故发生后，针对释放的放射性物质辐射效应的不同特点，需严密组织防护，使公众避免或减轻辐射伤害，保证健康和安全，短时间内需将大量公众转移到指定区域的村、镇或临时搭建的工棚和帐篷中，人员居住密集，缺乏食品、生活用水以及日常生活用品，客观上使疫情变得复杂，疾病感染频度增加。

（2）难度大。核事故时的辐射、照射方式和途径复杂，既可发生不同程度的放射影响或损伤（包括全身外照射，体表照射和体内放射性污染），也可发生各种非放射损伤（如烧伤及创伤），还可导致一般疾病的增加。在搞好医学救援的同时，还应采取必要的防护措施，结合实际抓好近、远期防病预测。

（3）人员易发生心理障碍。灾难性核辐射事故除能造成部分人员伤亡外，对广大公众还可产生严重的心理影响和效应，这也是核事故应急救援中的一个突出问题。1979 年 3 月，美国三哩岛发生核电站事故，受照人员最大全身剂量仅为 30～40 mSv，但由于宣传、教育和心理治疗进行得不好，造成了公众极度恐慌。因此，人员思想顾虑多，心理负担重，易发生紧张、焦虑、恐惧和惊骇等心理效应，若处理不当，甚至会影响生产、生活及救援工作的正常进行。

13.2.2 核事故医学救援工作的对策

（1）提高预测、检测能力。提高应急机动、监测能力，才能及早发现不安全因素，为预防核辐射危害和伤员救治提供科学依据。

当发生核事故时，要及时与防化部门、气象部门联系，参与污染监测工作，及时掌握不同区域污染情况，并结合气象情报资料科学预测污染推进方向及速度，向救援指挥部提供救援方案，从而减少人员暴露时间。尽快对放射性核素样品进行采集和检测，了解核素组分和污染浓度，为医学救援分队提供有关放射性核素的理化性质、照射途径及预防救治方案。

（2）落实安全防护措施。落实安全防护措施是应急救援卫生防病工作的一项重要内容。可使人员免受事故性损伤或将损害减少到最低限度。

首先，要加强个人防护。应及时组织人员停止户外活动，进入掩体。适时服用稳定性碘及抗放药物。其次，科学组织人员实施救援。加强个人剂量监测，救援人员必须按规定的时间撤出污染区，防止出现辐射损伤。再次，组织群众转移、撤离。坚持"先近后远，先重后轻"的原则，选择污染最小、距离最短的途径作为转移的撤离路线，避开放射性物质正在排放和沉落的危险时段。

（3）做好疾病预防工作。严格控制饮食、饮水的卫生安全，加强卫生宣传教育及环境卫生管理，抓好疾病监控，防止传染病发生和流行。

（4）加强心理健康教育。核事故发生前后，抓好人员心理健康教育，提高心理素质可收到较好的效果。一是抓好平时心理健康教育；二是加强救援过程中的心理健康教育。使公众自觉配合救援工作，有组织、有计划地实施撤离，提高救援工作效率。

（5）进行流行病学调查分析与评估。积极参与环境辐射水平及流行病学调查，加强对受照者长期医学随访观察。建立资料数据库，为研究分析和评估电离辐射对人类危害提供科学依据。

13.2.3 应急医学救援设施、装备

营运单位应在应急计划中明确所配备的现场人员，去污、急救和医疗设施、设备与器材，可以提供支援的地方医院和可以接收放射损伤救治的专科医院名称、地点、功能和提供的服务项目等。医学应急设施和装备，由供现场工作人员使用和供医务人员专门使用的两部分组成，以满足现场常见伤害的自救和较严重损伤的场内急救需要为目的。

核事故医学应急救援所涉及的装备与技术包括核辐射监测、伤员体表污染洗消、医学应急救援人员自身防护、伤员医学应急救援诊治等设备和技术以及具有一定核辐射防护能力的医学救援人员与事故伤员运输、急救车辆等。

核辐射监测设备包括：个人剂量计、体表核素污染监测仪、生物学剂量评估系统及用于受照剂量评估的内照射分析系统等相关设备。

伤员体表污染监测与洗消设备包括：表面污染监测仪、核化卫生防护监测车等。洗消装备包括小型洗消器材、洗消车辆、洗消方舱、核化伤员预处理方舱等。医学救援洗消的主要设备为高流量淋浴设备和局部冲洗设备等。

核事故医学应急救援人员必须配备相应自身防护、监测设备。这些设备包括：防护服、

防护面具、过滤口罩、数字式个人剂量计等。

核事故医学应急救援运输设备包括运送医学救援人员及后送伤员的具有一定的防核化功能的急救车及其附属急救设备,如核化伤员救援车等。

核事故伤员医学应急救援相关临床诊断、治疗设备包括核化伤员急救方舱、放射性损伤急救箱组、心电监护仪、环甲膜切开器、呼吸机、心电图机、超声仪、裂隙灯显微镜、X线机、血气分析仪、血细胞分析仪、生化分析仪等医学急救设备,以及后续诊治设备:CT、精子分析仪、遗传分析仪、血细胞分离机、层流病房等。所需药品分为急性放射病治疗药、阻放射性核素体内吸收药、促进和加速放射性核素从体内排出体外药、造血因子类等。

核事故医学应急救援技术需求包括:个人辐射剂量监测、放射损伤诊断治疗、常规临床医学急救等技术。

医学诊断治疗设备的选用原则:必须是通过鉴定的合格产品,有详细的操作说明书;生产厂家有医疗卫生设备生产、销售许可证、资质证或通过国际 ISO 9000 标准认证;监测仪器和计量器必须经过合法计量部门检定,探测下限至少能检出国标规定许可的限值;仪器设备的输出信号类型应符合信息管理系统对输入信号的要求;仪器设备平均无故障运行时间大于1年,平均故障维修时间小于10天,最低服役寿命10年。核事故医学应急救援装备应根据各级救治梯队的任务分工与职责范围进行编配,兼顾平时临床工作需要,做到资源共享,并在日常医学急救工作中积累救援经验。

13.3 核应急医学救援组织和分级救治

核与辐射事故后对伤员(包括辐射伤员和非辐射伤员)的救治是医学应急响应的重要组成部分,核事故应急医学救援的主要目的是最大限度地减轻核事故造成的损失和不良后果,对伤员进行及时、正确的医学处理,避免或减少对人员造成的各种损伤和远期危害,有效地保护人员的健康与安全;对已受损伤的人员,要积极展开及时救治,尽力减少伤亡。核事故应急医学救援是整个核事故应急救援工作的一个重要组成部分,是一项专业性、技术性、实践性很强的工作,应列入整体应急计划内考虑,由各级应急组织统一组织实施,需要多部门积极协调和密切配合。

13.3.1 医学应急救援组织与职责

13.3.1.1 现场医学救援组织

在核事故医学应急中,核电厂(核设施)营运单位的医学应急专业医疗机构完成场内(一级)医学救治任务,承担着最初一级核事故医学应急救援的最基础性工作。一旦发生核事故,医学应急专业医疗机构立即启动实施核应急救治工作。现场医学救援队伍应包括放射医学医师(或内科医师)、外科医师、护士和辐射防护人员。现场医学救援人员应当了解现场医学救援的基本任务,掌握现场医学救援的主要技能。承担现场救援任务的单位应准备好现场救援所需要的设施。该组织的主要职责是:

(1)根据国家相关的法律、法规、标准和应急演习、演练中的问题,起草、修订场内医学应急与准备和各种急救预案；

（2）负责定期或不定期地检查医学核应急救护的组织工作，医学应急设施、设备和器材的准备与维护，碘片的准备和管理等；

（3）应急状态下担负应急情况下的医疗救护工作，对人员的职业健康监护和辐射事故人员的现场处理和对平时伤员的现场急救、专业处置和转送；

（4）组织工作人员、家属和其他有关人员定期进行辐射安全防护和自救、互救等医学知识和技能的培训、演练及宣传沟通等工作。

13.3.1.2 省、市级医学应急救援组织

省、市级医学应急救援组织的队伍包括放射医学医师、外科医师（或烧伤科专家）、护士和辐射防护人员，同时需要血液学、病理学和生物化学实验室服务。应急医学人员应当了解医学救援的基本任务，掌握医学救援的主要技能，包括快速分类诊断方法、受照人员的剂量估算方法和医疗救治技术、饮用水和食品放射性污染监测技术等。医学应急单位应该建立和完善医学应急仪器和设备条件，配备专门设备和必需物资，并使之处于良好的工作状态。该组织的主要职责：

（1）根据地方核事故应急计划的要求，组织制定、修订和实施地方核事故医学应急计划或具体的救援方案；

（2）指定有条件的医疗卫生单位（或机构）承担地区性救治任务，必要时可以派出医学技术力量或抽调医疗物资支援现场救护；

（3）对准备担负核事故医学应急救援工作的医疗卫生、组织管理等专业人员及领导干部，定期进行专业技术培训和必要的演习，重点是初级和中级专业技术人员；

（4）协同有关部门，共同组织和实施对公众的宣传与沟通；

（5）必要时，可成立地方医学核应急专家咨询小组，为地方核事故医学应急组织的领导部门提供专业咨询，指导地方核事故医学应急救援方面的专业技术工作，参与地方核基层核事故医学应急计划或方案的编制与评审和本地区有关的医疗卫生人员的专业技术培训。

13.3.1.3 国家级医学应急救援组织

国家级医学应急救援组织的队伍包括放射医学医师、外科医师（或烧伤科专家）、护士和辐射防护人员，同时需要血液学、病理学和生物化学实验室服务。应急医学人员应当了解医学救援的基本任务，掌握医学救援的主要技能，包括快速分类诊断方法、受照人员的剂量估算方法和医疗救治技术、饮用水和食品放射性污染监测技术等。医学应急单位应该建立和完善医学应急仪器和设备条件，配备专门设备和必需物资，并使之处于良好的工作状态。该组织的主要职责：

（1）根据国家关于核事故应急工作的方针、政策、法规等制定核事故医学应急有关的规定、标准、导则（含下属部门规章）等，组织制定国家核事故医学应急计划或总体医学救治方案，并指导检查各级医学应急救援组织的工作；

（2）指定有条件的医疗卫生单位承担专科医治任务；

（3）定期组织对全国参加核事故医学应急救援工作的技术骨干进行专业技术培训，侧

重于高、中级专业技术人员；

（4）必要时派出人力、抽调医疗物资支援地方救治和现场救护任务；

（5）组织有关核事故医学应急救援方面的国内和国际间的学术交流与合作；

（6）必要时，可成立国家医学核应急专家咨询小组，为国家核事故医学应急救援领导部门提供有关的专业技术咨询，指导各级核事故医学应急救援组织的专业技术工作，参与国家和地方核事故医学应急救援计划或方案的编制与评审和国家有关核事故医学应急救援方面的专业技术骨干的培训和演练；必要时参加或指导地方的应急医学救治和现场的紧急救护工作。

13.3.2 核事故应急医学救援的分级救治

为加强医学应急响应能力，以便在核电厂（核设施）发生事故时，能迅速有效地对受照人员进行救治，为公众提供有效的医学保障，有关部门和单位应做好充分的医学应急响应准备。在我国，对辐射事故受照人员的分级救治实行二级医疗救治体系（地区救治→专科医治），对核事故受照人员的分级救治实行三级医疗救治体系（现场救护→地区救治→专科医治）。

13.3.2.1 一级医疗救治（现场救护）

一级医疗救治是由核动力厂的基层医疗卫生部门组织实施，必要时可请求场外支援。现场救护应在组织自救互救的基础上由经过专门训练的卫生人员、放射防护人员、剂量人员及医护人员进行。并应遵循快速有效、先重后轻、保护抢救者与被抢救者的原则。参加现场救护的各类人员应穿戴防护衣具，视现场剂量率大小，必要时应采取轮换作业和使用抗放药物。

现场救护的基本任务：

（1）首先，将伤员撤离事故现场并进行相应的医学处理，对危险伤员应优先进行急救处理；

（2）初步估计人员受照剂量，设立临时分类站，进行初步分类诊断，必要时，尽早使用稳定性碘或抗放药物；

（3）对人员进行放射性污染检查和初步去污处理，并注意防止污染扩散；

（4）初步判断伤员有无放射性核素内污染，必要时及早采取阻吸收和促排措施；

（5）收集、留取可供估计受照剂量的物品和生物样品；

（6）填写伤员登记表，根据初步分类诊断，将各种急性放射病、放射复合伤和内污染者以及一级医疗单位不能处理的非放射损伤人员送至二级医疗救治单位；必要时将中度以上急性放射病、放射复合伤和严重内污染者直接送至三级医疗救治单位，伤情危重不宜后送者可继续就地抢救，待伤情稳定后及时后送，对怀疑受到照射或内污染者也应及时后送。

13.3.2.2 二级医疗救治（当地救治）

二级医疗救治由当地应急医疗救治单位组织实施。其基本任务：

（1）收治轻、中度急性放射病、放射复合伤和有放射性核素内污染者以及各种非放射损伤人员；

（2）对体表残留放射性核素污染的人员进行进一步去污处理，对污染伤口采取相应的处理措施；

（3）对确定有放射性核素内污染的人员应根据核素的种类、污染水平以及全身和/或主要受照器官的受照剂量及时采取治疗措施，污染严重或难以处理者可及时转送到三级医疗救治单位；

（4）详细记录病史、全面系统检查，进一步确定受照剂量和损伤程度，进行二次分类处理；将中度以上急性放射病和放射复合伤病人送到三级医疗机构治疗，对暂时不宜后送者可就地观察和治疗。对伤情难以判定的可请有关专家会诊或及时后送；

（5）必要时对一级医疗救治给予支援和指导。

13.3.2.3 三级医疗救治（专科医治）

三级医疗救治由国家指定的设有放射损伤治疗专科的综合性医院实施。其基本任务：

（1）收治中度以上急性放射病、放射复合伤和严重放射性核素内污染的人员；

（2）进一步明确诊断和给予良好的专科治疗。

各级医学应急组织在诊断和治疗放射损伤时应依照《外照射急性放射病诊断标准及处理原则》（GB 8280—87）、《放射性皮肤疾病诊断标准及处理原则》（GB 8282—87）和《内照射急性放射病诊断标准及处理原则》（GB 8284—87）等国家标准进行。

对核事故中发生的非放射损伤和普通疾病可按一般临床常规进行诊断和治疗。

13.4 核应急医学救援的准备与响应

13.4.1 核应急医学救援的准备

为了贯彻核事故应急救援工作的原则，做好核事故医学应急的准备与响应，应对突发性核事故时能迅速有效地作出反应，应认真做好核应急医学救援准备的 5 个方面：制定核事故医学应急计划；建设和维护核事故应急中心；保障医学应急通信畅通；准备好医学应急支援力量和相关技术和物资；高度重视应急培训、演习和公众宣传教育。

医学应急计划是各级核事故应急机构应急计划的一部分，各级应急机构的医学应急组织结合具体情况作好医学应急计划和准备。其基本内容包括：医学应急组织及职责；参与医学应急行动的具体单位和可以作为后援单位的名称、任务、人力、物力、负责人、联络方法和场内、外互相支援的计划；药品、器材和装备的储存、发放和使用办法；值班、报告、检查、通信联络等具体办法；对公众的医学应急保障措施；过量受照人员的医学观察；宣传、教育、培训和演习计划及实施方案。

13.4.2 应急状态下医学应急响应

核事故发生后，各级医学应急组织应根据核事故的应急状态做出相应的应急响应。

（1）在应急待命的情况下，已出现可能导致紧急情况的特殊条件时，核动力厂的医学应急人员应做好现场救护准备；

（2）在厂房应急的情况下，当核事故的后果只限于工厂的部分区域时，核动力厂的医学应急组织接通知后应立即实施现场救护，并及时通报场外应急组织；地方医学应急组织应做好收治伤员、支援现场救护和为公众提供医学保障的准备；

（3）在场区应急的情况下，当核事故影响只限于厂址边界以内，所释放的放射性物质可能超出厂址边界，但尚无须采取场外防护行动时，核动力厂的医学应急组织应实施现场救护，将场区内非必须停留的人员尽早撤出场区，并及时通报场外应急组织；地方医学应急组织酌情派人支援现场救护和做好收治伤员以及对公众实施医学应急保障的准备；国家医学应急组织得到通知后及时做好支援地方和现场救护以及收治病人的准备；

（4）当核事故的影响已超过厂区边界，进入场外应急状态，除上述措施外，应在地方应急组织统一指挥下对场外公众采取必要的防护措施，地方医学应急组织实施对公众的医学应急保障计划，必要时，请求国家医学应急组织支援。

另外，为确保公众的安全与健康，有时需要采取隐蔽、服用稳定性碘、控制出入或撤离、避迁等应急防护措施。此时，地方医学应急组织应做好对公众的医疗应急保障，主要内容为：①根据地方应急组织的通知，发放和监督指导服用稳定性碘；②协助解决核事故所造成的社会心理问题，如解除精神紧张和恐惧心理，进行心理卫生咨询等；③指导公众采取正确的个人防护措施；④做好医疗卫生防疫工作；⑤做好食品、饮用水的辐射监测并提出相应的对策及措施；⑥对撤离到安置场所的人员进行必要的检查及处理，主要包括：a.对疑有体表、服装污染的人员进行污染检查及去污处理；b.对疑有内污染的人员应留取必要的生物样品，有条件时可进行甲状腺部位或整体测量，尽快确定污染水平及核素种类以便进行相应处理；c.对可能受到过量外照射的人员进行必要的临床和实验室检查，以确定是否有全身和/或局部放射损伤并给予相应处理；d.凡有局部放射损伤或体内污染量超过放射工作人员摄入量限值的 2 倍以及全身受照剂量超过 0.1 Gy 者，均应逐个登记并进行医学观察；对所有参与应急救援工作的人员进行必要的医学监督和处理。

13.4.3 其他医学救护响应

针对在应急待命、厂房应急和场区应急状态期间，且没有发生放射性物质释放的前提下，对于现场工作人员因突然的应急状态引起的过度紧张、慌乱离开岗位等过程中意外遭受伤害时的紧急现场救护（也包括在平时演习过程的意外伤害）。一般情况下，这样的救护都属于一级救护。

凡生命受到威胁，都需要及时进行现场救护。救护的原则为：挽救伤病员的生命很重要；迅速止住出血；及时去除危害生命的因素；限制受伤肢体的活动；保护伤害组织及预防感染、创伤；尽量减轻病人的痛苦。

主要采取的行动为：

（1）消除伤员致伤原因并将伤员转移到安全区域急救；

（2）保证伤员的呼吸、心跳；

（3）尽可能控制威胁伤员生命的伤害；

（4）尽可能防止致残情况发生；

（5）收集伤员受伤资料；

（6）安全转送伤员。

13.5 医学应急宣传、培训和演习

13.5.1 教育

医学应急急救基础教育的对象是核电厂工作人员、可能参加应急的工作人员和一级医疗应急救治单位的医护人员；内容侧重于辐射防护对策、自救互救技能和现场救护的技术与程序、放射性污染检查和消除污染的方法等；目的是使有关人员能有效地执行医学应急救治任务。

医学应急急救知识的宣传对象是核动力厂职工家属及其周围的公众，宣传教育主要内容应按国家有关部门颁布的大纲进行，包括建立核动力厂的意义、核动力厂的安全措施和可能出现的问题以及辐射的特性、危害和防护措施等。目的是使公众对核动力厂的安全性与潜在危险有正确的认识，消除疑虑和恐惧心理，并在场外应急时积极主动配合，采取正确的行动。

13.5.2 培训

医学应急急救专业培训的对象是各级医疗应急救治单位的主要医护人员和管理人员。培训的主要内容应包括各类辐射损伤的预防、诊断和治疗，医学应急计划及其实施细则以及医学观察的主要内容和应遵循的原则等。

13.5.3 演习

为检查医学应急组织和应急计划的有效性，各级医学应急组织除参加同级应急组织进行的演习外，还应定期或不定期地组织不同规模和范围的医学应急演习。通过演习使医学应急救援人员明确任务，熟悉和掌握核事故医学应急救援的原则、程序和方法，并从中发现问题和解决问题，以便使核事故的医学应急救援工作的组织指挥、协同行动、技术和物资准备等更趋合理。

13.6 医学处理

一旦发生核事故，应该及时组织现场内外救护可能出现的放射损伤者，使其尽快离开放射性污染区域。并按照程序迅速展开一系列的紧急救护工作。

13.6.1 伤员的分类

损伤人员的早期分类，是指根据损伤程度或疾病情况将病人分成不同类型，以便临床治疗和最大限度地使用可利用的医疗机构和设施。伤员分类的主要任务之一，是确定所需要的医学应急救治水平。

早期临床症状是进行受照射人员分类和实施个体救治的重要依据之一。最重要的早期临床症状是：恶心、呕吐、腹泻、皮肤和黏膜红斑、颜面充血及腮腺肿大等。在全身或局部受照射情况下，根据表 13.2 所列临床症状来决定需要在哪一类医院治疗。

表 13.2　依据早期临床症状判定辐射损伤处理要点

临床症状		相应的剂量/Gy		处理原则
全身	局部	全身	局部	
无呕吐	无早期红斑	<1	<10	在一般医院门诊观察
呕吐（照后 2～3 h）	照后 12～24 h 早期红斑或异常感觉	1～2	8～15	在一般医院住院治疗
呕吐（照后 1～2 h）	照后 8～15 h 早期红斑或异常感觉	2～4	15～30	在专科医院住院治疗或转送放射性疾病治疗中心
呕吐（照后 1 h）和/或其他严重症状，如低血压、颜面充血、腮腺肿大	照后 3～6 h 或更早，皮肤和（或）黏膜早期红斑并伴有水肿	>6	>30	在专科医院住院治疗，尽快转送到放射性疾病治疗中心

根据估计损伤程度及所需的医疗类型和水平。一般将受照人员分为三类：

第一类是受到大剂量照射或可能受到大剂量照射的人员。这类伤员应进行急救，即对危及生命的损伤（如外伤、出血、休克、烧伤或化学污染等）优先进行处理。同时，还应进行特殊检查（如血细胞计数、细胞遗传学检查和 HLA 配型取血样），以便估计损伤程度和提供最初的治疗依据。若条件许可，应尽快在现场进行必要的检查。

第二类是可能已经受到外照射的人员、有体表或体内污染的人员或怀疑受到某种剂量水平的照射而需要进行一定等级医学处理的人员。对这类人员，需预先制订行动计划，并应在事故医学处理中心进行再分类。可把这些人员分为三个亚类，即全身受照者、身体局部受照者和受放射性核素污染者。同时应确定可供利用的地区级和（或）国家级医疗设施。照后一段时间，多数受照者可由内科医师处理，以便进行适当的检查和随访。这些基本检查应按我国放射性疾病诊断标准进行。对损伤严重程度的进一步分类应主要根据临床和生物学指标。

第三类是可能只受到低剂量照射而无其他损伤的人员。对这类人员应作为门诊病人登记，并定期进行观察。

13.6.2　急性放射病的处理

应尽可能地按照辐射损伤的类型对伤员进行分类处理。按严重程度分别治疗，按疾病的进程分批治疗，尽早采取预防与治疗措施，进行综合治疗。

（1）诊断

对于急性放射病患者，主要根据临床和实验室资料，比较准确地判定放射损伤病情的种类、轻重等情况，尽早诊断并实施有效地救护。例如：外周血淋巴细胞数量的变化、外周血淋巴细胞染色体畸变分析、淋巴细胞微核检验等。外周血淋巴细胞是对辐射最敏感的细胞之一，淋巴细胞绝对值降低时早期观察确定受照射水平的最好、最有用的实验室检查方法。剂量在 10～50 Gy 时，主要发生肠型放射病；1～10 Gy 主要发生骨髓型放射病；一般照射剂量在 50 Gy 以上，可能发生脑型放射病。

（2）治疗

应根据急性放射病的症状、体征和常规实验室检验结果确定救治方案。其治疗的任务在于控制疾病的发展，有效地调动机体恢复的潜力，使机体内在环境处于相对稳定的状态，促进早日康复。

急性放射病的进一步治疗，主要原则是：尽可能早期应用抗辐射药物，用于减轻损伤，有效地改善骨髓造血功能；服用预防性药物（抗生素）和输血液制品（血小板和红细胞）防止并发症；选择适宜的治疗措施，维持机体内在环境的相对稳定；食用无菌食品，防止医疗感染等。

13.6.3 皮肤放射损伤的处理

局部皮肤损伤比全身辐射损伤发生的概率高得多。在核事故情况下，皮肤放射损伤主要是由于体表受到较大量的放射性剂量的污染所致。其严重程度不仅取决于剂量和辐射类型，而且取决于受照部位和面积大小，一般无生命危险，但其迁延性效应可能导致严重的身体残疾。

（1）诊断

对于皮肤放射损伤的诊断，主要是依据机体局部受辐射的历史，损伤的局部表现及其病理的发展而进行。局部损伤的早期没有可供利用的生物剂量方法，因此，物理剂量非常重要。应尽可能使用事故时受照的牙齿、衣扣、耳环或其他任何有机饰物，利用电子自旋共振法（ESR）估计受照剂量。如果条件允许，还可用热成像和放射性同位素技术两种诊断方法来估计局部过量照射的严重程度。

（2）治疗

对于皮肤放射损伤的治疗原则：立即撤离辐射源或污染区，防止皮肤再次受到照射；尽快消除炎症，防止伤口处继续遭受感染，促进组织愈合；保护红斑和干性脱皮部位，避免局部受刺激和再损伤；考虑手术治疗经久不愈的溃疡，坏死组织或截肢；针对合并型急性放射病，全身和局部病变可能会互有影响，应该特别注意全身与局部同时进行积极治疗等。

13.6.4 放射性污染的处理

从作用原理上，将消除体表放射性物质污染的方法分为三类：机械去污法；物理去污法和化学去污法。就一般情况而言，消除体表污染最基本的方法还是利用清洁的温水和肥皂，用温热毛巾或软毛刷子等搓擦或刷洗，最好使用中性肥皂，经过 2～3 遍清洗后，一般均可达到去污效果。

（1）诊断

放射性污染是指体表或体内由放射性物质造成的污染。为对受到放射性污染的人员的健康后果做出正确的估计，应仔细地了解放射性污染物进入体内的途径、在体内分布的模式、在器官内的沉积部位以及放射性核素的辐射性质、污染量和污染物的理化性质等，最好进行整体放射性的仪器测定。

（2）治疗

最好采用放射性临床医学的最新知识或最新医疗技术进行处理，处理的原则为：水洗、溶解或用可剥离的物质去除皮肤上的放射性污染物；阻止放射性污染物的继续吸收并加速从受照者体内排出，必要时可以洗胃、灌肠或采用泻腹剂，经由粪便排出等方法；如果放射性核素进入受照者的血液，应尽快采取适当的措施阻断或减少其在组织、器官内的沉淀，并加速或促进已与组织向结合的核素尽早的排出体外等。

13.6.5 过量受照人员的医学观察

对事故中过量受照人员进行医学观察的目的在于了解辐射对人体健康的影响，为治疗和流行病学调查收集有价值的资料。观察分为近期观察和远期观察两种。

近期观察是指受过量照射后短期（数周或数月）内的连续观察。目的是了解过量照射对人员健康的近期影响，尽早准确判断病情和给予妥善处理。

远期随访观察是指过量受照人员经近期观察和/或治疗后所进行的长期医学随访观察。目的是了解受照后数年乃至数十年间对受照人员本身及其后代的影响，以便早期发现和及时采取相应的对策，为评价辐射的远期后果积累科学资料。

各级医学应急组织及有关医疗卫生单位对观察的对象、项目、频度、期限及应遵循的原则等按国家有关规定的统一要求实施。

（王瑞英编写，李雳审阅）

参考文献

[1] 国家核安全局. 核动力厂营运单位的应急准备和应急响应. 核安全导则 HAD002/01，2010.

[2] 国家核安全局. 核事故医学应急准备和响应. 核安全导则 HAD002/05，1992.

[3] 核事故场外医学应急计划与准备. GB Z/T170，2006.

[4] 潘自强. 辐射安全手册. 北京：科学出版社，2011.

[5] 卫生部、国防科工委. 辐射损伤医学处理. 卫法监法[2002]133 号，2002.

[6] 李继开. 核事故应急响应概论. 北京：原子能出版社，2010.

[7] 施仲齐. 核或辐射应急的准备与响应. 北京：原子能出版社，2010.

[8] 宁德核电站一期工程场内应急计划. 福建宁德核电有限公司，2011.

[9] 朱茂祥，等. 核辐射突发事件医学应急的现场救援及组织指挥原则. 辐射防护通信，2010.

[10] 张士良，等. 核事故医学救援工作特点与对策. 职业卫生与应急救援，2006.

[11] 江其生，等. 核事故医学应急救援装备与技术需求. 医疗卫生装备，2007.

第 14 章　应急响应能力的保持

应急响应能力的保持，主要包括培训、演习和练习、应急计划和执行程序的修订及应急设施、设备及物资的维护和准备。

14.1　应急演习

14.1.1　演习的目的

应急演习是应急组织整体响应能力保持的重要手段，是应急准备的重要内容之一，目的是通过模拟应急响应的行动，检验应急计划的有效性、应急准备的完善性、应急响应能力的适用性、应急人员的协同性以及应急设施的有效性。应急演习的具体目的是：

（1）检验应急计划的各有关部分或整个应急计划是否可有效实施，即检验其可操作性及对各种紧急情况的适用性；

（2）检验各级应急组织是否健全；检验应急人员对各自职责是否熟悉，在紧急情况下能否正确响应；检验各级应急组织的应急响应行动是否协调，验证应急指挥的有效性，各应急组织间的协调与配合；

（3）验证各应急设施、设备及其他应急器材、物资等的有效性和充分性。

通过演习，找出上述各方面的不足，经分析明确原因加以改进。相应修改应急计划、应急执行程序有关的内容并同时完善应急准备状况。

14.1.2　演习的分类及频度

14.1.2.1　演习的分类

应急计划中涉及的应急组织包括营运单位、外部协调支援部门、地方政府及国家相关部门，核事故应急响应过程和涉及的范围可能相当复杂，因此应急演习也必然是多种多样的。应急演习通常按演习涉及范围分为单项演习（练习）、综合演习和联合演习三个类型。所有应急演习都应具有检验性。

1. 单项演习（练习）

单项演习是为保持或评价应急组织或应急响应人员执行某一特定应急响应功能的技能与能力而进行的较小范围的有组织的训练或操作。

单项演习是综合演习和联合演习的基础。通常，单项演习覆盖与应急计划实施相关的某个特定的组成部分或者一组相关的组成部分，也可能是整体演习中的一个或几个组成部分，例如应急通信设施的使用、应急监测数据的收集和分析、应急指挥和通知系统的动作、消防和急救等。

单项演习可细分为练习和部分演习两种，练习是指为熟练某些基本操作和完成特定任务、执行特定应急执行程序的技巧而进行的演习，是对相关应急人员基本操作技巧训练的考察。练习通常要由相应的技术专家来监督和评价。

在应急准备中，一些需经常进行练习的基本操作很多，其中较重要的有：

- 通信程序及相关设备的使用；
- 报警程序、人员的清点及撤离；
- 厂内污染的快速检测；
- 环境监测数据的收集与分析；
- 监测样品的收集和分析；
- 气象数据的收集和分析；
- 源项的快速估算；
- 预计剂量的快速估算；
- 进出口控制及交通管制；
- 放射性污染人员的检查和处置；
- 消防行动；
- 重点设备的应急抢修活动。

部分演习是为了检查各任务组和（或）各组织之间的相互协作而进行的、针对所委派的基本操作或任务的组合演习。部分演习可能是某项业务范围的系统演习，例如医疗救护演习，它可能包括分发碘片、初级处置及抢运伤员、洗消及医学救护等环节。单项演习也可能是针对某一项涉及多个专业组织的技术演习，例如对通信、报警系统的演习等。

2．综合演习

综合演习是场内、场外应急组织为提高应急组织的综合响应能力、检查应急计划和程序的有效性，以及加强各应急组织各组成部门或单位之间的协调配合程度，组织负有应急任务的全部或主要单位进行的演习。

综合演习应急响应过程中会涉及启动营运单位或地方政府的绝大部分甚至全部应急组织、应急设施及设备。其重点是应急组织之间的协调与合作，同时也可检验场内与场外应急组织间的协调与配合。

营运单位实施综合应急演习时，场外应急组织根据情景设计和相应的职能予以相应的配合，可不投入具体的应急响应行动。

地方场外应急组织进行场外综合应急演习时，核设施营运单位应急组织也要相应予以配合，但一般也不必投入很多响应行动，通常是按情景设计适时提供事故发生、进程情况及对环境影响的预测，作为场外应急行动的"输入条件"。

3．联合演习

联合演习是场内、场外应急组织为提高应急响应能力，特别是协调配合能力，按统一的演习情景，组织所属应急组织的全部或主要单位联合进行的演习。

联合演习主要是针对严重事故而进行的规模最大的应急演习，需要较多人力、物力，情景设计较为复杂。联合演习对于检验场内与场外响应人员的响应能力和接口机制是十分必要的。

14.1.2.2 演习的频度

应急演习的作用是使各应急组织中有可能承担关键任务的每个人员都能够获得实际的锻炼。由于无法确保发生应急时，每个岗位上的人员均在现场，因此不能完全依赖某个人完成特定的任务，关键人员的职责应当进行轮换和交替，在应急演习中也要体现职能的变换。营运单位应以适当的频度组织应急演习。营运单位的应急演习频度有如下要求：

（1）单项演习的频度要求每年至少一次，通信及数据传输系统的练习则要更多些；

（2）综合演习至少每 2 年举行一次，但对拥有 3 台及 3 台以上机组的营运单位，综合演习频度应适当增加；

（3）联合演习在运行阶段要每五年应至少一次。

14.1.3 演习方式

1．响应方式

检验性演习采用的是自主响应方式。参演人员事先不应知道演习情景设计，在演习过程中根据他们理解的最适宜解决方法，对所模拟的情景进行自主响应。特殊情况下，也可对演习的具体启动时间不事先通知。

演习过程中，为避免参演人员严重偏离演习情景，监控人员必要时可以纠正参演人员的差错或打断参演人员行动。一般而言，监控人员应当避免在演习进程中频繁地具体纠正参演人员的差错。

2．不预先通知的演习

在不预先通知的演习中，参演人员预先不知道演习的具体启动时间或持续时间。在具备条件情况下，应通过不预先通知的演习来验证应急组织和应急设施的启动效能。

对演习启动时间应做出适当的统筹安排，以检验非工作时间应急组织和应急设施的启动效能。

3．演习时间

演习时间一般可分为实时、压缩和扩展三种模式。

在实时模式的演习中，所有的活动都按照与实际应急响应期间相同的时间尺度进行。

在压缩时间模式的演习中，对某些步骤和时间进程可模拟或缩减，涉及重要应急判据及响应行动的关键环节不应过分压缩，以保证较为真实地反映应急响应的有关时间进程特性，达到检验应急响应能力实际水平的目的。

在扩展时间模式的演习中，可以在通常所要求时间之外提供附加的时间，以完成特定的事件，或者在事件序列内提供延长的时间。为了使参演人员有效地利用演习中的时间，对演习情景中的某些序列在时间尺度上进行压缩或扩展可能是有益的。有些情况是不宜进行时间压缩的，如：辐射监测小组用于检查设备、到达监测点、取样、完成测量以及进行记录和报告测量结果所需要的时间。

14.1.4 应急演习的组织与实施

14.1.4.1 演习的组织

在演习前，应指定专人负责演习准备工作的组织与协调、确定演习目标、制定在演习中与新闻媒体沟通的有关政策。

应成立演习情景设计组。必要时，可邀请相关领域的专家对演习情景和演习数据进行审评。对于综合演习等规模较大的演习，应编制相应的演习方案，并在演习前一个月报国家核安全部门。

1. 演习方案

为保证演习和练习的成功，核设施营运单位需要制定详细的应急演习方案。演习方案应包括演习的范围、依据、目标、内容、事故情景以及监控与评估等内容。演习方案的制定应与设计的演习情景相一致。制定演习方案时，应与参加演习的组织在必需的范围内进行协调，以保证时间进程和数据关联的一致性。

演习方案应为监控员和评估员有效地实施和评估演习提供足够的信息。演习方案应当使有关人员和参演者知道即将举行的演习，但对演习方案需严格保守信息秘密。

2. 情景设计

在演习方案中，最重要的内容就是要设置演习的事故情景。事故情景的设计不宜设置过多的目标，应集中在几个主要的目标上，特别是集中在以前演习所发现的薄弱目标上。应确保情景设计提供的信息类型、形式和序列与实际应急期间可能提供的信息相同，保证演习情景是合理和现实的。演习情景中的重要事件和关键时间序列是非常重要的。演习情景设计应围绕重要事件展开。在描述技术性情景和关键事件之前，应对其进行必要的说明。通常，演习情景的设计将针对发生概率很低的事件，这种做法是可以接受的。在有条件的情况下，应当对演习情景进行试演（例如，使用模拟机试演）。在演习情景的验证过程中，不应与参演人员共享相关的信息。

依据每次演习的目标进行演习情景的设计，通常，其内容应包括：

- 事件顺序，即从事故征兆、发生直至得到控制，从进入应急状态到终止应急的全过程中事件的完整顺序；
- 预计的演习过程中各相关运行数据、监测数据及相关应急行动水平和事件特征的变化过程；
- 整个事件中预计的响应过程的描述。包括各相关应急组织所应采取的行动及其之间的配合与协调。

演习目标、事件顺序及响应过程是相互关联的，在同样的事件条件下，应急响应可能是不同的。在情景设计中一般都要根据演习目标，对应急响应给予相应的限定，以引导事件/事故及响应过程向预定的方面发展。

应急演习的情景设计应由熟悉相关核设施特征、了解环境及应急管理情况和公众问题的技术专家及管理人员负责。

借助于模拟机制定演习情景和实施演习，有助于增强演习真实性和演习情景合理性。鉴于模拟机一般可以对所模拟的事件给出真实的时间特性，对于综合演习等较大规模的应急演习，演习的组织者及监控人员应当事先在模拟机上对演习情景的合理性和可行性进行适当的检验。

　　为使所制定的演习方案可行和完善，在确定完整的演习情景之后，应对所涉及事件的时间序列进行检查，以确保所要求采取的响应行动之间具有合理的因果关系。每个模拟机都存在自身的局限性，在演习之前使用模拟机对所有的应急和相应的响应事件进行完整的模拟分析是非常重要的。

　　3．演习的保障

　　组织者做好应急设施、设备、器材和物资的可用性和各种应急物资保障情况的检查。以及确保各应急岗位必要的应急资料的齐全，各应急组织及职责明确、人员都已落实，同时也要根据演习方案做好演习过程中万一发生真实事故或出现其他意外事件而进行响应的准备。

　　应明确演习机组和运行机组，演习机组不能因演习而带来安全问题，演习机组也不应影响运行机组。应急演习及其准备期间不应妨碍核动力厂的安全设施执行安全功能。在应急演习过程中，核动力厂应具备判别真实事故的能力。一旦发生真实事故，应急组织应具备停止应急演习、启动应急状态、执行应急响应的能力。所有安全规章和程序在演习期间仍然有效。

　　应在演习方案中对有关因安全理由而停止演习的方法和程序做出明确的规定。对于不预先通知的演习，应采取措施以防止演习过程中对核动力厂的安全造成影响。

14.1.4.2 演习时间的选择

　　演习所需时间长短取决于演习目标及规模。对于单项练习，通常所需时间不长，涉及面小，启动快。因此，时间安排可较灵活，这时应增加一些对困难条件的考虑，例如，雨、雪、风等恶劣天气、夜间、假日或交通高峰时间等。综合演习及联合演习因涉及组织较多，一般都要较早确定演习时间，很难临时启动。在制定演习方案时很难预计演习时一定遇到什么样的气候条件，但在演习的当日日程安排上还是可以提出一些要求的，例如事故发生在节假日或黎明前（这时往往是值班人员注意力差、召集人员也较困难的时候）。

14.1.4.3 人员安排

　　无论是单项演习还是综合演习或联合演习，在制定演习方案时都要考虑到参演人员的安排。演习是对应急工作人员非常好的培训和考察机会，因此安排参演人员时应有计划。各应急岗位都事先要有明确的替补名单，特别是应急指挥人员及主控室运行人员，要合理轮流参加演习。不能总是由一批对演习已较熟悉的人员参演，目的只是为了取得当次演习的良好成绩，这是不可取的。

　　没有发现任何问题、没出现任何"意外情况"的演习，未必是成功的。实际上很可能是事先已"彩排"过，其培训及检验目标反而要大打折扣了。

14.1.4.4 风险的预判

　　由于核事件和核事故发生的偶然性和突然性，制定演习方案时。要对演习可能带来的风险进行预判和预防。包括几个方面：

- 演习过程中因参演人员的误操作可能造成的风险；
- 因进行演习而忽视或耽搁了对演习过程中真实发生的事故的应急响应；
- 在应急响应活动中（如撤离、抢修、救护等）发生的交通事故或其他意外伤害；
- 因使用某些应急演习用品（如放射性样品、烟幕发生器，火焰发生器等）不当而带来的风险。

因此在演习方案中，要针对各种可能的风险，做好相应预防安排。特别是在核设施运行期间举行演习时，要对演习和运行可能产生的相互影响做特别认真的分析和周密安排。

14.1.4.5 演习的实施

应急演习的实施，是以宣布演习开始为起始点，到宣布演习结束的整个过程。

应急指挥部对全部应急响应行动进行统一指挥和协调，各应急响应组按照各自的职责有序进行响应，执行各种指令，向应急指挥部提供各种信息。

整个演习过程中，应急指挥部的启动和运行要予以特别重视。事故初期，通常都是由当值的运行值长行使应急指挥职责的，当确认进入应急状态后才启动应急指挥部。运行值长在初期代行应急指挥职责时，必须及时组织相应响应行动而不能消极等待，以免延误时机。在应急指挥部启动、应急总指挥（或其替代人）到位后，要顺利实现指挥职能的转移。应急指挥要按相应应急执行程序收集相关信息、统一调动各应急组织。应急期间应急指挥的快速、有效、正确是确保全厂应急响应行动成功的最关键因素。因此应急指挥部成员、特别是应急总指挥必须对各应急组织的职责、事故诊断、应急监测、环境后果评价及各种应急补救行动的可能投入方式有充分的了解。

应急总指挥还要对应急行动水平有深入的了解。在演习过程中，正确应用行动水平判断应进入的应急状态等级；向场外及时、准确地向地方政府报告事故情况，并提出必要的建议；向场外应急组织要求必要的支援；执行向国家核安全监督部门及其地方监督站的报告制度。

为保证演习取得预期目标，应成立演习监控组，对演习的全过程实施监控。

核动力厂营运单位应指定演习负责人负责演习的准备、实施和评估工作。演习总指挥和主监控员之间应具有良好的通信联络手段，演习总指挥有权终止演习。

14.1.4.6 演习的重点环节

单项演习情节较为简单，演习过程控制也较为单纯，而综合演习和联合演习的过程控制较为复杂。因此在演习过程中应对以下一些环节应予以特别关注：

1. 应急运行组、技术支持组、应急指挥间的协调

对于以系统故障为初始事件的事故来说，这三者之间的互相支持和协调显得尤其重要。事故的发现、信息的收集、补救措施的及早引入和应急运行人员的早期正确判断直接相关。随着事故的发展，在对情况的综合分析和判断中，技术支持组的专家的意见是极为重要的，应急指挥部对应急运行组、技术支持组意见的综合及正确决断是采取恰当应急响应行动的关键。

2. 通信及信息传输系统

通信及信息传输系统是否充分、有效总是演习中的重点考核内容。应急组织间多重、

多样配置的通信工具、报警系统及各种信息传输手段要充分利用，以考核其有效性及可靠性。为了确保安全，在所有口头通知中都应首先强调"这是演习"，在所有书面传输文件中都要有醒目的"演习"字样。

3．正确执行应急报告制度

应急响应过程中核设施营运单位要和上级主管部门、核安全监督部门、地方政府等许多相关组织联络，不同部门要求执行的报告制度在时间、内容、格式等方面可能有些区别，最好的办法是营运单位事前编制好能满足各方面要求的通用格式，在应急过程中按最高要求统一报告，以免应急响应过程中因执行不同的报告制度造成混乱。

4．人员的清点、隐蔽和撤离

在综合演习和联合演习中会涉及电厂工作人员和其他人员的清点、隐蔽及撤离。事先必须限定演习涉及的区域和人员范围，演习时发出的通知及报警信号必须明确，以防可能发生的混乱及影响正常运行的电厂秩序。

涉及公众的服碘、隐蔽及撤离行动安排尤其要慎重。事先应开展必要的科普宣传，使公众对核事故、应急响应、应急演习有正确的认识。必要时还应进行一些准备充分的单项演习。

联合演习中一般也不必安排人数众多的公众隐蔽、撤离活动。必要时，有代表性地选择特定区域的少量公众做相应的应急行动，还是可以发现一些问题的，而代价相应较小。一旦做公众撤离安排，则要对撤离区的交通及治安做特殊安排，以确保撤离公众的人身及财产安全。

14.1.4.7　演习的监控

监控员的职责是必要时向参演人员提供演习输入以使演习能够按照预期的进程以安全的方式进行，包括向参演人员发布情景指令。监控员必须熟悉整个演习情景、评估目标以及监控员职责。应编制监控员指南，对演习之前、演习期间和演习之后监控员的任务和注意事项等做出明确规定。

1．启动

演习可采用多种方式启动。演习开始之前，参演人员应处于正常工作状态。监控员之间的协调是保证演习取得预期目标的关键因素之一。主监控员负责监控员之间的协调工作。

2．数据输入

演习期间，可以使用核动力厂专用模拟机及由模拟机驱动的实时数据系统，如安全参数显示系统等。演习中应利用在真实事故情况下所用的事故分析和剂量评价等计算程序对事故进行预测和评价。

为演习提供必要的输入数据和某些条件是演习监控的有效方式。这期间，要尽量减少监控员与参演人员之间的相互影响。

3．过程控制

演习的过程由应急指挥部协调控制，监控员一般不干预演习的进程，除非判断演习已经或可能严重偏离预期的演习目标或进程。主监控员是唯一有权允许演习进程发生偏离的演习监控人员。监控员在其判断演习活动可能使参演人员或核动力厂设备遭遇不安全情况时，可以中断演习或中止特定的演习行动。在这种情况下，主监控员、应急总指挥和核动力厂营运单位的运行负责人应根据当时的状况适时对是否中断演习作出决定。

演习期间，除了为保持演习情景的完整性或人员安全外，监控员不应对演习进程进行提示。对监控员在演习期间所发出的提示应予以确认和记录，并在演习评估中对这种提示的必要性和适宜性作出评估。

4．景象模拟

应将演习中为获取必要的信息所模拟的组织（如政府部门等）的数量控制在最低的程度，以保证演习情景具有充分的真实性。

5．演习标志

应对参演人员、监控员、评估员和观察员及所用交通工具等采用便于识别的标志。

6．提前到位

应当对参演人员在计划的特定功能启动之前到达其响应岗位加以必要的限制。只有因为情景时间的限制，参演人员如果没有足够时间则不能进行响应并恰当地验证其职责的那些地方，才允许提前到位。

7．演习的终止

应主要根据演习的预期目标是否全部实现来决定是否终止演习，而不应过多考虑演习的时间进程。演习的结束指令由演习总指挥宣布。应将演习终止的指令通知到所有参演者。

14.1.5 演习的评估

本节主要说明核设施营运单位对应急演习的自评估，国家核安全局对应急演习的监督与评价参见第 15 章。

营运单位应设立专门的评估人员，见证演习的全过程。评估员的职责是在演习期间记录对演习的观察，特别是演习中暴露出来的缺陷或不足之处。应按时间顺序作好记录，重点是响应的关键要素。在演习结束之后，评估员参与演习的评估工作，包括评估报告的编制。

评估人员应在所评估的方面具有必要的知识和经验，应对所评估的应急组织的应急计划、程序和职责分配具有全面而深入的理解。对具体的响应岗位指派适当的评估员是非常重要的。例如，对于核动力厂运行响应组织的评估，应指派具有相应运行经验的评估员。

应编制评估员指南，对演习之前、演习期间和演习之后评估员的任务和注意事项等做出明确规定。

14.1.5.1 一般要求

演习前应确定好评估的准则，并依据所确定的准则，评估应围绕练习或演习的目标是否达到，应急响应组织对给定情景进行响应能力等方面；应根据对每一目标所建立的准则对演习进行评估；还应根据应急组织和参演人员在演习中的表现评估其应急响应能力。

对评估人员在评估过程中的要求是：

- 评估人员应掌握事故情景和演习情景，熟悉被评估对象的行动；
- 演习过程中，评估人员应按照评估项目进行观察和记录；
- 评估人员一般不在演习现场发表评论和提出要求，不干预或影响演习的进行；

- 评估人员应客观公正地对评估对象的演习情况进行评估；
- 演习结束后，根据评估准则对相关项目做出评估，为总体评估提供素材。

各岗位职责及工作方式特点不同，因此评价时也要各有特点。以对核电厂应急控制中心演习过程的评价为例，至少要评价以下几点环节：

- 成员到位是否及时；
- 成员对职责是否熟悉；
- 信息收集是否充分；
- 决策是否准确、及时，决策依据是否正确；
- 和场内应急组织联络是否畅通；
- 和场外应急组织联络是否畅通；
- 是否正确执行了应急报告制度；
- 响应过程中有无发生应急设备故障；
- 应急控制中心所配备资料是否能满足要求。

对于应急响应能力，可按优、良、中、差四个等级进行评估。"优"指能在在规定时间内正确进行所要求的响应，无差错地完成应急响应任务；"良"指能在规定时间内较好地进行所要求的响应，达到了预期的目标，差错较少；"中"指存在明显缺陷，但没有严重影响目标的实现；"差"指存在重大错误，严重影响了演习目标的实现或无法实现演习目标。

演习目标的实现程度可分为三个类别："达到"、"没有被验证"和"没有达到"。若某个目标的评估准则已被令人满意地验证，则该目标应被确定为"达到"；若评估准则的实质部分没有得到恰当的验证，则该目标应当被确定为"没有达到"；如果情景不能为参演人员提供机会来验证他们的能力是否满足目标要求时，该目标应被确定为"没有被验证"。

应当编制评估报告，并应提出需进行的纠正行动。"没有达到"的目标应当在将来的演习中重复，以证实有满意的行动；"没有被验证"的目标应在将来的演习中加以验证。

14.1.5.2　评估报告

评估负责人应召开全体评估员以及演习负责人和主监控员参加的评估会议。应评估、确定每一目标是"达到"、"没有达到"或"没有被验证"并应对应急组织、程序、设施和设备的响应情况及适宜程度加以评议，还应对参演人员、设施和组织或政府部门之间的通信加以评估。对没有达到的演习目标和其他不足之处，提出需采取的纠正行动。

应及时完成评估报告，并及时提供给参演组织。对于综合演习，应在一周之内完成评估报告；对于联合演习，应在两周之内完成评估报告。

营运单位应充分重视评估报告，应根据评估报告的内容尽快开始对有关应急组织、在演习期间使用的应急计划与程序以及人员培训水平进行内部审评，并在查明和处理缺陷后尽快修改所涉及的应急计划和程序等。应将所实施的修改正式通知国家核安全监管部门和相关部门。必要时，应提交所涉及应急计划和程序的修改版本。

14.1.5.3　总结报告

营运单位对于演习的全过程应及时进行总结，并编写演习总结报告。该报告应当指出练习或演习的目标的实现程度，并宜列出演习或者练习的优点和重要不足（即使目标已经达到）。营运单位应在每次综合演习和联合演习结束后一个月内，将总结报告提交国家核安全监管部门、主管部门及其他有关部门。

14.2 应急培训

营运单位应制定应急培训大纲。培训大纲应对培训的目标、培训的对象和要求、培训类型、内容、记录、合格标准与考核方法及培训的方法、频度等方面提出明确的要求。

营运单位实施的应急培训应以所有可能参与应急响应的人员为对象，以应急响应所需要的知识与技能为内容，以保证应急组织和所有可能参与应急响应的人员具备并保持所必需的知识与技能、应急状态下能够圆满完成应急响应任务为目标。

14.2.1 目的

必要的核应急响应知识和技能的培训，是核应急准备工作中不可缺少的部分，是执行我国关于核电安全保障规定的重要环节，是我国制定的核安全法规与导则所规定的重要内容。核电厂场内、外所有担任核应急任务的应急响应人员、工作人员，都必须熟悉和掌握核事故应急计划的有关内容、应急组织的职责。具有完成特定核应急任务的基本知识和技能，明确应急响应程序、响应行动方法以及协调的其他事项。

14.2.2 对象及要求

核设施营运单位负责本单位人员的培训和再培训，并应积极配合和协助国家及其所在省核应急组织的培训工作。

应急培训的对象应该是可能承担应急任务的所有人员（如：应急指挥人员，应急通信人员、应急协调人员、运行控制室值班人员、系统运行和维修人员、通信人员、事故评价人员、辐射监测人员、工程抢险人员、消防保卫人员、医疗救护人员、取样分析人员、后勤保障人员以及场外支持人员等），培训的安排与他们预计要完成的应急任务以及与他人的协作任务相适应。对于非应急响应人员，也应由应急组织给予必要的有关防护措施、应急计划和有关执行程序方面的培训。

这些培训必须按课程计划的要求进行，可以采用课堂讲授、自学、实习以及定期练习等多种形式，并要用定期的练习来检验培训效果和课程计划的适用性。对于核应急场内、外有关领导、公众服务部门的有关人员和新闻工作者也应给予必要的有关核应急专业的知识和技能的培训。

14.2.3 培训内容

应急培训的基本内容可分为以下四个方面，进行培训时应根据培训的目的和培训对象在应急响应中的职责或任务，有针对性地进行安排。

14.2.3.1 专业基础知识培训

培训对象为核电厂场内所有人员，培训的主要内容包括：

（1）核能基本知识；

（2）核电厂与核安全知识；

（3）辐射的特性及危害；

（4）辐射防护基本知识；

（5）核应急的基本概念。

14.2.3.2 专业技术知识培训

培训的主要内容：

（1）国际核事件分级；

（2）事故分析与后果预测；

（3）应急状态分级；

（4）应急计划区；

（5）干预原则、干预水平及行动水平；

（6）应急对策与防护措施；

（7）应急辐射监测；

（8）应急设施、设备和辐射监测仪表的性能与使用方法；

（9）医疗救治；

（10）去污方法。

14.2.3.3 应急管理知识

培训的主要内容：

（1）应急管理体系；

（2）应急组织及其职责；

（3）应急计划及其实施程序；

（4）应急响应及其行动程序。

14.2.3.4 应急法规、规章及标准

培训的主要内容：

（1）国家的有关法规、规章、导则及有关标准；

（2）有关国际公约、条约，以及有关的国际标准。

14.2.4 培训频度

在核动力厂运行寿期内，营运单位对所有应急工作人员（包括应急指挥人员），每年至少进行一次与他们预计要完成的应急任务相适应的再培训与考核。

培训应在全年范围内周期性地安排。初始培训已合格的人员，以后还要进行再培训，再培训的重点可放在较新的或经修订的内容，其培训方式也可采用适当的自学形式来代替课堂讲授。应当建立适当的管理制度来保证满足培训频度的要求。

14.2.5　培训的组织

培训的组织者应根据不同的培训对象和他们在应急状态下所承担的职责或任务，进行培训需求分析，明确培训具体的培训内容。必要时，应进行应急任务分析，以确定与特定应急任务有关的培训要求。应在培训需求分析的基础上，制定培训的具体目标、重点内容、培训时限与考核标准。培训目标应为执行规定的应急任务需要具备的知识与技能。考核标准则为接受培训的人员对于教授的知识与技能应掌握的最低程度。

应根据所确定的培训的具体目标、内容及培训对象，制订相应的详细教学计划，其内容主要应包括：课程目的、内容安排、时间分配、教学辅助手段、教学及考核方法等。

应在充分调查了解的基础上聘用教员。教员应为具有理论水平和实践经验的专家，教员的质量是培训效果的关键，应当对教员的专业技术知识、熟练的操作技能和良好的表达能力进行全面的审视，并为他们提供必要的教学辅助手段。

应准备好必要的培训条件，包括经费预算、培训地点与场所、培训资料与用具（如讲义、视听辅助设备、学员练习题册等），以及所需培训设备和器材等。

14.2.6　培训的考核

培训中的一项重要事项就是进行适当形式的考核，以检验受训者对培训内容的接受与掌握程度，为培训的评估提供依据。

考核的内容应根据培训的具体内容与目标确定，并应有代表性。一般应将下列内容作为考核重点：

（1）应急与应急技术的基本知识；

（2）核事故应急的重要政策、法规和规章；

（3）应急组织与应急工作人员的主要职责；

（4）应急计划与应急响应实施程序；

（5）有关的应急专业知识与技能。

考核的方法应与培训的形式、内容与目标相适应，可以采用笔试、口试或实际操作等方法进行。

对于专业技能的考核，应着重技能测试，以检查受训者的实际操作能力和解决相关问题的能力为主，理论测试只可作为辅助性考察。对于某些技能培训，应让学员响应一些模拟指令或情景，以检验他们是否掌握了所要求的技能。

14.2.7　培训的评估

初始培训必须进行评估。专业培训，尤其是专业技能培训，一般也应进行评估。

评估应以衡量培训质量为重点，以确定培训是否达到预期目标，是否能适应实际应急响应的需要，并为改进培训工作提供依据。

评估人员的组成应有代表性，应吸收有关专家参加。培训的组织者应为评估提供所需的培训记录、文件和资料等。

应根据培训的目的和具体内容确定合适的评估方法与标准，评估等级一般可分为四级，即优、良、及格和差。评估人员应给出书面评估报告，报告的内容一般应包括总的评价、取得的效果、存在的问题和改进建议等。

14.2.8　培训记录

负责培训的机构或单位应将各种培训记录，包括培训管理记录和应急人员的个人培训记录，收集、整理和建档保存。应予以收集、整理和归档保存的培训记录一般应包括：

（1）培训的管理职责及管理人员情况；

（2）培训大纲及其制定、审查与修订记录；

（3）年度培训工作计划及其执行记录（培训的时间、地点、内容、教员与学员等）；

（4）培训的考核及考核结果；

（5）培训的评估及评估报告。

14.3　应急计划和执行程序的评议和修订

营运单位制定的应急计划和执行程序应确保在整个寿期内有效，为此需要定期、不定期进行复审与修订。

14.3.1　修订依据

对应急计划和执行程序进行修订，主要依据和考虑的因素是：

（1）国家有关应急的法律、法规和标准的变化；

（2）应急练习、演习和培训的反馈结果；

（3）核设施本身的修改；

（4）现场与环境条件的变化；

（5）设施和设备的变动以及技术的进步等。

14.3.2　自我评审

营运单位对应急计划和执行程序应制定周期性的自我评审制度。除了由应急组织进行的自我评审以外，还可以由对应急计划和执行程序不负有直接执行责任的人员进行独立评审。

14.3.3　修订要求

营运单位至少每两年一次对应急计划进行修订，并在原应急计划有效期满前三个月报国家核安全监管部门，经审评后方可生效。同时营运单位应将应急计划和有关程序的修改及时通知所有有关单位。

营运单位应急人员替代表内记录的各项内容如有变动应及时更新和报告。

14.4　应急设施和资源的维护

应急设施和设备可用性是应急准备维持的重要方面，核设施营运单位要定期检查、保养与清点，确保应急设施、设备、器材、文件等处于良好的备用状态。应制定完善的应急执行程序，如《应急设施、设备、物资的管理、维护和检查》。

营运单位可按应急岗位制定各自所管辖的应急设施、设备以及器材的定期试验和维修大纲，并建立相应的设施设备器材管理制度。

为了保证应急设施设备处于随时可用状态，应急设施设备的管理遵循下列原则：

（1）所有应急设施及设备均指定专门单位并由专人负责管理和维护；

（2）定期对应急设备进行清点检查和测试，使其处于正常工作状态，并做记录；

（3）定期更新需要更换的物品（如应急食品、稳定碘等）或文件资料。

应按照相应应急执行程序的规定对应急设施、设备、器材以及资料进行定期检查并及时跟踪落实改进行动。营运单位还应设立监督检查部门，以确保所有设施、设备、器材和资料处于随时可用的状态。

根据历次检查情况来看，以下几个方面情况应予重视：

（1）应急通信系统的定期检验与维护（其频度要远高于应急演习的频度）；

（2）应急监测系统的定期检验与维护，特别是相关仪器、仪表的定期校核；

（3）应急设施可居留性的定期检查，包括通风、过滤、应急电源、密封系统的定期试验或检查；

（4）各应急设施配备的应急器材、物质（包括应急抢修器材、医疗器械、药品及必要的生活用品等）的充分性、有效性；

（5）应急撤离道路情况（道路有无封闭、占用、堵塞等情况、撤离指示标识是否完整、照明设备是否完整等）；

（6）必要的隐蔽场所是否保持随时可用，有无被占用情况。

（李雯婷编写，岳会国审阅）

参考文献

[1] 核电厂应急计划与准备准则——场内应急响应能力的保持 GB/T17680.9，2003.

[2] 国家核安全局. 中华人民共和国核安全法规汇编. 北京：中国法制出版社，1998.

[3] 国家核安全局. 核安全导则汇编. 北京：中国法制出版社，2002.

[4] 国家核事故应急委员会办公室，中国人民解放军总参防化部. 核事故应急响应教程. 北京：原子能出版社，1993.

[5] 国家核安全局. 核动力厂营运单位的应急准备与响应 HAD002/01，2010.

[6] 国家核安全局. 核动力厂营运单位核应急演习（草案）HAD×××/××，2012.

第 15 章　国家核安全局对核设施应急工作的监管

国家核安全局针对核设施不同阶段的应急准备和响应工作进行监管与审查。

（1）在厂址选择阶段，国家核安全局负责对核设施厂址执行应急计划可行性分析的相关文件进行审查。

（2）在设计建造阶段，国家核安全局负责对初步安全分析报告（PSAR）中有关应急计划的初步方案的审查。

（3）首次装料前，营运单位应编制场内应急计划，该应急计划在经主管部门审查后应作为独立文件，与最终安全分析报告一并报国家核安全局审批。

（4）国家核安全局定期（两年）对运行核设施场内急计划进行复审。

（5）国家核安全局负责对核设施退役报告中有关应急计划的内容的审查。

15.1 应急准备条件的审查

15.1.1 可研阶段（厂址选择阶段）

审查目的：确认拟选场址从核事故应急准备与响应的角度考虑是可以接受的。

审查要点：在核设施整个寿期内。

在预计烟羽应急计划区范围内没有大城市或其他届时无法动员撤离的人群（例如特殊医院、大型监狱）；

在预计应急计划区范围内没有作为饮水源的大型水库、湖泊。如有则需论证其在核设施严重事故情况下也不至于受到污染影响其使用，或另有备用水源；

核设施运行后，至少有两条以上不同方向的可供人员应急撤离应用的通道。

论证厂址适宜性时，必须评价厂址区域在整个预计寿期内执行应急计划的能力。评价时要考虑下列与厂址有关的因素：

（1）人口密度和分布，离人口中心的距离，以及在核设施整个预计寿期内的变化；

（2）在应急状态下难以隐蔽或撤离的居民组，例如在医院或监狱内的人员或中、小学生；

（3）特殊的地理特征，例如半岛、山地地形、河流；

（4）当地的运输和通信网络的能力；

（5）场区周边和区域的经济、工业、农业、生态和环境特征；

（6）可能导致应急状态或限制应急响应有效性的灾害性外部事件或可预见的自然灾害。

审查结论：核设施整个寿期内执行应急计划的可行性是核安全当局认为场址可接受的必要条件之一，在国家核安全局的场址审查意见书中将明确对该场址执行核事故应急计划能力的审评意见。

15.1.2　设计建造阶段

审查目的：确认核设施营运单位在核事故应急准备方面的安排的可接受性；

审查要点：在此阶段应对核设施事故状态（包括严重事故）及其后果做出分析，对场内应急设施、应急设备和应急撤离路线作出安排，在初步安全分析报告有关运行管理的章节中，应提出场内应急计划的初步方案，其内容至少应包括：

应急计划的目的、依据法规及适用范围；

营运单位应急组织及其职责的框架；

应急计划区范围的初步测算及其环境（人口、道路、交通等）概况；

主要应急设施与设备的基本功能和位置；

撤离路线；

说明应急资源及接口的安排。

若正在建设的核设施场区内或附近已有正在运行的核设施，应保证正在建设的核设施工作人员的安全，对于扩建核设施，营运单位应在其原应急计划的基础上增加针对新建机组情况的内容；对于新建核设施，新建核设施营运单位应针对附近正在运行的核设施潜在事故，制定相应的应急计划。

审查结论：初步安全分析报告等文件表明该设施的安全性是可以接受的，营运单位的应急计划（初步方案）表明其应急安排能满足法规要求，在对申报文件的审评结论意见中将对其应急计划初步方案的可接受性做出评价。这些是国家核安全局发放建造许可证的先决条件之一。

15.1.3　首次装料前阶段

审查目的：审查核设施是否按设计要求建设并已做好核事故应急准备，以确认具备进行首次装料的条件。

审查要点：

营运单位应急组织是否健全，职责是否明确；

应急状态，干预水平及应急行动水平是否明确并符合实际；

应急设施和设备是否齐全，充分；

应急响应行动和防护措施是否妥当，包括应规定各应急状态下的通知与报告，启动应急组织，开展评价工作，采取纠正，补救及防护行动的决策及执行程序；

应急状态终止条件及恢复活动的安排是否明确；

维护应急能力的安排是否充分；

场内、场外应急计划是否良好衔接及协调；

必要的外部协议是否充分；

执行程序是否完备。

审查结论：经主管部门预审过的营运单位核事故应急计划完整有效，满足相关核安全法规的要求，各项实际应急准备措施落实，并经应急演习验证其有效性，是国家核安全局发放首次装料批准书的先决条件之一。

15.1.4 运行阶段

审查目的：试运行后，审查营运单位的核事故应急计划和核设施运行实际情况的符合情况，以确认核事故应急计划的有效性。

在正式运行后，营运单位每两年需对应急计划进行一次修订，国家核安全局要审查其经修订的应急计划，以确认其修订的正确性与充分性。

审查要点：

运行中及历次各种类型应急演习中暴露的问题是否已得到相应处理；

应急状态分级条件、应急行动水平、应急执行程序是否根据实际情况（例如运行经验反馈、系统或设备改进、组织机构调整、外部接口关系变化等）及时做了相应修订。

审查结论：对根据试运行情况修改与完善的应急计划进行审查以确认应急准备的有效和充分，是国家核安全局颁发运行许可证的必要条件之一。对运行阶段营运单位应急计划定期审查确认其应急准备的有效和充分，是国家核安全局对核设施运行阶段许可证管理的重要组成部分。

15.1.5 退役阶段

审查目的：确认营运单位对核设施退役过程中可能出现的应急状态有正确的分析并有相应的应急组织和应急设施。

审查要点：

在退役申请报告中，应有应急计划方面的内容；

退役过程中可能出现的核事故及可能导致的应急状态；

营运单位的应急组织、应急设施；

控制核事故及辐射危害的措施；

应急响应方式及执行程序。

审查结论：确认营运单位在核设施退役活动中，能有效防止或控制核事故，保证工作人员、公众和环境的安全，这是国家核安全颁发"开始退役批准书"的必要条件之一。

15.2 应急准备状况的检查

本节简要介绍了各阶段对核设施营运单位应急准备情况的核安全监督检查范围、内容、方式、步骤及评价方法。

15.2.1 检查目的

核安全监查连续贯彻于核设施选址、设计、建造、调试、运行和退役的全过程和所有重要活动。

核安全检查的目的是核实和监督营运单位及有关单位的核设施物项和活动是否满足核安全管理要求和许可证件规定的条件，督促营运单位及有关单位及时纠正缺陷和异常状态，以确保核设施选址、设计、建造、调试、运行和退役符合批准的文件和有关要求。

15.2.2 检查方式

核安全检查可以分为日常的、例行的和非例行（特殊）的检查。非例行的检查可以是事先通知或事先不通知的。事先通知的检查一般在检查前一个月通知营运单位和/或有关单位，以便做好准备和安排。

对营运单位应急准备方面的检查通常在相应的文件审查完成后进行，以检查实际的应急组织、应急设施和设备、执行程序及其他工作文件等是否和应急计划相符，以确认其实际应急准备的充分性。

核设施投入运行后，对其应急准备方面的监督检查是日常核安全检查的重要组成部分。此外，为了验证应急准备的有效性，核安全法规也对营运单位各种类型的应急演习提出了明确要求，对应急演习的监督和评价是核安全检查的一个特殊形式，以确认营运单位应急准备的有效性。

15.2.3 检查内容

15.2.3.1 例行检查

例行核安全检查是核安全检查组或核安全监督员根据国家核安全局制定的检查大纲，对营运单位在核设施选址、设计、建造、调试、运行、退役各阶段的安全重要活动所进行的有计划的核安全检查。

在营运单位场内应急计划经国家核安全局审评并准备进行首次装料前综合应急演习或联合演习前、运行阶段应急计划定期复审后综合演习或联合演习前一般都要进行对营运单位应急准备的例行检查，一般来说例行检查都是较为全面的检查。大都是由国家核安全局直接组织的。

检查通常按主要核应急设施（如应急控制中心、技术支援中心、主控室、备用应急控制中心等）及应急岗位（如应急指挥部、技术支持组、辐射防护组、后果评价组等）依次进行。对各应急设施及应急岗位的检查主要分为三方面，即：

（1）应急组织是否健全，人员是否经过上岗前专业培训，人员素质及业务水平是否满足岗位要求。

（2）技术装备是否充分，状态是否良好。

（3）技术文件、工作资料是否充分，是否及时更新，编、审、批程序是否规范。

15.2.3.2 非例行检查

非例行检查是国家核安全局或地区监督站根据工作需要进行的检查，是对意外的、非计划的或异常的情况或事件的响应。非例行核安全检查应根据检查项目具体情况来实施。

根据实际需要，对营运单位应急准备情况的非例行检查范围可能差别较大。可以是一次类似于例行检查的全面检查，也可以是一个针对性较强的专业性检查（例如一次对应急通信系统的全面检查）。

15.2.3.3　日常检查

日常核安全检查是由现场核安全监督员所作的检查。现场核安全监督员应对影响核安全的重要活动、物项和记录进行检查，并做好检查记录。日常检查通常可较灵活。

核事故应急准备必须做到常备不懈，因此这方面的日常核安全检查尤其显得重要，其检查主要内容是：

（1）营运单位的实际情况和应急计划是否一致；

（2）应急能力的维持状态是否良好；

（3）例行和非例行检查报告中对营运单位提出的改进要求是否得到落实。

15.2.4　检查报告的格式和内容

例行检查完成后，检查团（组）应在一个月内完成检查报告，经国家核安全局或监督站审批并行文发送到营运单位及有关单位，检查报告至少应包含以下几部分：

1．基本情况及检查依据

（1）此次检查的性质

（2）此次检查所依据的法规及相关文件

（3）此次检查的日程安排及基本情况

2．检查结论意见

（1）基本评价

（2）对营运单位改进工作的要求

附：① 检查团成员名单

　　② 营运单位配合检查活动的主要人员名单

非例行检查和日常检查的检查报告格式和内容可以根据检查的具体内容和特点，适当灵活掌握。

15.2.5　应急演习的监督与评价

15.2.5.1　应急演习的分类与要求

1．按性质分类

检验性演习：为检查应急工作人员的应急响应能力、应急计划及应急准备的充分性与有效性而进行的演习。核安全法规要求营运单位进行的演习都是指这种检验性演习。

研究性演习：为研究和解决应急工作中某些带有探索性的问题而有针对性进行的演习，例如为确认应急指挥体系的有效性、确认场内外各应急组织间配合的协调性、估计各种条件和范围的应急撤离时间等，营运单位在首次制定应急计划过程中一般都需进行一些小规模的研究性演习，为编制正式应急计划创造条件。

示范性应急演习：一种事先精心准备过的表演性的演习，其目的是为了使参观单位了解应急响应过程以推广先进经验、规范应急演习的管理。

2．按演习涉及范围分类

单项演习：为检验某些应急响应基本技巧或分系统检验应急组织响应能力、应急设施和设备状况而进行的较小范围的演习。例如应急通信设施的使用、应急监测数据的收集和分析、应急指挥和通知系统的运作、消防系统演习等。

综合演习：指营运单位应急组织要全面启动的应急演习，应急响应过程中会涉及启动营运单位的绝大部分甚至全部应急组织、应急设施和设备。

营运单位综合应急演习时，场外应急组织根据情景设计予以相应配合，但一般不要求投入应急响应行动。

联合演习：指场内、外应急组织全面启动的应急演习，演习情景设计中的事故一般应达到"场外应急状态"，根据事故情景的需要陆续启动场内、外各级应急组织并相互配合行动。一般来说，联合演习主要是针对严重事故而进行的规模最大的应急演习。

3．按参演人员的响应方式分类

自由响应：参演人员可根据自己对事故或事件的判断及预测决定采取对抗措施，考评员一般情况下不予干涉，基本上由参演人员独立处理全过程。研究性演习较多采用这种方式。

半自由响应：在这种演习中，允许参演人员根据对事故或事件的判断及预测，决定采取相应的对抗措施。但演习的组织者（或指导者）将始终对演习的总的情况加以控制，如果认为个别参演人员的反应欠妥或偏离预计演习方案太多，将进行必要的纠正，从而保证演习始终在情景设计的框架内进行，以确保演习效果。检验性演习大多采用这种方式。

规定响应：要求参演人员按情景设计中规定的响应方式操作，使整个演习始终按规定程序按部就班进行。示范性演习较多采用这种方式。

15.2.5.2　应急演习准备条件的检查

1．应急组织及人员培训情况的检查，包括：

（1）营运单位应急组织状况和应急计划是否一致；

（2）应急人员变动情况在应急计划或执行程序中是否及时得到修改；

（3）应急人员联系方式（包括办公室及宿舍地点、电话、手机、呼机号码）的变化是否已在程序中予以修正；

（4）初次上岗的应急工作人员是否经过应急知识和技能培训，对其他应急工作人员是否认真执行了定期培训制度。

2．现场准备条件的检查，包括：

（1）应急设施是否齐全且处于良好可用状态；

（2）应急设备（特别是通信系统、监测系统、信息收集和交换系统、事故评价和环境后果评价系统、消防系统等）是否齐全、完好；

（3）各主要应急设施内应急资料（应急计划、执行程序、图册）是否齐全有效；

（4）厂房和场区内各种与应急相关的报警（灯光和音响）、指示牌（如撤离路线、应急集合点等）是否齐全有效。

3．演习情景设计的审查。

根据演习目的而事先制定的情景设计，确定了演习的性质、规模、事故序列及源项、应急组织应急动员及应急响应程序等。演习情景设计对应急演习能否达到检验应急准备状况及应急响应能力的目的十分重要。因此对营运单位的综合演习和联合演习的情景设计，核安全局应事先审查，必要时提出修改建议，以确保应急演习效果，审查的重点有以下几个方面：

（1）达到所需的应急状态；

（2）能按演习目的的要求启动所需范围的应急组织、应急设施和设备；

（3）源项及事件序列合理；

（4）给参演人员的应急响应留有适当的灵活性；

（5）确保核安全。

对正在运行的核电站，其应急演习过程不能妨碍或干扰对演习期间可能出现真实事件或事故的发现、判断和处置。

15.2.5.3 应急演习的评价

对应急演习进行评价目的是为了确认演习是否达到预期效果，能否真实地检验应急准备状况和应急响应能力，国家核安全局对营运单位综合应急演习及场内外的联合演习，一般都派出评价组，事后并将发出评价报告。单项演习则一般由地方监督站派员观察并予以评价，对应急演习评价的重点有以下几方面：

（1）情景设计

演习是否证明了该情景设计的合理性。

（2）演习的性质

在检验性演习中，除少数组织者外，大多数参演者不应事先知道演习情景设计的详细情况，更不能事先"彩排"，应是一次真正的"半自由响应"式的检验性演习。从真正检验应急准备状况及应急响应能力角度出发，所有参演者都事先知道自己该怎么做，甚至在有核安全监督员在场的正式演习前还做过"彩排"的表演，其效果甚微。

（3）应急组织启动是否及时、各岗位应急工作人员对自己承担的职责是否熟悉、响应是否正确。

（4）各种应急设施是否能按应急响应程序要求及时启动、各种应急设备是否处于良好可用状态。

（5）营运单位各应急组织间及与场外相关应急组织间的配合是否协调、信息交换是否顺畅、充分、是否正确执行了应急报告制度。

（6）各应急岗位文件、资料是否齐全有效。

15.2.5.4 评价报告的格式与内容要求

监督营运单位应急演习后，监督评价团（组）应在一个月内完成评价报告，经国家核安全局或地区监督站审批并行文发营运单位及有关单位，评价报告至少应包含以下部分：

1. 演习基本情况及评价依据

（1）此次演习的目的和性质

（2）此次演习监督评价所依据的法规及相关文件

（3）此次演习的日期安排及基本情况

2. 评价内容

（1）对演习情景设计的评价

（2）对演习中各岗位响应情况的评价

（3）需特别说明的问题

3．改进评价意见

（1）基本评价

（2）对营运单位改进工作的要求

15.2.6 应急响应情况的监督

核设施一旦进入核事故应急状态，国家核安全局也将进入相应的应急响应体制，根据事故性质及已进入的应急状态，国家核安全局的应急响应组织也将相应同步启动。

地方监督站的人员将在现场具体了解情况和监督营运单位的应急响应，必要时，国家核安全局也将派出人员赴现场参与现场监督。国家核安全局在核设施事故应急响应期间，监督的重点是：

（1）营运单位是否按经国家核安全局批准的应急计划，正确判断和进入了相应的应急状态；

（2）是否按应急计划、应急操作程序或其他相应文件规定，采取了正确的纠正或补救措施；

（3）是否及时通报了相关的场外应急组织；

（4）是否正确执行了向国家核安全局的应急报告制度。

HAF001/02/01 规定了核电厂营运单位在应急期间向国家核安全局及地方监督站的报告种类、方式及时间要求，法规中并给出了各种应急报告的标准格式和内容要求，考虑到营运单位的具体情况，允许营运单位采取不同的报告格式，但其内容不得少于上述法规文件要求。

核事故应急响应期间，国家核安全局的监督重点是督促营运单位按应急计划正确实施响应。考虑到核事故的复杂性，营运单位必然要针对事故当时具体情况及对事故的判断和预测采取相应的纠正行动或工程补救措施。最了解核设施情况的还是营运单位的技术人员和管理人员，因此，一般情况下，国家核安全局的监督员不干预营运单位人员的应急响应行动。

但国家核安全局根据所了解的事故工况及其分析系统的评价结果，必要时可能会提出某些建议，以供营运单位应急指挥人员参考。

只有在极其特殊的情况下，国家核安全局才可能对营运单位发出强制性命令，要求营运单位采取或停止执行某项应急行动。只有国家核安全局认为不这样做有立即造成危害人员、危害环境的严重后果时才可能采取这种强制性措施。一般认为只有在涉及堆芯严重损伤或危及安全壳完整性时，才有引起国家核安全局考虑采取特殊行动的可能性。

（张琳编写，岳会国审阅）

参考文献

[1] 核电厂核事故应急管理条例，1993 年 8 月 4 日国务院令第 124 号发布.

[2] 核电厂核事故应急管理条例实施细则之一——核电厂营运单位的应急准备和应急响应，HAF002/01，国家核安全局 1998 年 5 月 12 日批准发布.

[3] 核动力厂营运单位的应急准备和应急响应，HAD 002/01—2010，2010 年 8 月 20 日国家核安全局批准发布.

附　录

附录 1　现场辐射与污染监测程序

程序 A0　辐射监测仪表的质量控制检查

目的：

旨在对每台测量中将要使用的仪表，实施预操作和质量控制检查。

讨论：

为了在事故管理的各个阶段对放射性危险进行评估，放射性测量仪表是必需的。对这些放射性测量设备进行正常的维护和定期的标定是非常重要的。

另外，对这些放射性测量仪表必须定期地，以及在进行任何少量维护（如更换电池、紧固疏松电缆等）之后，进行操作检查。

预防/限制

下面的程序应当在响应组被派往事故现场之前就被执行。如果这个响应组是直接被派往现场去替换已经在事故现场的响应组人员，那么本程序就应当尽量合理简捷地来执行，如在交接班期间进行。

在事故的情况下，检验仪表的功能是否正常应当在 10 分钟之内完成。

设备/材料

- 一个其辐射类型适合于仪表设计特点的检查源
- 待检查的仪表
- 工作单

预操作检查

步骤 1：

检查仪表外观是否有物理损伤。

步骤 2：

检查仪器的标定标签或标定证书，确定仪表被标定的日期。如果该仪表的标定日期已超过规定的时间，应退回仪表，并更换满足要求的仪表。

注意

不要使用已经超过标定日期的仪表。然而，在没有其他仪表可以使用的情况下，检查该系统,如果仪表的读数在规定的限值之内,那么该仪表仍可使用。

步骤 3:

检查仪表的电池,确保它们符合要求。如果它们不符合要求,那么在开始测量之前就更换电池。

步骤 4:

使任何一种具有手动或电子学"调零"功能的仪表置零。

步骤 5:

检查仪表的高压设置是否合理,对于包含多个探头的仪表,应确保高压设置适合于使用中的探头的要求。

步骤 6:

将仪表设置在最低量程,仪表将给出一个在量程范围内的读数。观察表头的运作情况,如果观察到不正常或者不是预期的响应或行为,就记录在工作单上,并返回该仪表进行维修。

质量控制检查

步骤 7:

使用一个其辐射类型适合于仪表设计特点的检查源,用于检验和确认该仪表在预定的检查源计数几何下的预期读数。只要实际可能对于多量程仪表的每一个量程都应进行此项工作,并且应使其偏转达到全量程的 2/3 范围。

注释

仪表经过标定之后,应当测定它对特定检查源的响应,通常情况下,假若是剂量率监测仪,其响应保持在标定值的±20%范围内,或者对于污染监测仪,其响应保持在标定值的±30%范围内,那么它们仍然可以可靠地使用。

步骤 8:

在每个工作班开始时和下班时,对每一台仪器作一次检查。

注意

如果检查的指示向负方向回落,那么把这种现象同时记录在用于记录监测结果的同一张工作单上。同时通知环境监测助理/辐射防护助理,使用该台仪表测量的结果可能是不可信的。

步骤 9:

替换有问题的设备,对替代设备重新进行 QC 检查。

步骤 10:

在工作单上记录所有与仪表有关的数据。在测量任务结束后,向环境监测助理/辐射防护助理提交完整的工作单。

程序 A1　烟羽测量

目的：

　　为了对烟羽进行横向的和循迹测量，以及通过周围剂量率的测量来确定烟羽的边界，以便确定是否①对应于撤离、隐蔽和服用甲状腺阻断剂的操作干预水平（OIL1 和 OIL2）已被超过，以及是否②应急工作人员撤回指南水平有待采用。

讨论：

　　为了对烟羽进行循迹测量，需使用装载在车辆上的测量设备。这些测量是基于对剂量率的测定。

预防/限制

　　要始终了解你在现场可能会遇到的危险，并给予必要的防范。在没有适当的安全设备的时候，绝不要试图在现场进行任何活动。同时要始终懂得怎样使用这些设备。

　　所有的监测工作都应在使所受到的照射尽可能低的条件下进行。响应组成员应当知道撤回的指导水平，以及烟羽中放射性核素被降雨冲刷造成的可能污染。

设备/材料

- 所有响应组的公用设备（检查清单）
- 环境测量组设备（检查清单）

被派遣之前

步骤 1：

　　1.1 从环境监测助理/辐射防护助理那里得到最初的任务指派和一个最初的情况简报；

　　1.2 获得检查清单上所列的相关设备；

　　1.3 按程序 A0 对这些仪表设备进行检查；

　　1.4 在出发去执行派遣任务之前，对无线通信系统进行检查；

　　1.5 在出发去执行派遣任务之前，对全球定位系统（GPS）进行检查。

步骤 2：

　　根据从环境监测助理/辐射防护助理那里得到的指令执行下列操作：

　　2.1 用塑料布对这些仪表进行包装，以防止其受到污染（如果有探测器窗的话，应除外）；

　　2.2 设置好自读式剂量计的报警；

　　2.3 佩戴适合的个人防护装备。

注释

　　如果这种仪表具有探测器窗，又用塑料布将仪表包起来以防止污染，那么就可能会影响其对β和低能γ探测的读数精度。

　　根据环境监测助理/辐射防护助理收集的信息和建议，应急指挥将对是否实际使用甲状腺阻断药物、防护衣、呼吸器或者其他防护用品做出决定。

在去监测地点过程中

步骤 3：

使用最灵敏的仪器和量程观测周围剂量率，以提供最初的辐射测量：

3.1 保持测量仪表在车辆里并放在膝（腿）上，并将车窗关闭；

3.2 当观察到周围剂量率达到或超过 5 倍本底时，将你的位置和数据通报给环境监测助理/辐射防护助理；

3.3 按环境监测助理/辐射防护助理的指令，进一步对烟羽进行横向循迹的测量。

烟羽测量

步骤 4：

使用合适仪表在腰部（大约距地面 1 m 左右）及地面（大约距地面 3 cm 左右，探头取"向下看"的位置）进行开窗（β-γ）测量和闭窗（γ）测量。将数据记录在工作单上。

注释

如果使用的仪表的探测器具有方向性，那么在近似腰部高度测量时，探测器的定向位置应朝上（背向地面），从而避免来自放射性地面沉积对读数造成的辐射贡献。

步骤 5：

将读数与下表中的数据进行比较，确定烟羽是否在高空，还是在地面或者已经过去。

在腰部水平		和	在地面水平		结果
WO[a]	WC[b]		WO	WC	
β+γ≈γ			β+γ≈γ		烟羽在高空
β+γ>γ			β+γ>γ		烟羽在地面
β+γ≈γ			β+γ>γ		烟羽已过去，地面污染

a.WO 为开窗；

b.WC 为闭窗。

注释

当证实烟羽出现在地面水平上时，有理由开展对中心线或中心线附近的空气取样。应当使用一个快速响应的监测仪来给烟羽中心线定位；在很多情况下，将使用碘化钠探测器的污染监测仪。

注意

要定时检查剂量计，如果其读数超过预先规定的水平，那么就要通知环境监测助理/辐射防护助理。

当已经远离烟羽所在的区域时，应将使用电池的仪表在不用时把电源关掉，以避免电池能量的不必要浪费。

污染控制

步骤 6：

定期对车辆和人员进行测量，并把测量到的读数、时间、位置等数据记录在工作单上。

步骤 7：

在完成外派测量任务后，按程序 A5 和程序 A8（或者请求个人监测和去污组的帮助）对测量人员及设备进行一次检测（污染检查）。

程序 A2　地面沉积测量

目的：

测量由地面沉积产生的周围剂量率；辨认那些由地面沉积产生的周围剂量率表明有理由实行避迁，或者表明在取样分析结果出来之前应当实施食物限制的地区；确定热点的位置。

讨论：

地面沉积的测量应当在未受到干扰的、远离车辆、建筑物、树木、道路、繁忙的交通地带的开阔地区进行。测量从烟羽释放期间或经过时会产生最高剂量率的地区开始。特别要对烟羽经过的降水区（降雨或降雪）优先进行测量"热点"，在这里是指剂量率相对于这个地区的平均值出现突然而局地性急剧升高。

为了覆盖一个大的区域，建议采用移动车辆测量（常规监测），或采用航空测量（程序 A6）。然而通过道路监测来反映总体沉积的情况是非常可靠的。要给出有限大小范围内的沉积分布图，可以采用手持剂量率仪表完成。

有关沉积放射性核素组成更详细的信息，可以通过就地γ谱仪（程序 D1）的测量来获得。

预防/限制

要始终了解你在现场可能会遇到的危险，并给予必要的防范。在没有适当的安全设备的时候，绝不要试图在现场进行任何活动。同时要始终懂得怎样使用这些设备。

所有的监测工作都应在使所受到的照射尽可能低的条件下进行。响应组成员应当知道撤回的指导水平。

设备/材料

- 所有响应组的公用设备（检查清单）
- 环境测量组的设备（检查清单）

被派遣之前

步骤 1：

1.1 从环境监测助理/辐射防护助理那里得到最初的任务指派和一个最初的情况简报；

1.2 获得检查清单上所列相关的设备；

1.3 按程序 A0 对这些仪表设备进行检查；

1.4 在出发去执行派遣任务之前，进行无线通信系统的检查；

1.5 在出发去执行派遣任务之前，进行全球定位系统（GPS）的检查。

步骤 2：

根据环境监测助理/辐射防护助理的指令，执行下列操作：

2.1 用塑料布对这些仪表进行包装，以防止其受到污染（如果有探测器窗的话，除外）；

2.2 设置自读式剂量计的报警阈；

2.3 佩戴适合的个人防护用具。

注释

根据环境监测助理/辐射防护助理提供的信息和建议，应急指挥将对是否实际使用甲状腺阻断剂、防护衣、呼吸器或者其他防护设备做出决定。

地面沉积测量

步骤 3：

沿着通向污染区的每一条道路行进，开始时仪表放在最低的量程上，坐在车内进行测量（将探测窗关闭），记录下种测量不要在车内进行。记录周围剂量率是本底两倍的位置。同时也要记录周围剂量率是本底 10 倍的位置（近似 $1\mu Sv/h$）和周围剂量率由 $10\mu Sv/h$ 增加直至 $1\ mSv/h$ 的每一个位置。

注意

在进行沉积测量和开车通过污染区时，应尽量避免地面污染物的再悬浮。

步骤 4：

在工作单的适当位置记录下各种测量结果。

注意

要定时检查剂量计，如果其读数超过预先规定的水平，那么就要通知环境监测助理/辐射防护助理。

当仪表不使用时，应将使用电池的仪表在不用时把电源关掉，以避免电池能量的不必要浪费。同时要特别注意保护探测窗不被损坏，以及探测器/探头不受污染。

污染控制

步骤 5：

定期对车辆和人员进行测量，在工作单上记录下测量的读数、时间、位置等数据。

步骤 6：

在完成外派测量任务后，按程序 A5 和程序 A8（或者请求个人监测和去污组的帮助）对测量人员及设备进行一次检测（污染检查）。

程序 A3　环境中辐射水平的测定

目的:

评估一次放射性物质事故释放周围区域内辐射水平的任何可能增高,重建烟羽轨迹和/或辐射场。

讨论:

建议在怀疑有烟羽沉积的区域内及其周围布放环境剂量计。应注意选择适于环境监测的热释光剂量计(TLD)。

预防/限制

所有 TLD 在存放、布置和回取期间都应对外部的照射加以屏蔽。

设备/材料

- 用于环境中剂量测定的 TLD
- 所有响应组的公用设备(检查清单)
- 环境测量组设备(检查清单)

被派遣之前

步骤 1:

1.1 从环境监测助理/辐射防护助理那里得到最初的任务指派和一个最初的情况简报;

1.2 获得检查清单上所列适合的设备以及 TLD;

1.3 按程序 A0 对这些仪表设备进行检查;

1.4 在出发去执行派遣任务之前,对无线通信系统进行检查;

1.5 在出发去执行派遣任务之前,对全球定位系统(GPS)进行检查。

步骤 2:

按照环境监测助理/辐射防护助理的指令执行下列操作:

2.1 用塑料布对这些仪表进行包装,以防止其受到污染(如果有探测器窗,则除外);

2.2 设置自读式剂量计的报警阈;

2.3 佩戴合适的个人防护用具。

注释

根据环境监测助理/辐射防护助理提供的信息和建议,应急指挥将对是否实际使用甲状腺阻断剂、防护衣、呼吸器或者其他防护用具做出决定。

一旦收到 TLD,每一个响应组都应对 TLD 在运送和不用时的回收过程中的安全操作负责。

环境剂量计的布放

步骤 3:

按环境监测助理/辐射防护助理的要求到达指定的点位,在开阔的区域内寻找一个合适的位置。如果全球定位系统(GPS)可以利用,那么用它确定位置,并记录在工作单中。否则,识别该位置并在地图上作上标志,同样在工作单中作好记录。测量该位置的周围剂量率，并将其记录在工作单中。

注释

在 TLD 的运送过程中，应将 TLD 包装件放在一个尽量避免受到损坏和/或辐射及热照射的地方（如放置在垫铅盒或容器里）。

步骤 4：

将两个 TLD 放在一个可密封的塑胶袋中，并把它可靠地固定在一个小亭或构架上，使其面向烟羽投影区或污染源的中心。将 TLD 安放在距离地面高大约 1 m 的地方。不要将 TLD 放置在露头岩石上面或与地面接触。

注释

对 TLD 的缚紧方式，应保证小亭或构架不会对 TLD 产生屏蔽作用。

步骤 5：

在工作单上记录 TLD 的编码，并表明每一个环境测点的方向，以便使得 TLD 可以被回收。记录 TLD 的放置日期和时间。

步骤 6：

在 TLD 布放完毕后，将工作单交回环境监测助理/辐射防护助理。

TLD 的回取

步骤 7：

所有被放置测量的 TLD，按环境监测助理/辐射防护助理的指令进行回取。

步骤 8：

采用合适的污染测量仪，在 TLD 从测量区域被取回之前，对它们进行污染测量。如果发现一组 TLD 被污染，将它们与其他 TLD 进行隔离，并附以（污染）读数标签。把污染读数记录在工作单的备注栏里。

注释

在污染区里直接对 TLD 进行污染检查是不合适的，因为那里有高水平的本底。这种检查应当迟后再进行，直到它们能当作污染物件来看待（即能发现它们被污染）时候再检查。

步骤 9：

将每一套收集到的 TLD 放入第二个尺寸合适的塑胶袋中进行包装。假若探测到污染，则在包装袋和工作单中加以注明。

步骤 10：

保证辨认到所收集的 TLD 的编码与工作单上所记录的编码相一致。记录执行 TLD 的回收日期和时间。如果 TLD 有任何损伤或丢失，应在工作单上给予注明。

步骤 11：

将所有收集的 TLD，连同完整的工作单交还给环境监测助理/辐射防护助理。

注释

在运输期间，将所有 TLD 放置在一个屏蔽容器中，以避免可能受到的损坏、丢失或者照射。受污染的 TLD 与未污染的 TLD 应进行隔离。

污染控制

步骤 12：

在完成任务返回后，使用程序 A5 和程序 A8（或者请求个人监测和去污组帮助）对人员及设备进行一次检测（污染检查）。

程序 A4　放射源的监测

目的:

为了评估放射源附近的周围剂量率,并为有关启动防护行动的决策及时提供信息,恢复放射源的安全状态。

讨论:

从监测的观点出发,涉及卡源或者裸露源的事故最容易处理。在一个裸露放射源的附近,其剂量率可能在 1Gy/h 的水平或更高。

涉及丢失或被盗放射性物质的事故,其监测是最难的。在这种情况下,考虑使用航空 γ 监测可能是有效的方法。然而,在多数情况下,放射源被放置在容器里,产生的剂量率是很小的。

在选用仪表时,应记住这一点。

预防/限制

要始终了解你在现场可能会遇到的危险,并给予必要的防范。在没有适当的安全设备的时候,绝不要试图在现场进行任何活动。同时始终懂得要怎样使用这些设备。

所有的监测工作都应在所受到的照射尽可能低的条件下进行。响应组成员应当知道撤回的指导水平。

设备/材料

- 所有响应组的公用设备(检查清单)
- 环境测量组的设备(检查清单)

被派遣之前

步骤 1:

1.1 从环境监测助理/辐射防护助理那里得到最初的任务指派和一个最初的情况简报;

1.2 按检查清单获得相关的设备;

1.3 使用程序 A0 对这些仪表设备进行检查;

1.4 在出发去执行派遣任务之前,进行无线通信系统的检查;

1.5 在出发去执行派遣任务之前,进行全球定位系统(GPS)的检查。

步骤 2:

按照从环境监测助理/辐射防护助理的指令执行下列操作:

2.1 用塑料布对这些仪表进行包装,以防止其受到污染(如果有探测窗,则除外);

2.2 设置自读式剂量计的报警阈;

2.3 佩戴适合的个人防护用具。

注释

根据环境监测助理/辐射防护助理提供的信息和建议,应急指挥将对是否使用甲状腺阻断剂、防护衣、呼吸器或者其他防护用品做出决定。

放射源监测

步骤 3:

在进入怀疑其周围剂量率升高的区域前,打开仪表。

注释

采用一个具有合适测量范围的剂量率仪。在高剂量率情况或者人体不容易接近的位置,考虑使用一个带有可伸缩杆的仪表。

步骤 4:

4.1 测量放射源产生的剂量率。注明与放射源之间的距离。如果剂量率的测量是在与放射源接触的情况下进行的,那么应当在放射源剂量率读数处一起加以说明。

注意

如果仪表的读数超出了量程范围,将仪表向离开放射源方向移动,直到其读数在量程范围内为止并记录与放射源之间的距离。如果不可能得到一个量程范围内的读数,那么标明"读数已超出量程",同时要考虑你自己及他人的安全问题。应立即向环境监测助理/辐射防护助理通报有关信息。

4.2 对于β和γ混合辐射场,打开β探测窗和关闭β探测窗分别对剂量率进行测量。这样将测出相关的β和γ剂量率水平。

4.3 如果怀疑β和α放射源的存在,将监测仪贴近放射源的表面来进行测量,注意不要污染测量仪表。

步骤 5:

如果放射源是看不见的,那么使用下述的方法之一来查找放射源的位置:

5.1 握住仪表并使其探测灵敏区远离人体,并将其旋转,直至出现最小数(对于大多数仪表,当其后边正对放射源时,其读数将最小,同时人体也给出附加的屏蔽)。当最小读数出现时,画出一条由仪表通过人体中心的直线,它给出了放射源的方向(非常近似)。

注释

采用一个带准直器的探测器,可以使这种"视线"方法更加适用。

5.2 另外一种可供选择的方法:围绕放射源进行测量,标出一圈剂量率相同的点,那么可以假定放射源就在这个圆的中心。

注释

在放射源附近如果存在瓦砾堆或其他任何障碍物,就会使射线减弱,这样会导致在放射源周围类似的距离上出现不同的剂量率。

5.3 测量"视线"上两个不同距离处的剂量率,再使用平方反比定律,可以粗略地推算出放射源的距离。

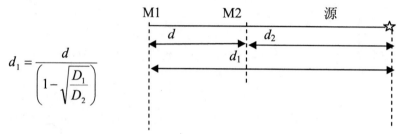

$$d_1 = \frac{d}{\left(1 - \sqrt{\dfrac{D_1}{D_2}}\right)}$$

其中：

d_1：离放射源较远一点 M1 的距离（m）；

d_2：离放射源较近一点 M2 的距离（m）；

d：测量点 M1 和 M2 之间的距离（m）；

D_1：测量点 M1 处的剂量率；

D_2：测量点 M2 处的剂量率。

注意

应当注意一个局部的屏蔽可能会产生一个其剂量率会突然增大的不均匀的辐射场，也会造成对源位置估计的不可靠。

步骤 6：

在工作单上记录所有的数据。

注意

定时检查剂量计，如果剂量计的读数超过预先规定的水平，那么就应报告环境监测助理/辐射防护助理。

当电池驱动的仪表不使用时，应将仪表的电源关掉，以避免电池能量的不必要浪费，同时要特别注意保护探测窗不被损坏以及探测器/探头不受污染。

如果放射源未能被移走，应记住对其做出明显的标记以警示他人不能靠近。

污染控制

注释

即使是一个密封放射源，其污染的可能性也不应当被忽略。在屏蔽被恢复放射源已被放回到一个适合的容器里之后，应按程序 A5 进行细心地测量，以确保无污染。

步骤 7：

按程序 A5 和程序 A8（或者请求个人监测和去污组帮助）对人员及设备进行监测（污染检查）。

注意

检查将涉及那些到达或怀疑可能到过污染区域的所有人。所有从事故现场带出的物品，在其被处置或重新利用之前，都应进行污染监测。

程序 A5　表面污染测量

目的：

提供受污染的地区、物件、工具、设备以及车辆的信息，以作为启动防护行动、清污操作或去污操作的决策依据。

讨论：

表面污染的测量通常采用直接监测的方法。在混合辐射场中，必须使用正确的仪表或仪器的设置来区别α和β＋γ的测量。在某些情况下，释放出来的放射性核素是纯α或纯β的发射体，不会产生高的周围剂量率。在相当高的γ本底区域里，在探测器与（污染）表面之间放置一片塑料，便可以将β射线产生的读数去除，与γ射线产生的读数相区别。对于一定的情况（高本底、灵敏度不高、不易接近等），可能需要采用擦拭（间接）法作为主要的监测程序。

这两种方法（直接和间接）都可以对表面污染进行分析；也就是说，在直接测量后，选取污染表面具有代表性的一个部分进行擦拭，以确定可去除的污染。擦拭取样法也应当用于发现污染水平很低，几乎接近探测限水平的污染区域。

行动水平 —— 一种事先确定的关于污染水平的限值，当污染水平超过它时，应当设法进行去污，或者需将有关的物件或区域进行隔离，以防止不得不去确定不必要的照射。行动水平也依赖于所使用的污染监测仪的类型，例如：高于本底 300cpm 的行动水平，使用扁饼形的探测器似乎是合理的。然而，当经过至少两次以上去污以后，可以肯定其污染是固定的，不可能被污染、被吸入、食入或操作引起扩散，那么高出本底 1 500cpm 以下的测量读数就表明该物件可物归原主。行动水平应当由环境监测助理/辐射防护助理来制定。

预防/限制

要始终了解你在现场可能会遇到的危险，并给予必要的防范。在没有适当的安全设备的时候，绝不要试图在现场进行任何活动。同时要始终懂得怎样使用这些设备。

所有的监测工作都应在使所受到的照射尽可能低的条件下进行。响应组成员应当知道撤回的指导水平。在任何污染或正在进行监测活动的区域里，所有响应组成员应禁止饮食、吸烟等行为。

设备/材料

- 所有响应组的公用设备（检查清单）
- 环境测量组的设备（检查清单）
- 个人监测/去污组设备（检查清单）

被派遣之前

步骤 1：

1.1 从环境监测助理/辐射防护助理那里得到最初的任务指派和一个最初的情况简报；

1.2 获得检查清单上所列相关设备；

1.3 使用程序 A0 对这些仪表设备进行检查；

1.4 在出发去执行派遣任务之前，进行无线通信系统的检查；

步骤 2:

按照从环境监测助理/辐射防护助理那里得到的指令执行下列操作:

2.1 用塑料布对这些仪表进行包装,以防止其受到污染(如果有探测窗,则探测窗除外);

2.2 设置自读式剂量计的报警阈;

2.3 佩戴适合的个人防护用具。

注释

根据环境监测助理/辐射防护助理提供的信息和建议,应急指挥将对是否实际使用甲状腺阻断剂、防护衣、呼吸器或者其他防护用品做出决定。

表面污染的直接测量方法

步骤 3:

针对相关的放射性核素污染,选择合适的污染监测仪。在进入怀疑有污染的区域,或接近怀疑有污染的表面之前,打开仪表的电源,选择合适的时间常数(如果可能的话)。测量并在工作单上记录本底的辐射水平。定时地对探测器进行再检查,以确保探测器未被污染。

注释

如果污染的区域难以接近,那么就可能需要监测仪的探头与计数表头之间用电缆连接,因而是可以分开的。

步骤 4:

使用一个具有声音报警的污染监测仪,连续地以一个固定的速度从怀疑可能有污染的区域进行通过式测量。推荐采用一个手持的扁饼形探头,如附图 1.1 所示。测量要从外围向中心进行。当声音报警,表明有显著的读数出现时,观察表头进行读数。在进行读数时,要充分地等待一段时间,以确保其读数为指示的平均值。需要时,可调整量程。记录每一个关键点的指示平均值。

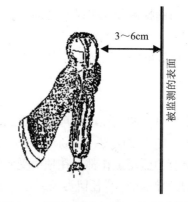

附图 1.1 用于污染探测时,推荐采用的扁饼形探头握持方法

注释

如果监测仪没有声音报警,那么其扫描的速度应与仪表的响应时间(时间常数)相匹配。污染监测仪具有快速的响应时间是非常有意义的,这样就能使得那些重要的污染水平能够在一个固定的扫描速度下被探测到。如果污染是局部性的,那么可能希望污染监测仪的扫描速度设置得慢一些,以便把污染情况了解清楚。

步骤 5:

5.1 对于α和软β的污染监测,监测仪要接近被测表面(从监测仪的探测窗到被测表面的距离不应超过 0.5 cm)。

5.2 潮湿的表面可能屏蔽α射线。待潮湿的表面变干后对其表面重新监测，或者对潮湿的表面取样进行实验室分析。

注释

任何粗糙的或者有吸收性的表面都将导致对α和软β污染水平严重低估。在这些情况下，直接测量可以显示污染的存在，但在估计活度时必须万分小心。建议以"大于 $X\text{Bq/cm}^2$"的形式或类似的形式来报告。

可以使用一个能使得探头与被测表面保持在大约 0.5 cm 距离的附加装置。另外一种有用的方法是在握住探头时，将戴着手套的手指伸到探头底部靠近把柄一边的边缘处。

对于大面积的α的测量只是定性的，因为只能检查有代表性的位置。测量的数目取决于被测区域的大小和可利用的测量时间。

步骤 6:

在工作单（如果是车辆的污染监测）上记录下列数据：α、β+γ、β和/或γ的读数、测量时间、测量地点以及任何与读数有关的特殊情况。对于设备和材料的测量数据应当在这些特定的设备和材料上标注出来，同时在工作单（或者对车辆测量）给予记录。

注意

监测组的成员在监测过程中，应当非常小心不要与可能受到污染的表面接触，避免自己受到污染或使污染扩散。

定时检测剂量计，如果剂量计的读数超过预先规定的水平，那么就应向环境监测助理/辐射防护助理报告。

当电池驱动的仪表不使用时，应将仪表的电源关掉避免电池能量的不必要浪费。始终留神放置仪表或者探头的位置，应当小心地保护探测窗不被损坏和/或探测器/探头不受污染。

车辆的污染测量

注意

所有在辐射控制区内用过的车辆都应进行监测。

步骤 7:

对车辆进行一次总体性的总β—γ的测量，首先对车辆的护栏、车轮、保险杠及轮胎（工作单上 A—G 项目）进行测量。如果外表面的污染水平处于或高于行动水平，在工作单合适的条目中记录其读数，指令此车到一个指定的区域进行去污或者进行安全隔离。

注意

监测组的成员在监测过程中，应当非常小心不要与可能受到污染的车辆外表面进行接触，避免自己受到污染并将污染传播到车辆的内部。应当记住，在车辆外表面被测出已经受到污染时，在对外表面进行去污之前，不要企图对车辆的内部或发动机区域进行测量。

步骤 8：

如果对车辆外表面的测量结果是：其污染的水平高于本底而低于行动水平，那么：

8.1 如果可能的话，对空气滤清器的外表面进行总γ活度测量；

8.2 对车辆的内表面进行测量如：座椅、地板、扶手、方向盘、变速杆（工作单上 I 和 J 项目），确定车辆的内部污染水平是否超过行动水平。

如果测量部位的污染水平超过了行动水平，应将车辆受污染的情况通知车辆驾驶员，并告诫他，在适当的去污方法确定下来之前，应当进行隔离。在工作单上记录有关车辆及受污染程度的所有信息。

注意

如果对空气滤清器箱体的测量表明，其污染水平已处于或高于行动水平时，不要试图将空气滤清器拆出。如果空气滤清器已经受到污染，那么发动机的内部，包括发动机润滑油，也可能已被污染。这时，车辆应被隔离，等完成其他监测及去污操作后，再作进一步的评估。

注释

将污染检查的项目记录提供给车辆驾驶员。

步骤 9：

在进行初步的去污之后，对车辆受污染的区域进行重新测量。

9.1 如果污染水平已明显降低，但仍高于行动水平，重复去污过程并再次测量。

9.2 如果测量结果表明其污染水平仍高于行动水平，告诫车辆驾驶员应当将车辆隔离到一个安全的区域里，等待进一步的评估。

9.3 在工作单上记录有关车辆及受污染程度的所有信息。

步骤 10：

如果对车辆外表面的初步去污，不能使污染水平降低到行动水平以下，那么这种污染可能是固定式污染。用擦拭法（步骤 11）进行验证，并在工作单上注明其结果。

注释

对于固定式的污染，如果读数不高于行动水平的 5 倍，对车辆可以放行，但要确保没有测量到可移去的污染。

表面污染的擦拭测量法

步骤 11：

选择一个有代表性的取样部位，划出一个已知面积的区域——如果可能的话划出一个近似 100 cm^2（$10 \text{ cm} \times 10 \text{ cm}$）的区域。

注释

取样的部位应当是平整、光滑稳定的表面。小心操作的话，擦拭法还可以用在道路、人行道等。除非可以擦拭掉的非固定污染的准确份额已知，否则一般缺省值取 0.1。

步骤 12：

　　用两个戴手套的手指，细心地对事先标出的区域进行擦拭。不要用力过大，避免将擦片磨出洞来，或使擦片卷起来。

步骤 13：

　　使用便携式的污染监测仪对擦片的污染水平进行测量。为了对污染区域上或者物体上的污染水平进行评估，应当对擦片所可能去除下来的活度份额（即擦拭效率）做出假定。记录并传送其读数。

注释

　　擦拭样的测量这样来完成，将擦片的擦拭面放在离探测器预先确定的距离上，注意不要使探测器面向周围附近任何可能影响读数的其他源的方向。如果对测量来讲，本底太高，则可将测量移至本底较低的地方进行，也可以采用一种带屏蔽的特殊的擦片支架，以使得能在较高本底的条件下测量。

　　擦片的自吸收也可能使得测量的活度被总体上低估。建议采用液体闪烁计数法进行测量。因此，擦拭样品要尽可能保留下来，供晚些时候进行分析，同时有关人员应当了解探头加擦拭监测方法的局限性。

步骤 14：

　　14.1 在存放擦拭样品的塑料袋上标注出样品的相关信息，包括：取样位置、日期、时间、取样人姓名，以及擦拭取样的大致位置——以便需要时可以再次找到该取样位置。

　　14.2 在工作单上记录所有数据。

　　14.3 将擦拭样品交付样品分析人员。

注意

　　定时检查剂量计，如果剂量计的读数超过预先规定的水平，那么就通报给环境监测助理/辐射防护助理。

污染控制

步骤 15：

　　在测量任务结束后，对所有用过的工具和设备进行污染检查。在工作单上记录其检查的数据和时间。如发现有污染，应尽可能对其去污。检查去污的有效性并将数据记录在工作单上。

注释

　　如果去污是必要及可行的，那么可以采用几个方法中的一种来完成去污工作，例如，可以采用干布，肥皂和水等来擦洗去污。不要采用那些会使局部污染扩散或增大表面渗透的去污方法。如果即时去污不成功或者不现实，那么去污人员可以放弃对这些物件或设备的去污，并将它们连同一张有关这些受污染物品的记录清单退交给物主。污染的物品必须有完整的包装、标签，同时贮存方式保证不会对人产生辐射危害，并可以防止污染的扩散。

步骤 16：

　　使用程序 A8 进行人员污染检查。确保离开污染区的任何人都要进行污染监测。

程序 A6　航空污染测量

目的：

　　通过放射性核素鉴别性测量，提供有关大面积污染的信息，为启动防护行动和/或清污操作提供依据。

讨论：

　　航空谱仪测量是用于大面积污染快速测量较为合适的方法。这种测量多数使用高纯锗探测器（HPGe），但有时也可采用碘化钠探测器 NaI（Tl）。

　　航测γ谱仪的测量方法会受到很多不确定因素的影响，这是由于土壤中放射性核素的实际分布与确定转换因子时所采用的分布之间的差异（由于地形结构的差异，如：森林、建筑物等；以及其他未知的因素的影响）。

　　必须知道作为光子能量及入射角（包括飞机自身可能产生的屏蔽）的探测器响应函数。因此，γ谱仪在使用前，一定要进行航测的标定工作（程序 D1a 和 A6a）。然后使用程序 D3 对γ谱仪系统的特有功能进行常规检查。

　　为了快速确定和描绘地面污染情况，地面取样是一种可选方法。无论如何，如果时间充足，地面取样方法用于交互标定航空测量是有用的。

　　通常，根据被测目标的情况可能存在多种不同的飞行方案，对于使用直升机的测量，下列的调查模式可能将用到：

　　平行轨迹调查－PT：

　　描述：平行直线轨迹，长度为几公里，轨迹间距 300 m。

　　应用：测量平整或有丘陵地形。

　　线路调查－LS：

　　描述：沿指定的线路飞行（如：公路、铁路线、河流）平行轨迹之间 300 m。

　　应用：沿着交通线路测量。

　　等高线调查－CS：

　　描述：沿地理等高线飞行。

　　应用：测量深谷或高山地形。

　　穿过调查－PS：

　　描述：从不同轨迹上的一个界标到另一个界标飞行。

　　应用：快速测定污染区的边界。

　　在绘制沉降分布图时，飞行航线的方向应当近似与风向成直角，沿着从辐射源开始的顺风方向（是指在烟羽飘过阶段时的风向）。最初的测量可以使用较宽的航线间距，之后为精细绘图需采用较小的航线间距。

　　要给出适于各种可能的航测谱仪系统的详细程序，以及相应的测量数据评估程序是困难的。最重要的工作是要对测量参数（测量高度、飞行速度、坐标、测量时间等）进行收集，同时与辐射测量数据一道同时进行存储。这些数据在绘制污染图时是必需的。

　　这里只给出一个通用的程序，在实际的工作中，这个程序必需进行修改和用户化，以满足所采用的特定谱仪系统和可能的特定测量任务的需要。附图 6.2 给出了一个航测γ谱仪测量系统的例子。

要点

分析项目：放射性核素。

几何条件：携带航测γ谱仪系统飞行，最好使用 HPGe 探测器——有时采用 NaI（Tl）探测器——置于直升机里或固定机翼飞机上。

取样类型：无须取样。

测量基质：土壤、空气。

最小可探测量：$1\sim5kBq/m^2$（取决于探测器效率、飞行高度、放射性核素及其在土壤中的分布情况）。

测量时间：每次循环 $10\sim300s$（取决于探测器效率、飞行高度、放射性核素、在土壤中的浓度及分布情况）。

测量精度：$30\%\sim50\%$（取决于放射性核素在土壤中的分布、被测地形的结构、标定精度和测量时间）。

预防/限制

谱仪系统是否适合于装入不同类型的飞机（直升机）中，应当预先进行试验。

如果怀疑飞机已经飞越过污染空气，那么飞机可能需要去污，同时对地面的测量结果可能需要重新确认。

飞行通常需要在白天且在可见的气象条件下进行，飞行的能见度应在 1.5 km 或更远的距离，云层不低于地面上空 150 m。

所有的监测工作都应在使所受到照射保持在合理可达到低的条件下进行。响应组中成员应当知道撤回剂量指导水平。

设备/材料

- 所有响应组的公用设备（检查清单）
- 航测γ谱仪系统（检查清单）
- 直升机或固定机翼飞机

被派遣之前

步骤 1：

1.1 从环境监测助理/辐射防护助理那里得到最初的任务指派和一个最初的情况简报；

1.2 获得检查清单上所列相关设备；

1.3 使用程序 A0 对这些仪表设备进行检查；

1.4 获得气象条件和天气预报的信息；

1.5 获得有关被测地区的信息；

1.6 从环境监测助理/辐射防护助理那里得到关于坐标系统的信息。

步骤 2：

按照从环境监测助理/辐射防护助理那里得到的指令，执行下列操作：

2.1 设置自读式剂量计的报警阈；

2.2 佩戴适合的个人防护用具。

飞行前检查

步骤 3：

对航测谱仪系统进行外观物理损伤检查。

步骤 4：

在直升机或固定机翼飞机上选择一个适合的安装探测器的位置，使得由燃料箱或其他部件对它所造成的屏蔽作用最小。

步骤 5：

检查航测谱仪系统在直升机或固定机翼飞机上的机械安装情况。

步骤 6：

检查航测系统的电子学连接情况，包括雷达测高仪和全球定位系统 GPS，同时也要检查与仪表盘线路之间的连接。如果谱仪是电池驱动的，也要检查电池情况。

步骤 7：

当使用 HPGe 探测器时，检查探测器杜瓦（真空）瓶内的液氮情况，如果需要的话，在出发之前进行补充。

注意

使用的液氮最多为 5L，使得在一个有限空间内发生泄漏事件时，工作人员由于吸入缺氧空气导致窒息的可能性减至最小。液氮的泄漏会使飞行员的视觉变得模糊，可能导致对眼睛、皮肤和设备的损伤。

步骤 8：

打开测量系统的开关，按照生产商或开发研制者提供的程序（手册）检查它的基本功能。

步骤 9：

设置相关的测量参数，如测量时间、数据存储循环的构架。

步骤 10：

10.1 在出发去执行派遣任务之前，进行无线通信系统的检查；

10.2 进行全球定位系统（GPS）的检查；

10.3 检查雷达测高仪，如果必要的话，对仪表进行标定。

注意

直升机或固定机翼飞机驾驶员的操作程序，包括所有必需的执照、燃料和润滑油及后勤保障等在内的飞行操作指令这里不作讨论。他们应遵守国家有关飞行的规定。

飞行员的决定要无条件地执行。

步骤 11：

将所有相关的数据记录在飞行日志、检查清单及工作单上。

测量

步骤 12：

飞抵被测区域，开始测量序列，沿着环境监测助理/辐射防护助理给定的飞行路线进行测量。

依据实际情况和国家管理部门的要求，建议如下的飞行参数：

①飞行高度：典型值为距地面高 90～120 m（使用直升机），视地形情况（树木、建筑物、电力线等）而定。飞行高度尽可能地保持不变。对结构变化的地形，直升机应努力跟踪其变化（安全第一）。对于固定机翼飞机，飞行的高度通常要高一些。

②飞行速度：根据直升机或飞机的特性而定，对于直升机飞行速度大多数情况建议在 60～150 km/h。

注释

最重要的一点是要收集好测量参数（测量高度、飞行速度、坐标、测量时间等），同时将它们与相应的辐射测量数据同时存储。这些数据在绘制污染图时是必需的。

测量期间的检查

注释

测量期间的检查应根据谱仪生产商提供的程序（手册）来进行，如：增益、高压、峰位、能谱漂移等。对测量数据、飞行高度、GPS 数据进行目视检查是非常有用的，且通常是必需的。应预先制定出适合于你自己习惯的测量中检查步骤。

最终着陆之后

步骤 13：

根据谱仪生产商提供的程序（手册）再一次对测量系统的基本功能进行检查。在飞行日志上记录所有相关的数据。将任何检测中发现的问题通报环境监测助理/辐射防护助理。

步骤 14：

确保数据以正确的格式被记录，对所有测量数据进行复制备份。

步骤 15：

使用程序 A5 对直升机或飞机以及有关设备进行污染检查。

注意

如果直升机和固定机翼飞机在放射性烟羽中飞行过，如果它们在一个污染的地面上着陆，那么它们被污染是有可能的。应特别注意将污染减至最低水平，防止飞机内部被污染。飞机在受污染地面着陆的情况可能是不应该出现的。

分析

注释

大多数情况下，对测量数据的分析要在任务结束后进行。依据所采用的测量系统可以在飞行中对测到的能谱作某种程度上的评估，至少可以对造成土壤污染的某些主导放射性核素做出实时判断。

如果飞机上装有测量数据记录器，那么在飞行中就可将测量数据通过无线通信设备进行报告，以进行早期的数据评估。

大多数商业谱仪系统或者评估软件程序已安装进行下述步骤功能，应当开发出你自己的评估程序。

步骤 16:

确定测量谱中找到的测量线的净峰面积。

16.1 计算各感兴趣区内的总计数;

16.2 计算峰两侧各三道内的本底计数平均值;

16.3 将这个平均值与峰内的道数相乘,得到峰面积下的本底计数;

16.4 从峰面积的总计数中扣除本底计数得到净峰面积。

注释

上述的计算方法只适用于单峰的情况。对于多峰重叠的峰面积计算,需要非常复杂的数值展开技术,且必须使用计算机来完成。

步骤 17:

通过测量谱中的能量分析来判别放射性核素的种类。像放射性核素的半衰期、γ射线能量和有关发射分支比等数据可以从可靠的和参考性数据库的电子版本或印刷版本中获得。将下列数据进行打印:能量、净峰面积、相关的统计计数误差以及放射性核素名称(参见程序 D1 和 D2)。

步骤 18:

用下面的公式计算地面放射性核素的浓度:

$$C = \frac{10 \cdot (N - N_b)}{t \cdot C_f \cdot p_y \cdot SF}$$

式中: C —— 被测核素的面积浓度(kBq/m^2);

N —— 在能量 E 处的峰内计数;

N_b —— 在能量 E 处峰内的本底计数;

T —— 有效的测量时间(s);

C_f —— 在能量 E 处探测器的标定因子(cm^2)(程序 A6a 的结果);

p_y —— γ射线 E 能量的分支比;

SF —— 屏蔽因子。

注释

上面公式中屏蔽因子的引用是为了对被测量的γ射线在穿过直升机或固定机翼飞机的结构部件和材料时引起的衰减进行修正。这个因子需要针对给定的交通工具和测量安排来确定。得到准确的 SF 值是非常困难的,因为,复杂的结构可能破坏我们在评估中做出的关于辐射场是圆柱对称性的假定。通过对不同光子能量的点源的测量,可以很好地确定各向异性的影响和通量密度的总衰减。在缺乏实验数据时,SF 可以用下式近似地来表示:

$$SF = e^{-\mu_x \cdot d_x}$$

式中: μ_x —— 对于给定光子能量的平均线减弱系数;

d_x —— γ射线通过的材料的平均厚度。

需要说明的是,由于上面提到的原因,SF 的数值的确定有相当高的不确定性。使用这个因子的主要目的是确定污染水平可能被低估的范围。从这个意义上讲，当μ_x取为最大可能线减弱系数和d_x取为最厚的截距时，就为被测通量密度的减弱提供了一个极限数据。

步骤19：

在飞行日志和工作单上记录所有的结果和测量参数。

步骤20：

准备绘制不同放射性核素的沉降图。

注释

在像这样的通用程序里，要给出适用于各种被测数据的可能评估方法和所有分析步骤的详细细节是非常困难的。测量的最终结果通常是描绘各种放射性核素在地面的活度浓度情况的沉降图，通常采用适合的软件或自行开发的软件或程序来完成。

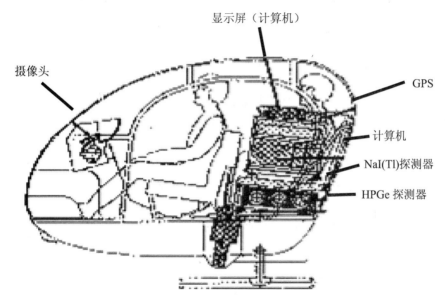

附图1.2　机载γ谱仪系统的一个例子

程序 A6a　航测的谱仪标定

目的：

为了对航测用带高纯锗探测器的机载γ谱仪进行标定。

讨论：

为了评估不同放射性核素对土壤的污染，必须对γ谱仪进行标定。这种标定程序与就地γ谱仪的标定程序类似（程序 D1a）。

探测器的标定因子（C_f）是特征γ射线的净峰面积计数率（R_f）与一种给定的放射性的表面污染浓度的比率，可以用三个分别确定的因子的乘积来表示：

$$C_f = \frac{R_f}{R_0} \cdot \frac{R_0}{\phi} \cdot \frac{\phi}{A_s}$$

式中：C_f—— 探测器标定因子；

　　　R_0/ϕ—— 响应因子，沿探测器轴线方向（垂直于探测器表面）入射的能量为 E 的γ光子的单位通量密度的峰计数率；

　　　R_f/R_0—— 角修正因子，需要考虑探测器的角响应；

　　　ϕA_s—— 几何因子，到达探测器位置处，相应于每单位放射性核素浓度或总量的总光子通量密度。

响应因子 R_0/ϕ，通过使用已标定过的点源经实验室测量来确定。角修正因子 R_f/R_0，通过在实验室对探测器角灵敏度的测量和对通量密度分布的计算模型共同来确定。

为了对土壤污染的情况进行评估，最重要的信息是放射性核素在土壤中的分布情况。大多数情况下，人工放射性核素在土壤中的分布可以描述为随着土壤深度的增加成指数下降的关系。这时，一个相关的参数就是质量张驰参数α。土壤中的放射性核素与时间相关性，以及深层土壤中的迁移对于辐射事故后不久来讲，这种作用是不重要的。假若采用只分布在表面的假定，那么对放射性核素地面浓度的估计可能低估 2 倍。

预防/限制

对于航测的谱仪标定应提前进行——在谱仪使用之前。

设备/材料

- 机载γ谱仪
- 有合格证书的参考点源

步骤 1：

使用程序 D2a，完成谱仪的能量标定。

步骤 2：

使用程序 D1a 中的步骤 3，确定探测器响应因子 R_0/ϕ。

步骤 3：

使用程序 D1a 中的步骤 4，确定角修正因子 R_f/R_0。

步骤 4：

根据附图 1.3 给出的曲线，查处飞行高度、谱中能量 E 处峰所对应的几何因子 ϕ/A_s。这里，表面污染的响应不考虑污染在土壤中的渗入，这些高度是在航测中飞机通常飞行的高度。其他飞行高度下的几何因子可以通过该曲线进行插值来得到。

步骤 5：

通过以下三个因子的乘积来计算探测器在不同能量下的标定因子：

$$C_f = \frac{R_f}{R_0} \cdot \frac{R_0}{\phi} \cdot \frac{\phi}{A_s}$$

在双对数坐标纸上绘制不同飞行高度的 C_f—能量 E 的对应曲线，拟合数据点成光滑曲线，记录所有的 C_f 点，将图保存在谱仪日志上。

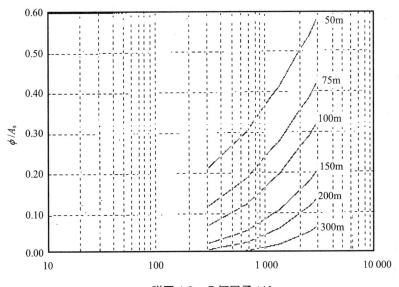

附图 1.3　几何因子 ϕ/A_s

注：几何因子 ϕ/A_s 是分布在表面的放射性核素的光子能量的函数，且随着飞行高度而变化。

程序 A7 用航测方法监测辐射源

目的：

　　为了在大面积范围内探测、定位和辨认γ放射性，使辐射源恢复到安全状态，为了启动防护行动和/或清污操作。

讨论：

　　航测方法是大范围内进行快速寻测最合适的方法，这时，碘化钠探测器 NaI（Tl）在测量中是最常使用的探测器。然而，测量系统有时也采用高压电离室、正比计数管、GM 计数管或其他合适的剂量率仪。

　　作为光子能量及入射角的函数（包括飞机自身可能产生的屏蔽）的探测器响应是必须知道的。因此，在使用前，系统必须针对航测条件进行标定。测量中如果使用谱仪系统，那么使用程序 D2a 进行能量标定，使用程序 A6a 确定探测器标定因子。替代方案中，如果使用高压电离室、正比计数管、GM 计数管或其他合适的剂量率仪，则可以采用简化的标定程序。在这种情况下，可以在给定几何条件下，通过在合适的参考源上飞行的实验方法来进行简单的标定。

　　在进行任何调查活动时，应当考虑下面这些内容：

　　①应当首先对怀疑有辐射源的位置进行测量；在这些搜寻区内，应当优先测量居民区。

　　②飞行航线的间距、飞行高度由辐射源的活度、数量以及监测系统的灵敏度来确定。

　　③直升机或飞机的航行能力。

　　④机上人员与地面测量组之间的通信联系。

　　通常，根据被测目标的不同，可能有若干种不同的飞行模式，对于使用直升机的测量，可以采用下列的调查模式：

平行轨迹调查－PT：

描述：平行直线轨迹，长度为几公里，轨迹间距 300 m。

应用：测量平整或丘陵地形。

线路调查－LS：

描述：沿指定的线路飞行（如公路、铁路线、河流），平行轨迹间距 300 m。

应用：沿着交通线路测量。

等高线调查－CS：

描述：沿地理等高线飞行。

应用：测量深谷或高山地形。

穿过调查－PS：

描述：从不同轨迹上的一个界标到另一个界标飞行。

应用：快速确定污染区的边界。

　　要针对各种可能的航测系统给出详细的程序是困难的。因此，这里只给出一个通用的程序。在实际的工作中，这个程序必须要针对具体的谱仪系统或所采用的剂量率监测仪进行修订和用户化。

要点

分析项目：γ放射性核素。

几何条件：地面上的点源；携带航测γ监测系统飞行，通常使用 NaI（Tl）探测器，置于直升机里或固定翼飞机上。

取样类型：无须取样。

测量基质：土壤、空气。

最低可探测量：几百个 MBq（取决于探测器效率、飞行高度、放射性核素以及航线间距）。

测量时间：一次循环 1～5s（取决于探测器效率、飞行高度、放射性核素）

测量精度：较好的条件下，活度的±30%～±50%（取决于被测地形的结构、标定精度、测量时间、环境条件、放射性核素、天然本底辐射、航线间距）。

预防/限制

标定后不要改变系统的设置和进行调整。

飞机通常需要在白天和可见的气象条件进行飞行，飞行的可见度应在 1.5 km 或更远的距离，云层不低于地面上空 150 m。

所有的监测工作都应在使所受到的照射合理可达到低的条件下进行。响应组成员应当知道撤回的剂量指导水平。

设备/材料

- 所有响应组的公用设备（检查清单）
- 航测γ监测系统（检查清单）
- 直升机或固定机翼飞机

注意

直升机或固定机翼飞机驾驶员的操作程序，包括所有必需的执照、燃料和润滑油及后勤保障等在内的飞行操作指令这里不作讨论。他们应遵守国家有关飞行的规定。

飞行员的决定要无条件地执行。

被派遣之前

步骤 1：

1.1 从环境监测助理/辐射防护助理那里得到最初的任务指派和一个最初的情况简报；

1.2 获得检查清单上所列相关设备；

1.3 使用程序 A0 对这些仪表设备进行检查；

1.4 获得气象条件和天气预报的信息；

1.5 获得有关被测地区的信息；

1.6 从环境监测助理/辐射防护助理那里得到关于坐标系统的信息。

步骤 2：

按照从环境监测助理/辐射防护助理那里得到的指令，执行下列操作：

2.1 设置自读式剂量计的报警阈；

2.2 佩戴适合的个人防护用具。

飞行前检查

步骤 3:

对航测系统进行外观物理损伤检查。

步骤 4:

在直升机或固定机翼飞机上选择一个适合的安装探测器的位置,使得由燃料箱或飞机其他部件所造成的屏蔽影响最小。

步骤 5:

检查航测系统在直升机或固定机翼飞机上的机械安装情况。

步骤 6:

检查机载系统的电子学连接情况,包括雷达测高仪和全球定位系统,以及与仪表盘网络的连接情况。如果有电池驱动的仪表,则检查电池情况。

步骤 7:

打开测量系统的开关,按照生产商或研发者提供的程序(手册)检查其基本功能。

步骤 8:

设置合适的测量参数,如感兴趣区、能量窗、测量时间、数据循环存储的结构形式等。

注释

要考虑设置计数率的报警值,当在能量窗范围内计数率水平超过此值时,系统能够给出声/光报警。仪表应当具有快速的响应时间(时间常数不大于 5s)。

一次循环测量的时间取决于探测器的效率、飞行高度、被探测放射源的活度。循环测量的时间一般在 1~5s 范围内。

步骤 9:

9.1 在出发去执行派遣任务之前,进行无线通信系统的检查;

9.2 进行全球定位系统(GPS)的检查;

9.3 检查雷达测高仪,如果必要的话,对仪表进行标定。

注意

直升机或固定机翼飞机驾驶员的操作程序,包括所有必需的执照、燃料和润滑油及后勤保障等在内的飞行操作指令这里不作讨论。他们应遵守国家有关飞行的规定。

飞行员的决定要无条件地执行。

步骤 10:

将所有相关的数据记录在飞行日志中。

测量

步骤 11:

飞抵被测区域,开始测量序列,沿着环境监测助理/辐射防护助理指定的飞行路线进行测量。

依据实际情况和国家管理部门的要求,建议如下的飞行参数:

①飞行高度:典型值为距地面高 90~120 m(使用直升机),视地形情况(树木、建筑物、电力线等)而定。飞行高度尽可能地保持不变。对结构变化的地形,直升机应努力跟

踪其变化（安全第一）。对于固定机翼飞机，飞行的高度通常要高一些。

②飞行速度：根据直升机或飞机的特性而定。对于直升机，飞行速度大多数情况建议在 60~150 km/h。

步骤 12：

连续观察测量系统的输出显示。

注释

由于土壤中天然放射性的变化或在强降雨期间氡子体被冲刷下来，使得测到的计数率或剂量率可以变化两倍。

步骤 13：

如果计数率或仪表的读数超过了预先规定的水平（例如至少是本底计数率或剂量率的两倍）时，返回到这些异常的区域，采取减小测量网格的方法来更精确地找到该位置。

注释

一般耳机可作为辅助的声响设备（将线性计数率转换对数分贝）。

假若备有打印机，则至少要把最高计数区的测量数据及相关的参数（纬度、精度）及飞机的飞行高度打印下来。一种飞行中条图记录仪是有用的。

步骤 14：

向环境监测助理/辐射防护助理通告辐射源的可能位置及估测的活度。接受环境监测助理/辐射防护助理的指令。

注释

在有些情况下，可能会接到环境监测助理/辐射防护助理的建议，在某些区域需着陆，由机组测量人员自己用手持剂量率仪表进行更精细的定位测量。定时向环境监测助理/辐射防护助理报告更新的结果和位置。

步骤 15：

继续进行测量调查，直到所有的辐射源均被定位。

测量期间的检查

在测量期间，应根据谱仪生产商提供的程序（手册）继续检查，如：增益、高压、峰位、能谱漂移等。也可以使用你自己专用的测量步骤在测量期间进行必要的检查。

最终着陆之后

步骤 16：

根据谱仪生产商提供的程序（手册）再一次对测量系统的基本功能进行检查，在飞行日志上记录所有相关的数据。

步骤 17：

确保数据以正确的格式被记录。对所有测量数据进行复制备份。

步骤 18：

使用程序 A5 对直升机或飞机，以及有关设备进行污染检查。

注意

如果直升机在一个污染的地面上着陆，应特别注意将污染减至最低水平，防止飞机内部被污染。飞机在受污染地面着陆的情况可能是不希望出现的。

使用谱仪时的分析

注释

如果测量中采用的是高压电离室、正比计数管、GM 计数管或其他合适的剂量率仪表，则转到步骤 22。

假若采用这些仪器，则应当在给定的几何条件下，通过在合适的参考源上空飞行的实验方法来确定其探测器的效率。

步骤 19：

确定测量谱中找到的谱线处的净峰面积。

19.1 分别计算感兴趣区的总计数；

19.2 计算峰两侧各三道内的本底计数平均值；

19.3 将这个平均值与峰内道数相乘得到峰面积下的本底计数；

19.4 从峰面积的总计数中扣除本底计数得到净峰面积。

注释

上述的计算方法只能用在单峰的情况，对于多峰重叠的峰面积计算，需要复杂的数值展开技术，且必须使用计算机来完成。

步骤 20：

根据测量谱中找到的能量来判别辐射源的种类。诸如放射性核素的半衰期、γ射线能量和有关能量分支比等数据可以从可靠的和参考性数据库的电子版本或印刷版本中找到。将下列数据进行打印：能量、净峰面积、相关的统计计数误差以及放射性核素名称（参见程序 D1 和 D2）。

步骤 21：

用下面的公式计算辐射源的活度：

$$A = \frac{(N - N_\text{b}) \cdot 4 \cdot \pi \cdot d_2 \cdot 10^{-2}}{t \cdot p_\text{y} \dfrac{R_0}{\phi} \cdot e^{-\mu_\text{a} \cdot d} \cdot \text{SF}}$$

式中：A —— 被测辐射源的活度（MBq）；

N —— 在能量 E 处的峰内计数；

N_b —— 在能量 E 处的峰内本底计数；

T —— 有效的测量时间（s）；

R_0/ϕ —— 响应因子（程序 A6a）；

p_y —— E 能量的γ射线分支比；

μ_a —— 能量为 E 的γ射线在空气中的线性减弱系数（m^{-1}）；

SF —— 屏蔽因子；

d —— 探测器和辐射源之间的距离（m）：$d = \sqrt{h^2 + d_0^2}$；

d_0 —— 离开辐射源的水平距离（m）；

h —— 测量高度（m）。

注释

上面公式中屏蔽因子的引入，是为了对被测量的γ射线在穿过直升机或固定机翼飞机的结构部件和材料时引起的衰减进行修正。这个因子需要针对给定的交通工具和测量安排来确定。得到准确的 SF 值是非常困难的，因为，复杂的结构可能破坏我们在评估中做出的关于辐射场是圆柱对称性的假定。通过对不同光子能量的点源的测量，可以很好地确定各向异性的影响和通量密度的总衰减。在缺乏实验数据时，SF 可以用下式近似地来表示：

$$SF = e^{-\mu_x \cdot d_x}$$

式中：μ_x —— 对于给定光子能量的平均线减弱系数；

d_x —— γ射线通过的材料的平均厚度。

需要说明的是，由于上面提到的原因，SF 数值的确定有相当高的不确定性。使用这个因子的主要目的是确定污染水平可能被低估的范围。从这个意义上讲，当μ_x取为最大可能线减弱系数和d_x取为最厚的截距时，就为被测通量密度的减弱提供了一个极限数据。

使用剂量率测量仪表的分析

步骤 22：

当出现最高测量计数时，通过扣除在飞行高度上的本底计数率或本底剂量率的方法来确定净计数率或净剂量率。

步骤 23：

采用下面的公式计算辐射源的活度：

$$A = \frac{R}{\varepsilon}$$

式中：A ——辐射源的活度（MBq）；

R ——净计数率（s^{-1}）或净剂量率（mSv^{-1}）；

ε ——对于给定几何条件下监测仪的效率[计数率（s^{-1}/MBq）或剂量率（mSv^{-1}/MBq）]。

步骤 24：

在飞行日志和 A9 工作单上记录所有的结果和相关参数。

程序 A8　个人监测

目的：

为了控制个人（特别是现场监测组人员）所受照射和污染；为了对从事故现场出来的人员在去污前、去污中及去污后的皮肤和衣服污染进行监测；为了对甲状腺中吸收的放射性碘进行监测。

讨论：

在事故缓解活动中，监测组和其他应急响应组成员的个人剂量应当得到监测，他们的照射得到控制。还可以通过实施防护行动，来减少人员在皮肤或衣服上的沾污，或者由于吸入、食入或通过皮肤吸收、伤口的浸入而造成的体内污染。

任何在或来自受事故影响区域的公众人员，也可能需要进行检查或者进行个人污染筛选。

进入事故现场的监测组人员必须佩戴个人剂量计（热释光剂量计、胶片剂量计、磷酸盐玻璃剂量计）。一个直读式的个人剂量计也是十分需要的，因为它能够立刻指示出个人所受的剂量。另外一种方法是利用个人剂量率仪的读数和人员在高剂量率区域内的停留时间估计也有助于对个人剂量的控制。对于可能有放射性碘照射存在的区域，最好提前或受照不久（几个小时之内）服用稳定性碘，可以减少甲状腺剂量。同时要结合使用个人防护服、呼吸道防护，以及污染控制措施的实施。

预防/限制

要始终了解你在现场可能会遇到的危险，并给予必要的防范。在没有适当的安全设备的时候，绝不要试图在现场进行任何活动。同时要始终懂得怎样使用这些设备。

所有的监测工作都应在使所受到的照射尽可能低的条件下进行。响应组成员应当知道撤回的指导水平（附表1.4）。应急响应工作人员的撤回剂量是作为导则，不是限值。必须在应用中做出判断。

一旦事故的早期阶段已经结束，应急工作人员在被允许执行可能会产生附加剂量的进一步工作前，他们在早期阶段所接受的个人总剂量必须先进行确定。

设备/材料

- 所有响应组的公用设备（检查清单）
- 个人监测和去污组设备（检查清单）

步骤1：

使用附表1.1进入适合的程序：

附表 1.1　适用的情况使用程序

适用的情况	使用的程序
个人剂量测量—外照射	A8a
甲状腺测量	A8b
个人污染监测	A8c
个人去污监测	A8d

程序 A8a　个人剂量监测—外照射

目的：

为了对响应人员个人所受外照进行控制。

讨论：

在事故响应活动中，重要的是，使响应人员避免不必要的照射，记录和控制他们的照射，他们进入高剂量率区域要审批、用控制工作时间、距离和屏蔽的方法来保护应急工作人员，要知道人员工作区域内的周围剂量率水平和他们的累积剂量水平，要在一个预先确定的剂量限值下工作。

预防/限制

现场组的成员应当受到辐射防护的培训，要让他们知道所面临的危险。所有现场组成员必须严格地执行程序 A9 中的规定。

设备/材料

- 所有响应组的公用设备（检查清单）
- 个人监测和去污组设备（检查清单）

步骤 1：

在个人剂量监测表格（工作单）里，写入有关个人以及个人剂量计的详细信息。

步骤 2：

把个人剂量计别在或夹在你的个人防护服里边胸前口袋上。

注释

如果个人剂量计可能受到污染或在雨中被淋湿，应将其放在一个塑料袋中。

步骤 3：

根据使用直读式的个人剂量计的类型，进行下述步骤：

直读式电子个人剂量计

3.1 放入新电池，打开电源。根据指令按预先确定的操作剂量限值设定其音响报警的阈值。

3.2 将个人剂量计放置在防护服里边胸前口袋内。

3.3 注意剂量计的啁啾声或蜂鸣声的频率。要知道如果声音的频率增加就表明附近的周围剂量率增加了。进行一次剂量率测量来校对剂量率的变化。

3.4 在现场工作期间，如果你从一个受影响的区域里离开，个人剂量计立刻报警，你要马上汇报你的状态和当时的环境情况。

3.5 定时地（预先得到同意的时间周期）检查个人剂量计的读数，在个人剂量测量记录表（工作单）里记录个人剂量的详细信息。

石英纤维电子式剂量计（QFE）

3.1 使用 QFE 的零点调节充电器进行零点调节。如果没有零点调节充电器，要在你的个人剂量测量记录表（工作单）里记下你的 QFE 初始读数。

3.2 将个人剂量计放置在防护服里边胸前口袋内。

3.3 定时地（预先得到同意的时间周期）检查个人剂量计的读数，在个人剂量测量记录表（A5 工作单）里记录个人剂量的详细信息。

3.4 立即向基地汇报任何重要的读数（大于预先确定的剂量水平）。

注意

如果 QFE 纤维受到拉伸或受到冲击，那么 QFE 纤维可以放电并指示虚假的高读数，应向给环境监测助理/辐射防护助理报告。

具有剂量累积能力的剂量率仪

3.1 在进入受影响区域之前，打开剂量率仪，同时在你处于事故区域期间始终保持其打开状态。

3.2 按预先确定的时间间隔，在个人剂量测量记录表（工作单）里记录累积剂量的读数。

3.3 立即向基地汇报任何重要的读数（高出预先确定的剂量水平）。

注释

有些剂量率仪具有剂量累积的功能，它可以作为直读式的剂量计的替补手段。有些类型的剂量率仪还可以设置剂量报警阈值。

剂量率仪

3.1 在进入受影响区域之前，打开剂量率仪的电源。

3.2 在工作单上，定时记录附近的周围剂量率和你在偏高剂量率区域停留的时间。

3.3 根据测量的剂量率和在区域中停留的时间，估算出你所受的个人剂量并在工作单上记录下来。

3.4 立即向基地汇报任何重要的读数（高出预先确定的剂量水平）。

注释

如果没有直读式的剂量计，你可以使用一个剂量率仪来监测你个人所受到的照射。

注意

如果你遇到了程序 A9 中规定的剂量率水平或到达了规定的累积剂量，应立即向基地汇报其读数，并接受环境监测助理/辐射防护助理的指令。

步骤 4：

遵循现场监控员/监督员的指导。

步骤 5：

在结束任务后，完成个人剂量测量表格（工作单）的填写，并把它交回到指定的人员那里。

程序 A8b　甲状腺监测

目的：

对甲状腺吸收放射性碘的监测。

讨论：

碘在通过吸入或食入而进入体内以后，作为甲状腺基本功能的需要而被集中在那里。因此放射性碘在进入体内后集中在甲状腺内，可导致甲状腺癌。如果在受照之前，或在受照后的最初几个小时之内服下稳定性的碘（非放射性），那么它具有阻断甲状腺（预防）的作用，可以减少对放射性碘的吸收，随即被快速从人体排出。

预防/限制

现场组的成员应当接受辐射防护的培训，要让他们知道所面临的危险。所有现场组成员应严格地执行程序 A9 中的规定。

测量组不涉及对一般公众服用稳定碘的管理，除非是出于对医疗组的援助。

设备/材料

- 具有 NaI（Tl）探头的污染监测仪
- 所有响应组的公用设备（检查清单）

个人监测和去污组设备（检查清单）

步骤 1：

对具有 NaI（Tl）探测器的污染监测仪进行仪表的 QC 检查。

步骤 2：

将 NaI（Tl）探头放置在接近脖颈的位置，在喉结与环状软骨（脖子前部声带附近的硬软骨，见附图 1.4）之间进行监测。为了能使几何条件固定下来和可以重复，将探头接触脖颈测量。使用塑料薄膜或薄丝纸来防止探头的污染。

注释

建议采用铅准直器来抑制本底的干扰。

步骤 3：

在工作单上记录观察到的表头计数率。如果在甲状腺的测量过程中，观察到的计数率比本底"正常"计数率高的话，那么就应当考虑甲状腺可能已吸入了放射性碘，也就是说，如果测量的计数率减去本底计数率的值在统计显著性之内是正的话，那么这个人应当服用稳定碘药片，同时要将其送到适合的医疗机构进行深入的检查。如果甲状腺测量值为负，那么此人可以不受管理。

附图 1.4　对吸入放射性碘的
甲状腺扫描

程序 A8c　人员污染监测

目的：

　　对从事故区域出来的人员进行皮肤和衣服的污染监测。

讨论：

　　进入过已发生了溢洒或气体释放的事故区域的应急人员，在他们离开这个污染的区域时，必须对他们的皮肤和防护服进行污染检查。他们使用过的设备和交通工具同时也要被检测（程序 A5）。

　　同样，对于工作或居住在受影响区域的人员，可能会受到污染，同时需要在何处对他们的皮肤和衣服进行污染检查是值得怀疑的。这种检查可以在就地进行，也可以到设计好的污染控制或集合点进行或到达撤离中心点时进行，在这些地方可利用全身污染监测仪对人体进行快速、高效的全身污染测量。

预防/限制

　　对于需要紧急医疗关注或者可能被污染的人员，应当优先考虑好他们的医疗条件和处理疗法，即使这意味着有可能由此而使急救人员、救护车人员、护理人员或其他医疗人员被污染。如果医务人员使用他们标准的个人防护程序来处理出血的人员，这将有助于污染控制。所使用的污染监测仪，应当能适合对那些关注的污染探测和测量到皮肤和衣服的污染限值以内。

　　要知道大多数污染监测仪是很容易被饱和的。

设备/材料

- 所有响应组的公用设备（检查清单）
- 个人监测和去污组设备（检查清单）

步骤 1：

　　使用程序 A0 对污染监测仪进行 QC 检查。

步骤 2：

　　将污染监测仪的声响输出打开，将探头放置在一个轻质的塑料袋或套中，防止探头被污染，不要将探测窗遮住。

注释

　　这一步骤是要引起注意的，并不是要强制执行的。监测仪至少应当有一个 20 cm^2 灵敏面积，以保证在刚刚可接收的水平上提供有用的结果。

步骤 3：

　　定时地测定和记录测量地点的本底辐射水平（工作单）。

注意

　　如果仪表的读数大于被认为是正常本底读数 10 倍的话，应寻找一个有更好屏蔽效果的测量位置。

步骤 4：

将探头放在离开人体表面大约 1 cm 的距离，要注意不要与他们的体表接触。从头的顶部开始测量，在身体的一侧向下移动探头，经过脖子、衣领、肩部、手臂、手腕、手、手臂下部、腋窝、身体外侧、腿部、裤边、鞋。对腿的内侧及身体的另一侧进行同样的测量，如附图 1.5 中所示。并对身体的前面和后面进行测量。对脚部、臀部、肘部、手部和脸部的测量要给予特别关注。探头移动的速度应当在每秒 5 cm 左右。任何污染最初都依靠声响输出探测。如果环境的噪声很大，可以采用耳机来监听有无仪表的声响输出。

注释

对于皮肤和衣服的测量以 100 cm^2 的面积进行平均，对于手部的测量以 30 cm^2 的面积进行平均，对于指部的测量以 3 cm^2 的面积进行平均。

进行α污染测量时，要将探头与体表的距离小于 0.5 cm。然而，对于衣服的α正常监测是非常不可信的。

在紧急的情况下，应当对受照的皮肤进行测量，然后命其更换衣服。再对其可能污染的衣服进行测量。如果怀疑发生了严重的污染情况，应命其戴上手套并帮其更换衣服，来阻止污染的转移。

附图 1.5 用污染仪进行身体搜查的技术

步骤 5：

如果污染被探测到，将其测量结果记录在工作单上。同时记录测量的面积（探测器的灵敏面积）。按程序 A8d 进行去污。

如果国家的有关当局没有对表面污染的导出限值进行详细的规定，建议采用如下的数值：

附表 1.2 皮肤和衣服的通用操作干预水平

污染	操作干预水平 [a]/（Bq/cm^2）
一般β/γ的发射体 较小毒性的α发射体	4
较大毒性的α发射体	0.4

a.进行这些水平的污染测量，对于典型的手持式探测器来讲需要几分钟的时间。在紧急的情况下，可将这些值乘以 100，附于要求更换成已知的干净衣服，并洗手和冲洗头发。

注释

对于未知的α发射体，采用较严格的 0.4 这个值。如果探测器不能对β和α进行分辨，可在探测器与辐射源之间放置一片纸的方法，如果读数下降很多，应认为有α发射体的存在。步骤 6：

所有个人所属物品都应进行测量，包括手表、手包、钱币、热释光片以及武器。被污染的物品应当进行包装，并加以需去污的标记。被污染的人员衣服可移走、装袋、标记，并提供替换的外衣（通常由公共福利机构来提供）。

注释

对于被收走的物品，应提供必要的收据。

受污染伤员的特殊情况

步骤 7：

在医护人员对病人进行评估和初步处理时，帮助他们进行污染的快速评价。

注意

如果病人是被污染的，那么这应当不妨碍其正常的急救措施。

步骤 8：

如果病人需要马上转送医院，应指派一名组员随救护车进行陪同，或者安排监测组在医院提供支持。

步骤 9：

将病人受污染的水平告知救护人员。可能需要在医院里对病人进行去污。在病人转送医院的过程中，应用毯子或其他适合的覆盖物进行包裹，以减小污染的扩散。

注释

用于包裹污染病人的材料可能需要加以挑选，以防止过热等不利因素。

步骤 10：

如果可能，完成工作单的题写，并把它与病人一起交给救护人员。

程序 A8d 个人去污监测

目的：

对需要个人去污的人员进行监测。

讨论：

被污染的应急人员通常将在离开事故区域时的污染控制点进行去污。对于从事故区域出来的其他被污染人员，通常被指令去污控制点进行去污。

监测人员是否要参与人员去污工作，要依据事件的规模而定。对于较大的事件，将有专门的监测组和专门的去污组。对于较小的事件，监测人员可以帮助进行去污。本程序侧重在要求：通过去污中和去污后的监测来验证已达到的去污水平。

最希望的是将所有被污染的人员和污染的衣服去除。然而假若这一点不可能做到的话，那么去污的水平和采取的防护行动需要被记录，以便为可能的后续剂量评价和跟踪行动提供资料。

预防/限制

必须意识到在去污过程中所使用的所有材料在使用后都有可能被污染，因此在使用后，应进行必要的处理。要特别注意的是防止污染扩散到其他区域里。

所有的监测都应在一个低本底的区域里进行。无论如何，应避免一切不必要的照射。

设备/材料

- 所有响应组的公用设备（检查清单）
- 个人监测和去污组设备（检查清单）

步骤 1：

使用程序 A0 对监测仪进行 QC 检查。

步骤 2：

审核 A6 工作单上的内容，并采用程序 A8c 上提供的类同方法对人员进行再次监测。

注释

进行污染监测时，应在人体上方以一个较慢的速度来移动探测器。对于一般 β/γ 的发射体，如果表面污染水平大于 $4Bq/cm^2$（在 $100\ cm^2$ 区域里取平均），这就确定了该点应当进行去污（见附表 1.2）。

步骤 3：

当去污进行时，通过对污染区域的监测，来检查去污的过程及其有效性。

注释

对于个人去污的指南参见附表 1.3。

步骤 4：

在最初和接着的去污工作完成后，必须进行后续的测量，以确认放射性污染已经被去除，或者对于一般 β/γ 的发射体来讲污染水平已经小于 $4Bq/cm^2$，对于 α 发射体已经小于

$0.4Bq/cm^2$，或者小于由国家有关当局来规定的其他水平。

步骤 5：

完成个人去污工作单中的记录。

注释

对于一般公众的监测、去污程序及文件记录表格（工作单），与应急工作人员所使用的相同。

注意

所有被污染的衣服应谨慎地放入塑料或纸袋中，以减少区域的二次污染，并加以合适的标签，存放到安全的地方。

附表 1.3　个人去污指南

受污染的位置	方法 [a]	技术	备注 [b]
皮肤、手、体表	肥皂和冷水	洗 2～3 min 后进行活度检查。反复洗 2 次	洗手、胳膊和脸部时，将其浸没，使用淋浴清洗体表
	肥皂、软毛刷和冷水，干的研磨剂如矢车菊	轻轻用力打出浓的肥皂泡，洗 3 次，每次 2 min，洗净后监测。注意不要造成对皮肤的腐蚀	去污后，使用羊毛脂或护肤霜防止龟裂 [c]
	肥皂粉或类似的清洁剂，标准工业用皮肤清洁剂	制成糊状，加水进行适度的擦洗。注意不要造成对皮肤的腐蚀	去污后，使用羊毛脂或护肤霜防止龟裂 [c]
眼、耳、嘴	冲洗	眼：翻开眼皮，用水轻轻冲洗 耳：用棉签清洗耳道 嘴：用水漱口，不要咽下	注意不要损伤耳膜；要由医生或经训练的人员来翻开眼皮
头发	肥皂和冷水	轻轻用力打出浓的肥皂泡，洗 3 次，每次 2 min，洗净后监测	对头发进行反复洗涤，要避免由嘴或鼻子的吸入
	肥皂、软毛刷和水	制成糊状，加水进行适度的擦洗。注意不要造成对皮肤的腐蚀	对头发进行反复洗涤，要避免由嘴或鼻子的吸入
	剪发/剃头	剪掉头发对头皮进行去污，使用皮肤去污方法	只有在其他方法无效时，使用此方法

a.首先使用栏中的第一种方法，如果需要的话，再按步地使用较重的去污方法。在对个人进行去污的过程中，应尽量避免污染的扩散。所有的去污动作应该是，由受污染区域的外围向中心进行去污。

b.不要对伤口进行去污，这需要由医生或有经验的医务人员来处理。

c.涂上较厚的护肤脂形成防污染的膜，并戴上胶皮手套；经过几个小时以后，放射性会慢慢从皮肤浸出到护肤脂中。

注意

用于去污的肥皂、毛刷以及其他物品（设备）在使用中很可能被污染，因此应进行必要的处理。在污染监测或去污的任何区域内，禁止任何人员进行饮食或者吸烟等活动。

程序 A9　应急工作人员的个人防护指南

目的：

对应急工作人员的个人防护行动提供基本的指导。

讨论：

针对如下的三个方面对应急工作人员的个人防护提供指导：总体指导，甲状腺防护，以及应急工作人员的撤回指导水平。

总体指导

步骤 1：

要始终了解下面给出的总体指导：

总体指导

● 要始终知道你在现场所可能遇到的危险度，并做好必要的防范。

● 在没有合适的安全设备的情况下，不要企图进行任何的现场活动，并应知道如何使用这些安全设备。

● 所有的活动都应在确保所受照射保持在合理可行尽量低水平的条件下进行。

● 要知道撤回的剂量水平（附表 1.4）。应急工作人员的撤回剂量是作为一种指导水平，不是限值。在具体应用中，必须做出判断。

● 不要停留在剂量率水平为 1 mSv/h 或更大的区域里。

● 在剂量率水平大于 10 mSv/h 的区域里，继续工作要倍加谨慎。

● 禁止进入量率水平大于 100 mSv/h 的区域，除非接到环境监测助理/辐射防护助理的指令。

● 使用时间、距离和屏蔽来保护自己。

● 进入高剂量率区域前，要与监督员共同预先制定计划。

● 不要冒不必要的风险，不要在任何污染的区域里进食、饮水、吸烟等。

● 当拿不准时，向自己的组长或协调员征求建议。

甲状腺防护

步骤 2：

当接到现场监控员/监督员的指令时，服用稳定碘片（碘片应放置在你的药箱里）。

注释

一次服用的稳定碘的药量（100 mg 碘）所相应的危险是非常小的。如果放射性碘的持续照射超过 2～3d 的时间（这是服用一次稳定碘的药量后可以对甲状腺起到防护作用的时间），那么建议重复这个药量。一年中服用的总剂量不应超过标准药量的 10 倍。

如果甲状腺的可避免剂量大于 100 mGy，就表明要服用稳定碘。

注意

为了碘预防是有效的，就应当在受照之前或受照后的最初几个小时之内（大约 4h）服用稳定碘。如果服用稳定碘的时间超过了受照后 8h，那么其效果非常低，而且可能是适得其反。

当进入空气中放射性碘的浓度明显增高的区域时，应急工作人员在使用稳定碘的同时，还应采用其他的呼吸道防护措施（使用活性炭罐）。

步骤 3：

在个人剂量记录表（工作单）中，记录你已经服用碘片的情况。

步骤 4：

如果照射的持续时间超过了几天，那么接到指令后再次服用碘片。

应急工作人员的返回指导

注意

应急工作人员的撤回指南是以自读式剂量计上显示的累积外照射剂量的形式给出的，应急工作人员应尽一切可能不超过该数值。附表 1.4 中的数值是在堆芯熔化事故下，在假定采取了甲状腺保护措施（服用碘片）的条件下计算出来的，计算中考虑了吸入内照射的剂量贡献。值得注意的是，在高污染区的工作人员，如果没有穿戴适当的防护衣，那么主要的剂量贡献也可以来自于皮肤的污染，可以导致确定性健康效应的发生。

应急工作人员的撤回剂量是用来作为一种指南，并不是限值。在具体应用时应做出判断。如果由空气样品的分析结果或其他条件（见附表 1.4 的注解）未得出应急工作人员的撤回剂量指南，它是与附表 1.4 中给出的数值有很大的不同，那么就应当采用修订过的指南。

一旦事故的早期阶段已经结束，在应急工作人员被允许执行进一步的工作前，其在早期阶段所接受的个人剂量必须进行确定，因为进一步的工作很可能受到附加的剂量。

步骤 5：

执行适合的辐射防护程序。

步骤 6：

尽可能地确保不要超过附表 1.4 中给出的撤回剂量指南。

附表 1.4　应急工作人员的撤回剂量指南（EWG）缺省值（以累积的外照射γ剂量来表示）

任务	EWG/mSv
类型 1：拯救生命行动	250[a, b]
类型 2：阻止严重的伤害 避免大的集体剂量的发生 场外周围剂量率监测（γ剂量率）	<50[a]
类型 3：短期的恢复行动 执行紧急防护行动 环境取样	<25[a]
类型 4：长期的恢复行动 与事故不直接相关的工作	职业照射指导水平

a.这里假定在受照之前服用碘片。如果没有服碘片，那么 EWG 值要除以 5，如果采用了呼吸防护措施，那么 EWG 值可以乘以 2。工作人员必须是自愿的，且对知道受照的可能后果。

b.假若正当性的话，这个剂量水平可以被超过，但必须尽一切努力使得所受剂量水平低于此值，且肯定低于确定性效应的阈值。工作人员必须经过辐射防护培训，使他们知道所面临的危险。

附录 2　现场采样程序

程序 B1　空气采样

目的：

为了就地评价和随后的实验室分析，收集空气样，以提供气载放射性浓度的数据；为了在采样位置同时测定γ剂量率和β剂量率。

讨论：

采集到的空气样可以在现场的就地评价，随后在实验室再评估以测定放射性核素的组成和浓度。从现场空气采集的空气样品在送达实验室前，可以分类为低、中或高放射性三类，有助于确定优先进行的分析，也是为了确定如何处理和操作样品。这些结果用于估算吸入危害，还可以给出评价可能的地面沉积的信息。如果采集的空气样是为了测定空气浓度与地表浓度的关系，并从而用于计算再悬浮率或标志性放射性核素的OIL，必须在空气采样的同一时间，同一地点采集具有代表性的土壤样品（或标志性放射性核素沉积水平的其他测量）。

由于可能有粒子滤布不能收集的放射性碘的形态存在，为了对碘进行有效的收集，必须采用一个特殊的过滤芯（活性炭或沸石）。通过这种过滤芯的流速一般低于正常的气溶胶样取样流速。活性炭（浸TEDA）收集碘和惰性气体。用高纯锗γ谱仪很容易区分不同的峰；碘化钠γ谱仪不易区分，但分析单个放射性核素污染物时，可以给出所需要的总计数。如果取样是为了在惰性气体中存在的情况下只关心碘，那么可以用银沸石。然而银沸石过滤器是非常贵的，更普遍采用活性炭滤盒。

预防/限制只有预期有放射性碘可能存在的情况下，才采用特殊过滤器，例如在一次反应堆事故，使用放射性碘的医院应急，或含有放射性碘的运输事故。

在释放期间，需要采样组去采集样品；这可能有外照射，也有吸入和表面污染危险。涉及样品采集及其处理的响应组成员，应禁止吸烟，喝水，吃东西，用化妆品或任何其他这样的活动，因为在现场或在样品接收或处理区内工作时，此类活动可能会不经意地增加对微尘的吸入或食入。响应组内成员应熟知辐射防护措施撤回指南（程序A9）。

设备与材料：

- 所有响应组的公用设备（检查清单）
- 空气采样组的设备（检查清单）

注意

没有样品值得丢失生命或伤残，要始终知道你在现场可能遇到的危险，同时采取必要预防措施，在没有适当的安全设备的时候，绝不要企图在现场进行任何活动，同时要知道怎样使用安全设备。

出发采样前

步骤 1：

1.1 从环境监测助理/辐射防护助理获取初始的情况介绍和任务分配；

1.2 使用检查清单获取相关的设备；

1.3 用程序 A0 检查仪器；

1.4 在出发去作业时，进行无线电的通信检查；

1.5 在出发去作业时，进行 GPS 检查。

步骤 2：

按照环境监测助理/辐射防护助理的指令，进行：

2.1 用塑料布包装监测仪器，以防止污染。空气采样设备不包装；

2.2 设置自读剂量计的报警阈；

2.3 穿戴合适的个人防护装备。

注释

根据环境监测助理/辐射防护助理提供的有关的信息和建议。应急指挥将做出关于实际采用甲状腺阻断剂，防护衣，呼吸道防护或其他防护装备的决定。

采样位置的确定

步骤 3：

按环境监测助理/辐射防护助理的要求寻找采样位置。

寻找没有干扰空气群体运动障碍物存在的局部取样点。如果备有 GPS，则用它定位并记录它在工作单上，否则就识别它，并在地图上标志和记录在工作单上。

取样

步骤 4：

4.1 选择微粒过滤器或根据环境监测助理防护助理的指令，选择气溶胶过滤盒，并安装好。视情况注意过滤盒上的流速方向。

4.2 把空气采样器安装在大约 1 m 高的一个三脚架上或汽车的机座或顶盖上（如果是可携带的话）不推荐让车辆运转着来给 12VDC 空气载样器供电。

4.3 开动采样器，记录开始取样日期、时间和体积读数/流速读数记在工作单上。

4.4 进行空气采样大约 10 min，或由环境检测指挥/辐射防护助理所指定的时间。

4.5 在关闭采样器前，记录时间和体积读数/流速读数。

4.6 如果需要，按程序 B2 取代表性土壤样。

注释

空气采样可以根据烟羽剂量率改变，即较高的剂量率可以需要较短的采样时间。然而，必须注意，不要由于所取空气样的量太少而使需要的探测水平提高。

样品的包装与标识

步骤 5：

戴上尼龙手套，取出过滤器与过滤芯，用镊子取出空气滤布。操作中要防止可能的污染。

步骤 6：

把滤布与过滤芯放在一个塑料袋内、密封好。用样品编码标识它，并将编码记录在工作单上。

就地测量

步骤 7：

采用适合的污染监测仪，在远离样品的地方读取本底，如果相对于测量样品本底太高，则转移到一个更低的本底区域（例如，汽车内或建筑物内，或烟羽以外）。记录本底在工作单上。使滤布距污染监测仪探头的底部表面几个毫米处进行测量，获取读数。记录测量值（工作单）。

步骤 8：

把关于采样位置、样品编号、滤布读数、仪器本底读数，仪器刻度因子以及有关空气采样的起始与终止时间和空气样流速等报告给环境监测助理/辐射防护助理。

污染控制

步骤 9：

用程序 A5 和 A8，或要求个人监测组和去污组帮助，对人员和设备进行污染检查。过滤头在再次使用前，用已知来源的干净水冲洗去污或用湿擦去污。同时洗涤镊子和其他采样设备，并在使用前干燥。

样品发送

步骤 10：

将样品与填好的工作单一起发送到样品分析组。

程序 B2 土壤样品采集

目的：

收集可能污染的土壤样品；在采样位置测量γ/β剂量率。

讨论：

在早期阶段，采集土壤样并随后的放射性核素浓度测量对下面几项工作来讲，是一种合适的方法：

①由于干沉降或湿沉降所造成的地面浓度水平的评价；

②有助于在所有的表面上，评估单位面积总沉积水平的贡献；

③预估各位置的剂量率和剂量随时间的关系；

④另外，利用转移系数，可以粗略估算未来蔬菜的污染情况；

⑤在后期阶段，地面污染可能是放射性再悬浮的来源，这可能引起吸入危险和附加的放射性弥散。

预防/限制

地面污染从一个地方到另一个地方（由于热点）可能存在非常显著的变化；在选择有代表性的采样位置时局地的平均剂量率是有帮助的。土壤采样是在释放已经结束后和烟羽已通过后进行的；外辐射照射是可能的，但吸入危险仅可能是由于再悬浮物质造成。响应组内成员应该熟悉撤回指导水平（程序 A9）。

设备/材料

- 所有响应组的公用设备（检查清单）
- 环境/食物组的设备——土壤采集（检查清单）

注意

没有样品值得丢失生命或伤残去获取，要始终知道你在现场可能遇到的危险，同时采取必要预防措施，在没有适当的安全设备的时候，绝不要企图在现场进行任何活动，同时要知道怎样使用安全设备。

出发前

步骤 1：

1.1 从环境监测助理/辐射防护助理获取最初简况和最初的任务分配；

1.2 使用检查清单获得相关的设备；

1.3 用程序 A0 检查仪器；

1.4 出发前，进行无线电检查；

1.5 出发前，进行 GPS 检查。

步骤 2：

按照环境监测助理/辐射防护助理的指令，进行：

2.1 用塑料布包装监测仪器，以防止污染；

2.2 设置自读剂量计的报警阈；

2.3 穿戴合适的个人防护装备；

2.4 在各次使用之间，用塑料布把取样设备包起来。

注释

根据环境监测助理/辐射防护助理提供的有关的信息和建议。应急指挥将作出关于实际采用甲状腺阻断剂，防护衣、呼吸道防护或其他防护装备的决定。

采样位置的确认

步骤 3：

按环境监测助理/辐射防护助理提出要求，寻找采样位置。如果备有 GPS，则用它确定采样点的位置，并记录在工作单上，否则识别它并在地图上作标志，然后记录在工作单上。

注意

不能在树上、灌木丛下或其他悬吊物下采样。避免靠近道路、排水渠、沟壑的区域。最好是裸露地面的区域。

步骤 4：

围绕采样区 10 m 左右范围内，测定几次环境剂量率；把其平均剂量率记录在工作单上。

取样

步骤 5：

如果土壤上覆盖有青草、杂草或其他有机物质，贴地面剪除，并把它们作为植物样品处理，分别装袋。

注意

如果在估计发生沉积后已下过雪，那么从采样区域尽可能多地把雪铲除，并采集土样品。如果是沉积发生前下的雪，那么采集雪样，然后采集土壤样。

步骤 6：

戴上尼龙手套，从已知区域和确定好的深度，例如 5 cm 上采集样品，装入塑料袋内。

步骤 7：

用已知来源的干净水清洗采样使用的工具，用干净的卫生纸或类似物擦干。

样品的包装和标识

步骤 8：

密封装有植物、蔬菜和土壤的袋子，并用样品编码识别它们。记录编码在工作单上。

污染控制

步骤 9：

用程序 A5 和 A8，或要求个人监测组和去污组帮助，对人员和设备进行污染检查。

样品发送

步骤 10：

将样品与填好的工作单一起发送到样品分析组。

程序 B3　水样采集

目的：

　　收集可能污染的水样。

讨论：

　　饮用水的来源相当多样（井水、地表水、降雨、贮槽水，公众饮水的分配系统）。虽然这些水源中的水可能被明显污染，但是大型分配系统中具备的净化过程会给饮用水起到一定程度的去污作用。收集确定面积上的降雨，可用于地面沉积的评价。

预防/限制

　　建议要在释放和烟羽过去后再去采样，因此预计不会有严重的吸入危险。主要关心的危险是最有可能发生的样品污染和交叉污染。

设备/材料

- 所有响应组的公用设备（检查清单）
- 环境/食物采样组的设备——水样采集（检查清单）

注意

　　没有样品值得丢失生命或伤残，要始终知道你在现场可能遇到的危险，同时采取必要预防措施，在没有适当的安全设备的时候，绝不要企图在现场进行任何活动，同时要知道怎样使用安全设备。

出发前

步骤 1：

　　1.1 从环境监测助理/辐射防护助理获取最初简况和最初的任务分配；

　　1.2 使用检查清单获得相关的设备；

　　1.3 用程序 A0 检查仪器；

　　1.4 出发前，进行无线电检查；

　　1.5 出发前，进行 GPS 检查。

步骤 2：

　　按照环境监测助理/辐射防护助理的指令，进行：

　　2.1 用塑料布包装监测仪器，以防止污染；

　　2.2 设置自读剂量计的报警阈；

　　2.3 穿戴合适的个人防护装备。

注释

　　根据环境监测助理/辐射防护助理提供的有关的信息和建议。应急指挥将作出关于实际采用甲状腺阻断剂，防护衣、呼吸道防护或其他防护装备的决定。

采样位置的确认

步骤3：

井水、地表水和降雨水

　　由环境监测助理/辐射防护助理提出要求，寻找采样位置。如果备有GPS，则用它来确定采样位置并记录在工作单中，利于辨别它并在地图上作标记，同时记录在工作单中。

饮用水

　　按环境监测助理/辐射防护助理的要求，到所要求的配水系统采集样品。样品可以在分配系统的任何地方采集，虽然最理想的地方可能是在处理设施内。把采样的地址记录在工作单中。

样品采集

步骤4：

　　在所有的采样过程中，容器应该用要采集的水洗涤，弃去洗涤水，然后装满水样。

注释

　　如果水样必须长时间贮存，应加入盐酸（11 mol/L）按每升水样加10 ml的比例加到采样瓶中，或采样前加入或采样后立即加入，以避免放射性核素在容器壁上吸附。分析前储存时间越长，水样酸度越重要。

开放井水采集

　　从井中获取水样，装满取样容器。记录采样日期和时间在工作单上。

　　表面水采集（湖水、池塘水和露天水）

　　用一个提桶收集水样充到采样容器中。避免在高混浊区域或高沉积物区域中取样。避免搅动沉积物而把它们带入样品中。记录采样日期和时间在工作单上。

降雨水的采集

　　①用一个已知面积的雨水收集装置，收集降雨水。测定周围剂量率。把开始收集的日期和周围剂量率记录在工作单上。

　　②当返回来取收集到的雨水时，再次测定周围剂量率，记录在工作单中。用量筒确定雨水的总体积。将全部收集的雨水转移到采样容器中。记录采集结束的日期和总体积在工作单上。

注意

　　应该在一个平坦开阔区域采集雨水样。不能从水坑中收集水样。不能在树下灌木丛下或其他悬吊物下收集雨水。避免在靠近马路的地方取雨水样。

　　如果在收集器上下有雪，则和水样一起收集。

饮用水的采集

　　采集自来水管中的水到采样容器中。记录采样日期和时间在工作单上。

步骤5：

　　用已知来源和干净水清洗采样设备。

样品的包装和标识

步骤 6：

　　用采样编码标识在瓶上，记录编码在工作单上。

污染控制

步骤 7：

　　用程序 A5 和 A8，或要求个人监测组和去污组帮助，对人员和设备进行污染检查。

样品发送

步骤 8：

　　将样品与填好的工作单一起发送到样品分析组。

程序 B4 牛奶样的采集

目的:

　　采集可能污染的牛奶样。

讨论:

　　在辐射应急情况下,牛奶取样是非常重要的,因为所熟知的草—牛—牛奶—人的辐照途径。在一次反应堆事故中,放射性碘的牛奶浓度通常是对人群的主要食入途径。需要及时进行采样和分析。

　　在一次重大的反应堆事故中,对大群体的食入控制是最受关心的。为了满足这一要求,将从收购站和转运站和处理厂获取牛奶样品。低温杀菌奶一般是从许多区域收集的混合奶。选择的牛奶样应该知道其中来自污染区的牛奶所占的百分比。获取样品的最好方法是与牛奶收购公司和卫生或健康检查站联系,一般情况下他们对食物控制的其他方面负责。

　　在局部污染情况下,在农场的个人奶厂采集未加工的奶;采集的奶样品应该是从在污染区域放牧的牛或羊的奶,而不是喂储存饲料的牛或羊的奶。然而在一定情况下,可以建议两者都采集。

预防/限制

　　在这些采样中没有期望特殊的辐射防护措施。或许,样品的污染和交叉污染的危险是主要关注的地方。

设备/材料

- 所有响应组的公用设备(检查清单)
- 环境/食物采样组的设备——牛奶样采集(检查清单)

注意

　　没有样品值得丢失生命或伤残,要始终知道你在现场可能遇到的危险,同时采取必要预防措施,在没有适当的安全设备的时候,绝不要企图在现场进行任何活动,同时要知道怎样使用安全设备。

出发前

步骤 1:

　　1.1 从环境监测助理/辐射防护助理获取最初简况和最初的任务分配;

　　1.2 使用检查清单获得相关的设备;

　　1.3 用程序 A0 检查仪器;

　　1.4 出发前,进行无线电检查;

　　1.5 出发前,进行 GPS 检查。

步骤 2:

　　按照环境监测助理/辐射防护助理的指令,进行:

　　2.1 用塑料布包装监测仪器,以防止污染;

2.2 设置自读剂量计的报警阈；

2.3 穿戴合适的个人防护装备。

注释

根据环境监测助理/辐射防护助理提供的有关的信息和建议。应急指挥将作出关于实际采用甲状腺阻断剂，防护衣、呼吸道防护或其他防护装备的决定。

步骤 3：

按环境监测助理/辐射防护助理提出要求，去奶厂或个人的牛奶场。记录采集样品的地址在工作单上。如果备有 GPS，则用它来确定位置，并记录在工作单上。

采样

步骤 4：

将牛奶装满容器，小心防止污染和交叉污染。如果样品能在当天发送到实验室，则将样品冷冻。否则应加入防腐剂。

步骤 5：

用干净水洗涤采样中使用过所有设备，并用干净的卫生纸或类似的纸擦干它们。

样品的包装和标识

步骤 6：

用采样编码标识在瓶子上，并记录在工作单上。

污染控制

步骤 7：

用程序 A5 和 A8，或要求个人监测组和去污组帮助，对人员和设备进行污染检查。

样品发送

步骤 8：

将样品与填好的工作单一起发送到样品分析组。

程序 B5　食谱样的采集

目的：

收集可能污染的蔬菜和水果样作为实验室分析。

讨论：

在反应堆事故的早期，由于干或湿的放射性物质沉降造成植物和水果的表面污染是要进行消费控制的。仅在事故后期，植物对放射性的吸收可能是要关注的。应该在现场或从市场、批发中心和其食物已经暴露在空气沉降下的任何其他地方采集食物样品。

预防/限制

植物的表面污染是确定其消费限制的决定因素。因此仅采集植物的上部分或可食部分。

应当只有在释放已经结束和烟羽已经过后才进行样品采集；外照射和表面污染是可能的，但吸入危险仅可能是由于再悬浮物质。组员应当了解撤回剂量指导水平（程序 A9）。

设备/材料

- 所有响应组的公用设备（检查清单）
- 环境/食物采样组的设备——食物采集（检查清单）

注意

没有样品值得丢失生命或伤残，要始终知道你在现场可能遇到的危险，同时采取必要预防措施，在没有适当的安全设备的时候，绝不要企图在现场进行任何活动，同时要知道怎样使用安全设备。

出发前

步骤 1：

1.1 从环境监测助理/辐射防护助理获取最初简况和最初的任务分配；

1.2 使用检查清单获得相关的设备；

1.3 用程序 A0 检查仪器；

1.4 出发前，进行无线电检查；

1.5 出发前，进行 GPS 检查。

步骤 2：

按照环境监测助理/辐射防护助理的指令，进行：

2.1 用塑料布包监测仪器，以防止污染；

2.2 设置自读剂量计的报警阈；

2.3 穿戴合适的个人防护装备。

注释

根据环境监测助理/辐射防护助理提供的有关的信息和建议。应急指挥将作出关于实际采用甲状腺阻断剂，防护衣、呼吸道防护或其他防护装备的决定。

采样位置的确定

步骤 3：

到达环境监测助理/辐射防护助理要求去的位置。如果位置是在田野上，则在一个平坦开阔区域内找一个采样位置。如果备有 GPS，则用它来确定位置，并记录在工作单上，利于识别它，并在地图上作标记，记录在工作单上。测定这个位置的周围剂量率，并记录在工作单上。

注意

如果是生长在树下、灌木丛下和悬吊凸出物体下的植物不能作为样品。避免采样区域靠近道路。

采样

步骤 4：

收集足够量的样品，以得到至少 1 kg 的可食部分，根据收获季节选择样品。收集植物的绿色叶子部分，不要根和茎，除非他们是可食部分。收集植物和他们所可能包含的任何水分决定是否冷冻是重要的。

步骤 5：

在采集每一个样品后，需对采样工具用干净水洗干净，并用手纸或类似物擦干它们。

样品的包装和标识。

步骤 6：

把样品放在塑料袋中密封，用样品编码标识在袋子上，记录在工作单中。

污染控制

步骤 7：

用程序 A5 和 A8，或要求个人监测组和去污组帮助，对人员和设备进行污染检查。

样品发送。

步骤 8：

将样品与填好的工作单一起发送到样品分析组。

程序 B6 牧草样品的采集

目的：

收集动物牧草样品供实验室分析。

讨论：

分析动物牧草样，确定表面污染对牛奶和牛肉污染的影响，采集牧草样品是被认为是早期用来决定是放牛还是留在牛棚中的措施。

预防/限制

应当只有在释放已经结束和烟羽已经过后才进行样品采集；外照射和表面污染是可能的，但吸入危险仅可能是由于再悬浮物质。组员应当了解撤回剂量指导水平（程序 A9）。

设备/材料

- 所有响应组的公用设备（检查清单）
- 环境组/食物采样组的设备——饲料样采集（检查清单）

注意

没有样品值得丢失生命或伤残，要始终知道你在现场可能遇到的危险，同时采取必要预防措施，在没有适当的安全设备的时候，绝不要企图在现场进行任何活动，同时要知道怎样使用安全设备。

出发前

步骤 1：

1.1 从环境监测助理/辐射防护助理获取最初简况和最初的任务分配；

1.2 使用检查清单获得相关的设备；

1.3 用程序 A0 检查仪器；

1.4 出发前，进行无线电检查；

1.5 出发前，进行 GPS 检查。

步骤 2：

按照环境监测助理/辐射防护助理的指令，进行：

2.1 用塑料布包监测仪器，以防止污染；

2.2 设置自读剂量计的报警阈；

2.3 穿戴合适的个人防护装备。

注释

根据环境监测助理/辐射防护助理提供的有关的信息和建议。应急指挥将作出关于实际采用甲状腺阻断剂，防护衣、呼吸道防护或其他防护装备的决定。

采样位置的确认

步骤 3：

到达环境监测助理/辐射防护助理要求要去的位置。选择一个开阔、平坦的易采样的地方，并且没有大石头、树和其他干扰的地方。这个区域内被采集的牧草应当分布得相当均匀，如果可能，生长高度也相当均匀。避免靠近道路、排水沟和水渠的地方，如果备有GPS，用它来确定位置，记录在工作单上，识别它并标记在地图上，记录在工作单上。

步骤 4：

测定周围剂量率，以确保你没有在热点区域采样。测定值记录在工作单上。

样品采集

步骤 5：

标出采样区域（ 1 m² 或更大），记录在工作单上，收集至少 1 kg 样品，草从距地面上 2 cm 处采取，最好是青草类植物；采集植物的绿色的或多叶的部分。如果必要，可以从标定区域开始，扩大到采集够 1 kg 为止。小心不要带入土壤。

步骤 6：

每个样品采集后，用干净水清洗采样工具。

样品包装和标识

步骤 7：

采集的样品放入塑料袋并密封好，用样品编码，标识在袋上，记录在工作单上。

污染控制

步骤 8：

用程序 A5 和 A8，或要求个人监测组和去污组帮助，对人员和设备进行污染检查。

样品发送

步骤 9：

将样品与填好的工作单一起发送到样品分析组。

程序 B7　沉积物的采集

目的:

采集可能污染的沉积物样品（沉积物的采集）。

讨论:

沉积物污染在事故的早期阶段，可能不是主要的和直接关注的。在一个会导致水体中放射性物质扩散的特殊辐射事故中，它可能是重要的。

采集沉积物样可有助于评估外照射途径以及探测在沿海岸、河岸和湖堤边或在河、湖或海底部的沉积物的放射性核素的累积。这些沉积物还可以揭示通过单独水样监测没有探测到的污染的存在。

根据取样介质的性质（河水、湖水）和监测的目的（沉积史、新的沉积和迁移的预测）可以采用不同的采样技术。必须针对每种可能遇到的情况和根据使用的采样工具，写出一个专门的程序。

预防/限制

个人污染很可能是主要的辐射危害。

设备/材料

- 所有响应组的公用设备（检查清单）
- 环境/食物采样组的设备（检查清单）

注意

没有样品值得丢失生命或伤残，要始终知道你在现场可能遇到的危险，同时采取必要预防措施，在没有适当的安全设备的时候，绝不要企图在现场进行任何活动，同时要知道怎样使用安全设备。

出发前

步骤 1:

1.1 从环境监测助理/辐射防护助理获取最初简况和最初的任务分配；

1.2 使用检查清单获得相关的设备；

1.3 用程序 A0 检查仪器；

1.4 出发前，进行无线电检查；

1.5 出发前，进行 GPS 检查。

步骤 2:

按照环境监测助理/辐射防护助理的指令，进行:

2.1 用塑料布包监测仪器，以防止污染；

2.2 设置自读剂量计的报警阈；

2.3 穿戴合适的个人防护装备。

采样位置的确认

步骤 3:

到达环境监测助理/辐射防护助理要求要去的位置。如果备有 GPS,用它来确定采样点位置,记录在工作单上,识别它并标记在地图上,记录在工作单上。

注释

在河中采集样品应在一个平静水面或流速较慢的区域,避免由障碍物引起的湍流。

样品采集

步骤 4:

按照具体程序采集沉积物样品。

步骤 5:

每个样品采集后,用干净水清洗采样工具。

样品包装和标识

步骤 6:

采集的样品放入塑料袋并密封好,用样品编码,标识在袋上,记录在工作单上。

污染控制

步骤 7:

用程序 A5 和 A8,或要求个人监测组和去污组帮助,对人员和设备进行污染检查。

样品发送

步骤 8:

将样品与填好的工作单一起发送到样品分析组。

附录 3　总α和总β的测定程序

程序 C1　空气样和水样中的总α和总β

目的：

　　为了鉴别在空气样和水样中总α和总β浓度，特别是雨水的浓度。

讨论：

　　用携带式或固定式空气取样系统收集到的空气滤样在一个α/β气体正比计数器上分析测定其总α和总β放射性。空气滤样和计数器容器（测量盘）必须是相同尺寸的。水样在样品盘中蒸干并测量。通过与标准相比较确定放射性活度，只能与相关的标准（即 ^{241}Am，^{90}Sr，^{137}Cs 等）相比。根据通过空气采样器的空气体积，可以确定单位空气体积中的粒子浓度。

要点

　　分析项目：α/β辐射体。

　　几何条件：直径为 5 cm 或 10 cm 的典型测量盘。

　　样品类型：空气滤样或蒸发后的水样。

　　测量基质：空气微粒，水中可溶解的固体物。

　　MDA：α：1Bq，β：2Bq（取决于探测器的效率）。

　　分析时间：1～100 min。

　　测量精度：不优于±20%。

预防/限制

　　总α/总β计数器使用前必须用标准刻度过，该标准由空气取样器中使用的取样介质来制备。空气滤材应该放在与它尺寸相同的测量容器（测量盘）中；在空气采样设备与总α总β计数器的计数区域尺寸必须保持协调。不推荐将大的滤材切割或修整来适合计数器测量尺寸。必须知道探测器中的气体的质量，最好是 90%的氩气和 10%甲烷，使用前至少放置 30 d（为了氡和它的子体衰变）。空气滤材的类型是重要的；如果不进行其他破坏性分析（如 Pu 的放射化学），可以使用玻璃纤维滤纸，其他滤纸如碳酸脂是可取的。为了测定空气中的最终浓度，必须从厂家的数据或通过其他测量获得空气滤材的收集效率。

设备/材料

- 总α/β正比计数器
- 计数器气体

- 测量盘，最好是平底不锈钢盘
- 测量托盘（最好是尺寸相同的塑料盘）
- 现场收集空气滤布用的样品纸袋或小的塑料袋
- 标准实验室设备
- 工作单

样品制品

空气滤样

注释

应该对每一个采自现场的空气滤样作标记。标记可以作在滤样的反面或存放滤样的纸袋上或塑料袋上。

步骤1：

将样品的编号与同一批采集的其他样品的编号一起记录在测量记录本和工作单中。如果标识码号没有被规定，则用一种专门的格式加以赋定，其格式要能把作为最终结果要计算单位空气中的放射性活度有关的所有信息包括在内。在记录本上记录下通过滤布的空气体积。这个体积必须是根据空气采样器刻度特性作过修正的体积。

步骤2：

将要存放空气滤材用的新平底瓶、不锈钢测量盘的外侧或底部作上擦不掉的标识。

注释

建议不重复使用测量盘。

步骤3：

用干净的镊子或医用钳子小心地从塑料袋中或纸袋中取出滤样。将滤布样沉积面朝上放入测量盘中。假若滤布与盘子之间是紧凑的话，利用镊子使滤布是确保铺在测量盘底上的。

水样

步骤4：

如果可能的话，在一个20 cm直径的已称重的测量盘中加入适当份额的水样蒸发至干。

步骤5：

蒸发后称重测量盘、减去空盘重量，以测定水样中可溶性固体的含量。测定残渣的质量，从相关的刻度曲线图（程序C1b步骤6）获得被测残渣的计数效率。现在的样品可准备进行测定。

测量/分析

步骤6：

把样品放入测量室内，测量样品至少1 min。

注释

为了获得更好的统计性，测量时间可以长一些，但是在应急情况下可能不能这样做。

步骤 7：

在一个典型的测量日中，每测完 10 个样品后，至少测一次本底、α和β标准。把这些信息记录在记录本上，或作为一批数据储存在计算机详细记录单中（见程序 C1c）。从 10 个样品中再随机选取一个样品测量。将这个作为重复测量的样品的数据在记录在记录本上或详细记录单中。

步骤 8：

根据下面表达式，求出总α或总β的放射性活度浓度和最小可探测活度（MDA）。

注释

也可以用总α或总β分析软件中的详细记录单来计算。

$$C_G^i = \frac{\dfrac{N_i}{t_i} - \dfrac{N_b}{t_b}}{\varepsilon_i \cdot q \cdot V}$$

式中： C_G^i ——空气中总α或总β的活度浓度（Bq/m³）；

i ——α或β；

N_i ——样品计数；

t_i ——样品测量时间，（s）；

N_b ——本底计数；

t_b ——本底测量时间，（s）；

ε_i ——分别为总α或总β的计数效率；

q ——过滤效率（制造商的技术指标，缺省值=1）；

V ——空气采样体积，（m³）。

当测量有α放射性存在时的β放射性（在β坪区）时，β辐射体的浓度，可以用下面公式计算：

$$C_G^\beta = \frac{n_\beta - n_\alpha \cdot F_\alpha}{\varepsilon_\beta \cdot q \cdot V}$$

式中： n_β ——在β电压坪区上的β净计数率（总计数率减去本底计数率）；

n_α ——在α电压坪上，α净计数率，（总计数率减去本计数率）；

F_α ——α串通道因子，在β电压坪区的α计数与在α电压坪区的α计数的比值；

ε_β ——β计数效率。

步骤 9：

用下面表达式计算在两倍水平下的不确定度。

$$2 \cdot \sigma = 2 \cdot C_G^i \cdot \sqrt{\frac{\dfrac{N_i^2}{t_i^2} + \dfrac{N_b^2}{t_b^2}}{\left(\dfrac{N_i}{t_i^2} + \dfrac{N_b}{t_b^2}\right)^2}}$$

步骤 10：

用下面表达式计算空气中总α和总β放射性最小可探测浓度：

$$MDA = \frac{2.71 + 4.65 \cdot \sqrt{N_b}}{\varepsilon_i \cdot q \cdot V \cdot t}$$

式中：MDA——最小可探测放射性活度；

t——测量时间（s），样品和本底测量时间必须相同。

步骤 11：

所有的结果记录在工作单中。

程序 Cla　空气滤布样的计数器刻度

目的：

刻度空气滤布样测量用的 α/β 正比计数器。

讨论：

应使用与空气取样设备中所用的相同类型和尺寸的空气滤布来制备刻度标准。分别制备 α 和 β 标准。通常 α 刻度使用 ^{241}Am 源，β 刻度使用 ^{90}Sr-^{90}Y 混合源。在此将简单讨论刻度方法。刻度标准必须从刻度源供应商处获得。推荐使用次级标准刻度源。

预防/限制

为了使测量数据在预期数据质量目标范围内，应确保总 α 总 β 流气式计数器的窗足够薄。通过探测器的气体流率必须符合设备制造商的技术指标。使用前探测器至少换气 0.5h。

设备/材料

- 总 α 总 β 正比计数器；
- 标准溶液。

标准的制备

步骤 1：

根据设备制造商的推荐值，设置 α 和 β 同时测量的工作电压。这个工作电压必须适用所有的测量：刻度、样品测量和本底测量。

α 标准源

步骤 2：

用 ^{241}Am 制备 α 刻度标准源。

2.1 将一个新的滤布以这样的方式悬挂起来：当把标准液体滴到它上面时，不会碰到支撑体系。

2.2 将已知活度的 ^{241}Am 溶液，一小滴一小滴地滴在滤布上，确保溶液均匀分布在当滤布处于空气取样器中时不被过滤器支架所覆盖的面积上。

2.3 让其在空气中晾干，或用红外灯慢慢地烘干。

2.4 将滤布转移到一个相同尺寸的有标识的平底测量盘中。

2.5 把这个材料盘放入一个贴有标识的测量盘外壳中，外壳上标明有活度和放射性核素的信息。

2.6 当不用标准滤布样时，应储存在一个干燥器中。

α 标准准备进行测量（步骤 4）。

注释

悬吊滤布的一个典型方法是用一个标准有机玻璃圆环。

通常，在滤布中心沉积占 75%。沉积最好使用一个小型滴管系统单独进行，该系统在加入刻度标准液前后精确称重。刻度标准液的量应控制在测量 5 min 时约有 10 000 个计数。

注意

制作完的刻度滤布源只能用镊子操作。

β标准

步骤 3：

用 ^{90}Sr-^{90}Y 混合液制备β刻度标准。用上述步骤 2 相同的方法悬吊一个新滤布。不能使用最初为制备 ^{241}Am 沉积刻度用的同一滤布。

准备进行β刻度标准源的测量（步骤 4）。

步骤 4：

两种标准都要至少测量 5 min。

注意

确保α标准源进入β道的α计数要低的。确保测定β标准源进入α道的β计数要低的。仪器制造商应该有关于仪器串道的技术指标；如果测量到的串道超过技术指标的 10%～15%，仪器的装配可能有问题。

步骤 5：

用下面表达式计算效率：

$$\varepsilon_i = \frac{N_s}{t_s \cdot A_s}$$

式中：A_s——刻度源的实际活度（标准），（Bq）；

N_s——刻度源计数；

t_s——刻度源计数时间，（s）。

步骤 6：

将所有数据记录在记录本上。

程序 C1b　用于测量水样的计数器刻度

目的:

用于测量水样品的α、β正比计数器的刻度。

讨论:

分别制备α标准和β标准。典型情况下,α刻度用 ^{241}Am、β刻度用 ^{90}Sr-^{90}Y 混合物。简单论述刻度方法。刻度标准必须从刻度源供应商处获得。推荐使用次级标准作为刻度源。

预防/限制

为了使测量数据在预期数据质量目标范围内,确保总α总β流气式计数器的窗足够薄,通过探测器的气体流速,必须按照设备制造商的技术指标。在使用前探测器至少换气 0.5h。

设备/材料

- 总α/总β正比计数器
- 不锈钢测量盘;平底、不锈钢、最好 20 cm 直径
- 试剂
- 241Am 标准溶液
- ^{90}Sr-^{90}Y 标准溶液
- 硫酸钙,固体
- 硝酸,浓
- 25g/L 硫酸钙溶液:称 2.5g 硫酸钙,小心加入 10 ml 热浓硝酸。用水稀释至 100 ml
- 甲醇

标准制备

步骤 1:

根据仪器制造商的技术指标,设置总α/总β同时测量的运行电压。这个运行电压必须适用所有类型的测量:刻度、样品测量和本底测量。

α标准

步骤 2:

用 ^{241}Am 和不同量的硫酸钙溶液制备一系列标准:

2.1 根据标明的号码,将源的特性和源的活度,标识在一个与样品用的同类型的新的不锈钢盘、称重测量盘。

2.2 加入已知活度的 ^{241}Am 到一个有预定残渣质量的硫酸钙溶液中。用水或甲醇确保混合物均匀地分布在测量盘上。

注释

刻度加入的标准量,应该使得测量 5 min 大约 10 000 计数。

2.3 在空气中干燥或用红外灯慢慢烘干。

注意

　　一些固体可能爬到盘的边沿。为了避免这一点，一些实验室用少量的硅润滑油、涂在测量盘边缘上。硅油用量必须不能污染探测器。使用非活性溶液方面的经验将有助于确定相关条件。

　　2.4 再称重测量盘，确定残渣的质量；

　　2.5 重复步骤 2.1～2.4，获得一系列残渣质量。

注释

　　由经验可以知道，从一个具体水样蒸发后残留的可溶性固体是在什么范围。绘制仪器效率对残渣质量的关系曲线，可用于确定测量样品时计数效率。

　　2.6 当不使用时，将标准储存于干燥器中。

　　α标准源已准备好进行测定（步骤 4）。

β标准

步骤 3：

　　用 ^{90}Sr-^{90}Y 制备一个系列刻度标准。制备方法与上述步骤 2 制备 ^{241}Am 刻度标准相同方法，不能用制备α标准时的测量盘。

　　β标准现在准备测量（步骤 4）。

测量

步骤 4：

　　所有标准至少测量 5 min。

注意

　　确保α标准源进入β道的α计数要低的。确保测定β标准源进入α道的β计数要低的。仪器制造商应该有关于仪器串道的技术指标；如果测量到的串道超过技术指标的 10%～15%，仪器的装配可能有问题。

步骤 5：

　　用下面表达式计算每个标准的效率。

$$\varepsilon_i = \frac{N_s}{t_s \cdot A_s}$$

式中：A_s——刻度源的实际活度（标准），（Bq）；

　　　　N_s——刻度源计数；

　　　　t_s——刻度源计数时间，（s）。

步骤 6：

　　绘制一条α和β的效率对残渣质量的曲线。

步骤 7：

　　记录所有数据在记录本上。

程序 Clc α/β正比计数器的质量控制检查检验

目的:

在常规基础上和测量活动前,进行α/β正比计数器的质量控制检验。

讨论:

质量控制检验至少包括 4 种测量:新的没有污染的滤布本底测量、已知辐射源的测量,长时间本底测量和样品的重复测量。推荐参加 IAEA、WHO、EPA、EML 或其他标准组织机构的比对。

设备与物品

- 总α/总β正比计数器
- 新的无污染滤布
- 空测量盘
- 标准源

每日的

步骤 1:

1.1 用一个新的没有污染的滤布放在与现场应用的相同的测量盘中测量本底至少 30 min(正常情况下,每日本底测量 60～100 min);

1.2 测量一个空测量盘;

1.3 记录并在一个质量控制图中绘制上计数;

1.4 当仪器超出 1σ计数误差时,应用正态统计来确定。

注释

如果本底计数超出技术指标,寻找其他原因:如污染测量盘,污染的测量室,太新鲜的测量气体,测量气体不足或质量不好。

步骤 2:

每天同一时间,对已知辐射源(标准)进行测量,将每分钟计数或每秒钟计数结果,绘制图上。超出正态统计计算以外的变化可能表明测量系统有问题。

注释

一些实验室使用由刻度源供应商提供的板状源,一些实验室使用未知的但有较高活度的样品。

周期性的

步骤 3:

每个月进行一次长时间本底测量(＞1 000 min)。它可以发现,由于样品处理或样品制备技术的缺陷所引起的非常低水平污染的累积问题。

步骤 4:

在 10%的比例下,随机抽取样品进行重复测量。

步骤 5:

记录和保留所有的数据在α/β正比计数器的记录本上。

附录 4　Gamma 谱仪测量程序

程序 D1　就地 Gamma 谱仪

目的:

　　鉴别地面污染放射性核素组成,及测定沉积在地面的放射性核素的表面浓度,使之能与操作干预水平 OIL6 和 OIL7 相比较。

讨论:

　　分析γ谱仪(端面朝下的 NaI(Tl)或 HPGe 探测器放在离地面 1 m 高的地方)收集的能谱得到峰的参数(峰的位置和峰的强度)。用谱线的能量来鉴别污染的核素,由谱线的强度转换出表面污染的数据。实际上,一个野外谱覆盖了几百平方米的面积。在这个方法中,放射性核素分布的局部不均匀性得到了平均。所测量的源基本上是一个大土壤样品,因为一个无屏蔽的探测器测量到的光子通量,是来自外径为 100 m 量级、深约 30 cm 的土壤体积(与光子能量有关)。

　　在一些特殊的情况下,为了划图可能要进行序列式的就地γ谱仪测量。对这类测量最好用比较结实的、安装在车上的 NaI(Tl)闪烁谱仪进行,谱数据和由 GPS 装置提供的地理坐标以及时间数据一起储存。由一台计算机同时收集数据。在记录代表监测到的核素谱线能量特征的预定谱范围(ROIs)内净峰计数的同时,可以完成在线的评估和主要成分的显示。这类工作系统在市场上可以买到,或由一些主要部件(谱仪、GPS、PC)组装而成。

要点

　　分析项目:γ发射体。

　　几何条件:NaI(Tl)或 HPGe 探测器放在地面上 1 m 高处。

　　样品类型:不需要取样。

　　测量基质:土壤和空气。

　　MDA:$100Bq/m^2$,与探测器的效率和放射性核素有关。

　　分析时间:$100\sim1\,000s$。

　　测量精度:$\pm(10\%\sim50\%)$与刻度的精确度和环境情况有关。

预防/限制

　　必须事先在就地测量条件下对谱仪进行刻度(程序 D1a)——作为光子能量和入射角函数的探测器响应必须已知。

　　要知道高污染区死时间的问题和谱的峰形畸变可能严重影响分析结果。用屏蔽来减少探测器灵敏度的方法能使应用范围扩大几个数量级。

要始终意识到在野外可能遇到的危险，并作好必需的预防。绝不尝试在没有适当的安全装备下进行任何野外活动，并要知道如何使用它。

所有的监测活动应该在使照射维持在可达到的尽可能合理低的条件下进行。工作人员应该知道撤回剂量指导水平。

设备/材料

- 各响应组通用的设备（检查清单）
- 就地γ谱仪组的设备（检查清单）

出发前

步骤 1：

1.1 接受环境监测助理/辐射防护助理初步的简要情况介绍和工作任务；

1.2 得到由检查清单列出的相关设备；

1.3 用程序 A0 检验仪器，用程序 D3 检验谱仪；

1.4 当动身去工作时，进行无线电检查；

1.5 当动身去工作时，进行 GPS 检查。

步骤 2：

按环境分监测指挥/辐射防护助理的指导：

2.1 用塑料膜包住仪器，防止污染；

2.2 设置自动读数剂量仪报警阈；

2.3 穿戴适合的个人防护装备。

注意

如果使用 Ge 探测器，则需要检查探测器杜瓦瓶内的液氮，如果需要，在出发之前要重新灌满液氮。如果谱仪用电池运行，则要检查电池。

测量位置的确认

步骤 3：

到达环境监测助理/辐射防护助理所要求的测量位置。选择一个开阔、光滑、平坦的区域——远离干扰物——自从放射性核素沉积以来没有农业或其他会破坏垂直浓度分布的活动。用监测仪检查，是否选择在热点上。

步骤 4：

在工作单中记录测量区域的平均剂量率。记录有关测量点的所有其他参数，这些参数对以后的评价可能是重要的。如果备有 GPS，则用它确定位置，并将它记录在工作单中，否则要识别它，并在地图上标出，记录在工作单中。

测量

步骤 5：

安装谱仪时，要使探测器稳定地安装在测量支架上，放在选定的测量区域中间，探测器头朝下，离地表面 1 m 的位置上。要使分析人员离开探测器几米远。连接谱仪电子学仪器的所有电缆。附图 4.1 为一台放在典型的野外位置上的设备的例子。

附图 4.1　进行就地γ射线谱仪测量的典型野外位置

注:照片所示的是低污染的环境。在高的污染区域,应该穿上个人防护衣,并且也要防止设备的污染。由 J.Stefan 研究院,Slovenia 提供。

步骤 6:

　　打开谱仪的电源开关,检查它的基本功能和死时间。设置需要的测量时间。测量时间的选择与探测器的效率和污染水平有关,一般在 100～1 000 s 范围内。

注意

　　如果死时间超过 20%,应当用适当的屏蔽来减少输入计数率,扩展测量范围。保证在结果评价时考虑到屏蔽的影响。

步骤 7:

　　在预定的时间内开始获取数据。停止测量后,在适当的文件名（识别编码）下存储收集到的谱。在工作单中记录所有其他需要的数据。

注释

　　在许多情况下,利用目前先进技术水平的分析器内部具有的峰面积估算功能就可以为现场测量提供快速结果。在一个基准谱中辨别明显的峰,设置适合的感兴趣区域。在确定的分析器中,用净峰面积,测量时间和刻度因子 C_f 对功能键设置程序,以便能瞬时读出浓度值。

　　对比较完整的评价,将一台小型计算机接到分析器上,运行谱分析程序。如果需要,用一个电池供电的笔记本电脑,配置成一个完全可携带的系统。下面是一个典型的手动数据评价的顺序。

步骤 8:

　　在能谱中明显峰的附近设置能量带（感兴趣区间）,确定峰的能量。

注释

当采用 NaI（Tl）谱仪时，通常只能辨别和使用表 D1 列出的放射性核素（核素系列）的高能谱线。

对 HPGe 系统，如果峰位不在表中所列能量的 2keV 之内，则用程序 D2a 重新刻度能量标度。对 NaI（Tl）系统为±10keV。

步骤 9：

目视检查谱中任何其他的峰。在这些峰的附近设置感兴趣区域，确定峰位（能量），并且用合适的放射性核素库来鉴别这些峰。

注释

如果可能，可以用自动寻峰来鉴别谱中出现的任何峰，对找到的重要谱线设置感兴趣区域。

步骤 10：

用下面的算法计算净峰面积：

10.1 在各自的感兴趣区域内，对所有的计数相加；

10.2 在峰的两边，求三道内的本底计数平均值；

10.3 这个平均值乘以峰的道数，得到峰的本底计数；

10.4 从峰的总计数中扣除峰的本底计数，得出净峰面积。

注释

上面的算法只适用于单个峰。确定重峰面积需要较先进的解谱技术，并要使用计算机。

步骤 11：

用下面的公式计算地面放射性核素浓度：

$$C = \frac{10 \cdot (N - N_b)}{t \cdot C_f \cdot p_\gamma}$$

式中：C——测量的放射性核素的表面浓度（kBq/m^2）；

N——能量为 E 的峰内计数；

N_b——能量为 E 的峰内本底计数；

t——测量活时间（s）；

C_f——能量为 E 的探测器刻度因子（cm^2），程序 D1a 的结果；

P_γ——能量为 E 的γ射线的发射几率。

步骤 12：

测量和分析参数及结果记录在工作单中。移到下一个测量点。

污染控制

步骤 13：

定期地监测汽车及个人的污染，在工作单中记录读数、时间和地点。

步骤 14：

在完成就地测量的结尾和整个期间，使用程序 A5 和 A8（或者请求个人监测和去污组的帮助）对人员和设备进行监测（污染检查）。

程序 D1a　就地测量谱仪的刻度

目的：

　　刻度就地测量谱仪。

讨论：

　　就地γ能谱测量结果的解释（即将谱线强度转换成环境中放射性核素的浓度）是基于假设这些量是正比的和给定的土壤中放射性核素的分布这些转换因子可以利用探测器的特定效率值和随源—探测器几何位置特异的环境转移因子计算出来。与实验室分析环境样品（这里的刻度通常是使用放射性标准源）不同，就地γ—谱测量方法需要把探测器效率刻度测量和光子输运计算结合起来。

　　土壤中放射性核素的分布常常事前是未知的，通常用某种模式来作近似的函数描述。在大多数情况下，土壤中人工核素的分布可以用一个随深度指数减少的函数描述。在这种情况下，相关的参数是每单位面积的张弛质量参数 ρ/α。土壤中放射性核素的时间依赖分布及在深层土壤的迁移作用对于在反应堆事故后的短时间内是不重要的。单位面积张弛质量参数$[\rho/\alpha]$推荐的平均值是 0.3g/cm^2。假定是表面分布的话，那么此时对放射性核素地面浓度低估在 2 倍以下。在新近落下灰情况下，可以假设在地平面上的放射性物质分布是均匀的，并且全部落在地表面上，也就是说可以认为没有进入较深的土壤层中。

　　刻度的基础最初是由 H.LBeck 等在 20 世纪 60 年代初期介绍的，后来被修正。特征谱线的净峰计数率（R_f）与给定核素表面浓度（A_s）的比值可以表示为三个可分开确定的因子的乘积：

$$C_f = \frac{R_f}{A_s} = \frac{R_f}{R_o} \cdot \frac{R_o}{\phi} \cdot \frac{\phi}{A_s}$$

式中：C_f——探测器刻度因子；

　　　　R_o/ϕ——响应因子；能量为 E 沿着探测器轴向（垂直探测器表面）入射到探测器的一个单位初始光子通量密度产生的峰的计数率；

　　　　R_f/R_o——角修正因子；考虑到探测器的角响应所需要的修正因子；

　　　　ϕ/A_s——几何因子；对应于每单位浓度或放射性核素沉积总量到达探测器位置的总光子通量密度。

　　这里的浓度，可以是单位体积的活度，单位质量的活度或单位表面积的活度。

　　对于其直径和长度差不多的锗探测器，角修正因子接近 1。

预防/限制

　　就地测量谱仪的刻度，应在事先进行——在任何使用之前。

设备/材料

- 谱仪
- 检定过的参考点源

步骤 1：

　　用程序 D2a 进行能量刻度。

立体角因子 ϕ/A_s

步骤2：

用附图4.2确定谱中能量为 E 峰的因子 ϕ/A_s。

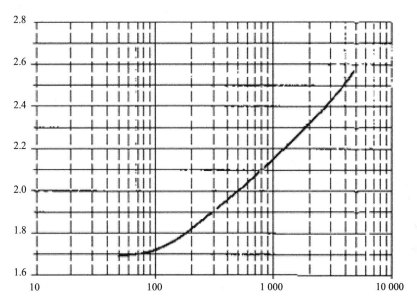

附图4.2　地面上方 1 m 高面源分布情况下作为光子能量函数的 ϕ/A_s 因子

注释

附图4.2中所示的值相应于放射性核素均匀分布在平面上没有渗入土壤中的情况；在这个模式中，没有考虑空气中的放射性的贡献。

响应因子 R_0/ϕ

步骤3

用检定过的参考源来刻度测量，以确定因子 R_0/ϕ。

3.1 把源放在至少离探测器 1 m，并且垂直入射探测器表面的位置上。开始数据获取。

注释

源放在探测器对称轴线上，尽可能远离探测器，以便到达探测器前表面的是一束相当平等的光子束。根据峰的强度选择测量时间，峰的强度与源的活度和探测效率有关。必须设置足够的测量时间，使要测量的峰有较好的计数统计（至使统计误差小于5%）。

3.2 计算在探测器有效晶体中心未产生碰撞的能量密度：

$$\phi = \frac{A \cdot P_\gamma}{4\pi r^2} e^{-\mu_a x} e^{-\mu_a y}$$

式中：A——使用源的活度；

$\quad\quad P_r$——能量为 E 的γ射线的发射几率；

$\quad\quad \mu_a$——能量为 E 的γ射线在空气中的减弱系数，cm^{-1}；

$\quad\quad x$——空气中源的容器和探测器前帽之间的距离，cm；

μ_h——源容器（壁）中的减弱系数，cm^{-1}；

y——γ射线在到达探测器途中在源容器穿过壁中的距离，cm；

r——源到晶体有效中心的距离，cm。

1）对$E>1\,MeV$的γ射线，晶体的有效中心近似在晶体的几何中心。

2）对$E<0.1\,MeV$的γ射线，晶体的有效中心在晶体的表面。

3）对能量处在上面二个值之间的γ射线，必须根据晶体的吸收系数作出平均穿透厚度的估算。

$$r = \frac{1}{\mu} \cdot \frac{1 - e^{-\mu d}(\mu d + 1)}{1 - e^{-\mu d}} + d_0 + x$$

μ——能量为E的γ射线在Ge晶体中的减弱系数，cm^{-1}；

d——Ge晶体的厚度，cm；

d_0——端帽到晶体的距离，cm。

3.3 收集一个谱，确定全能吸收峰的计数率。

3.4 收集一个不放源时的谱，从前面测量的计数率中减去本底发射体对峰的贡献。

3.5 由修正后的计数率除以通量密度，确定R_0/ϕ。

3.6 对不同能量源进行测量，或者同时进行或者分开进行。

3.7 在$\log{-}\log$坐标纸上划出R_0/ϕ与能量关系图，并用数据拟合出一条光滑的曲线。

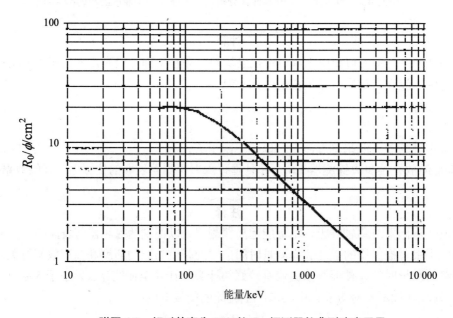

附图4.3 相对效率为22%的Ge探测器的典型响应因子

注释

测能谱用途中主要有两种不同类型的 Ge 探测器。在辐射入射的正面的外表面，P 形探测器有一较厚的死层，n 形探测器有一较薄的死层。死层产生的减弱，导致光峰效率降低，特别是在低能区。由于这个理由，一般用轻的物质（例如 Be）薄窗生产 n 形探测器，来扩大低能γ和 X 射线峰的应用范围。所以 n 形探测器是比较灵敏和易碎的，在就地测量中要特别小心。虽然两种探测器都可采用，但 P 形探测器是比较坚固和耐用的，如果可以选择，最好选择 P 形探测器。

角修正因子 R_f/R_0

步骤 4：

通过测量探测器的计数效率随光子入射角（θ）的变化关系和引用的角通量分布数据来确定角修正因子。

4.1 用一个离晶体固定距离至少 1 m 的点源，在入射角 $\theta=0º$（垂直于探测器的正表面）和 $\theta=90º$ 之间每隔 10º 间隔测量净峰计数率（峰计数率减去峰内本底计数率）$R_f(\theta)$。

4.2 用初始位置得到的计数率 R_0 除以 $R_f(\theta)$。划出相对响应 $R_f(\theta)/R_0$ 与角度的关系图，用数据拟合一条光滑曲线。

4.3 用下面表达式得到数字计算值：

$$\frac{R_f}{R_0} = \int_0^{\pi/2} \frac{\phi(\theta)}{\phi} \cdot \frac{R_f(\theta)}{R_0} \cdot d\theta$$

4.4 对几种其他能量的γ光子重复上面的程序，划出 R_f/R_0 结果值与不同能量的关系图。拟合数据点，得到光滑曲线（见附图 4.4）。

步骤 5：

由相应的三个因子相乘，计算出不同能量的探测器刻度因子：

$$C_f = \frac{R_f}{R_0} \cdot \frac{R_0}{\phi} \cdot \frac{\phi}{A_s}$$

在 log—log 坐标纸上，划出 C_f 与能量的关系图，用一个光滑曲线拟合数据点。记录所有的 C_f 点值，并将图存储在谱仪的日志中。

注释

如果计算机有合适的软件用于就地测量评价，那么输入、存储和使用这些因子作为这种测量条件下的效率数据是可行的。

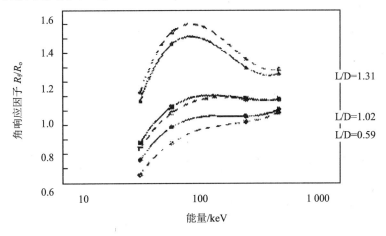

附图 4.4　Ge 探测器角相应因子

注释

　　角相应因子（是能量的函数）与探测器的几何现状（或者是矮的盘状或者是长的棒状）关系很大，所以给出一个在任何情况下都适用的图是困难的。附图 4.4 给出三种不同形状的探测器，源的分布是随深度均匀分布的源（——）和表面均匀分布的源（-------）。L 和 D 分别代表晶体的长度和直径。

程序 D1b　应急情况下的快速刻度

目的：

　　对事先未作刻度的谱仪，应急情况下就地测量时进行快速刻度。

讨论：

　　虽然希望在辐射应急使用之前，对谱仪进行精细的刻度（程序 D1a），然而有可能出现必须使用未对就地测量的特殊应用作过刻度的系统（在研究院、大学、食品控制实验室等为其他目的使用的手提或可移动的γ谱仪）。在测量之前，测量期间或甚至在测量之后的快速刻度都能帮助评价放射性核素污染水平。下面的方法用于获得谱仪的刻度因子 C_f。

预防/限制

　　通常不是作为就地γ谱仪使用的 Ge 探测器，其几何形状不适用于野外测量的要求。要始终记住，当探测器转动测量位置（面向地表面）时，有液氮溢出的危险。

　　用下面给出的快速刻度方法得到的测量精度限于 2 倍估计值之内。

设备/材料

- 谱仪
- 检定过的参考点源

步骤 1：

　　由图 D2 确定感兴趣能量的 ϕ/A_s。

步骤 2：

　　选择适当长半衰期，中等能量范围的γ射线的点源（最好送 ^{137}Cs 的 662keV 射线）。

步骤 3：

　　按程序 D1a 中的第 3.1～3.5 步骤只确定此谱线的 R_0/ϕ。

步骤 4：

　　拷贝附图 4.3，划出得到的 R_0/ϕ 值。划一个平行效率曲线的曲线，然后拟合新的输入点得到新的曲线。

步骤 5：

　　由新的效率曲线确定感兴趣能量的 R_0/ϕ。

步骤 6：

　　取感兴趣的能量的 R_f/R_0 为 1，用程序 D1a 中的表达式计算 C_f 值。

程序 D2　实验室 Gamma 谱仪

目的：

测定空气、土壤、食品、水、牛奶或任何其他样品中γ发射体的浓度，然后他们能与 OIL 和通用行动水平（GALs）相比较。

讨论：

此测量技术用于测定各种样品中发射 50～2 000keV 能量范围的γ放射性核素的浓度。由于对无经验的使用者提供必需的详细说明已超出本出版物的范围，所以希望使用者事先经过培训和在γ射线谱仪方面有一定的经验。

在进行任何的样品测量之前，应该刻度谱仪。用程序 D2a 进行能量刻度，用程序 D2b 进行效率刻度。制备好的样品放在屏蔽装置中，分析γ射线谱仪测量到的能谱的峰位和强度。用峰的能量鉴别放射性核素，峰的强度转换成放射性核素的浓度。

可以证明，对低放射性样品确定的测量几何条件不适合于高放射性样品，因此好的做法是确定各种不同的探测器—样品的几何位置，以便为测量宽的活度范围的样品提供更大的灵活性。

要对所有不同类型的谱仪、不同类型的样品或不同的测量几何条件详细说明其程序步骤是困难的。所以只能给出概述性的程序。

要点

分析项目：γ发射体。

几何条件：使标准样的形态与样品类型相近，两种测量位置（接近探测器面和有一定的距离）。

取样类型：空气滤膜，土壤，牧草，食品，水，牛奶。

测量基质：取决于样品的类型。

MDA：0.01～1Bq（取决于探测器效率，本底和测量时间）。

分析时间：100～1 000s。

测量精度：±5%到±20%（与几何条件，探测器效率，刻度的精确度，污染水平，核素等有关）。

预防/限制

必须对实际的工作程序进行修订，以反映具体谱仪的条件和应用时的测量几何条件。

刻度后不要改变系统的设置，也不要调节测量的几何条件。

不同放射性水平的样品必须分开，不要用测量低放射性样品的探测器测量高活度的样品，反之亦然。要特别小心避免污染谱仪和它周围的物体。

特别提醒，要把所有关于谱仪本身的数据及样品和测量参数记录在谱仪的日志中。

设备/材料

- NaI（Tl）闪烁探测器和/或 Ge 半导体探测器（推荐 HPGe）
- 信号处理的电子学仪器（推荐直接接到 PC 上，以作建议中的评估）

- 有屏蔽的测量空间
- 适合不同样品类型和不同测量的几何形状的样品容器
- 检定过的参考点源

测量

步骤1：

用谱仪指南检查谱仪的安装。保护测量空间，特别是要用塑料膜或铝膜包上探测器本身，避免污染。

步骤2：

打开谱仪电源开关，用程序 D3 检验谱仪基本功能。

步骤3：

用选择的点源检验能量刻度。如果峰位不在特征能量的 2keV 之内，则用程序 D2a 重新刻度谱仪的能量标度。

步骤4：

设置样品测量所需要的测量时间（应急情况下，典型为 100～1 000s），在测量室内不放样品时开始测量本底（如果可能，可用一个空白样）。将本底谱在某识别编码下存储，供以后的评价和样品测量修正之用。将适用的数据记录在谱仪日志中。

步骤5：

在谱仪日志中，至少记录以下数据：

1）样品类型和样品识别编码。

2）样品几何形状和测量几何位置。

3）样品质量和基质。

4）取样日期和时间。

5）本底谱识别编码。

步骤6：

将装有制备好的样品的样品容器放到预先确定的位置，设置测量时间，开始数据获取。检查死时间，如果需要，也就是如果死时间＞10%，将样品容器放到另一个预先确定的（较高）位置。

注释

测量时间取决于待测样品的数量、探测器效率、预期的活度等。

步骤7：

将测量的谱在识别编码下存储。测量的活时间记录在谱仪日志和工作单中。假若谱和/或谱线形状有问题的话，加以备注。

步骤8：

所有制备好的样品的测量，重复第 5 步至第 7 步。

分析

注释

现在市场上能买到的大部分谱仪系统，可以在另外的样品继续测量过程中完成对存储谱的分析。

大部分商品谱仪系统或评价软件程序具有完成下列步骤的内部功能。

步骤9：

对谱进行评估，确定找到的谱线的净峰面积，用程序 D1 中的第 10 步修正本底谱线强度对谱的贡献。

步骤10：

根据能谱中找到的能量鉴别放射性核素。一些参数，例如核素，半衰期，γ射线的强度及相关的能量可以从可靠的和参照性的核数据库的电子版或印刷版处获得。打印出能量、净峰面积和有关的计数统计误差。

步骤11：

用下面的表达式计算样品中放射性核素的浓度：

$$C = \frac{(N - N_\mathrm{b})}{t \cdot P_\gamma \cdot \varepsilon \cdot Q} \cdot \mathrm{e}^{\frac{0.693\Delta t}{T_{1/2}}}$$

式中：C ——放射性核素的浓度（Bq/kg）或（Bq/m^3）；

N ——能量为 E 的峰内计数；

N_b ——能量为 E 的峰本底计数；

t ——测量的活时间（s）；

ε ——给定能量 E 和给定几何条件下的探测器光峰效率；

P_γ——所用γ射线的发射几率；

Q ——样品量（kg）或（m^3）；

Δt ——样品取样到测量间隔的时间（h）；

$T_{1/2}$——核素的半衰期（h）。

取自：

N 取自第 9 步；

t 取自谱仪；

ε 取自程序 D2b；

Q 和Δt 取自样品参数（日志）；

Pr 和 $T_{1/2}$取自适用的放射性核素数据库。

对样品中所有放射性核素，进行重复计算。对所有样品重复分析。

特殊情况：活性炭滤盒测 ^{131}I

空气中 ^{131}I 的浓度可以用下面近似的表达式计算：

$$C = \frac{1}{\varepsilon \cdot q \cdot P_\gamma} \cdot \frac{N}{t \cdot V} \mathrm{e}^{3.6(\Delta t + \frac{t_v}{2})}$$

式中：C——取样时间中间点时空气中 ^{131}I 的浓度（Bq/m^3）；

t_v——取样时间（h）；

q ——活性炭滤盒对 ^{131}I 的吸收效率；

v ——通过活性炭滤盒的空气体积（m^3）。

估算的精确度为±20%。

步骤 12：

所有的结果和相关的测量参数记录在工作单中。

注释

在许多情况下，用给出的放射性核素的一个以上的谱线确定放射性浓度。企图用一个简单的算法来确定放射性核素浓度最佳估计是困难的，通常这将留给科学家来决定（或用软件）如何减少多余的信息。在一些特殊情况下，由于峰的重叠或谱形的畸变，利用核素的最强谱线的方法在总体上是多半不适用的。最终的测量值常常由方差倒数作权重的单个谱的平均值来计算。在人工计算的条件下，通过繁杂、费力的计算也能完成此项工作。在应急情况下，用最强的谱线（或根据主要的无干扰峰的简单算术平均值）快速计算足可以得到的一个可接受的值。

程序 D2a　能量刻度

目的：

　　执行或检验γ谱仪的能量刻度。

讨论：

　　γ能谱的关键特征是峰的位置和峰的强度。峰的位置数据是用来鉴别γ辐射的能量，如果知道了道址—能量相应的关系，也就是系统进行过能量刻度，这是能够达到的。

　　道址—能量相应关系是相当稳定的，由刻度测量很容易确定。在γ能谱学中，在感兴趣能量范围内（50～2 000keV），道址—能量关系接近线性。大多数现代的能谱系统内部提供了自动执行能量刻度的功能（通常用高次方多项式拟合刻度测量数据，给出对偏离线性的修正）。不管现实情况千差万别，它们全都是根据相同的简单程序进行的，这种方法能由缺少先进仪器和软件支持有用户来执行。

预防/限制

　　所有系统的设置和调试必须在能量刻度之前完成，并且保持到再一次进行重新刻度为止。系统组件的设置有小的变化，可能直接影响能量的标度。

设备/材料

- 谱仪
- 检定过的γ点源

步骤 1：

　　选择放射性核素组成已知的源，它们具有感兴趣范围内（50～2 000keV）的γ射线能量，以至很容易测到至少两种足够分开的能量（一个低于 200keV，一个高于 1 000keV）。

注释

　　在日常实验中，常用的能量刻度源是 ^{241}Am、^{137}Cs、^{60}Co、^{152}Eu 和 ^{133}Ba。

步骤 2：

　　将源放在某一位置，在该处所产生的预期计数率足够高，能在适合的测量时间内（100～1 000s）收集一个很容易确定的峰（至少 1 000 计数），这些峰线中的每一条均可用于能量刻度。

步骤 3：

　　开始获取数据，其时间为保证在感兴趣峰内收集到足够的计数（至少 1 000 计数）所需要的时间。

步骤 4：

　　或者用人工或者用谱仪系统提供功能，确定最高峰位置，精确到十分之一道。

人工方法

　　围绕峰位设置感兴趣范围。用 a 和 b 分别表示区域下限和上限的道址。Ni 为道址 i 的计数。由下面表达式计算得到峰的位置 P：

$$p = \frac{\sum\limits_{i=a}^{b} i \cdot N_i}{\sum\limits_{i=a}^{b} N_i}$$

步骤 5：

在线性坐标中，划出峰位与能量的关系图，并对数据作直线拟合（能量数据可从核数据库得到）。

注释

谱仪系统内部功能可以拟合高次方多项式，并有较好的精度。

只要电子学系统的设置（高压、放大峰的成形时间等）保持不变，刻度是稳定的。环境参数，例如周围的温度，能影响增益的稳定性[特别是对 NaI（Tl）探测器情况下]考虑这些影响，最后进行修正。

步骤 6：

数据和刻度函数记录在谱仪日志中。

程序 D2b　效率刻度

目的：

执行γ谱仪的效率刻度。

讨论：

执行计数效率考虑的基本点是：1）样品测量造型（几何条件），2）刻度方法，3）刻度源，4）效率分析表达式。

样品测量造型（几何条件）

对于常规测量，是进行重复样品分析，在选择测量使用的容器时，必须同时考虑适合的样品物质的量，和由容器中的样品几何条件所达到的灵敏度。实际中，推荐了按被测样品基质所选择的几种具有实用几何形状的容器。几种样品容器的例子是适于过滤样品的密封塑料袋，适于液体和固体样品的马林杯，有能拧紧盖的园柱形塑料容器（罐和瓶子），对体积小的土壤和灰等物质使用各种尺寸的硬盘和铝制容器。通常，容器的尺寸应该很好的考虑，使之适合于探测器和屏蔽体的尺寸，也就是不要太高或者太小。

刻度方法

目前，几种理论效率刻度方法已在使用。然而对环境测量来讲，还是推荐用实验方法来进行的效率刻度，虽然这种方法比较费事和费时。对实验方法，必须制备适于每种测量格局的实用刻度标准源，这些标准可来自检验过的标准刻度源或可追朔到国家标准的标准溶液。这些实验室标准的组成的密度和基质应该尽可能与被分析的实际样品相近。每种造型内的标准和样品的体积和/或高度必须相同。

刻度源

在效率刻度中，必须选择适合的放射性核素作标准。可从知名的供应者那里获得有适当长半衰期的、经过检定的混合放射性核素溶液。在标准供应商提供的证明中，应该给出精确的绝对γ射线发射率数据。证明书还应该标明下面的标准特征：

①与活度有关的正确定度

②参考日期

③纯度

④质量或体积

⑤化学成分

⑥半衰期值

⑦所有衰变方式的发射概率

在效率刻度中，如果使用的放射性核素（例如 ^{60}Co，^{88}Y，^{133}Ba，^{152}Eu）伴有级联跃迁衰变，会产生多重线的能谱，则应特别注意对符合相加影响所产生的计数损失（或增加）进行修正。

效率刻度常用的放射性核素表列于附表 4.1。通过适当的选择和这些放射性核素的配合，能测定覆盖感兴趣能量范围（通常为 50～2 000keV）内的效率曲线。刻度点必须足够的覆盖能量范围，使得点之间的内插是精确的。在低于最低能量处外推时，必须非常小心，因为在低能段效率变化非常大（见附图 4.4）。当测量能量低于刻度范围的放射性核素时，建议用这些放射性核素专门进行刻度。

附表 4.1　效率刻度常用的放射性核素表

放射性核素	半衰期	E/keV	发射几率 P_γ
^{22}Na	950.4d	511.00	1.807
		1 274.54	0.999 4
^{46}Sc	83.80d	889.28	0.999 84
		1 120.55	0.999 87
^{51}Cr	27.71d	320.08	0.098 5
^{54}Mn	312.5d	834.84	0.999 75
^{57}Co	271.84d	122.06	0.855 9
		136.47	0.105 8
^{60}Co	1 925.5d	1 173.24	0.999 0
		1 332.50	0.999 824
^{109}Cd	436d	88.03	0.036 8
^{137}Cs	30.0a	661.66	0.850
^{139}Ce	137.65d	165.853	0.800
^{141}Ce	32.50d	145.44	0.489
^{203}Hg	46.612d	279.20	0.813
^{241}Am	420.0a	59.54	0.360

注：半衰期单位是天（d）和年（a）；1 年＝365.25 天。

解析效率表达式

一旦在感兴趣能量范围内，实验获得了足够多的数据，应当选择一种方法来描述效率和能量的函数关系。可以使用一张 log—log 图纸，图中 X 轴为能量，Y 轴为效率；不过经常更有用和更喜欢的方法是用一种数学解析形式来表示效率与γ射线能量的函数关系。这种类型的表达式能很容易地编成程序，适于自动数据分析。

用最小二乘法拟合效率数据，得到一个解析表达式。为了避免来自观测数据引进的系统发散，应十分小心地选择解析表达式。一般可接受的、简单的确定效率的表达式如下：

$$\ln\varepsilon = a_1 + a_2\ln E$$

式中：ln —— 自然 log；

　　　ε —— 绝对全能光电峰效率；

　　　a_1，a_2——拟合参数；

　　　E——相应的γ射线的能量（keV）。

这个表达式对确定能量从 200～3 000keVγ射线的效率是足够的。对于更低能部分，必须寻找另外的表达式，或者从图示的效率与能量关系中找到要求的数值。附图 4.5 部分给出 Ge 和 NaI（Tl）探测器的典型效率曲线。

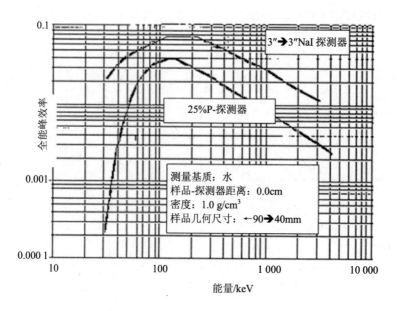

附图 4.5　Ge 和 NaI（TI）探测器的典型效率曲线

预防/限制

为了给出样品中放射性核素的量，必须精确刻度系统的效率。因为所有定量结果的精确度与效率有关，所以非常小心地进行这项工作是非常重要的。在效率刻度之前，要设置和调节好所有的系统，系统维修后重新进行刻度也是很重要的。系统组件设置有小的变化可能对计数效率产生细微但直接的影响。

设备/材料

- 谱仪
- 检验过的参考γ发射源—标准源

注释

谱仪必须作过能量刻度（程序 D2a）

步骤 1：

确定常规测量时想要使用的几何条件。选择样品容器，确定相对探测器的可重复测量样品的位置。

注释

推荐至少两个固定的位置（一个是接近探测器的位置，另一个是适于较高活度样品的离探测器较远的位置）。为了降低制备不同实验室标准的要求，要努力减少几何位置的数目。应当对样品制备方法加以规划，使样品制备成适于确定的几何位置中的一种。

步骤 2：

用检定过的参考源或检定过的混合标准溶液，按确定的几何位置制备实验室标准。

注释

必须注意，制备标准使用的基质物质的组成和密度要尽可能与待测样品相近。

步骤 3：

将制备好的实验室标准放入预先确定的位置，开始数据获取，获取到使效率刻度使用的每个谱线收集的净峰计数有较好的统计计数（至少 10 000 个计数）所需要的时间。

步骤 4：

将测得的能谱存储到识别编码下，所有的测量参数记录在谱仪的日志中。

步骤 5：

对选择其他的样品位置，重复第 3、4 步。

步骤 6：

对所有为实验室刻度制备的标准，重复第 3～5 步。

步骤 7：

计算谱，确定效率刻度所选择的谱线的净峰面积。

步骤 8：

用下面表达式，计算谱仪的效率：

$$\varepsilon = \frac{(N - N_{\mathrm{b}})}{t \cdot A \cdot P_{\gamma}} \cdot \mathrm{e}^{\frac{0.693 \Delta t}{T_{1/2}}}$$

式中：N ——能量为 E 的峰内计数；

$\quad\quad N_{\mathrm{b}}$——能量为 E 的峰内本底计数；

$\quad\quad t$ ——测量活时间（s）；

$\quad\quad A$ ——制备的实验室标准的活度，参考时间在证书中给出（Bq）；

$\quad\quad P_{\gamma}$ ——能量为 E 的γ射线发射几率；

$\quad\quad \Delta t$ ——从证书中给出的参考时间到测量时间所经过的时间（d）；

$\quad\quad T_{1/2}$——放射性核素的半衰期（d）。

步骤 9：

在 log—log 图上划出效率数据和能量的关系曲线和/或将它们输入提供的软件中，执行效率刻度（如果可能的话）。对数据点拟合出光滑的曲线。

步骤 10：

记录所有的数据，刻度图存储在谱仪日志中。

程序 D2c 应急情况下快速刻度

目的：

对以前未刻度过的谱仪进行快速刻度，以供应急情况下的样品测量之用。

讨论：

虽然希望在辐射应急使用谱仪之前，执行详细的谱仪刻度（程序 B2b），然而也可能出现必须采用未针对样品分析用途刻度过的系统（手提γ谱仪，研究院和大学等使用的γ谱仪，另外还有其他目的使用的γ谱仪）的情况。测量之前，或者甚至在测量之后快速作出的刻度可帮助对样品中放射性核素的活度作出评估。

设备/供应

● 谱仪

● 已知活度的参考样品

步骤 1：

用至少一种已知活度（浓度）的成分，制备一个样品。

注释

对体样品，KCl 可能是一种很好的物质，因为它的钾含量和 ^{40}K 的活度能很容易计算出。

步骤 2：

在 ^{40}K 的情况下，已知核素活度的特征能量为 1 460keV，按照程序 D2b 测定谱仪的效率。

步骤 3：

拷贝附图 4.5，划出效率值。划一个平等于相应效率曲线的曲线，拟合新的输入点得到新的曲线。

注释

用程序 D2b 中讨论过的简单解析表达式拟合测量点，得到刻度参数。

步骤 4：

由新的效率曲线内插或外推，确定感兴趣能量的效率。

程序 D3 谱仪的 QC 检验

目的：

定期的和在测量活动之前，对谱仪系统进行 QC 检验。

讨论：

在辐射应急中，谱仪系统能保持合适的功能是基本的要求。所以必须定期地进行检验。由于问题的复杂性，要全面评价方法的精确度始终是不可能的。因此应当把它作为应急准备计划的一部分，实施简单的 QC 检验。下面就是谱仪快速 QC 检验程序。

假若国家水平或国际水平组织比对测量活动（就地的和样品测量两种）的话，还应当对谱仪的精确度和稳定性进行检验。

预防/限制

谱仪被刻度后，不要改变系统的设置或调节系统。

设备/材料

- 谱仪
- 参考γ发射点源

谱仪刻度后

步骤 1：

选择半衰期较长，能量中等范围的γ发射点源（选择 ^{137}Cs 发射的 662keV 射线比较合适）。

步骤 2：

确定谱仪测量的几何位置，这一位置是明确无误的，并且很容易重复；例如，在探测器轴线上，离探测器前表面有固定距离的位置。

步骤 3：

执行谱仪的测量，测量时间为对感兴趣峰收集 10 000 以上的计数所需的时间。应注意观察谱和峰的形状。测量条件和净峰面积记录在谱仪的日志中。

定期的 QC 检验

步骤 4：

定期地（每月一次）和在特殊时机（测量活动之前）时重复测量，得到的数据记录在谱仪日志中。

步骤 5：

得到的结果与以前检验的结果比较。如果结果是在 10% 以内，则谱仪功能很可能是正常。如果结果是在限制之外，则检查系统的设置和调节。如果检查结果各方面没有显示不正常，那么有可能要重复效率刻度。

注释

用一个指数函数拟合以前 QC 测量值，可以计算得到一个可靠的期望值。

程序 D4 样品的制备

目的：

将野外采集的样品转变成实验室样品（适合于定量分析的样品）。

讨论：

野外工作期间收集的样品不可能直接进行测量，所以必须将其制成适合实验室测量的样品。在应急简单情况下，优先选用直接的物理方法，甚至以损失精确度为代价，以利于快速危险评价和支持对干扰的决策。

样品制备可按以下方法进行：

①不同成分的样品分类（例如土壤、石头、根、牧草等）；

②减少固体物质颗粒大小；

③由干燥、灰化等方法增加样品的浓度；

④样品均匀化；

⑤初始样品分成有代表性的量（等分样品），并且将样品放入有效率刻度数据的容器/支承物（保持几何位置）中。

在样品制备过程中，必须十分注意样品量的改变，以便追踪原始环境放射性浓度回到实验室测量的样品的活度。

预防/限制

在样品制备中，主要关心的是分析质量和实验室/测量设备的污染。要使样品相互分开，避免交叉污染。如果可能首先制备污染最低的样品，再按放射性浓度升高的顺序制备样品。可以在工作表面铺上一次性覆盖物（纸或塑料）。在可能产生污染的每步操作之后要进行去污。测量场所与样品制备场所分开。

虽然辐射危险不受重视，但是在发生大规模污染事故以后处理环境样品需要采取预防措施和严格按照工作场所辐射防护的规划行事。在处理放射性较高样品时，要使用手套、防护衣以减少个人污染的危险。

设备/材料

- 样品容器
- 防溢洒托盘
- 天平
- 实验室标准工具（剪刀、勺子、刀、塑料袋等）
- 标签，作标记用的笔，铝和塑料膜
- 去污用品箱（洗涤剂、衣服、纸巾等）
- 混合样品用的盘，托盘和盒子

注释

不同类型的样品需要不同的制备方法。下面各部是将野外样品转型到实验室可供测量的样品的通用指南。把程序应用于即将进行分析的实际样品。通常，在事故的早期，对土壤样品不需要仔细的制备。

步骤 1：

　　用计量率的筛选野外样品，区别出放射性高的样品。分开处理不同活度的样品。避免交叉污染。

步骤 2：

　　称重野外样品。分开主要的组分，称重每种组分。

注释

　　固体环境基质样品（土壤，沉积物，蔬菜，食品）首先必须按主要成分将它们分开：

①从土壤中移弃根和大的石头

②收集的蔬菜分开主要成分（根，茎，叶，花，果实）

③收集的食品样品，取可食部分

步骤 3：

　　为了使实验室样品与预先确定的几何条件（样品容器）相配合，将在第一部中分开的样品成分切碎，直到它们的粒度大小相对于容器大小是足够的小。可用杵和臼压碎，用刀和剪刀切碎，用粉碎机等完成。

注释

　　一般的实验室试验中，固体样品被干燥，以得到每单位干重 Bq 表示的浓度。但在应急情况下，不能花较长的时间来进行干燥过程。在这种情况下，干燥过程可以省略，浓度以每单位鲜（湿）重 Bq 表示，这种浓度值在与 OIL 值比较时，可能更适用。

步骤 4：

　　混合在第 1 步中分开的样品成分，直到充分均匀。可用勺子搅拌，在一个密闭的盒子中振动，或用混合机/粉碎机完成此步。

注释

　　第 2、3 步不适合液体样品，可以认为它们是均匀的。然而下面的步骤，适合于各类样品。

步骤 5：

　　取一定量的原始样品（等分的样品）造型成预先确定的有刻度数据的几何条件（样品容器）。这种"第二步"样品被称为实验室样品。称量实验室样品的量（质量或体积），将数据记录在工作单中。

注意

　　要注意样品容器的重量。实验室样品净重应记录在工作单中。

步骤 6：

　　用适合的盖密封样品容器。为了防止样品物质的溢出和/或污染测量设备，最好用附加塑料膜或铝膜将它们包起来。样品附上标签，并用记号笔在标签上记录下面的参数：

①样品编码

②样品尺寸

③制备的日期

注意

为了减少以后污染的危险，使制备好供测量的实验室样品远离制备工作区。

附录 5　基本数据评估程序

程序 E1　野外监测数据评价

目的：

根据一组在给定地点和给定时间段的测量值，计算野外测量的量 D（周围剂量率，剂量）的最佳估计值。

讨论：

多数情况下，会在一个给定地点对量 D 进行多次测量。如果假定在测量活动期间 D 无明显变化，那么，一组独立测量到的值 D_j（$j=1$，m）具有统计性。这组测量值的频率分布通常遵循对数正态分布，且最佳估计值 $\overline{D}$ 是该分布的几何平均值（见实施程序 F2）。然而，考虑到所有可能的不确定性，可用简单的算术平均值来代表 $\overline{D}$。

步骤 1：

计算量 D 在给定地点和给定时间段的算术平均值：

$$\overline{D} = \frac{1}{m}\sum_{j=1}^{m} D_j$$

式中：$\overline{D}$——量 D 的最佳估计值；

　　　m——测量次数。

步骤 2：

采用下式计算 $\overline{D}$ 值的不确定度 σ：

$$\sigma = \frac{1}{m}\sqrt{\sum_{j=1}^{m}(\overline{D}-D_j)^2}$$

步骤 3：

以 $\overline{D}\pm\sigma$ 的格式将结果记录到相应的工作单中。

程序 E2　放射性核素浓度数据评价

目的：

　　根据一组测量值计算放射性核素浓度的最佳估计值。

讨论：

　　多数情况下，对多个样品进行分析，以获得环境中放射性核素浓度的代表值。

　　如果假定在采样活动期间放射性活度 A 无明显变化，那么一组独立测量到的放射性活度值 A_j（$j=1$，m）具有统计性。这组测量值的频率分布通常遵循对数正态分布，且浓度的最佳估计值是该分布的几何平均值。

　　然而，考虑到所有可能的不确定性，也可用简单的算术平均值作为代表值。

步骤 1：

　　对所有在相同地点、在较短的时间内采集的 m 个样品，按照下述公式计算放射性核素的浓度（C_j）。

空气滤膜

$$C_j = \frac{A_j}{q \cdot V_j}$$

式中：C_j——第 j 个滤膜的放射性核素的浓度（Bq/m^3）；

　　　　A_j——第 j 个滤膜的活度（Bq）；

　　　　V_j——空气采样体积（m^3）；

　　　　q ——滤膜采集效率。

水

$$C_j = \frac{A_j}{V_j}$$

式中：C_j——水样品中的放射性核素浓度（Bq/L）；

　　　　A_j——第 j 个水样品的活度（Bq）；

　　　　V_j——水样体积（L）。

土壤

$$C_j = \frac{A_j}{S_j}$$

式中：C_j——放射性核素表面浓度（Bq/m^2）；

　　　　A_j——第 j 个野外土壤样品的活度（Bq）；

　　　　S_j——第 j 个样品的面积（m^2），即采样器面积乘以采集的土芯样数。

其他

$$C_j = \frac{A_j}{Q_j}$$

式中：C_j ——样品中的放射性核素浓度（Bq/单位）；

　　　A_j ——第 j 个样品的活度（Bq）；

　　　Q_j ——采样量（单位）。

步骤 2：

在给定时间、在采样地点的浓度的最佳估计值（$\overline{C}$），按照下述公式通过计算数据组的几何平均值来确定：

$$\overline{C} = \sqrt[m]{\prod_{j=1}^{m} C_j}$$

式中：$\overline{C}$ ——放射性核素浓度的最佳估计值；

　　　m ——样品数。

步骤 3：

采用下式计算 $\overline{C}$ 的不确定度 σ：

$$\sigma = \frac{1}{m}\sqrt{\sum_{j=1}^{m}(\overline{C} - C_j)^2}$$

步骤 4：

以 $\overline{C} \pm \sigma$ 格式将结果记录到相应的工作单中。